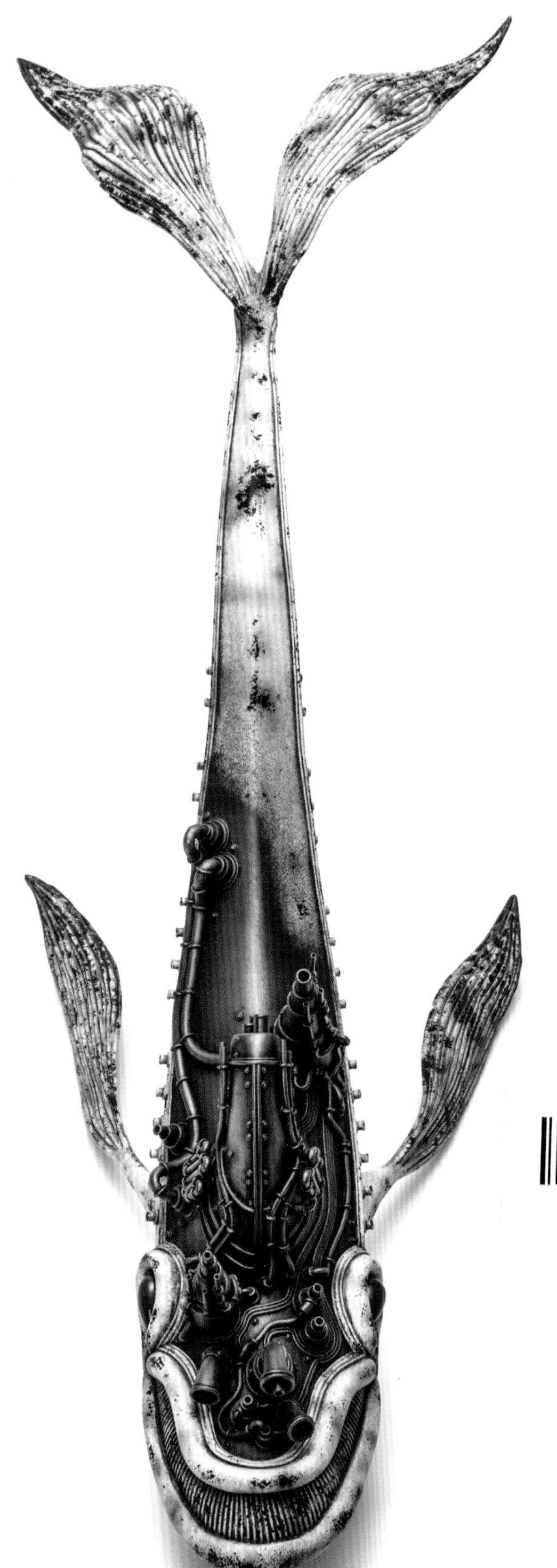

幻想生物

——从基础解析黏土造型技法

MATSUOKA MICHIHIRO
（日）松冈道弘 著
邹易诺 译

辽宁科学技术出版社
沈阳

[Shoebill] 鲸头鹳（P134 参照）

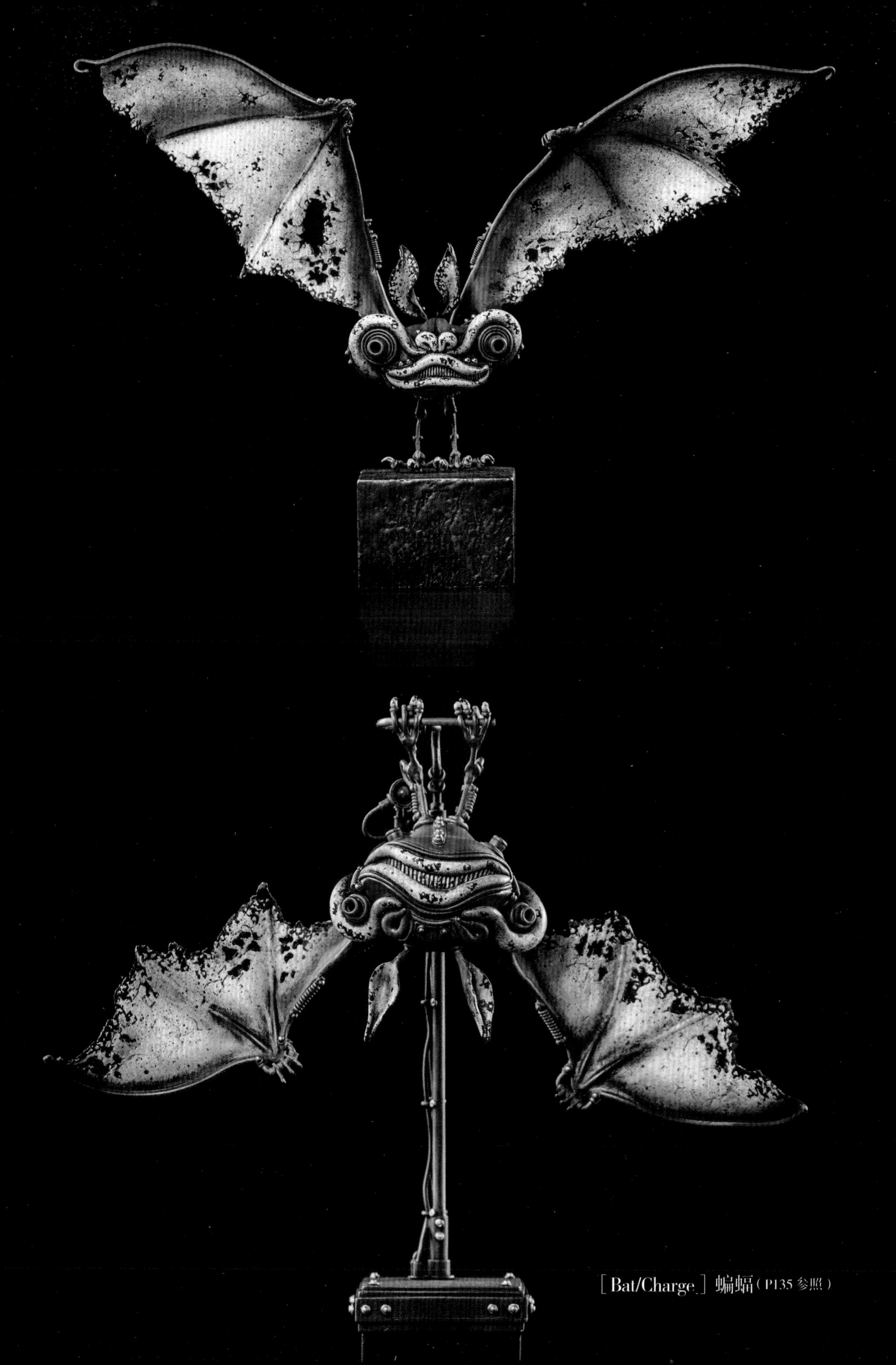

［Bat/Charge］蝙蝠（P135 参照）

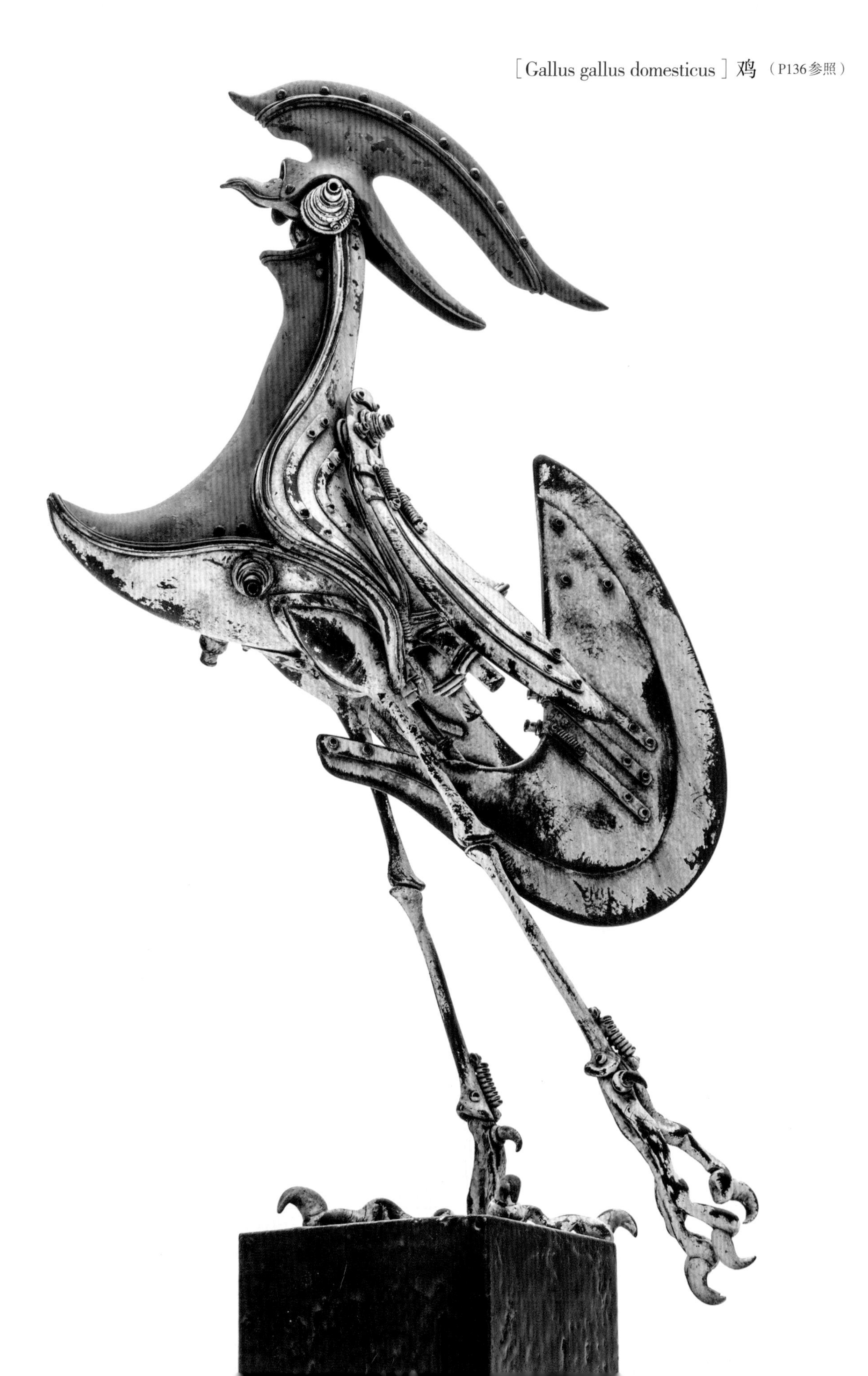

［Gallus gallus domesticus］鸡 （P136参照）

[Ural Owl] 猫头鹰 （P137参照）

［Martian］章鱼形火星人（P138参照）

［Carassius auratus/Goldfish］金鱼 （P139, P126~131参照）

[Bull] 公牛 （P140参照）

[Kirin] 麒麟 （P141参照）

本书中使用的主要工具 / 材料

这里列举的是一些主要工具，其他工具会在制作过程中逐一讲解。

黏土细工用工具

对黏土进行细微操作时使用刮刀。削刮硬化后的黏土时使用雕刻刀、美工刀、尖头的铲刀。

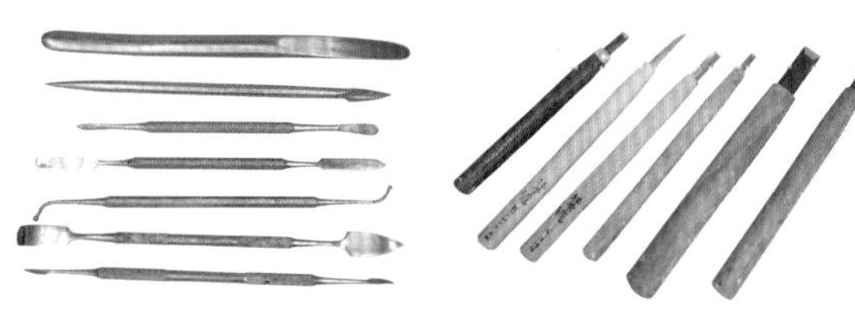

刮刀 / 铲刀　雕刻刀

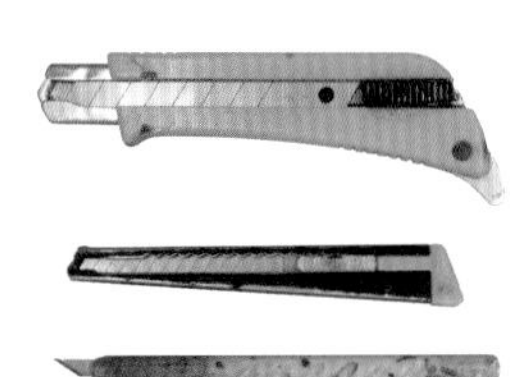

美工刀 / 雕刻刀

裁剪素材和加工用工具

裁剪金属丝使用钳子，裁剪黄铜管使用金属切割刀，弯曲金属丝时使用铁钳。

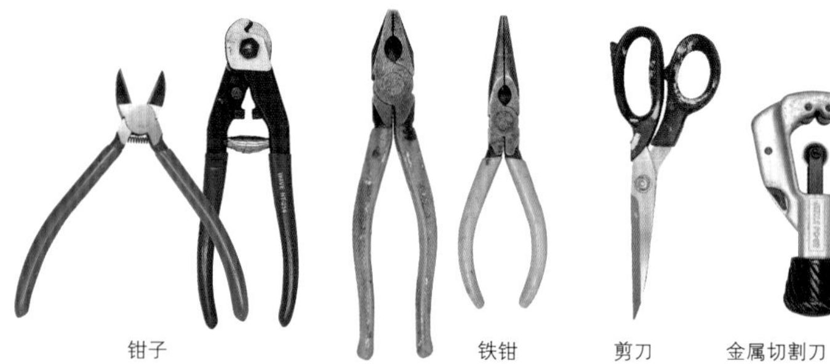

钳子　铁钳　剪刀　金属切割刀

其他

加工金属板时使用锤子，在素材上打孔时使用电动钻孔机，也可以使用手动打孔机（手钻）。

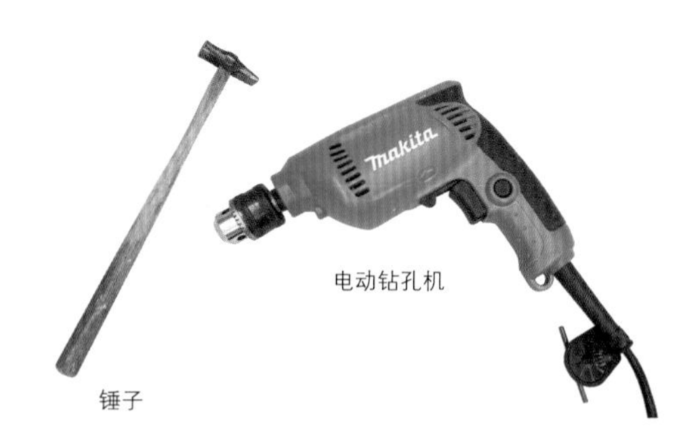

电动钻孔机　锤子

造型材料

造型时，大部分使用表面细腻且易加工的石粉黏土。精密零件使用不加热就不会硬化的树脂黏土。想要制作短时间内硬化的部分和零件时，使用揉搓后就会硬化的环氧树脂补土类材料。

石粉黏土

树脂黏土

环氧树脂补土类材料

涂装工具、涂料

喷涂底漆，使涂料更好上色，用喷漆枪或刷子涂装。先涂抹高附着力的喷漆或油性漆，干燥后再叠涂丙烯颜料，最后用透明喷雾覆盖整体。

丙烯颜料　油性漆

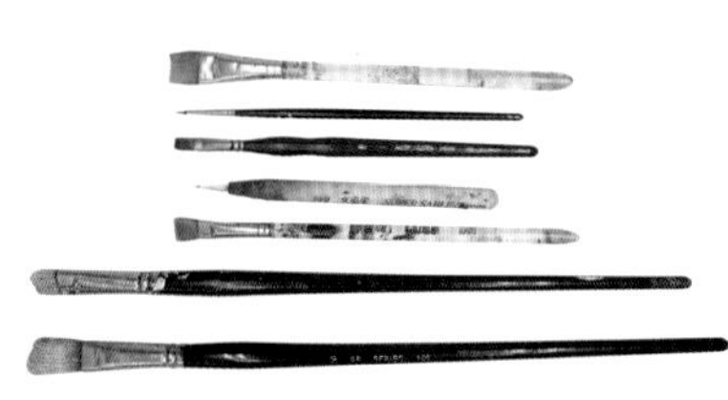

各种刷子

喷漆枪

底漆

喷漆

透明喷雾

目录

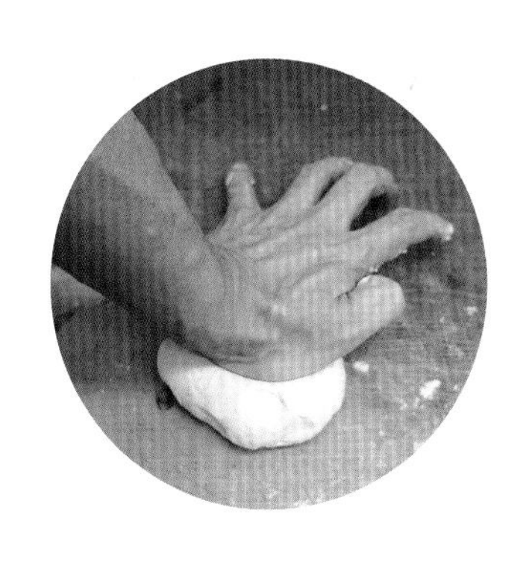

第1章

用黏土制作大型作品

第2章

用黏土制作小型作品

第3章

通过翻模、复制制作作品

第4章

本书的目的

本书主要介绍使用黏土进行造型创作的技巧。黏土不仅可以包裹塑型，干燥后还可以雕琢调整，是一种初学者也可以轻松掌握的造型材料。
第1章和第2章中，分别介绍一件作品的制作流程。第3章中，对翻模复制作品进行解说。第4章中，收录了造型作家松冈道弘的代表作，以及制作前的概念图和造型的设计灵感。希望这本书可以帮助正准备开始学习黏土造型的初学者，还有想要进一步提升技巧的读者。

大致的制作流程

概念图

发挥想象，构思想要制作的作品，将概念图画在纸上。创作以动物为主题的作品时，需提前查看图鉴等资料，将想要加入作品中的特点记录下来。

制作芯材

用轻便的芯材制作大致形状，再包裹黏土进行造型。本书中，使用石粉黏土时，采用的芯材是“kaneraito foam”“sutairo foam”等知名绝热材料。使用需要加热的树脂黏土时，采用的芯材是铝箔纸。

用黏土造型

包裹石粉黏土塑型，干燥数日后，使用砂布修整表面。使用烤箱加热15分钟左右，以硬化的树脂黏土和加热10分钟至12个小时就可以硬化的环氧树脂补土来缩短制作时间。

添加细节

采用金属素材制作难以用黏土造型的机械部分。使用切成长条状的铅板、细长的焊锡丝等素材进行装饰。经常使用到的手法是，将环氧树脂补土揉圆制作铆钉风格的细节。

涂装

喷涂底漆，等待涂料风干后再上色。本书中主要采用的方法是，首先喷涂高黏度的油性漆，再涂抹丙烯颜料。

完成

进行风化以展现出脏污质感，剥掉涂料以表现老化的感觉，最后喷涂透明涂料覆盖整体，完成制作。

制作时的注意事项

本书中使用到了一些制作时需要特殊注意的造型素材和涂料。记得仔细阅读每个素材的使用说明书，尤其需要注意右侧的内容。

防止吸入黏土、补土、铅板碎渣

注意，不要将黏土、补土、铅板碎渣（粉尘）等材料吸入口鼻。

不要直接触碰补土、溶剂，制作时事先戴上手套

不要用手直接触摸那些混合了软补土、溶剂（稀释剂）的树脂黏土，制作时需要提前戴上手套。使用铅板、焊锡丝时，需要事先戴上手套或制作后认真洗手，防止含铅成分进入口腔。

制作时注意经常通风换气，不要靠近火源

使用溶剂、涂料时，以及使用烤箱加热树脂黏土时，需经常通风换气。溶剂和涂料是可燃性物品，注意不要靠近火源。

第1章

用黏土制作大型作品——生物形态与机械造型

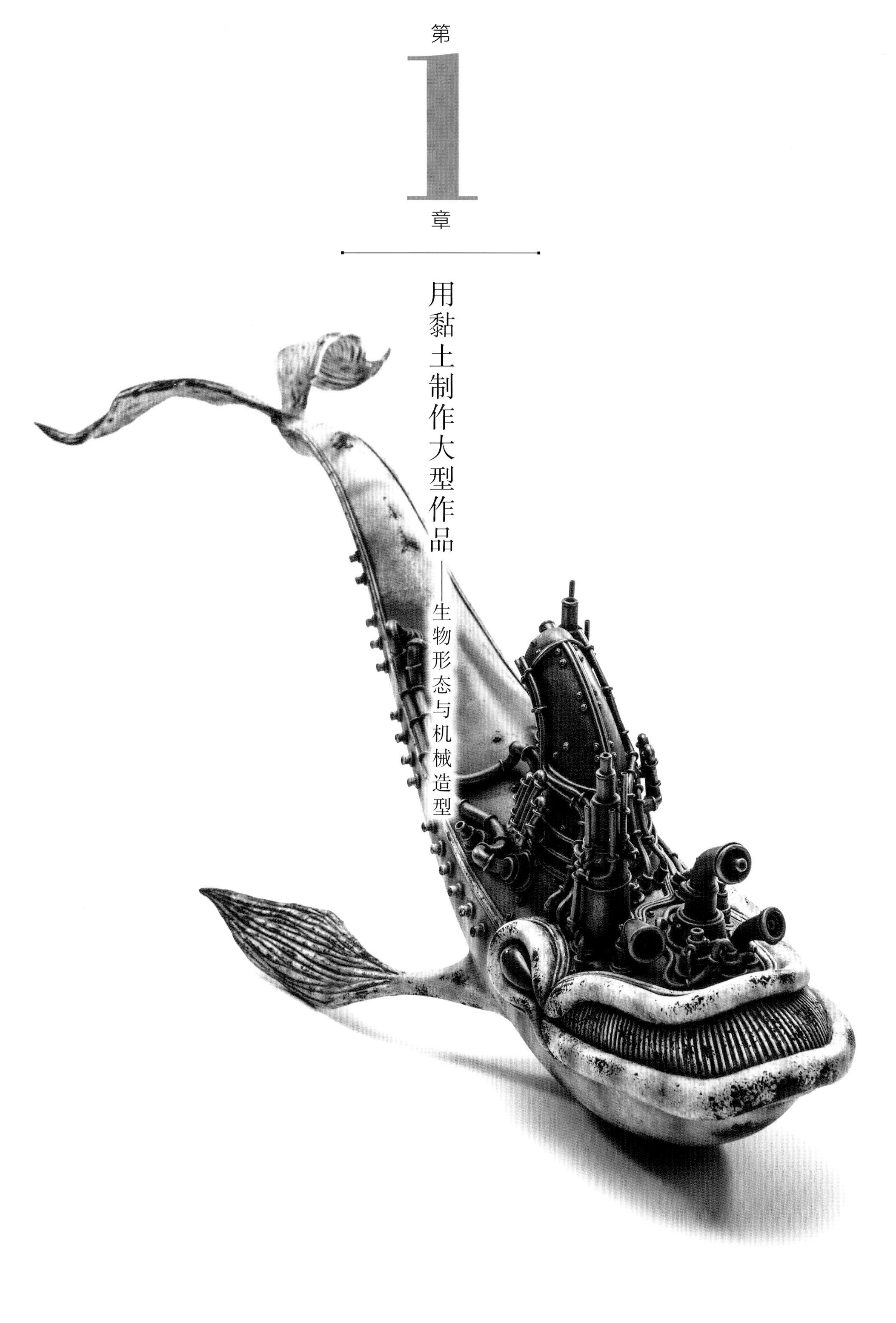

制作鲸形幻想生物

使用正统手法制作，先用石粉黏土包裹芯材，再雕刻细节。用手将石粉黏土揉成大致形状，干燥后使用美术刀或砂布调整形状。使用焊锡丝线圈、橡胶管等材料制作机械部分的细节。

▶概念图
净化浑浊大气，心地善良的鲸鱼。腹部尽可能展现出简洁的流线型，相反在机械部分添加了稍微复杂的细节处理。

制作实物躯干

1 裁剪芯材

◉ 在芯材上描绘形状后用美术刀裁剪

1 绘制与实物同样大小的草图，将纸放在草图上方，透过纸描出躯干的形状。

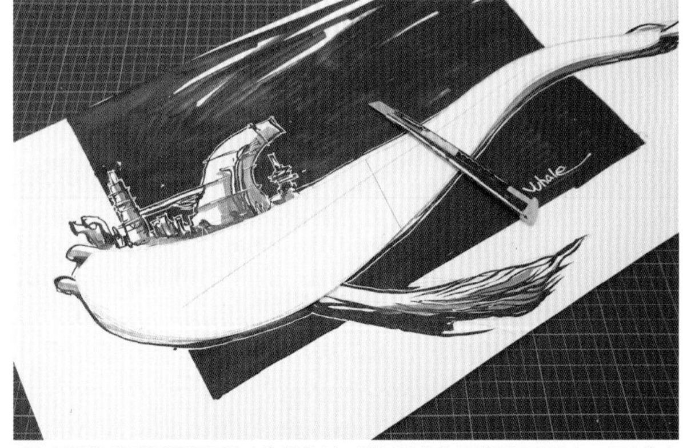

2 后续造型时还要使用黏土包裹芯材，所以裁剪的纸样要比草图小一圈（往内3mm左右）。

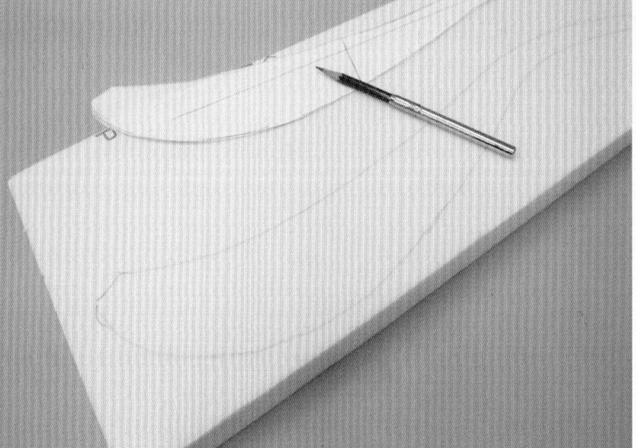

3 将纸样放置在芯材板上，使用铅笔描绘轮廓。芯材使用的是“XPS挤塑板”，它比一般的发泡聚苯乙烯表面更加细腻，更容易粘住黏土。本书中使用的是“kaneraito泡沫板”，也可以使用“sutairo泡沫板”。

4 喷涂喷雾胶，暂时固定两块挤塑板，按照第**3**步中描绘的形状，使用聚苯乙烯切割刀切割。

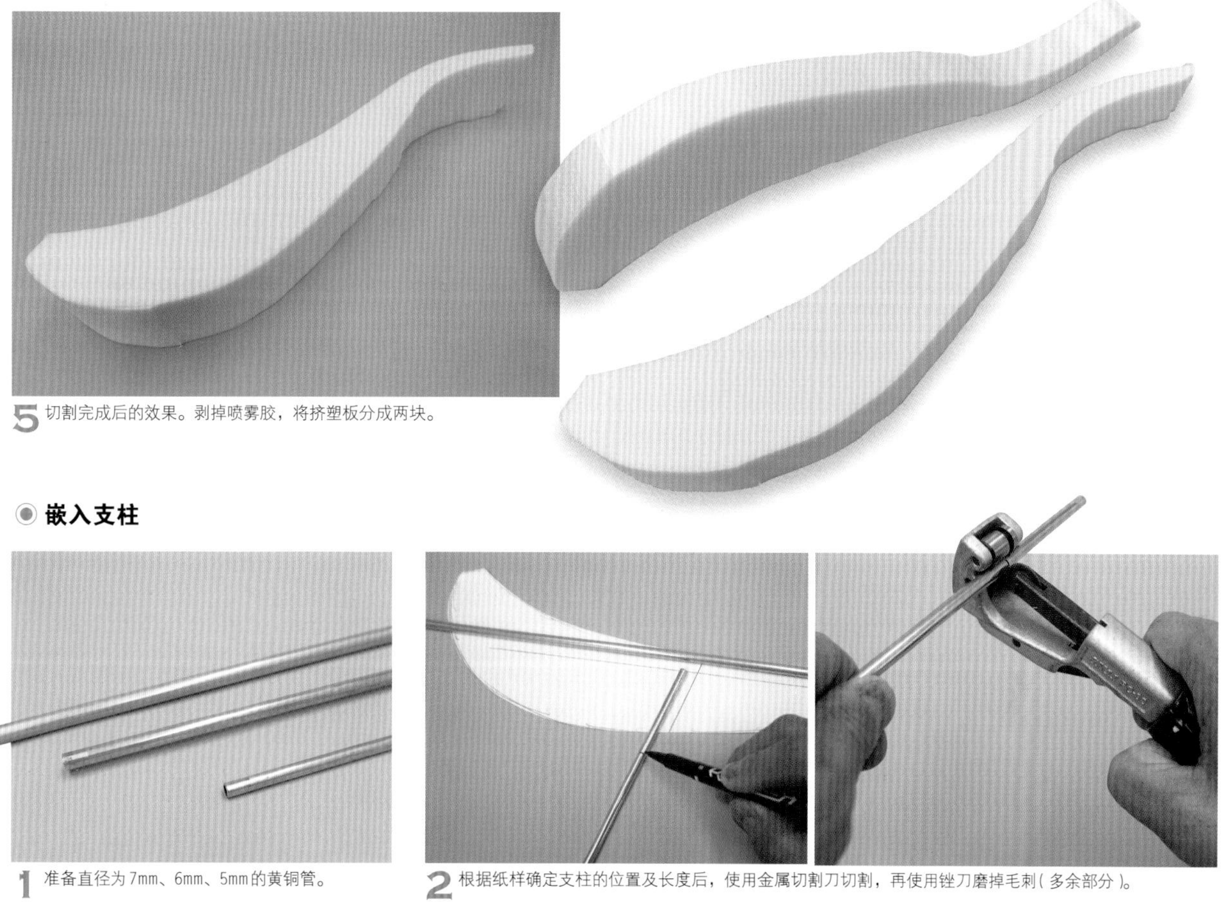

5 切割完成后的效果。剥掉喷雾胶，将挤塑板分成两块。

◉ 嵌入支柱

1 准备直径为7mm、6mm、5mm的黄铜管。

2 根据纸样确定支柱的位置及长度后，使用金属切割刀切割，再使用锉刀磨掉毛刺（多余部分）。

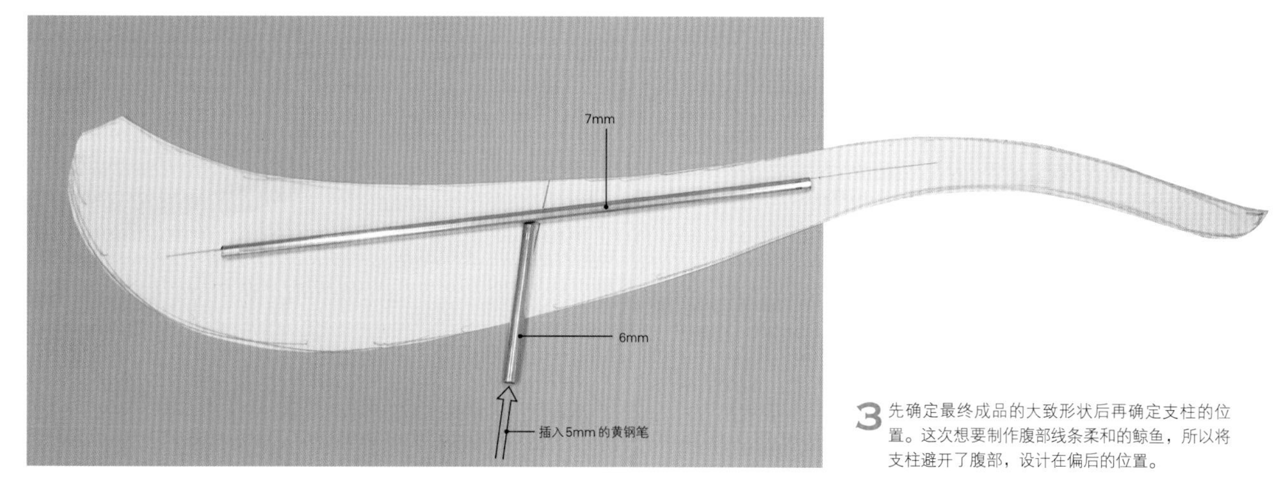

3 先确定最终成品的大致形状后再确定支柱的位置。这次想要制作腹部线条柔和的鲸鱼，所以将支柱避开了腹部，设计在偏后的位置。

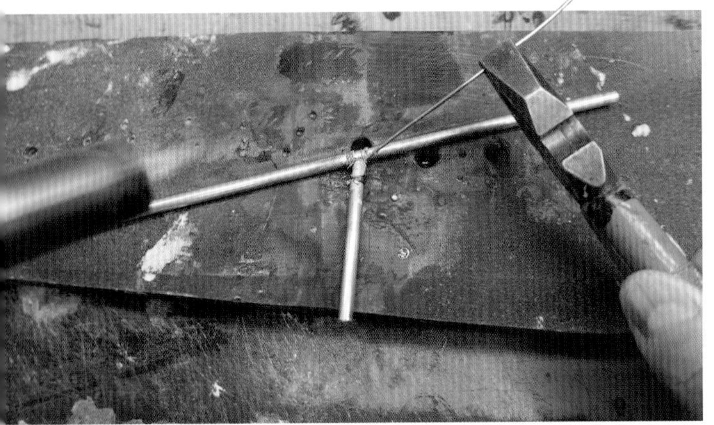

4 焊接黄铜管。为了增加强度，使用带有火焰（燃烧器）的焊接技术进行焊接。

5 将黄铜管放在草图和纸样上，检查实物与设计是否相同。

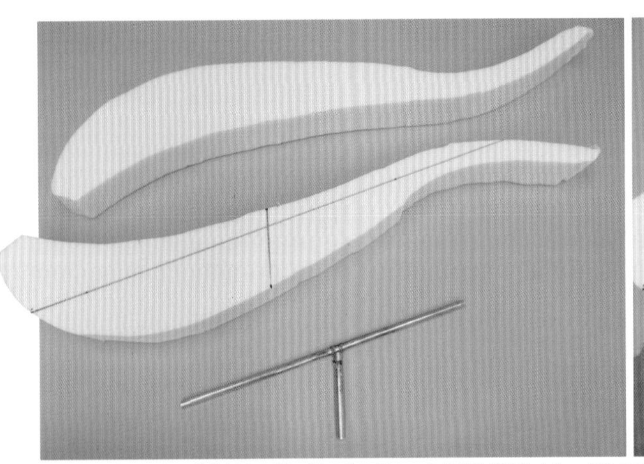

6 用铅笔在其中一块芯材上画线，再用裁刀裁出一个截面为V形的小沟，埋入支柱。

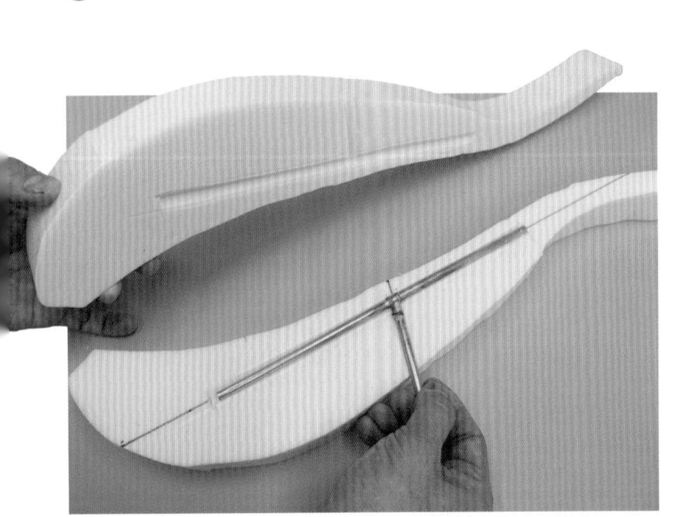

7 在另一块芯材上也裁出一个小沟。注意，两块芯材合起来时不要错位。

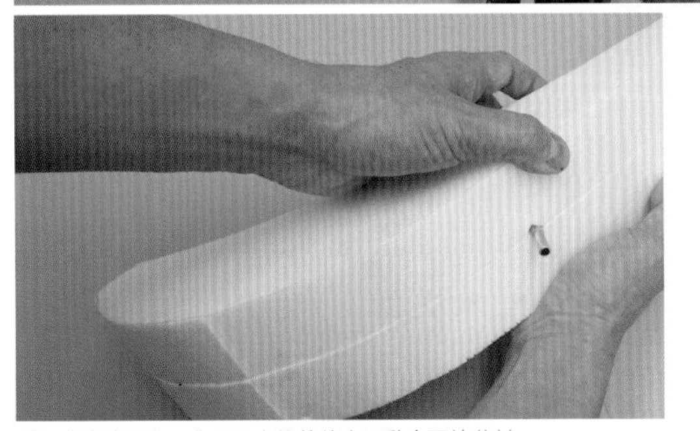

8 喷涂喷雾胶，在埋入支柱的状态下黏合两块芯材。

2 调整芯材形状

◉ 裁剪多余部分

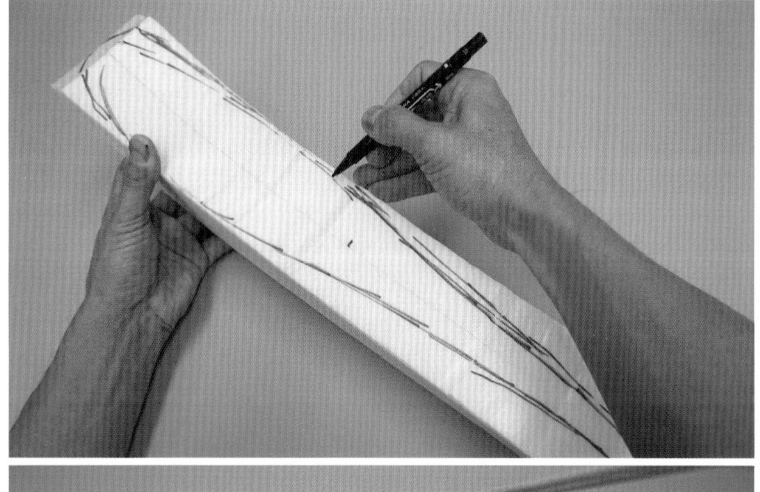

1 在拼合起来的芯材上方用油性笔画出鲸鱼背部的形状。

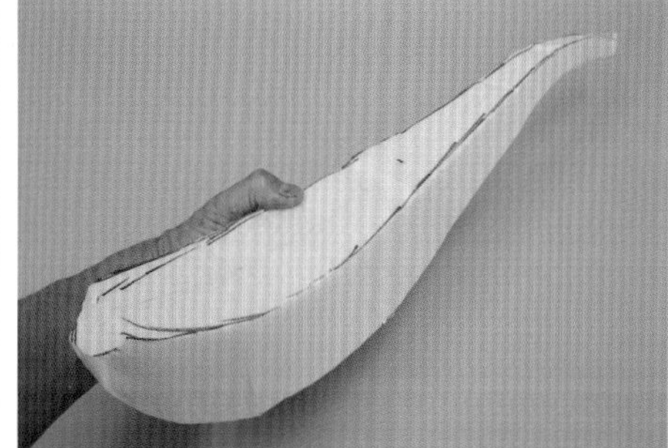

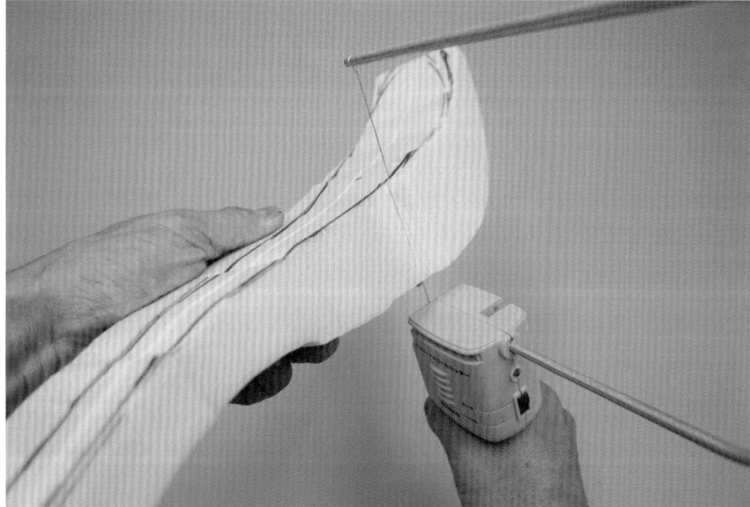

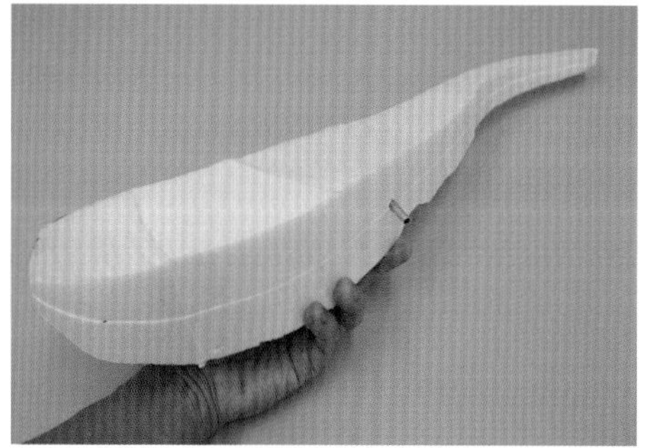

2 使用聚苯乙烯切割刀切掉多余部分。后续还会进行细微调整，所以可以先残留一些油性笔线条。

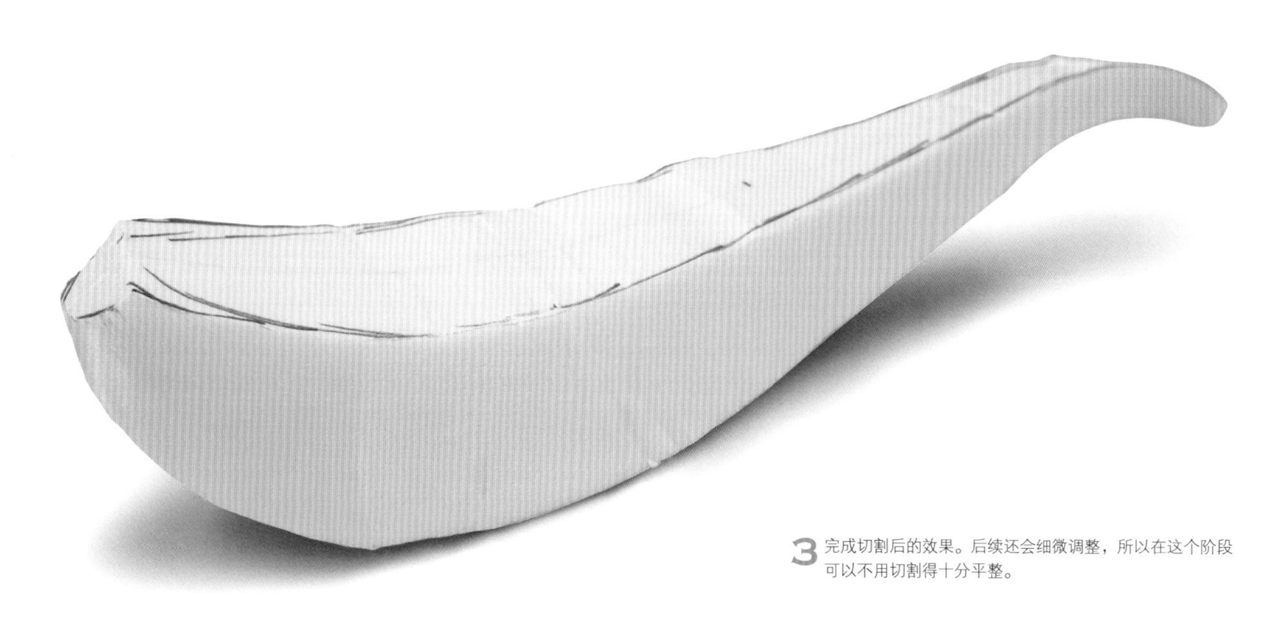

3 完成切割后的效果。后续还会细微调整，所以在这个阶段可以不用切割得十分平整。

◉ 制作曲线

1 使用美工刀轻微修整，削出鲸鱼的形状。如果美工刀的刀刃不够锋利就会削得不稳，所以一定要使用新刀片。

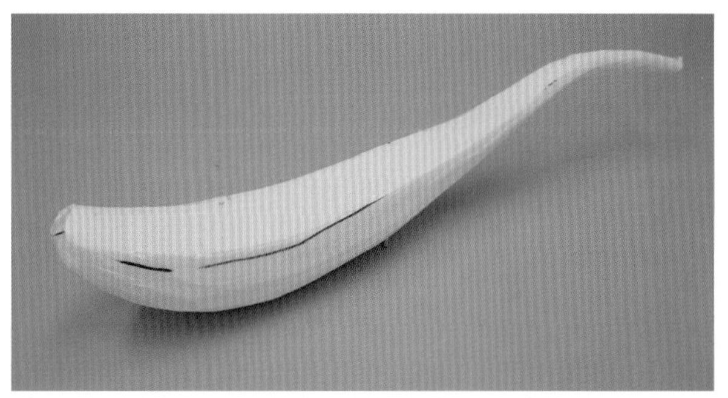

2 削完之后的效果。需要注意的是，由于尾部很细，削的过程中不要把尾部弄断。如果折断了，就插入黄铜管等芯材拼接并加固。

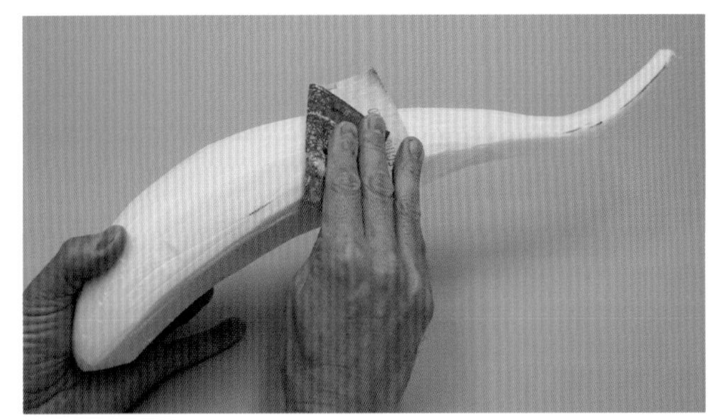

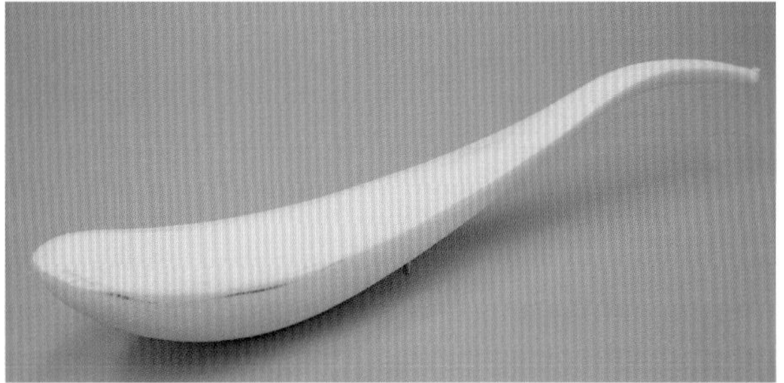

3 使用120号砂布打磨表面。使用砂布时所产生的粉尘对身体有害，所以制作时要戴着口罩，或者在塑料袋中制作。

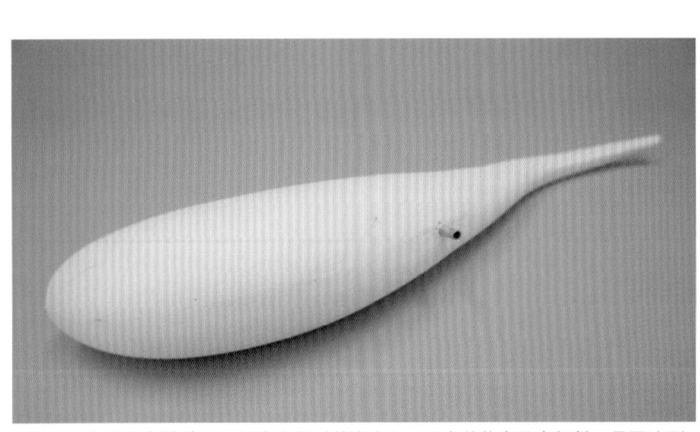

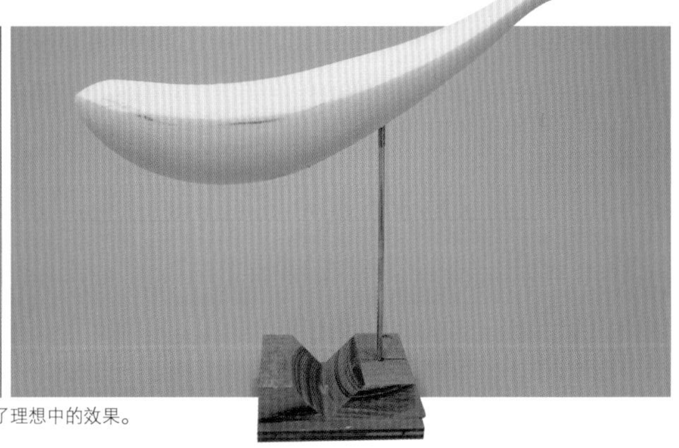

4 用砂布打磨完的效果。固定在暂时的底座上，观察整体有没有倾斜，是否达到了理想中的效果。

3 覆盖黏土

◉ 使用黏土包裹芯材

1 在这里使用的石粉黏土是“New Fando”。与纸黏土不同，石粉黏土既有强度表面又细腻，干燥后也可以使用小刀或砂布调整。

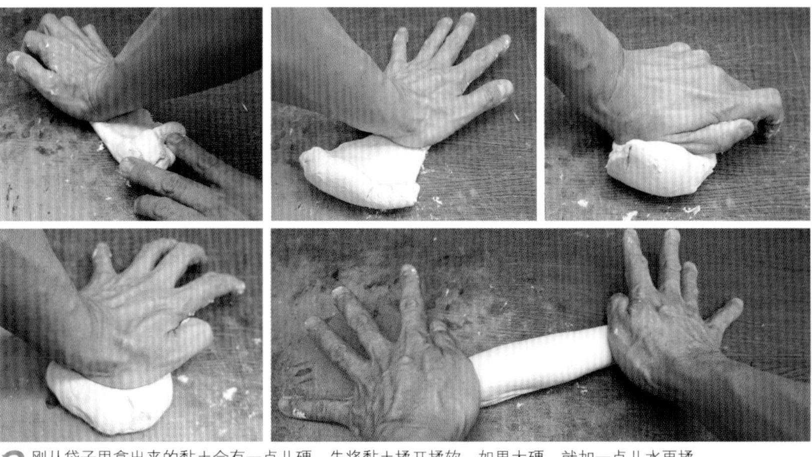

2 刚从袋子里拿出来的黏土会有一点儿硬，先将黏土揉开揉软。如果太硬，就加一点儿水再揉。

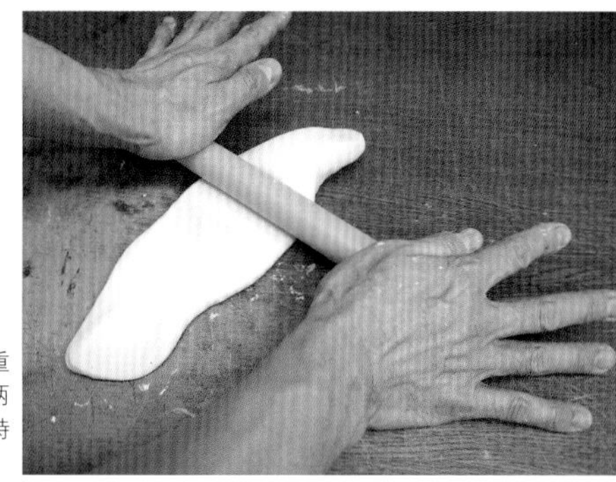

3 用小棒将黏土擀开变薄。小棒只要是有重量的筒状物都可以。擀黏土时将小棒的两侧放在格尺上，这样擀开的黏土就会保持同一厚度。

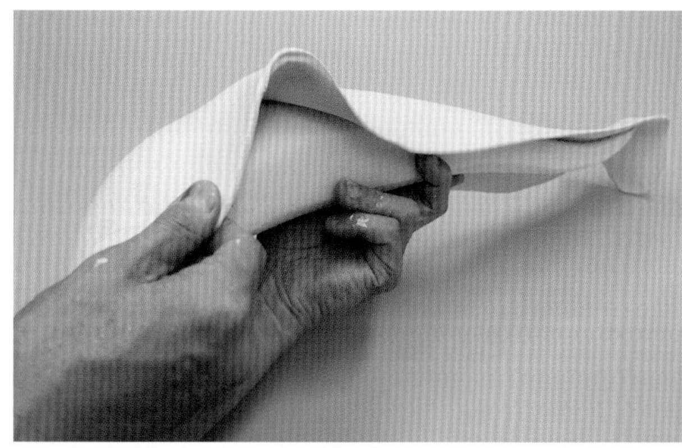
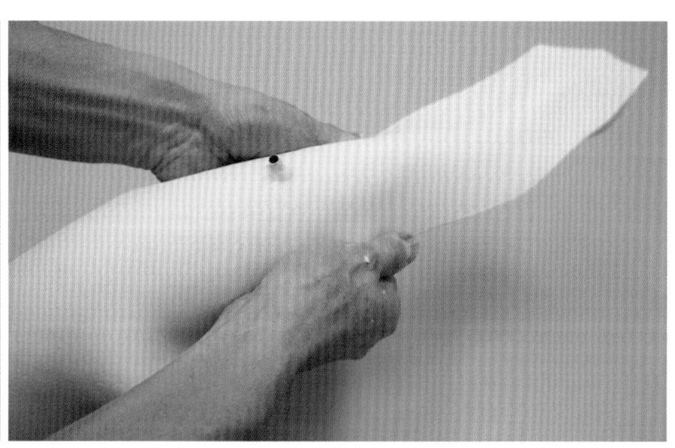

4 用擀开的薄黏土包裹芯材，先包裹鲸鱼的腹部。

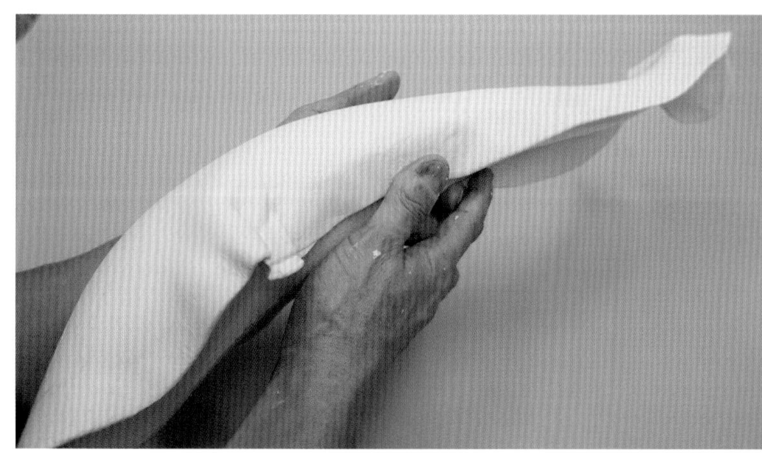
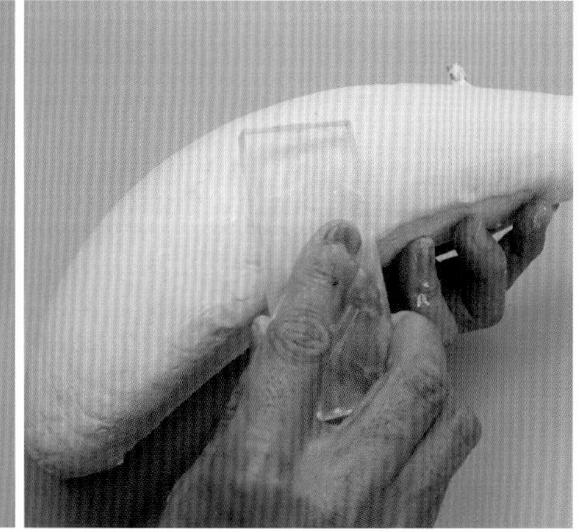

5 用手指抻长黏土的边缘，调整位置。为了让腹部的表面平滑，可以使用亚克力板修整，注意，要边抻黏土边观察整体的形状。

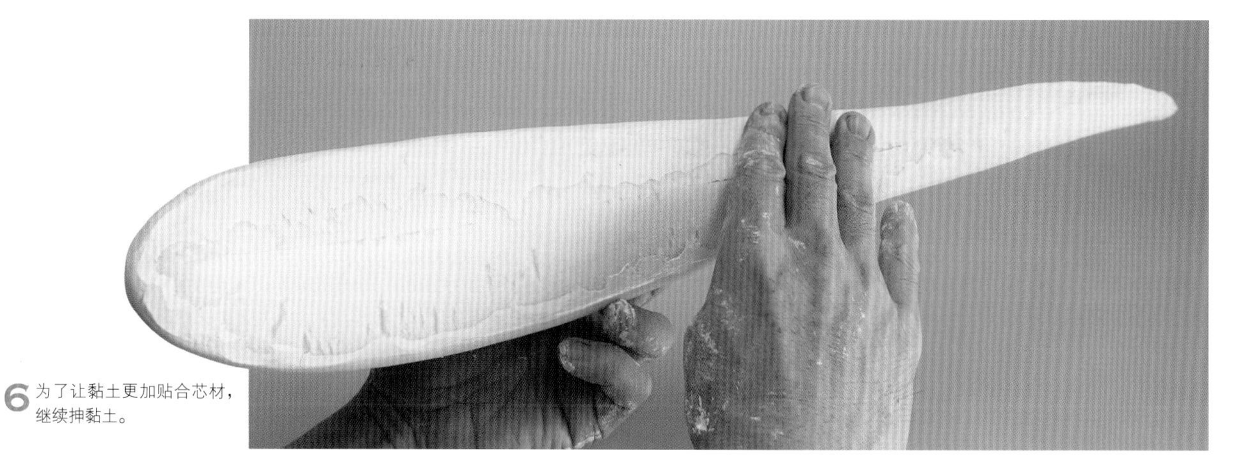

6 为了让黏土更加贴合芯材，继续抻黏土。

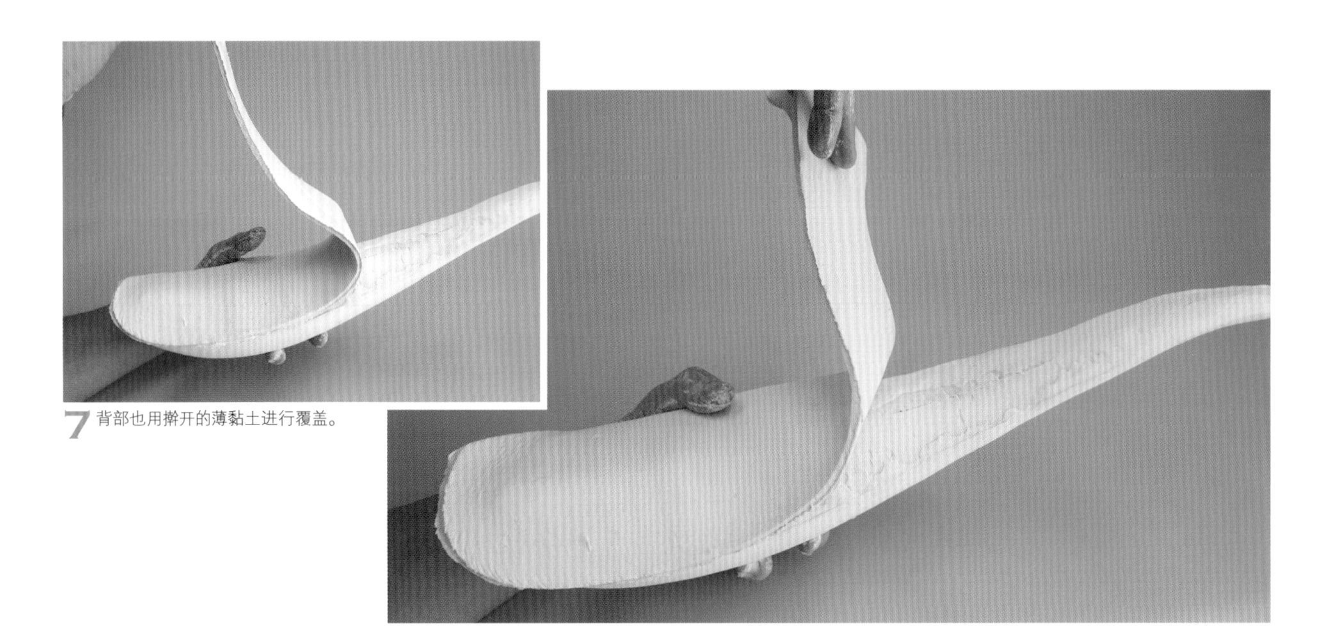

7 背部也用擀开的薄黏土进行覆盖。

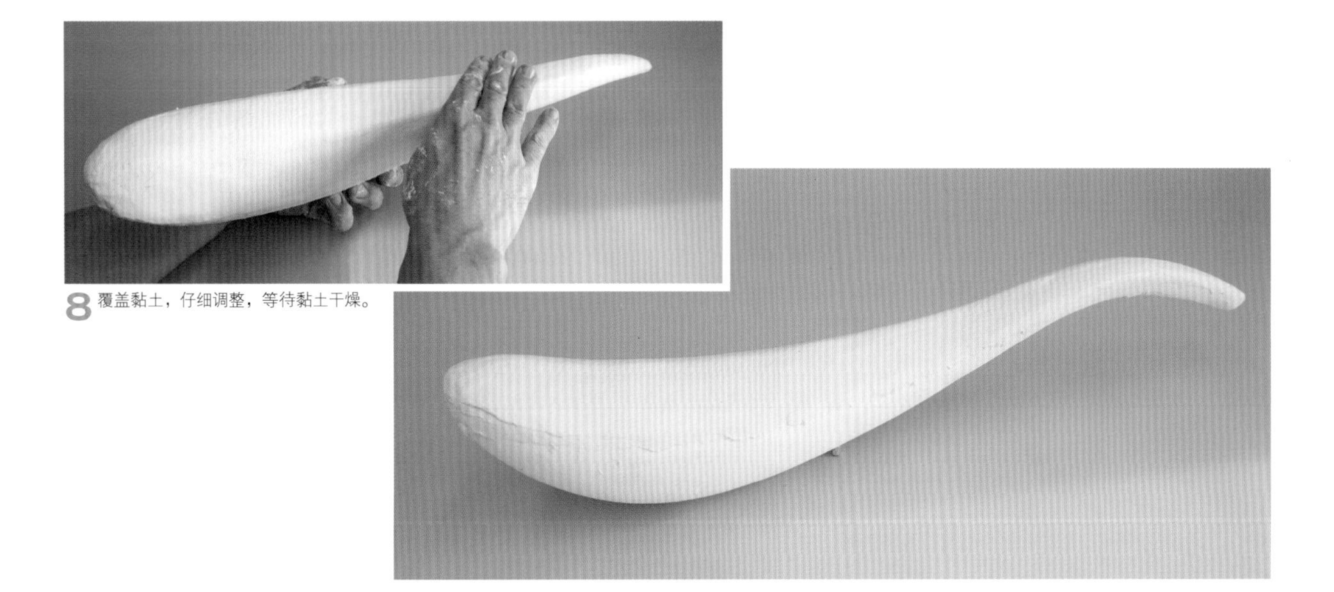

8 覆盖黏土，仔细调整，等待黏土干燥。

9 将120号砂布包裹在木块上用于打磨表面。

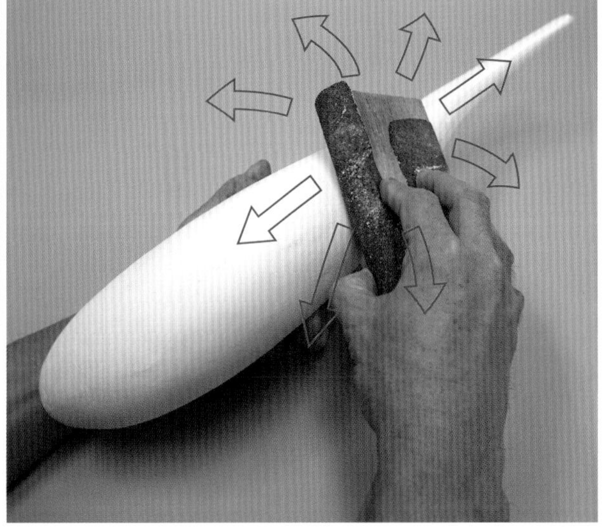

关于砂布

本书中，主要是使用砂布(还有研磨布、砂纸)来打磨干燥的石粉黏土。比起砂纸，砂布更加结实，打磨曲面时更加方便。打磨手办等模型时，通常使用400 ~ 1000号细粒度砂布，本书中使用到的多是80 ~ 120号粗粒度砂布。

基础躯干的完成

在用砂布打磨时，如果只注意局部，打磨出来的效果就很容易变形，不平滑。注意，要从多方位检查左、右的形状是否相同，以及有没有变形。

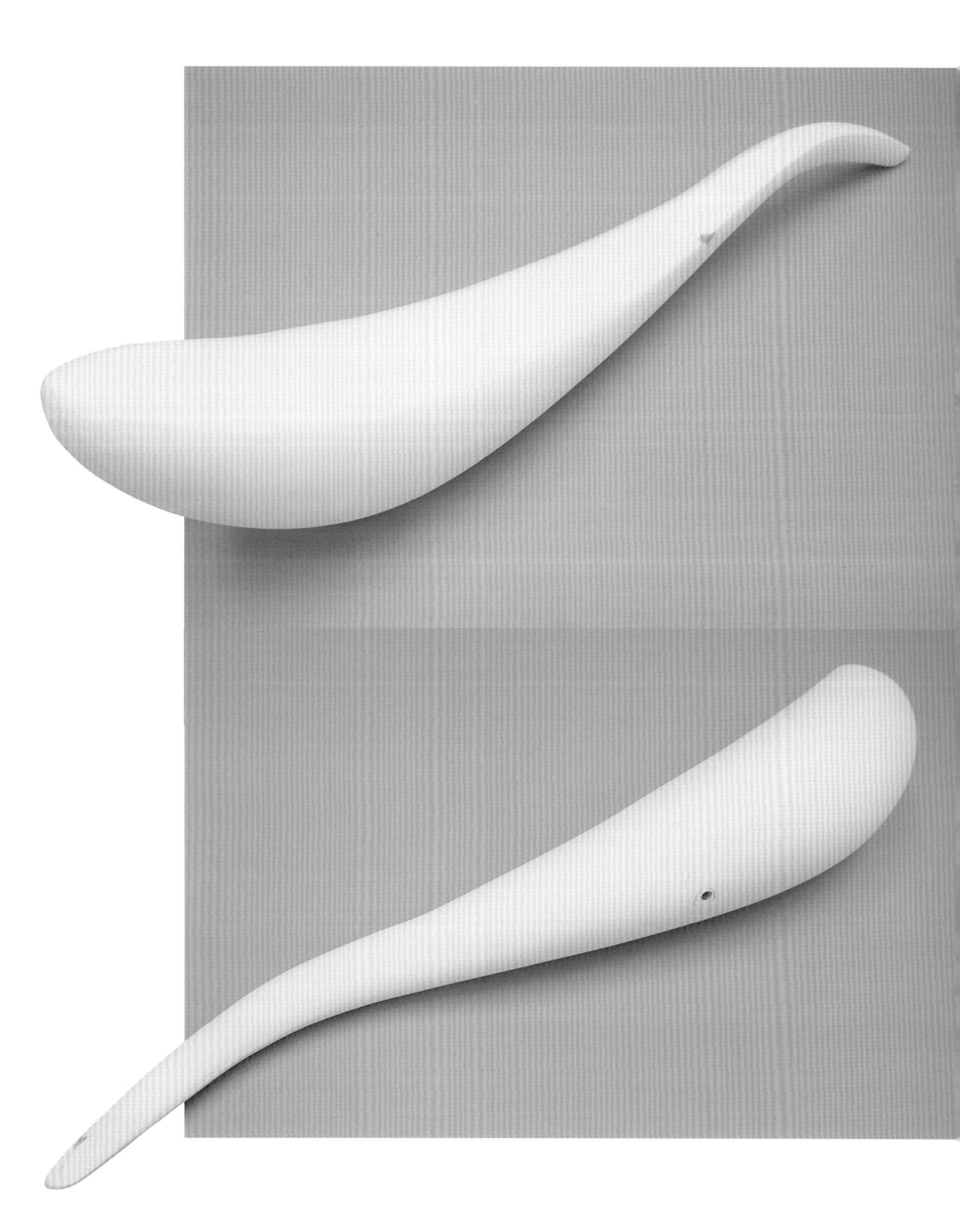

本体细节—底座的制作

1 尾鳍／胸鳍的造型

◉ 制作纸样

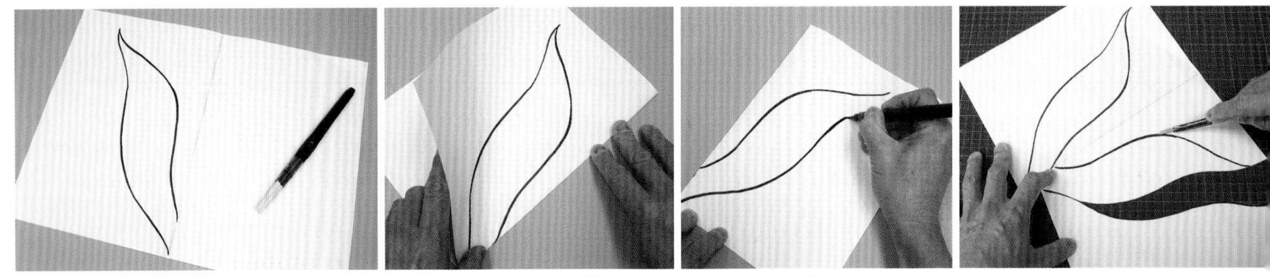

1 用粗笔在薄纸上画出半边的鳍，将纸对折，透过纸再描出另一边的鳍，这样就可以画出左右对称的尾鳍纸样。

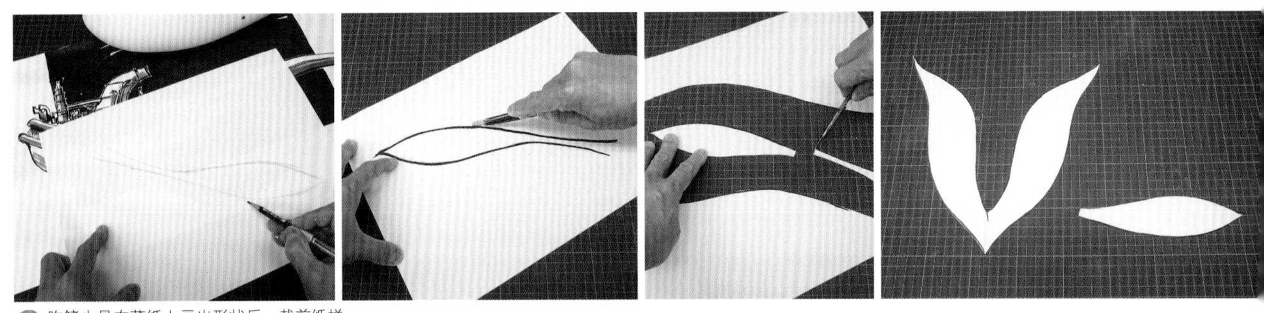

2 胸鳍也是在薄纸上画出形状后，裁剪纸样。

◉ 按照纸样裁剪黏土

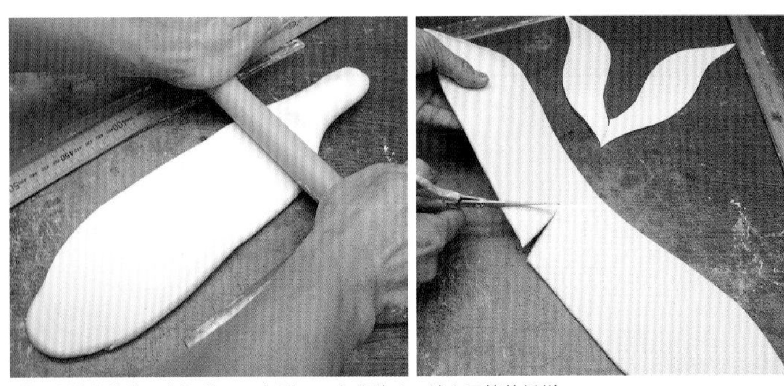

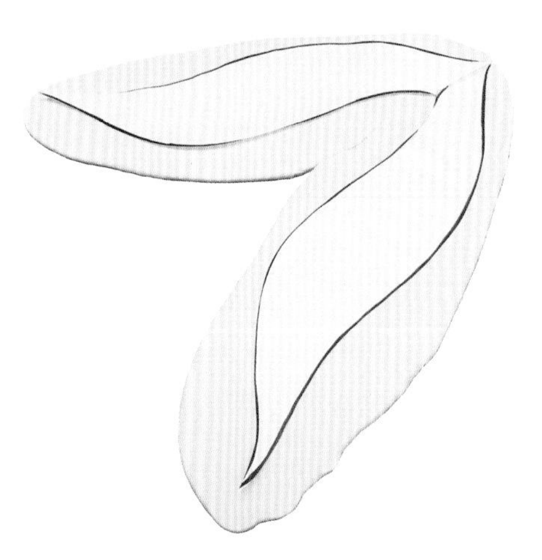

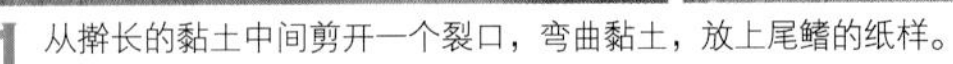

1 从擀长的黏土中间剪开一个裂口，弯曲黏土，放上尾鳍的纸样。

2 按照纸样裁剪，放在挤塑聚苯乙烯泡沫板上。在挤塑聚苯乙烯泡沫板上制作，就很容易剥掉以及翻转黏土。

◉ 在半边尾鳍上添加花纹

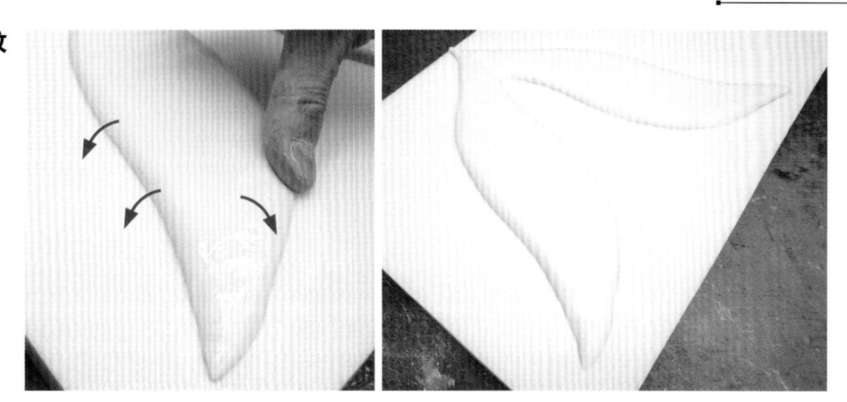

1 用手指压圆刚才用小刀切开的边缘位置。

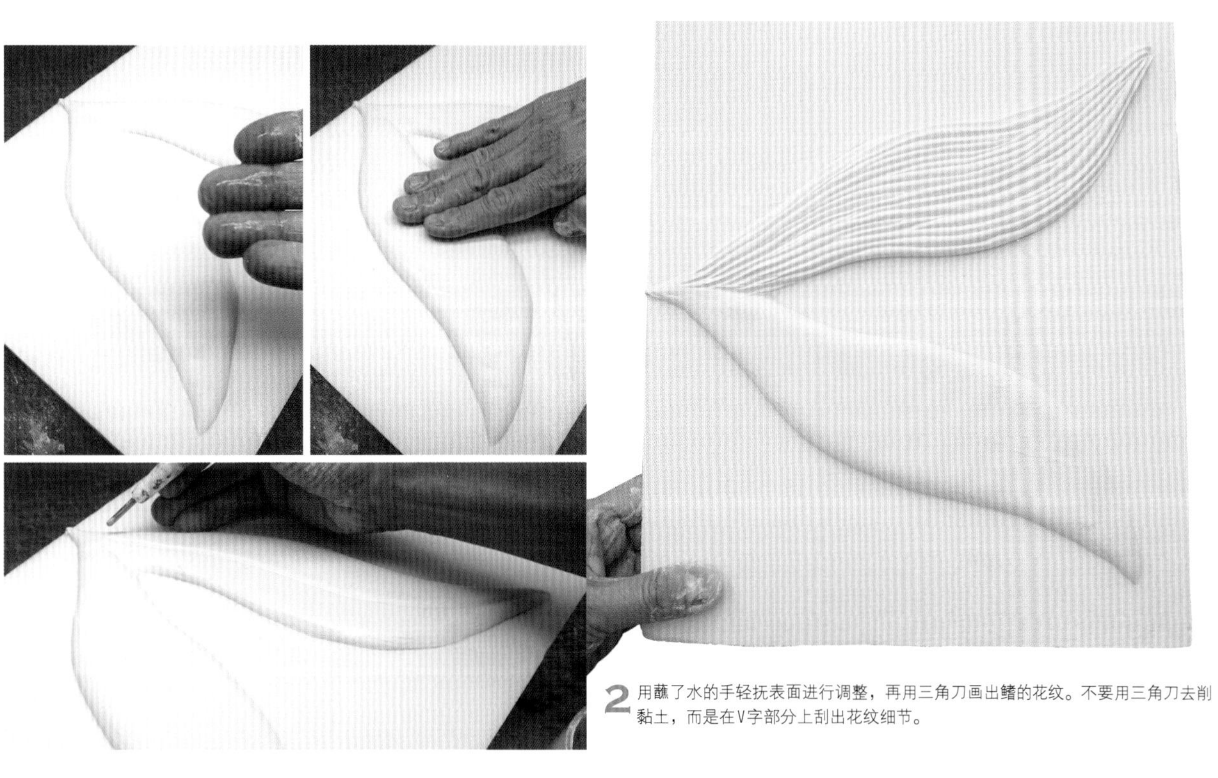

2 用蘸了水的手轻抚表面进行调整，再用三角刀画出鳍的花纹。不要用三角刀去削黏土，而是在V字部分上刮出花纹细节。

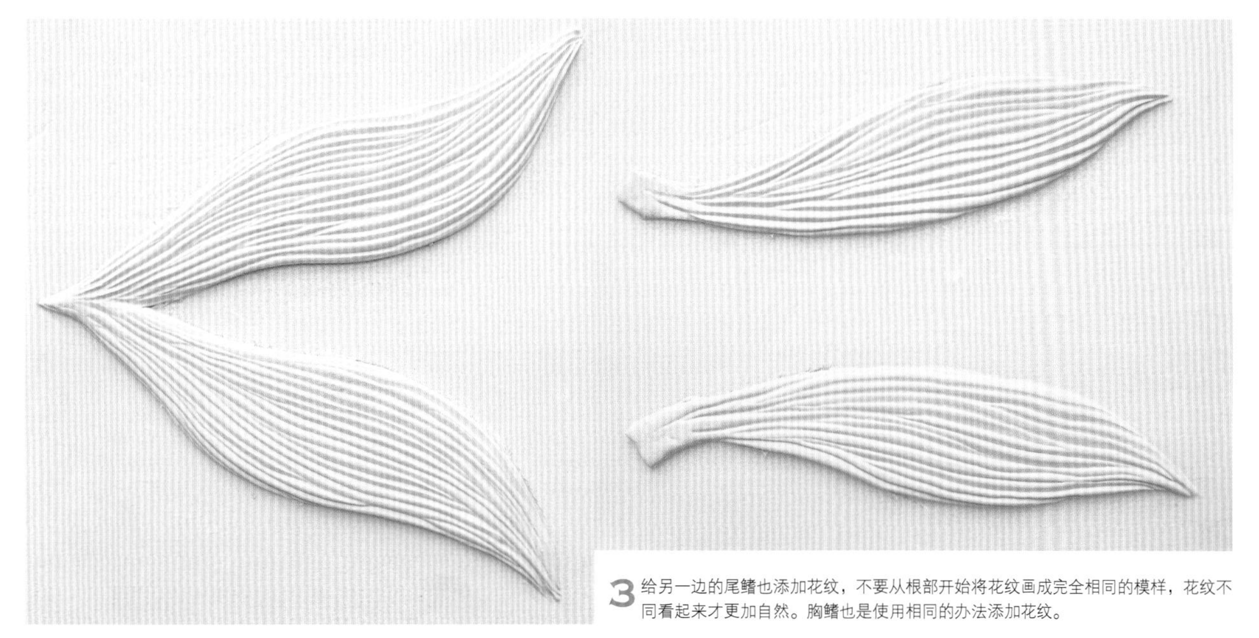

3 给另一边的尾鳍也添加花纹，不要从根部开始将花纹画成完全相同的模样，花纹不同看起来才更加自然。胸鳍也是使用相同的办法添加花纹。

◉ 背面也添加花纹（尾鳍）

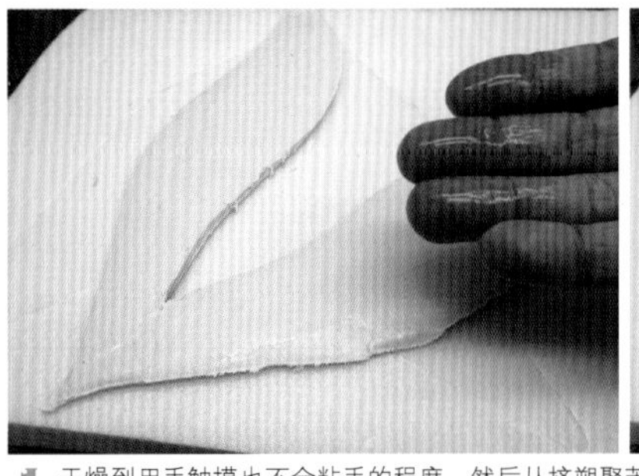
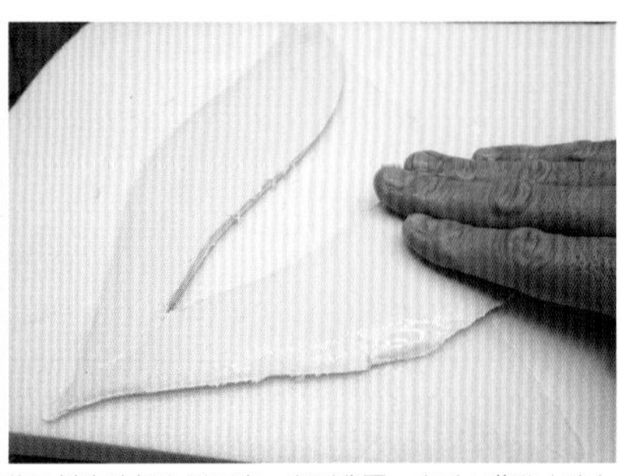

1 干燥到用手触摸也不会粘手的程度，然后从挤塑聚苯乙烯泡沫板上剥下来，翻到背面，在手上蘸些水均匀涂湿表面。

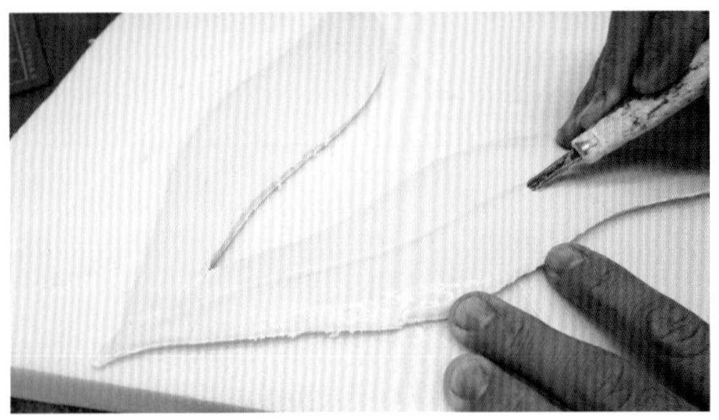

2 翻转过来的这面上也用三角刀划上花纹。

3 用毛巾等物品堆出一个鼓包，将尾鳍放在上面进行干燥。干燥的时候注意要放在毛巾上，放在毛巾那种表面不稳定的物品上，尾鳍才会呈现出自然的形状。

◉ 在背面粘贴黏土添加花纹（胸鳍）

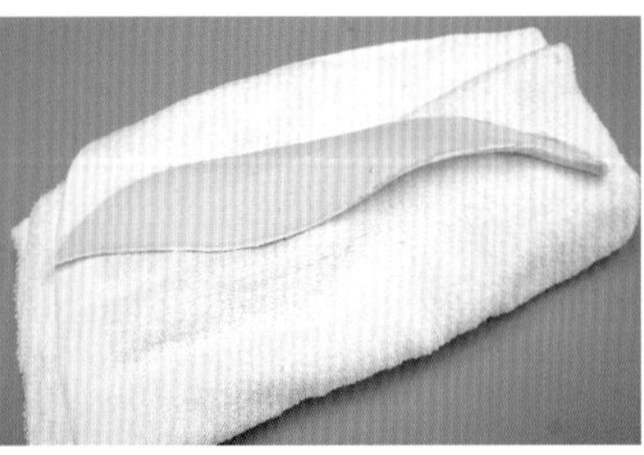
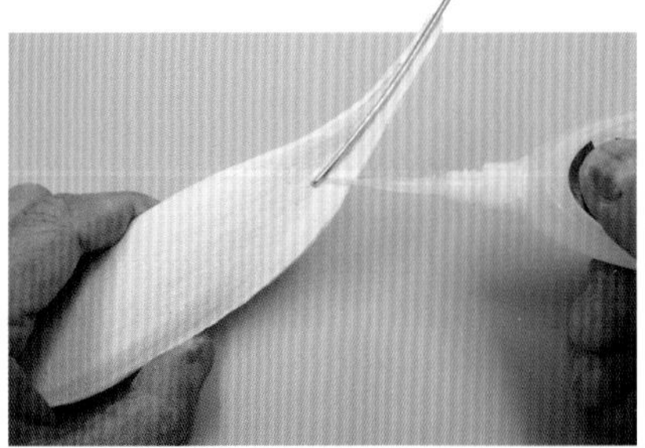

1 因为胸鳍很细很容易折断，所以与尾鳍的制作方法不同，要用两片薄黏土夹上铜丝固定。只在一面添加花纹，放在毛巾上干燥。用瞬间黏合剂黏合铜丝。

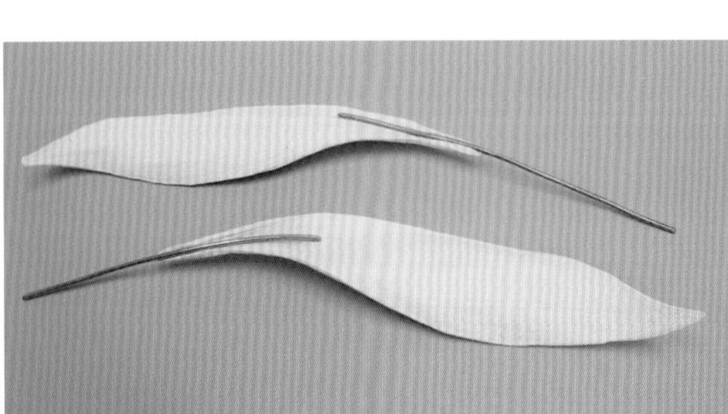
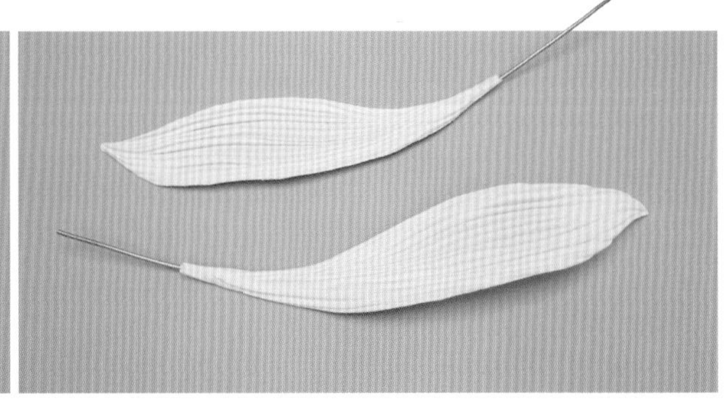

2 胸鳍的背面与表面。要在没有画花纹的一面粘贴薄黏土。

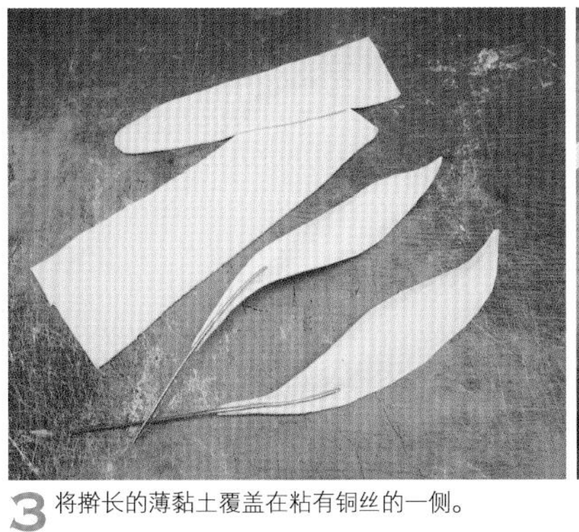

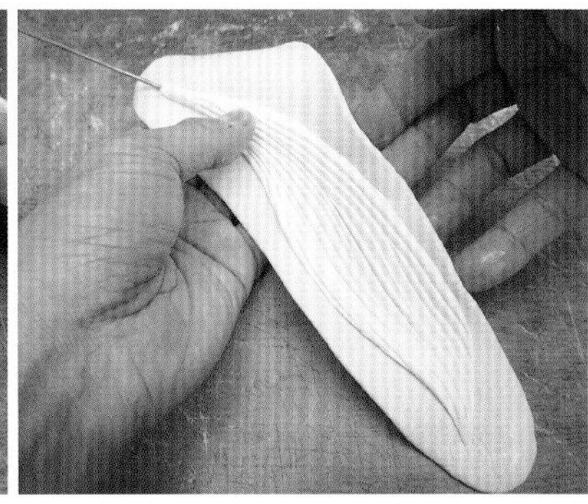

3 将擀长的薄黏土覆盖在粘有铜丝的一侧。

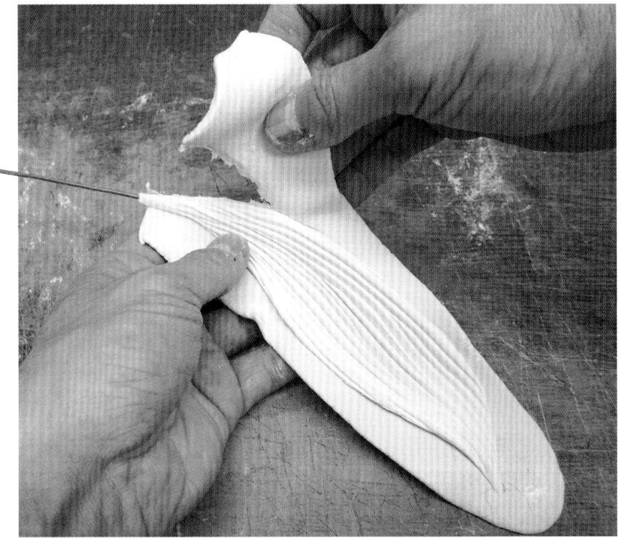
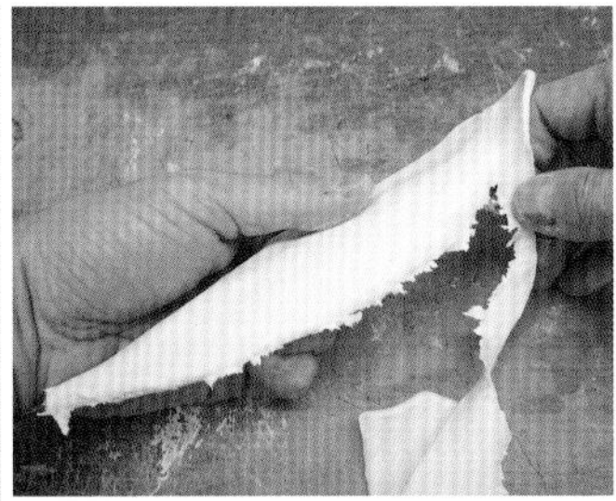

4 用手剥掉多余的黏土，不要用剪刀剪，而是用手按着剥掉，这样才能做出薄厚适合精致的鳍。

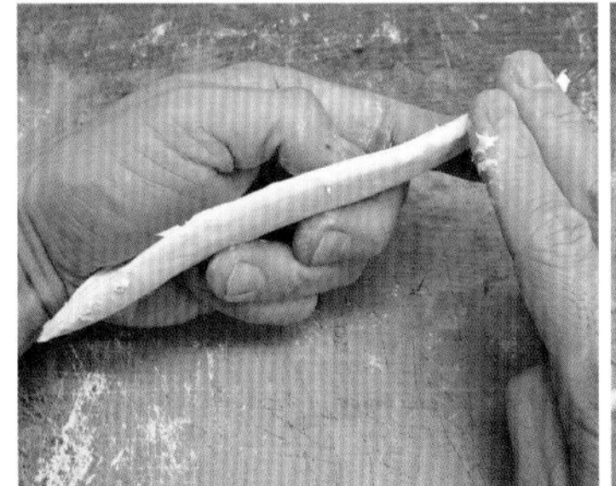

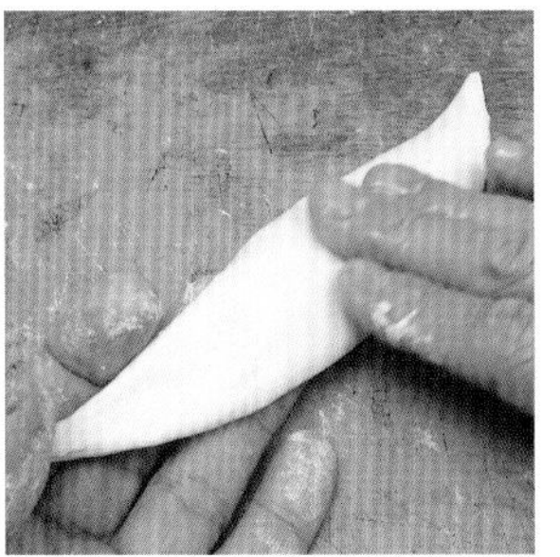

5 用蘸了水的手将粘贴的部分完美融在一起。

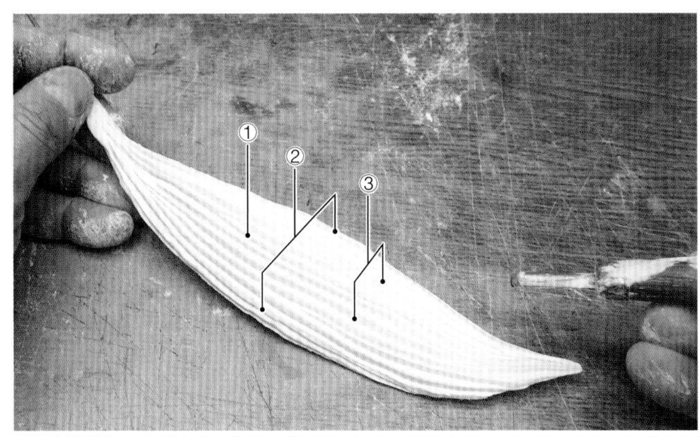

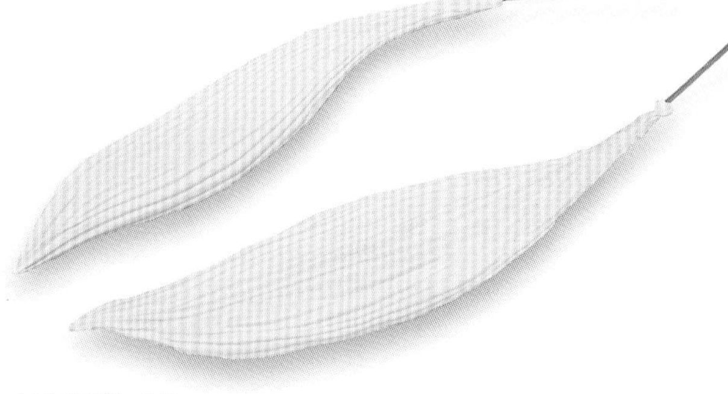

6 在粘的黏土干燥之前，使用三角刀添加细节。①正中间→②外侧→③中间与外侧之间，以这种顺序，边注意整体协调，边添加细节。

2 嘴 / 眼睛的造型

◉ 制作鲸须

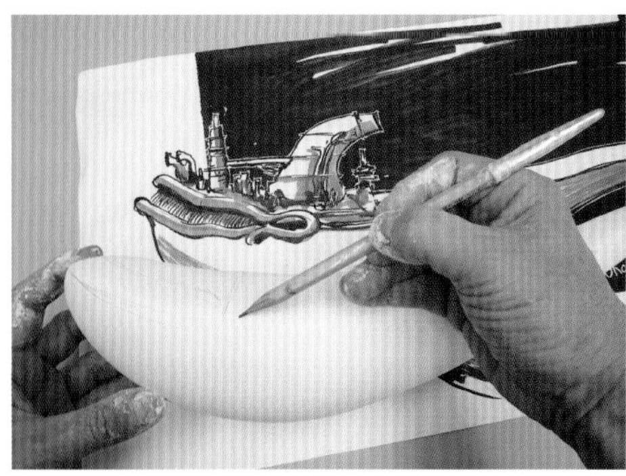

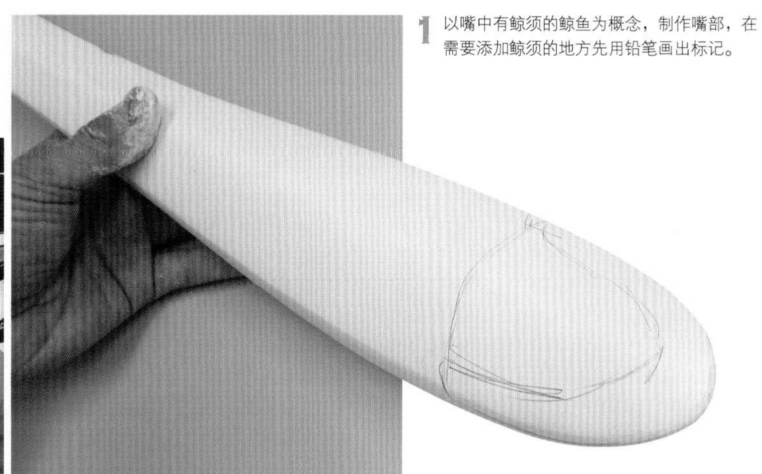

1 以嘴中有鲸须的鲸鱼为概念，制作嘴部，在需要添加鲸须的地方先用铅笔画出标记。

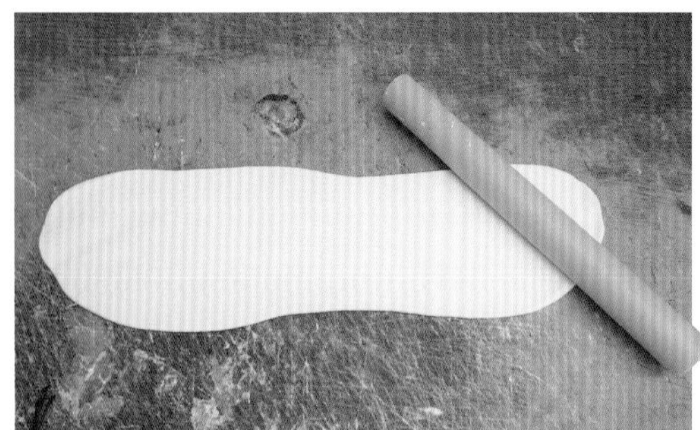

2 将黏土擀长擀薄，用普通的梳子慢慢添加鲸须。剪掉梳子的两端，就能画得更均匀。制作时多制作一些，然后裁剪出最完美的一段。

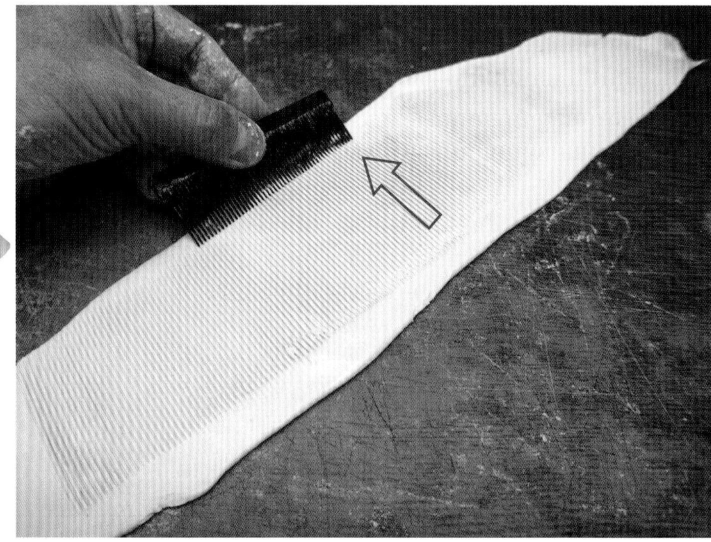

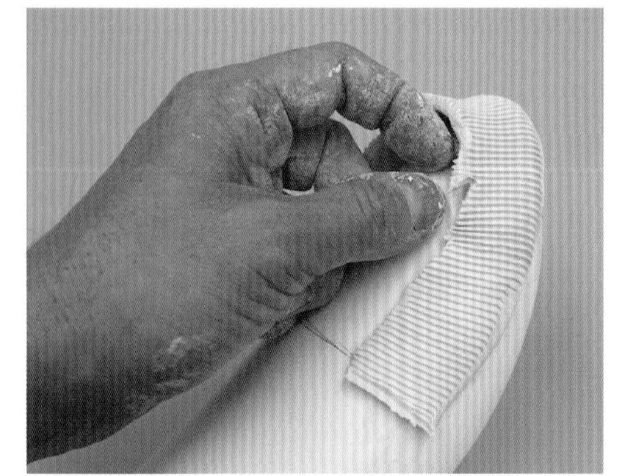

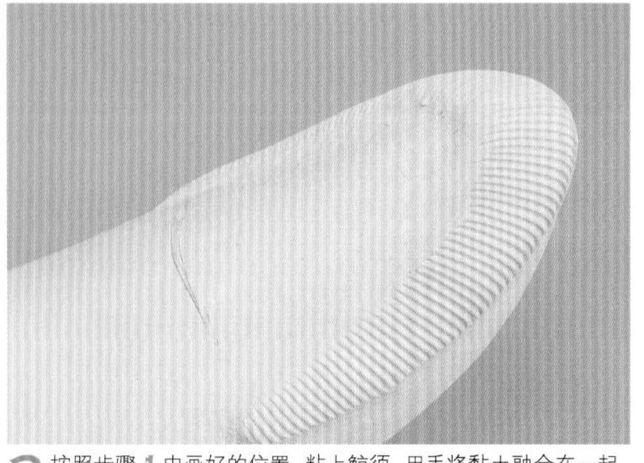

3 按照步骤 1 中画好的位置，粘上鲸须，用手将黏土融合在一起。

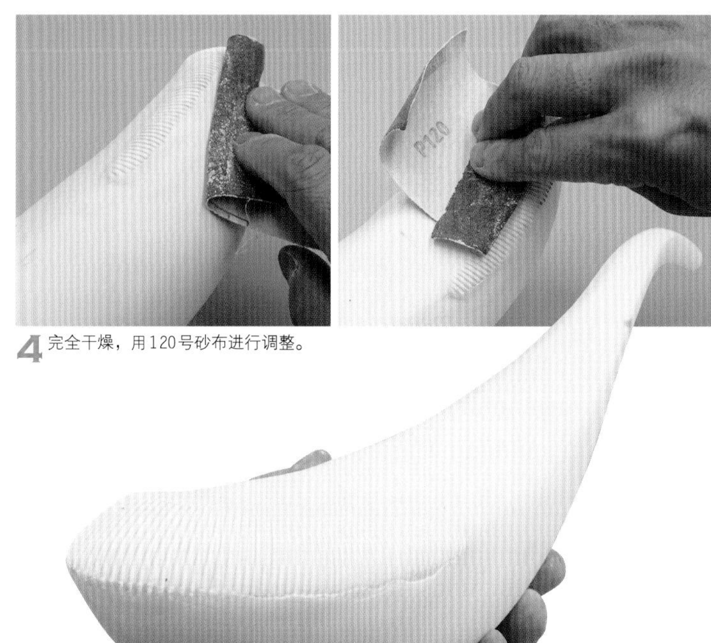

4 完全干燥，用120号砂布进行调整。

制作眼睛并定位置

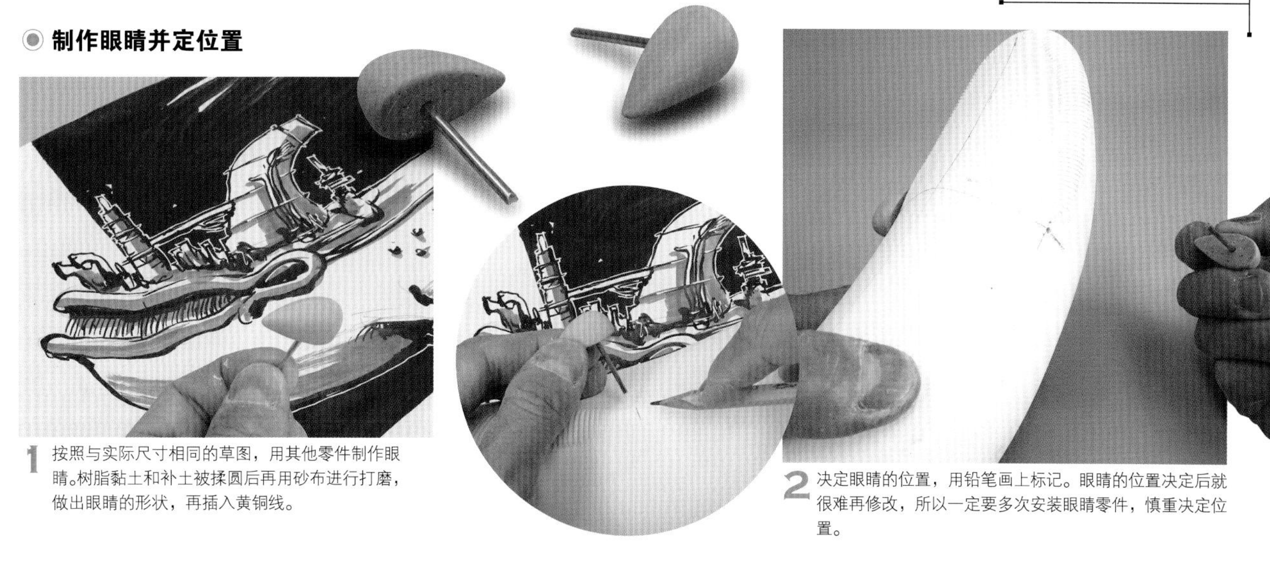

1 按照与实际尺寸相同的草图，用其他零件制作眼睛。树脂黏土和补土被揉圆后再用砂布进行打磨，做出眼睛的形状，再插入黄铜线。

2 决定眼睛的位置，用铅笔画上标记。眼睛的位置决定后就很难再修改，所以一定要多次安装眼睛零件，慎重决定位置。

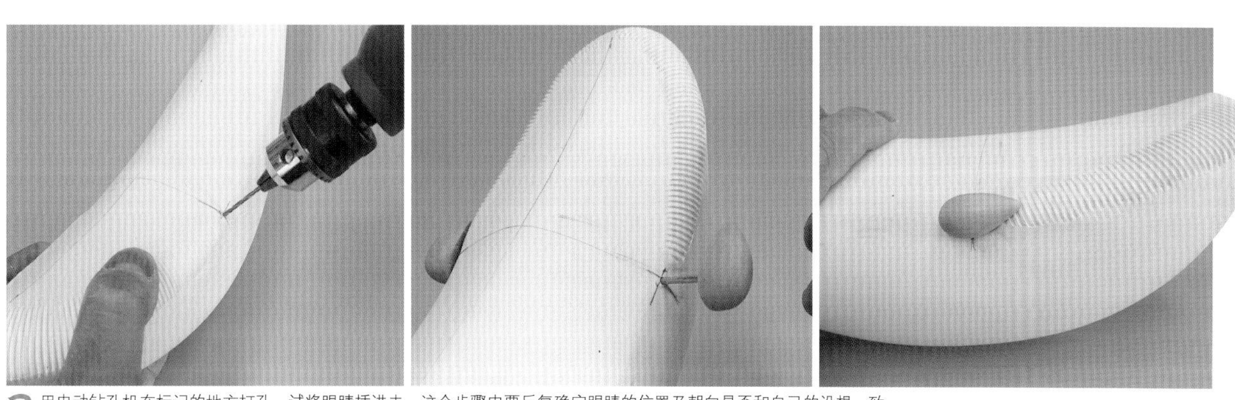

3 用电动钻孔机在标记的地方打孔，试将眼睛插进去。这个步骤中要反复确定眼睛的位置及朝向是否和自己的设想一致。

制作嘴唇并先固定中间

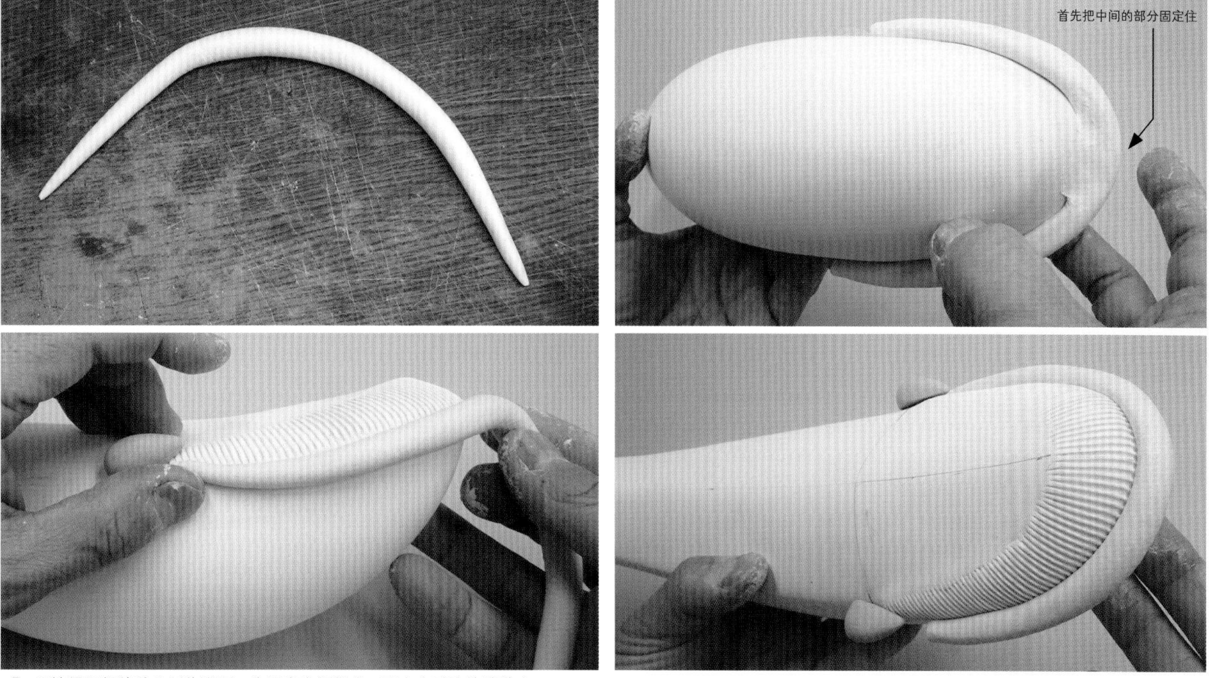

1 用抻得细长的黏土制作嘴唇，先固定中间部分，再左右对称粘贴黏土。

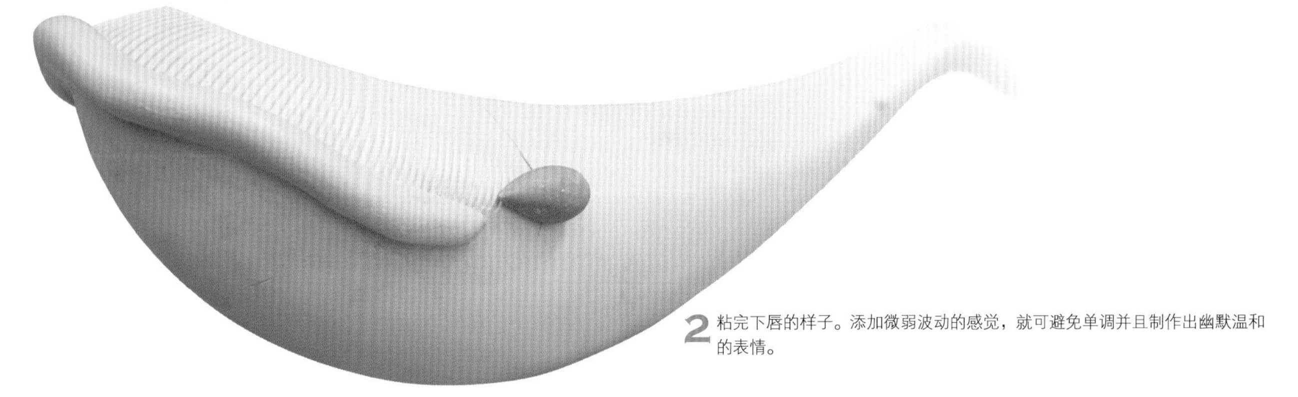

2 粘完下唇的样子。添加微弱波动的感觉，就可避免单调并且制作出幽默温和的表情。

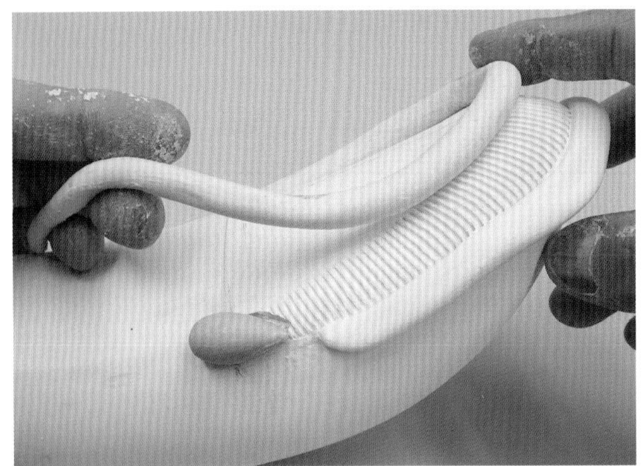

3 再将黏土抻长，制作上唇，上唇的末端要围住眼睛。

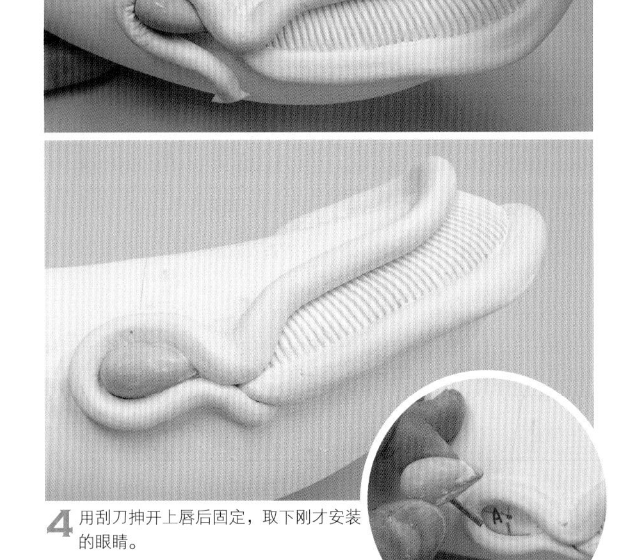

4 用刮刀抻开上唇后固定，取下刚才安装的眼睛。

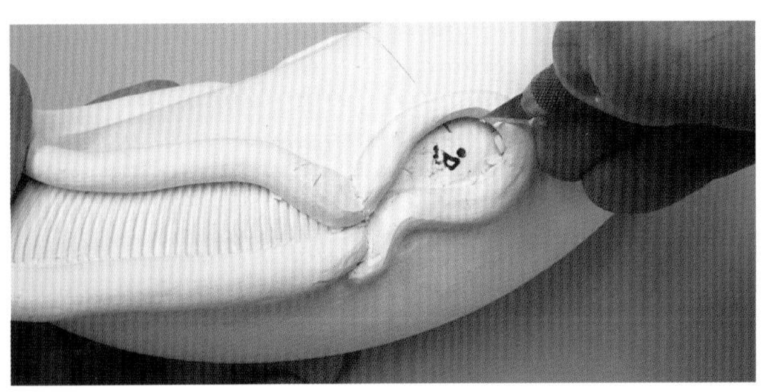

5 眼睛在涂装之后就会看起来很厚，所以先用小刀削刮眼睛周围，保证安装眼睛时可以完美嵌入。

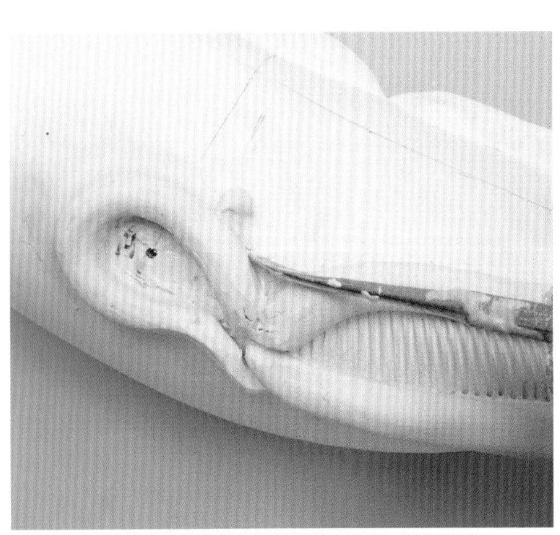

6 用黏土填补嘴唇与本体之间的缝隙，用刮刀进行调整。

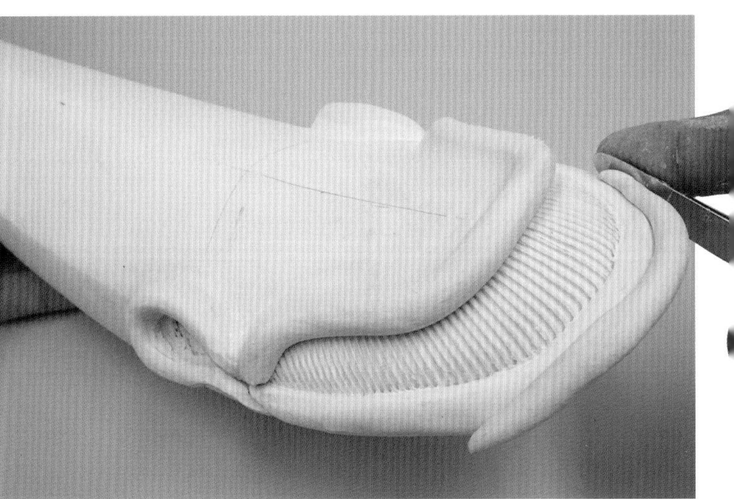

7 观察整体是否协调，上唇不够丰满，所以再补一些黏土增添厚度。

◉ 黏合尾鳍

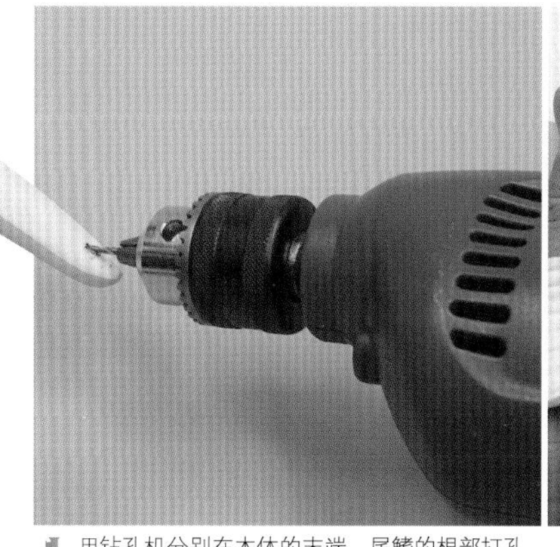
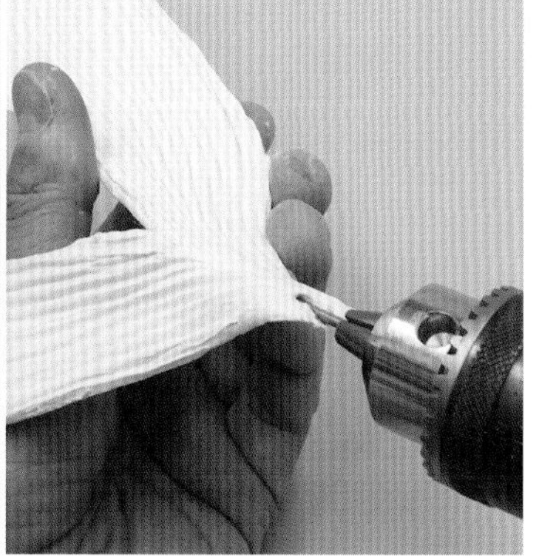

1 用钻孔机分别在本体的末端、尾鳍的根部打孔。

2 将黄铜线插入尾鳍。

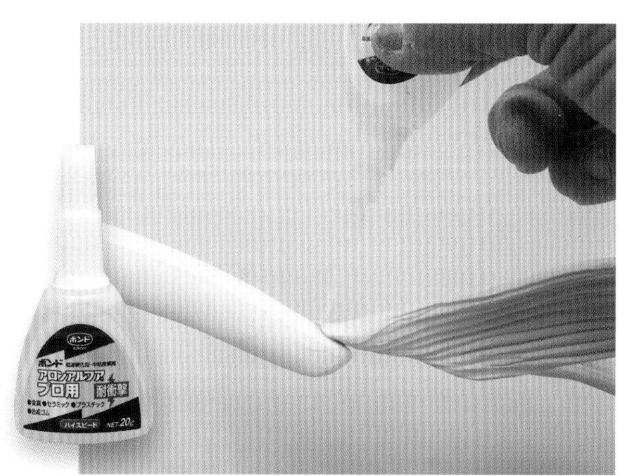

3 用瞬间黏合剂粘到本体上。本书中使用的是Konishi(小亚)的“Aron Alpha专业用耐冲击瞬间粘合剂”。

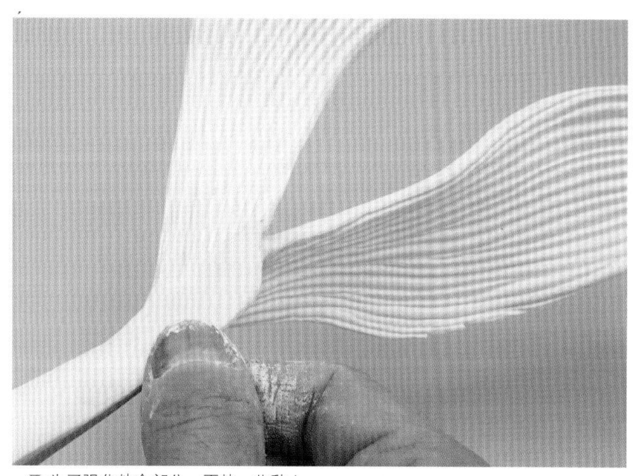

4 为了强化粘合部分，再粘一些黏土。

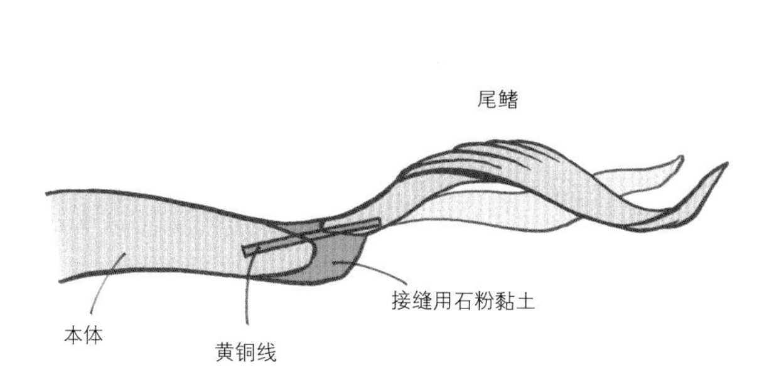

5 横截面图。中间插了黄铜线，所以就很牢固，不容易折断。

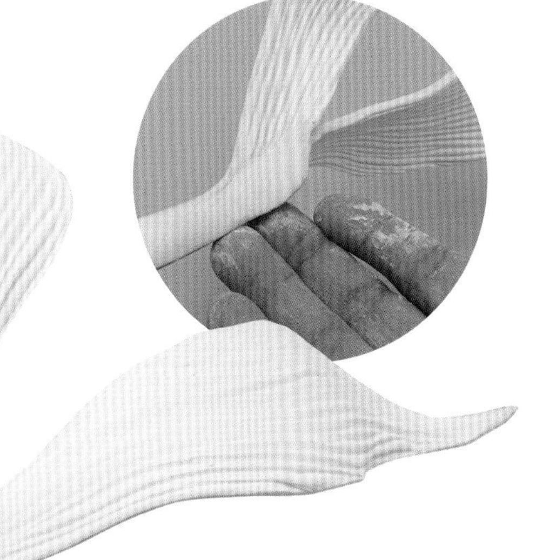

6 分别抻长两片尾鳍，加大接触面积。

3 烟筒的造型

◉ 裁剪芯材

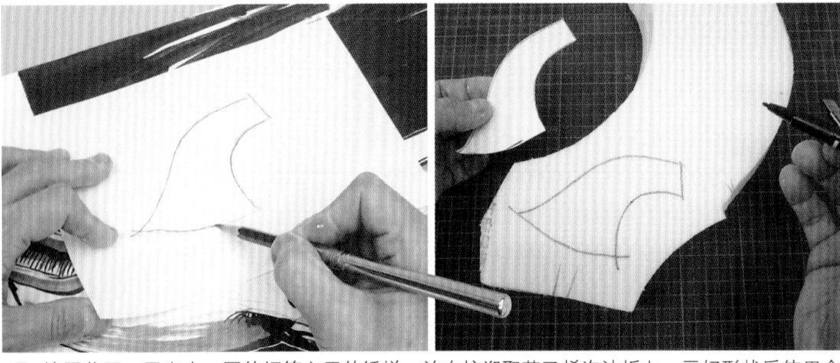

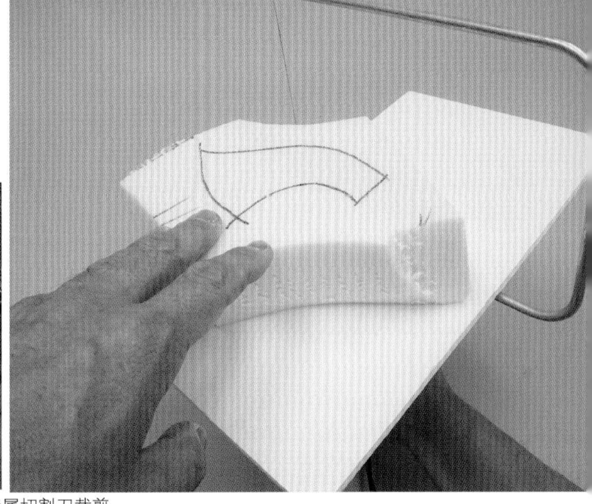

1 按照草图，画出小一圈的烟筒主干的纸样。放在挤塑聚苯乙烯泡沫板上，画好形状后使用金属切割刀裁剪。

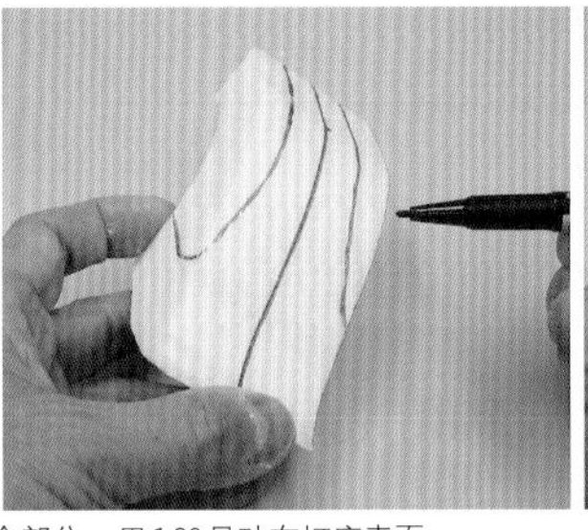

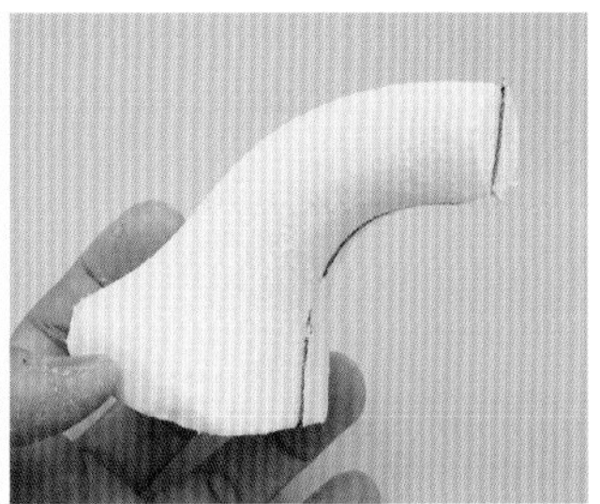

2 再用油性笔描绘形状，用小刀削掉多余部分，用120号砂布打磨表面。

◉ 包裹黏土，调整位置

1 包裹抻开的薄黏土，用剪刀适当剪掉多余的黏土。注意，不要让表面过厚或不均。

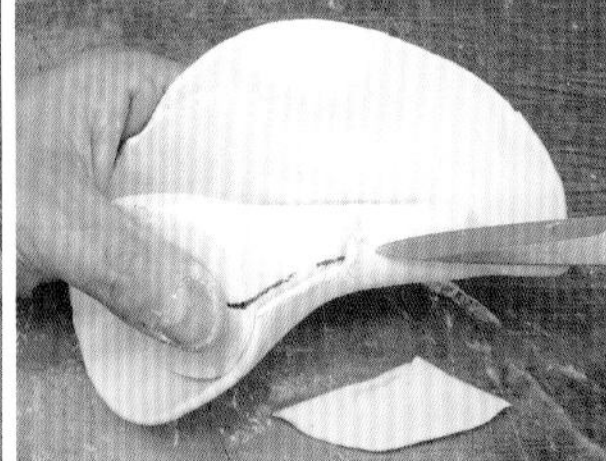

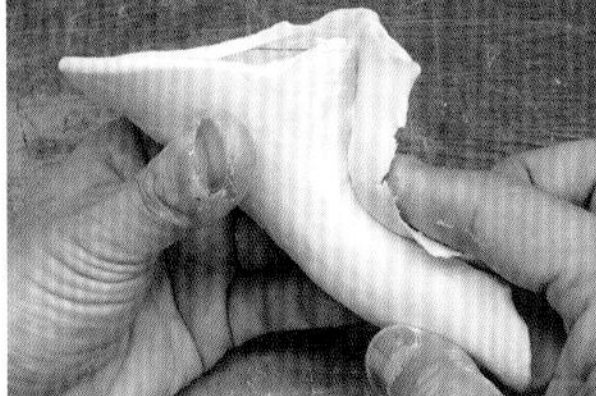

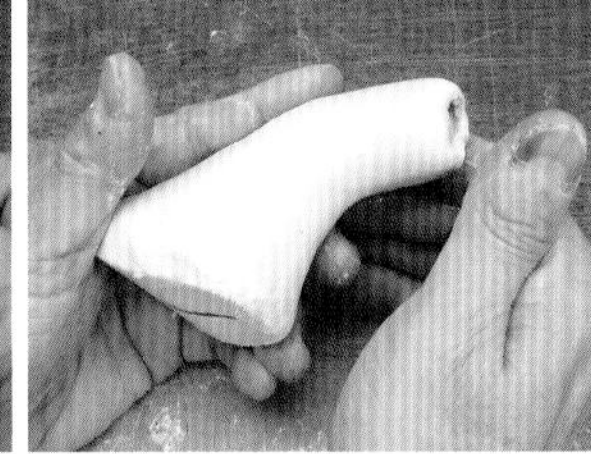

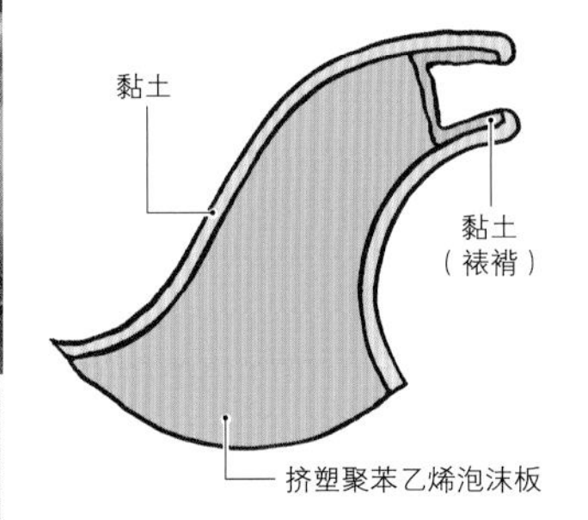

2 烟筒口部位用黏土包裹且干燥后，取出里面的挤塑聚苯乙烯泡沫板，粘贴黏土作为袪褙。

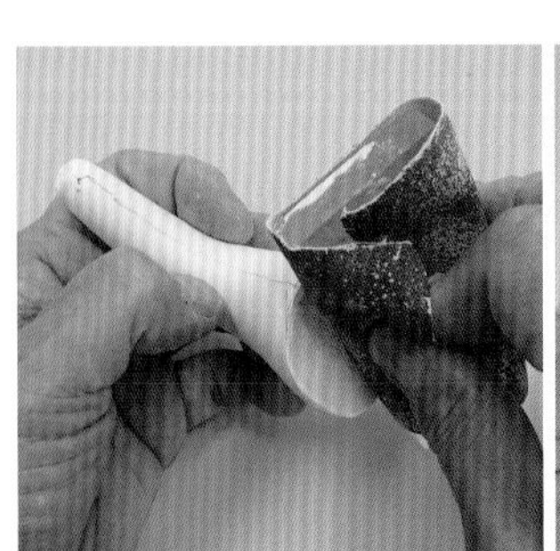

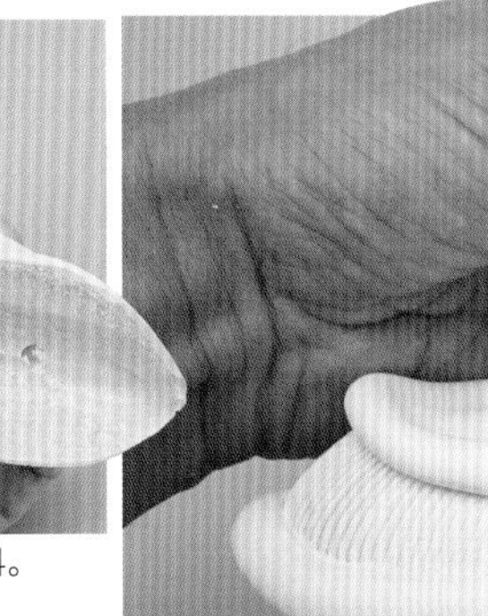

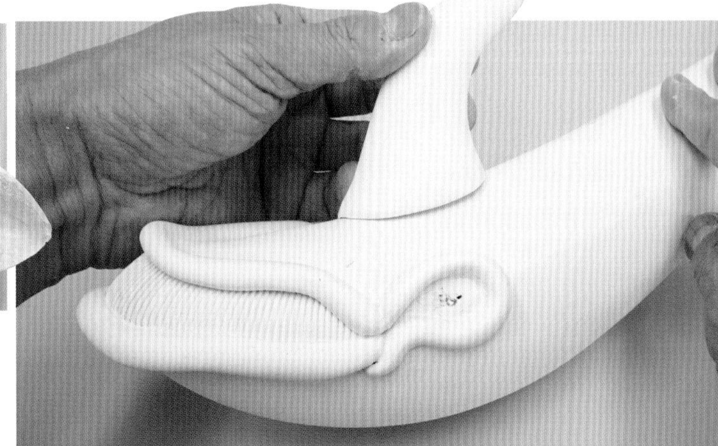

3 用小刀或砂布打磨烟筒底部，放在本体上，检查是否有倾斜。

◉ 安装在本体上

1 用雕刻刀磨平烟筒口部位，使用瞬间黏合剂固定在本体上。用抻长的黏土来盖住本体与烟筒之间的缝隙，再调整线条使其平滑。

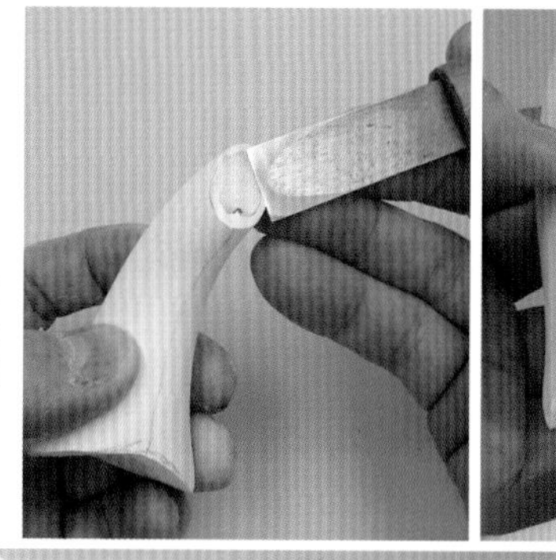
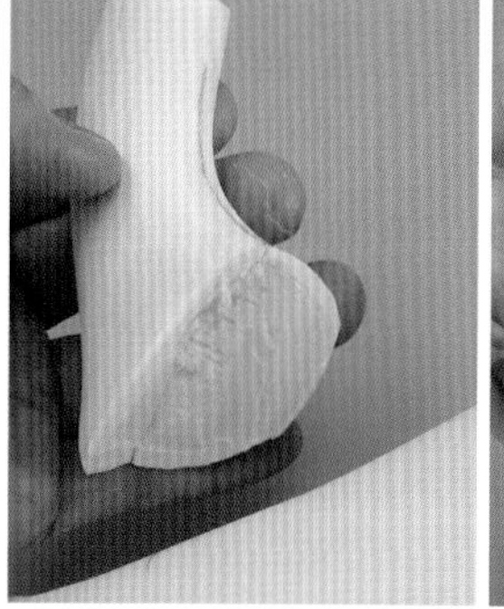
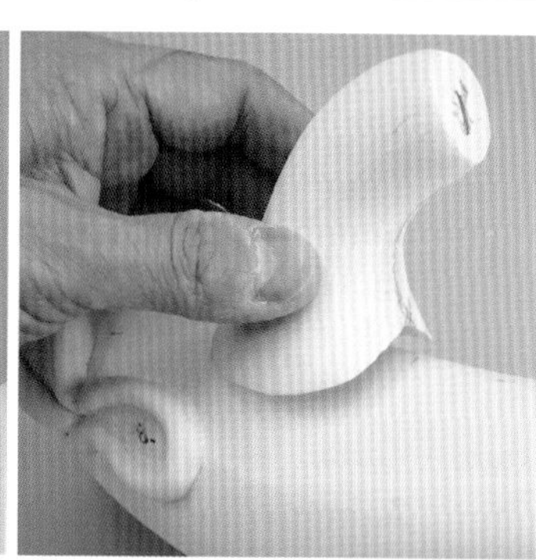
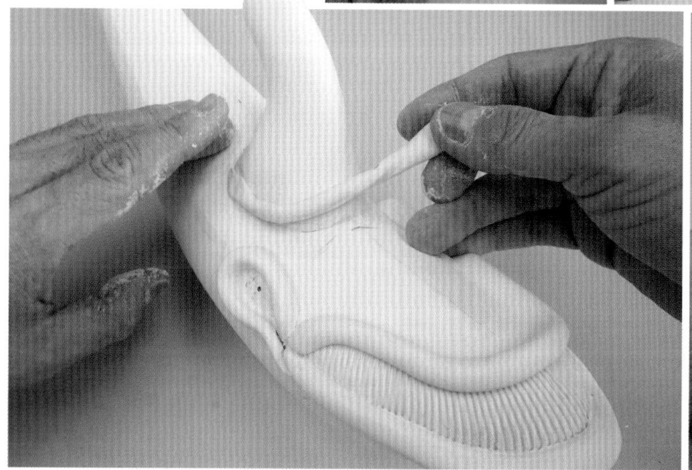
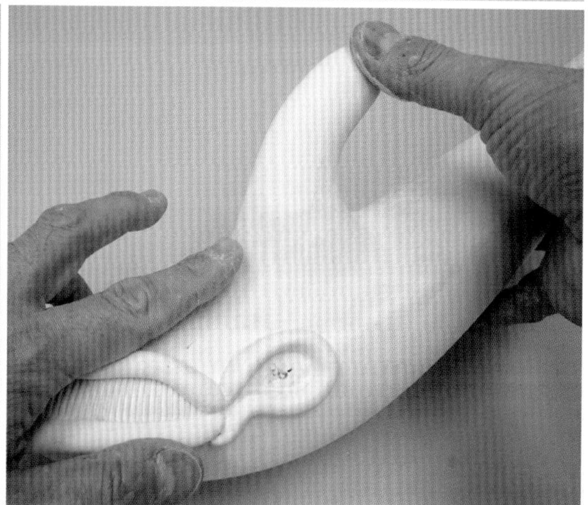

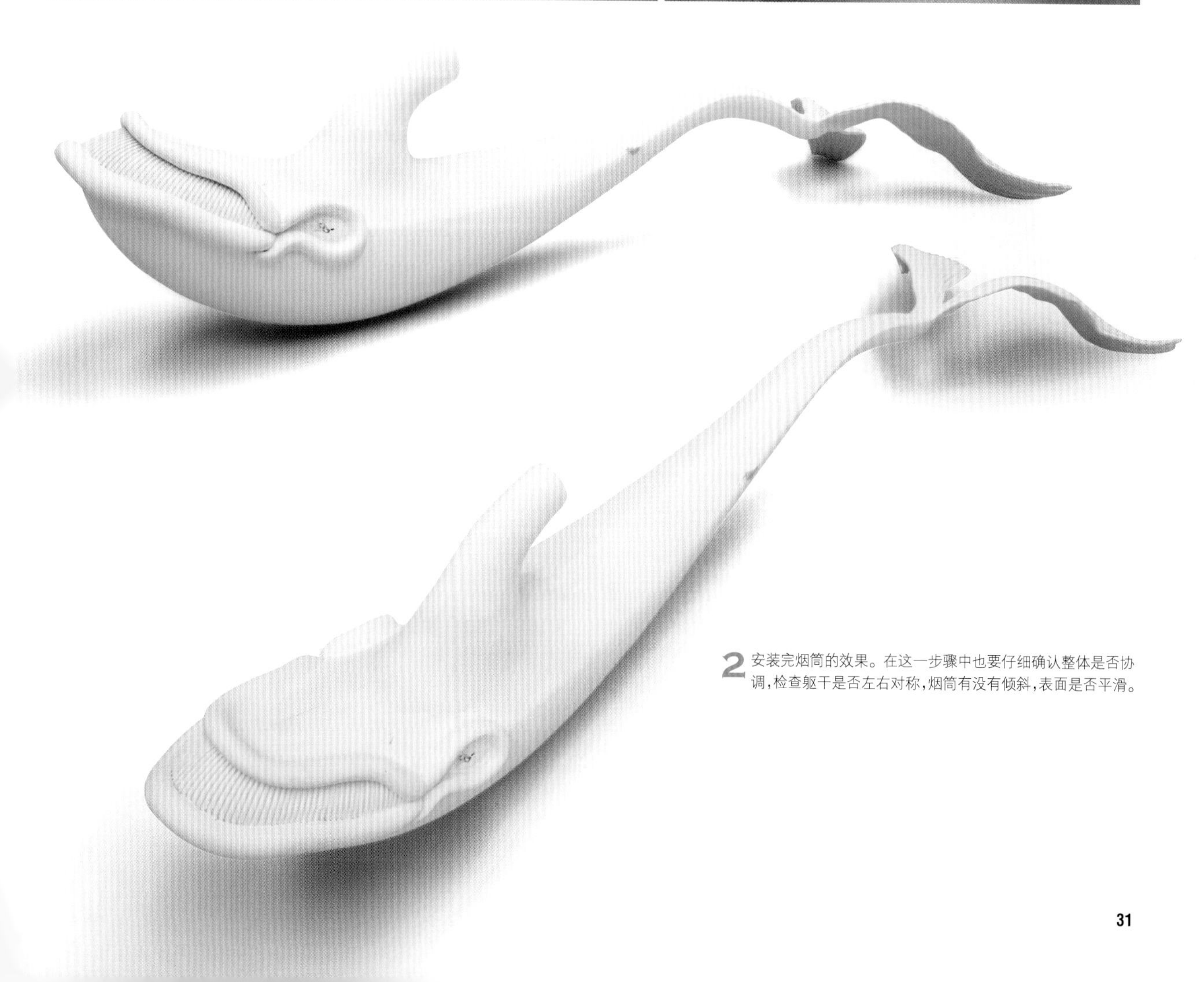

2 安装完烟筒的效果。在这一步骤中也要仔细确认整体是否协调，检查躯干是否左右对称，烟筒有没有倾斜，表面是否平滑。

4 组装底座

◉ 组装胶合板

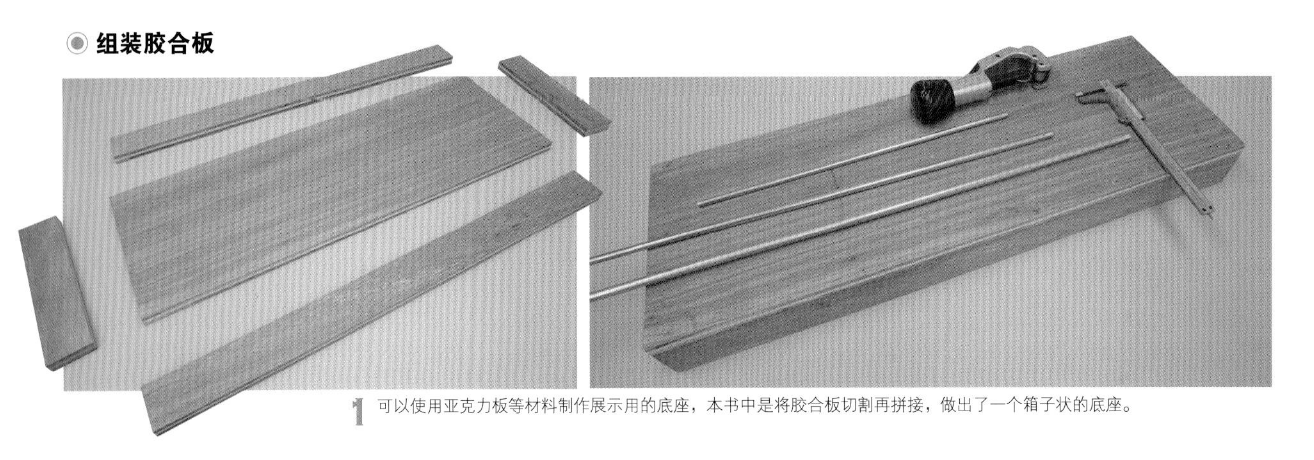

1 可以使用亚克力板等材料制作展示用的底座，本书中是将胶合板切割再拼接，做出了一个箱子状的底座。

◉ 制作支柱

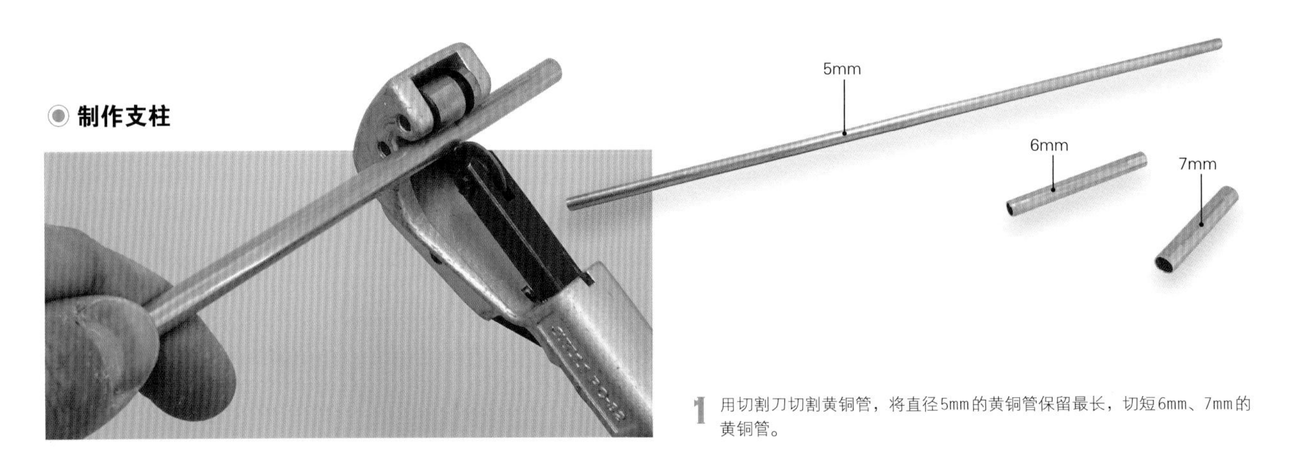

1 用切割刀切割黄铜管，将直径5mm的黄铜管保留最长，切短6mm、7mm的黄铜管。

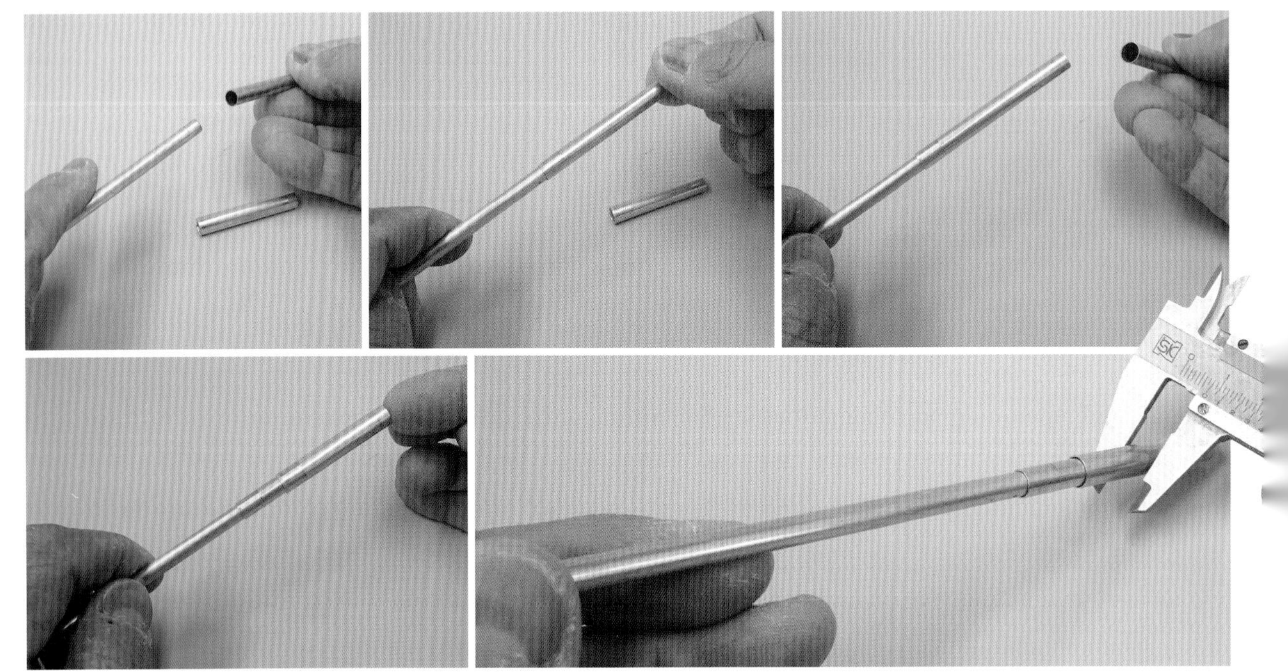

2 在细管上套上粗管，最后用卡尺确认直径，再根据直径选择钻孔机刀刃。

◉ 安装本体，确认协调

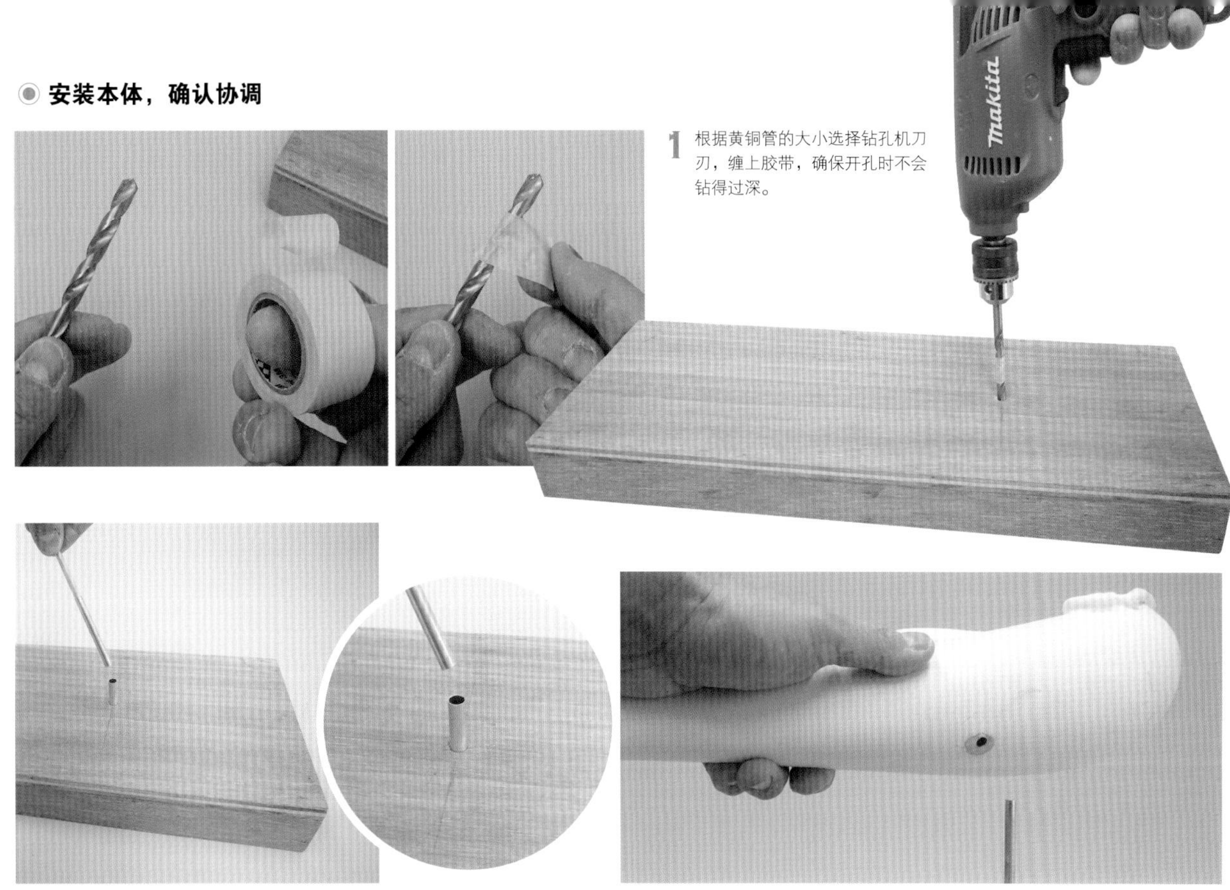

1 根据黄铜管的大小选择钻孔机刀刃，缠上胶带，确保开孔时不会钻得过深。

2 将黄铜管固定在底座上，在胶合板上固定结实后再安装鲸鱼本体。在这一步中先不要黏合本体，保持还能拆下来的状态。

3 底座过小看起来就会不安稳，过大又会掩盖鲸鱼主角的光芒。调整出最佳的协调效果，在摇摆的尾鳍下部保留一些空间。

机械部分的造型—细节制作

1 制作排气塔等其他管状零件

◉ 使用树脂黏土制作零件

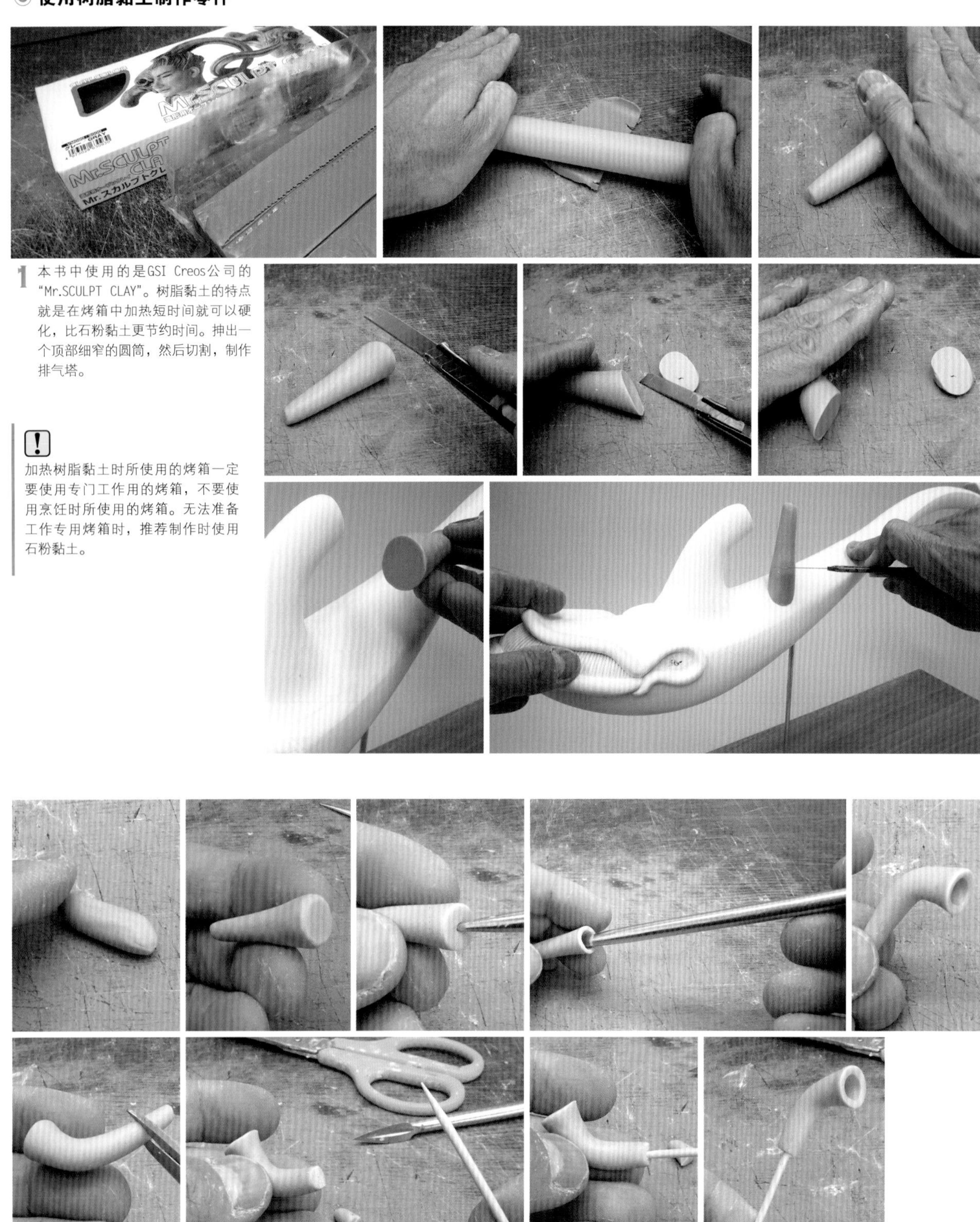

1 本书中使用的是GSI Creos公司的“Mr.SCULPT CLAY”。树脂黏土的特点就是在烤箱中加热短时间就可以硬化，比石粉黏土更节约时间。押出一个顶部细窄的圆筒，然后切割，制作排气塔。

!

加热树脂黏土时所使用的烤箱一定要使用专门工作用的烤箱，不要使用烹饪时所使用的烤箱。无法准备工作专用烤箱时，推荐制作时使用石粉黏土。

2 制作小型排气管。将黏土制作成圆锥形，再用针扎一个洞，调整成稍微弯曲的形状，再用剪刀修剪长度。

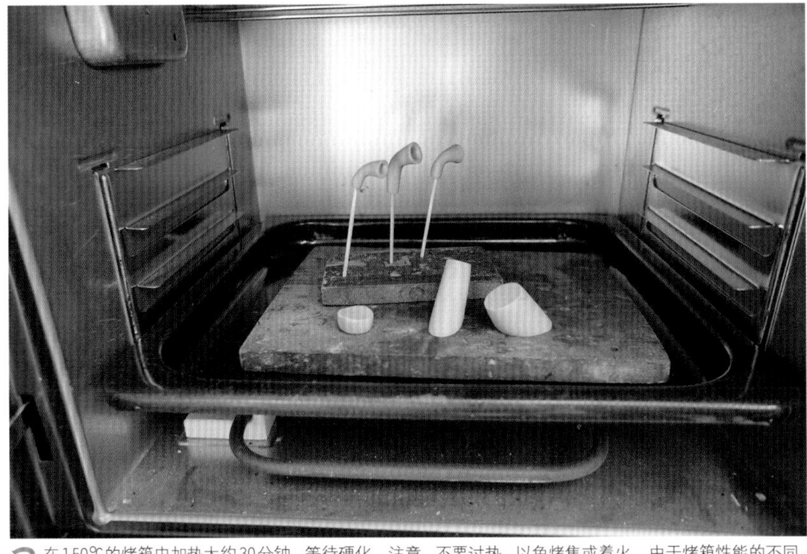

3 在150℃的烤箱中加热大约30分钟，等待硬化。注意，不要过热，以免烤焦或着火。由于烤箱性能的不同，有些烤箱可能需要覆盖铝箔纸避免直接烘烤。

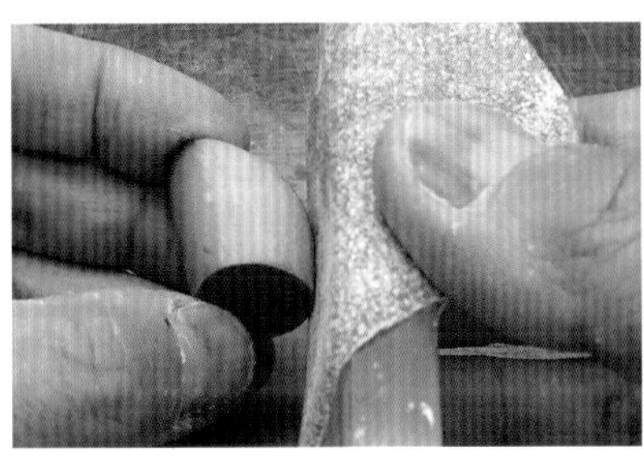
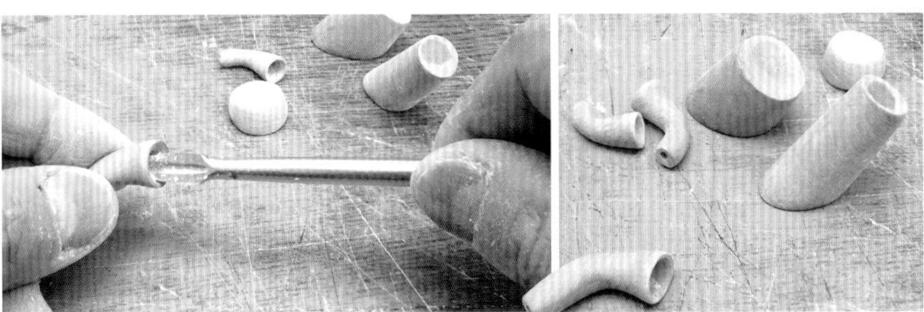

4 用砂布打磨表面，使用尖头的铲刀雕刻排气口，旋转铲刀，削出一个圆形的孔。

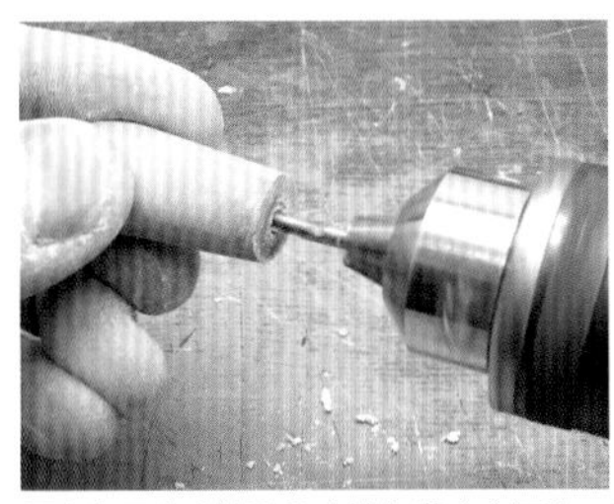

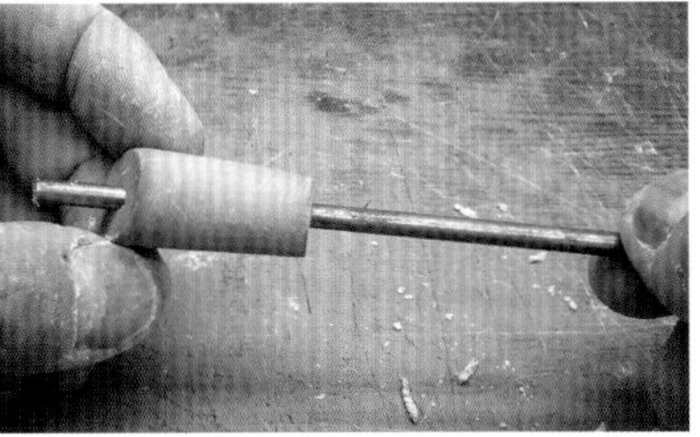

5 先用电动钻孔机在排气塔底座打孔，再穿一根圆铁棒（铝棒也可以）。

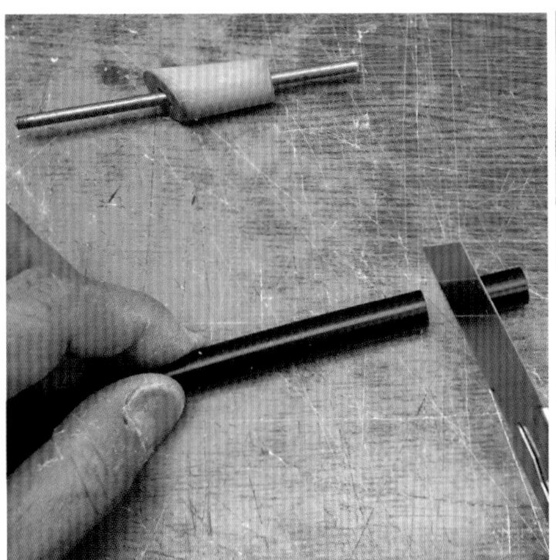
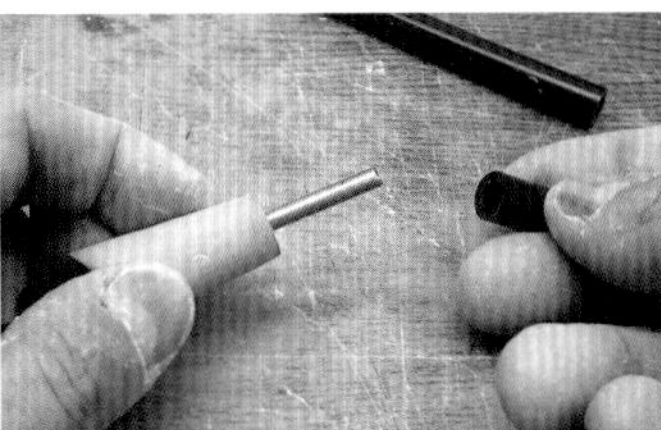
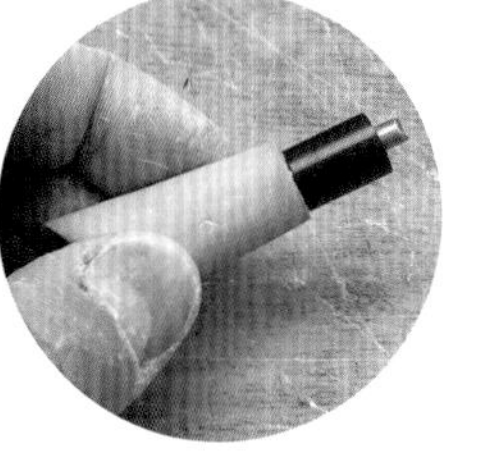
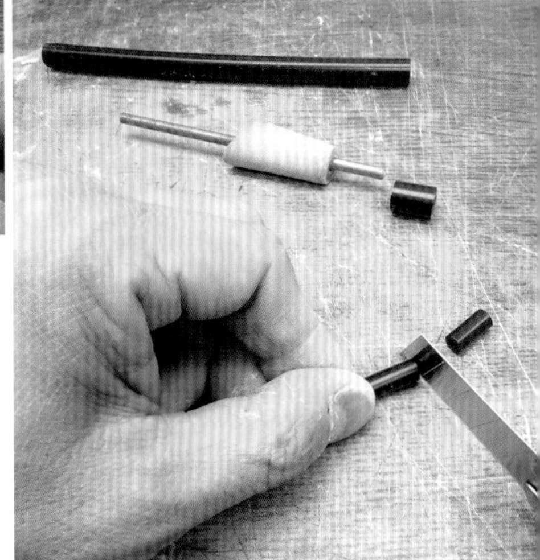

6 切割橡胶管，穿到圆铁棒上，再切割更细的橡胶管，堆积起来。本书中使用的是日本化线公司的“自游自在”彩色钢丝，抽出里面的金属丝，只使用橡胶管。

◉ 安装焊锡丝零件

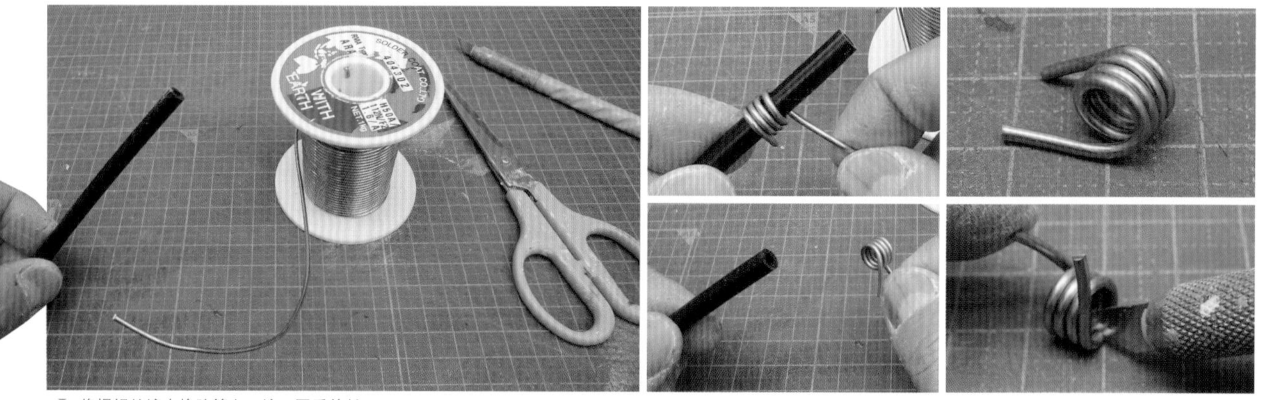

1 将焊锡丝缠在橡胶管上，缠三圈后剪断。

2 分成3个，用亚克力板压成环状。

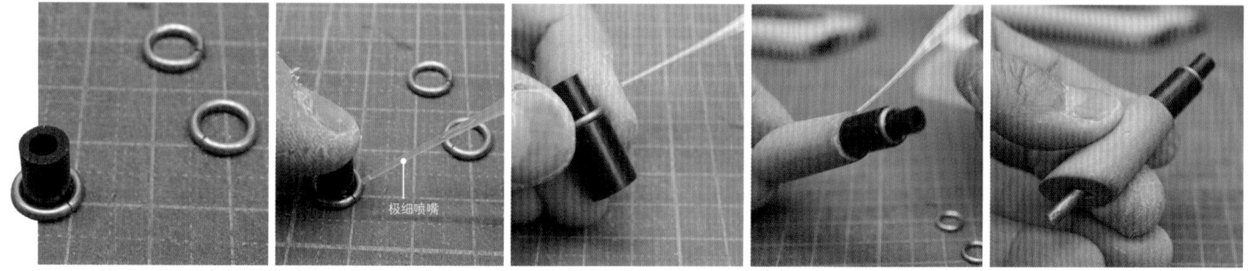

3 用瞬间黏合剂固定在细橡胶管上，再黏合粗橡胶管。黏合底座，制作出分层的塔形。不仅是这一步，其他步骤中黏合细小零件时都要使用瞬间黏合剂专用极细喷嘴。

4 再将焊锡丝缠到粗管上，制成环形。用瞬间黏合剂固定，完成塔的细节零件。

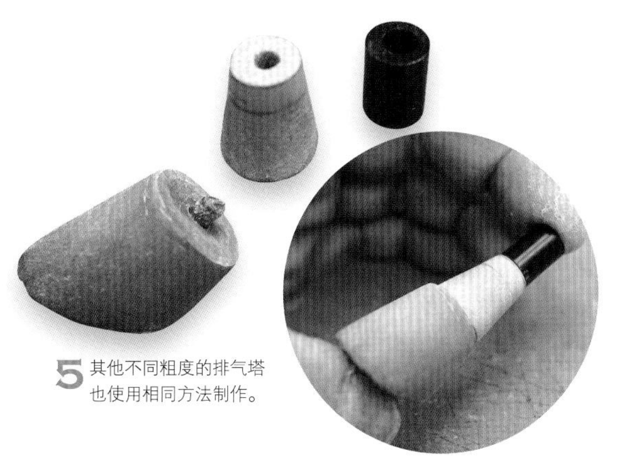

5 其他不同粗度的排气塔也使用相同方法制作。

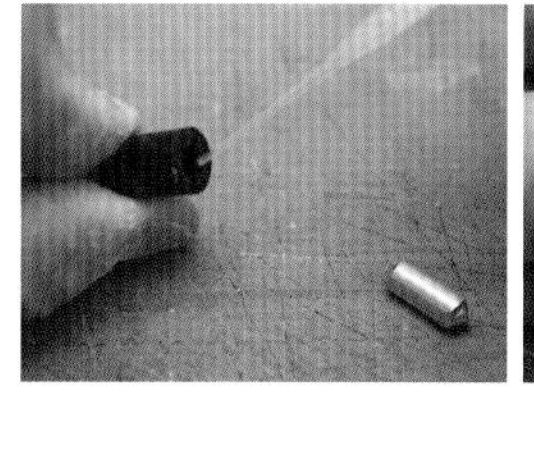

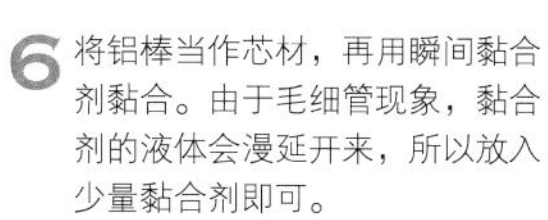

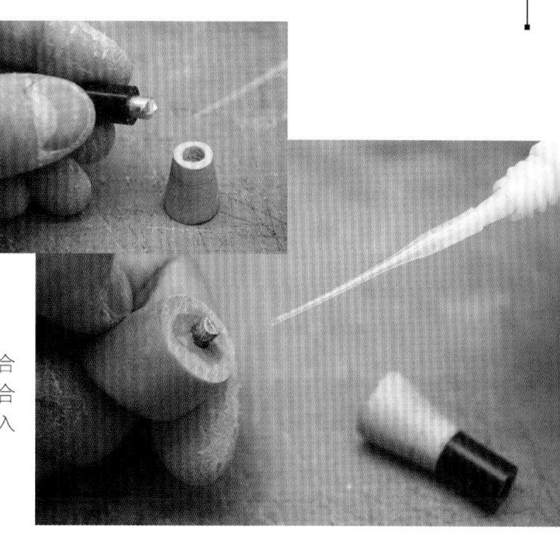

6 将铝棒当作芯材，再用瞬间黏合剂黏合。由于毛细管现象，黏合剂的液体会漫延开来，所以放入少量黏合剂即可。

◎ 决定排气塔的位置

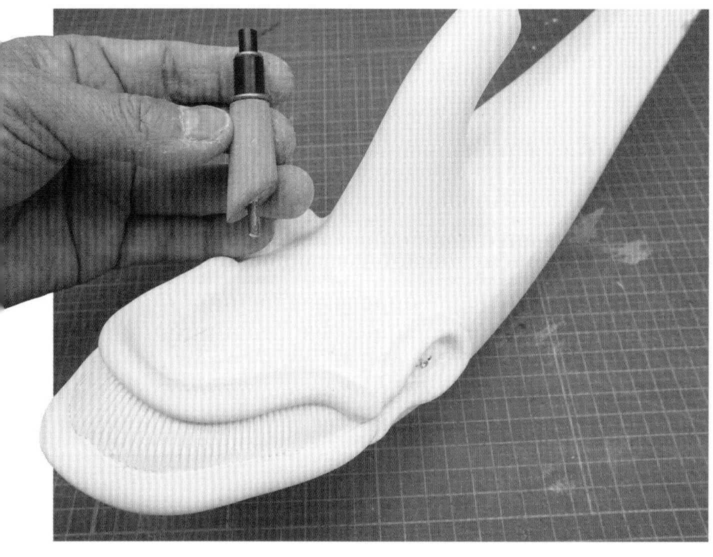

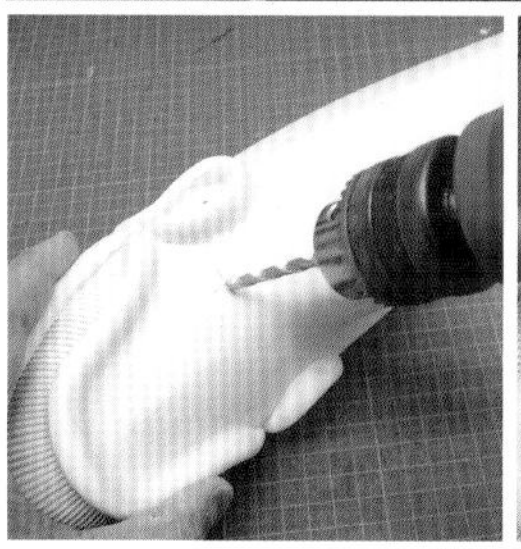

1 避免外观过于单调，安装3个长度、宽度都不同的排气塔，且要考虑协调性。在安装位置用铅笔做标记，再用电动钻孔机打孔。

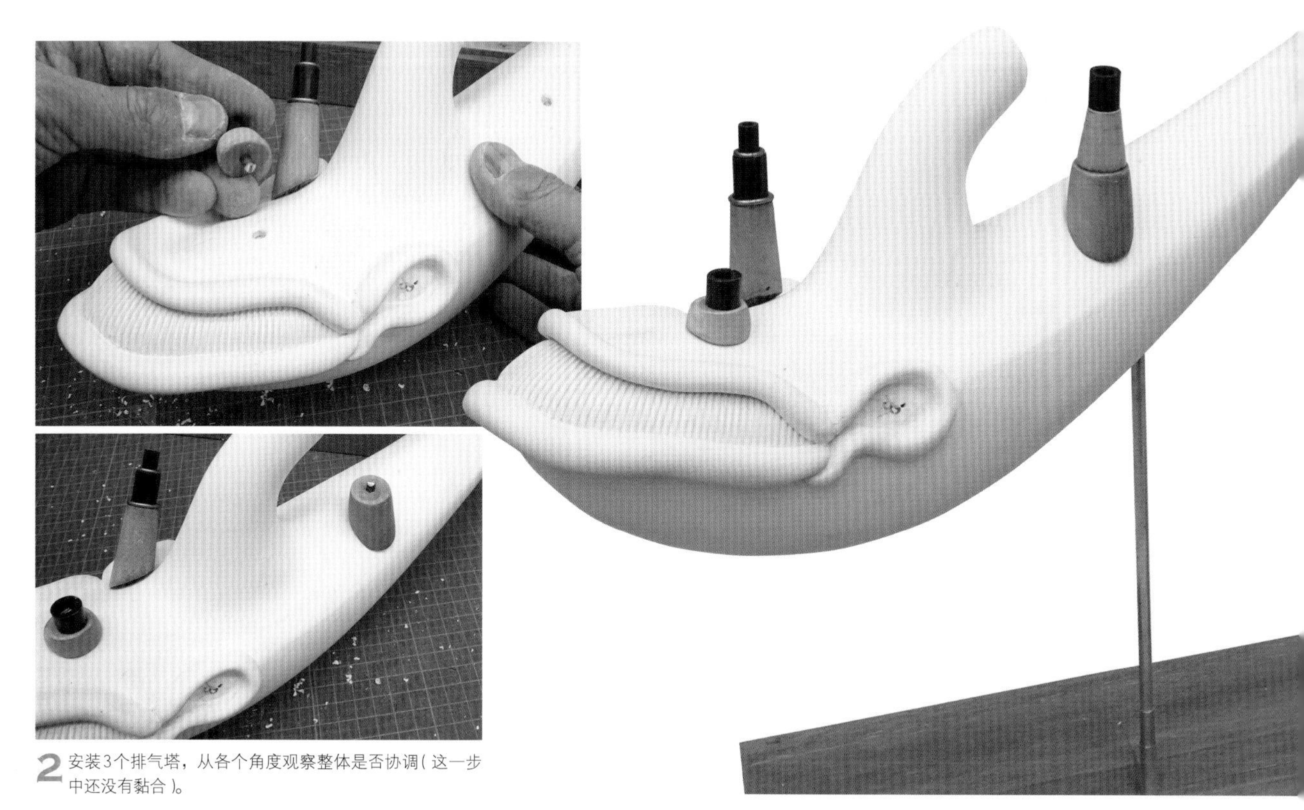

2 安装3个排气塔，从各个角度观察整体是否协调（这一步中还没有黏合）。

◉ 调整塔的底座

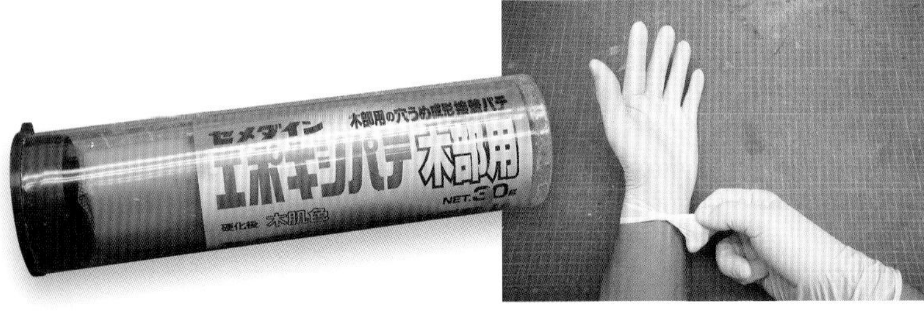

1 由于排气塔安装在曲面的躯干上，所以底座部分会有缝隙。填补缝隙时，使用的是Cemedine公司生产的环氧树脂补土（木用）。环氧树脂补土在硬化后也不会收缩，所以很适合想要不留缝隙黏合时使用。

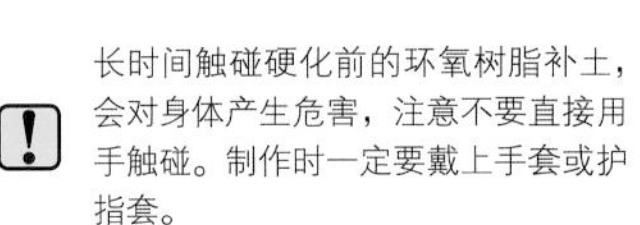

长时间触碰硬化前的环氧树脂补土，会对身体产生危害，注意不要直接用手触碰。制作时一定要戴上手套或护指套。

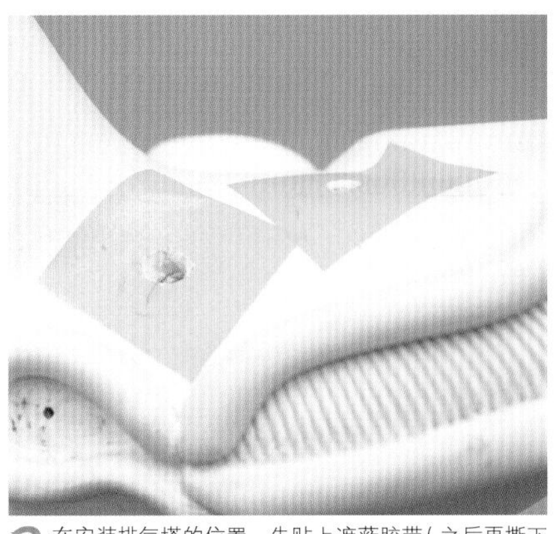

2 在安装排气塔的位置，先贴上遮蔽胶带（之后再撕下来）。

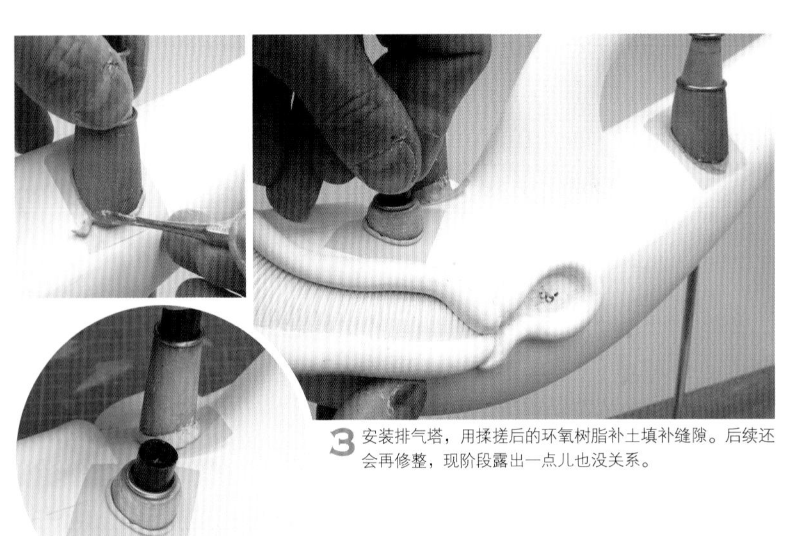

3 安装排气塔，用揉搓后的环氧树脂补土填补缝隙。后续还会再修整，现阶段露出一点儿也没关系。

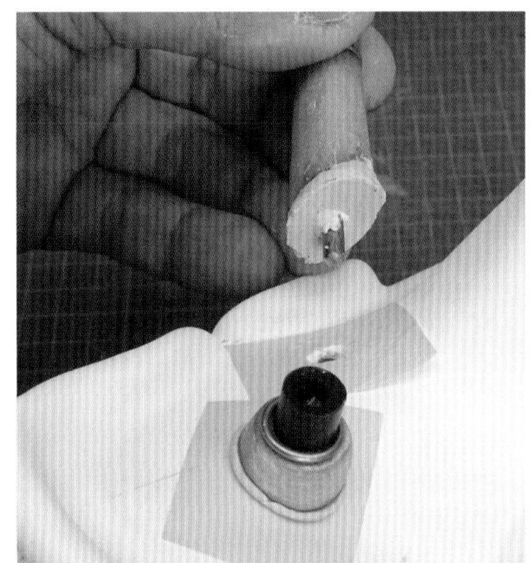

4 等待10分钟，硬化后取下排气塔。由于贴了遮蔽胶带，所以轻易就能取下来。

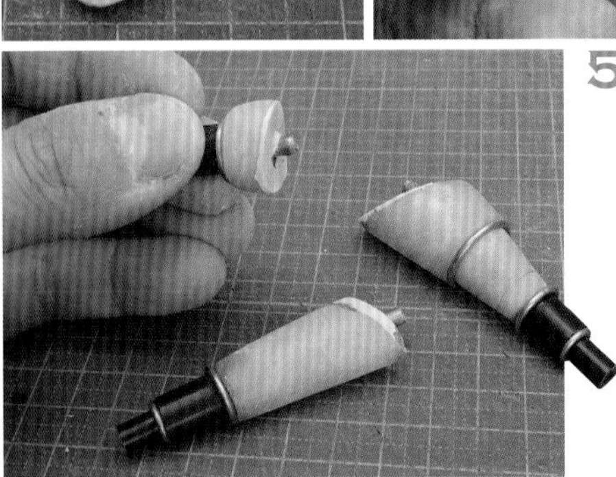

5 用120号砂布磨掉多余补土，进行调整。

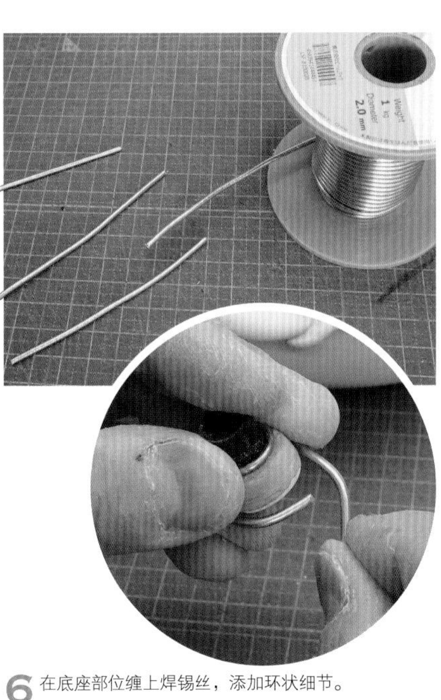

6 在底座部位缠上焊锡丝，添加环状细节。

2 用焊锡丝添加细节

◎ 在躯干上缠绕焊锡丝

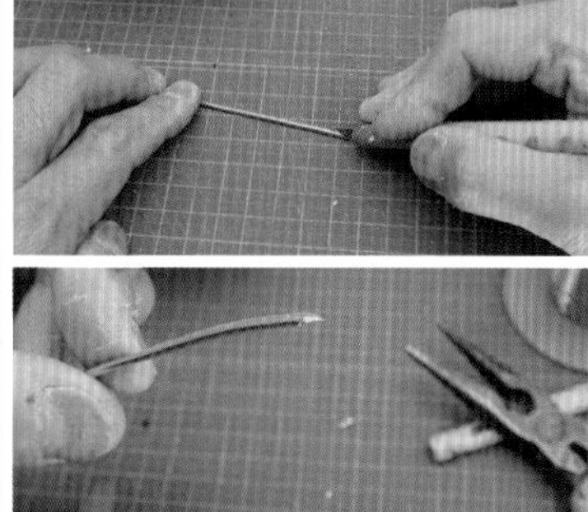

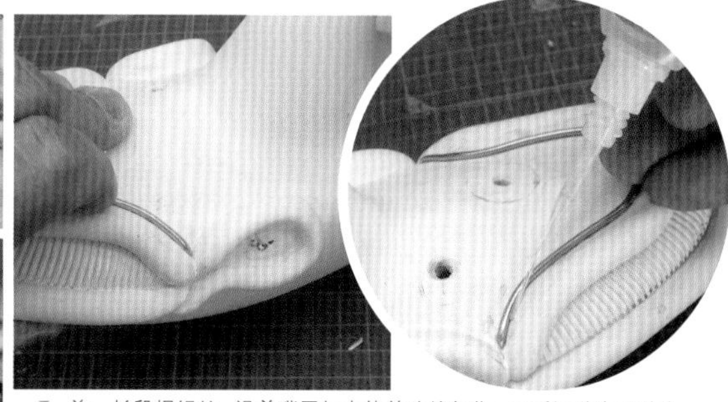

1 剪一长段焊锡丝，沿着嘴唇与本体的连接部位，用瞬间黏合剂黏合。

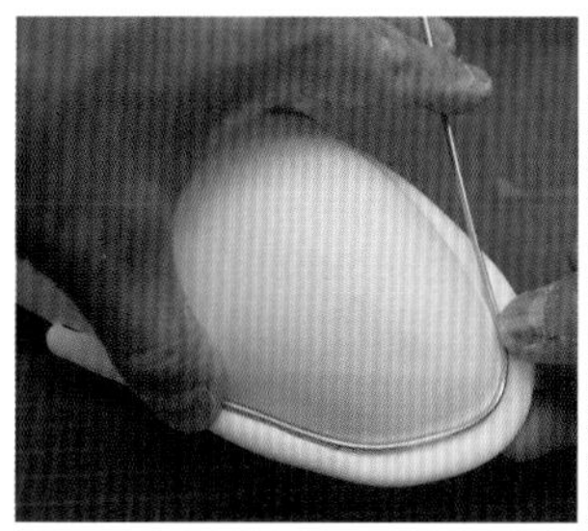

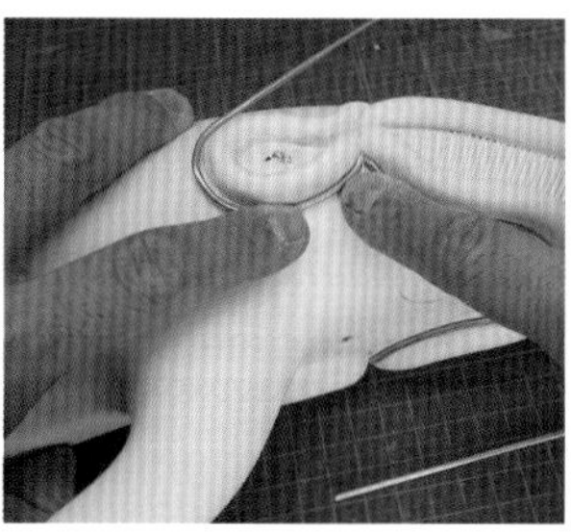

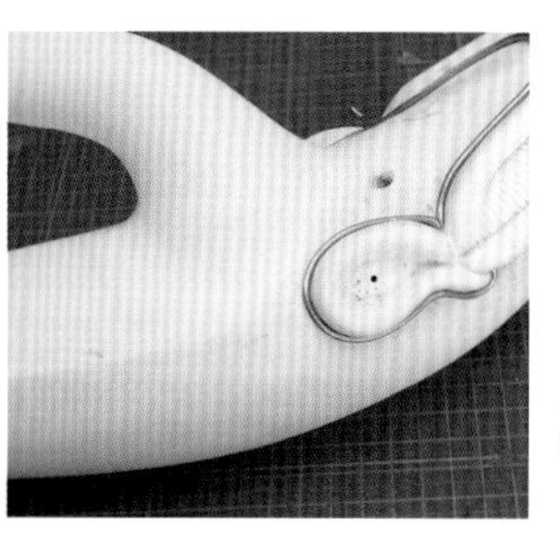

2 将焊锡丝的接合处设计在眼睛、嘴唇边缘等这种不会影响美观的位置。

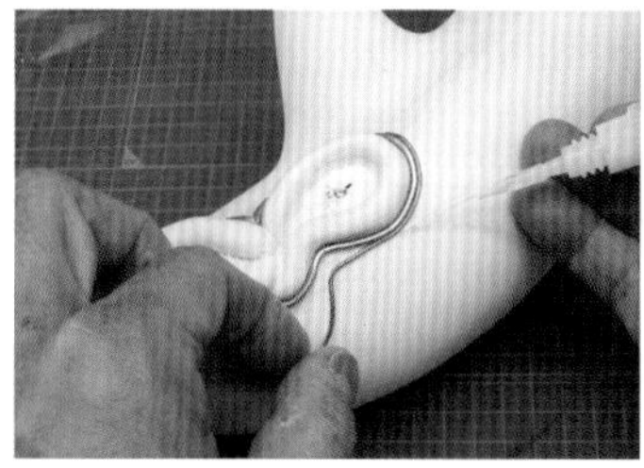

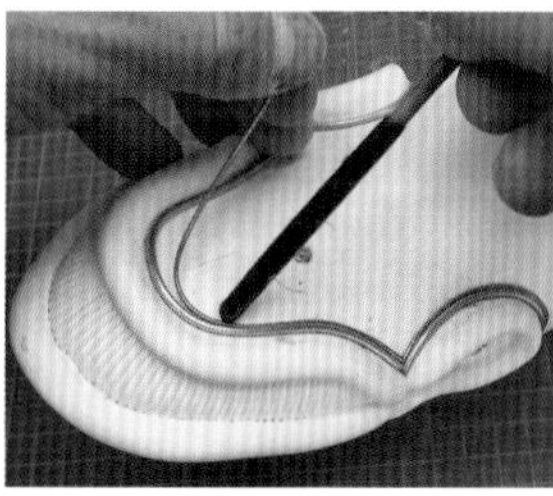

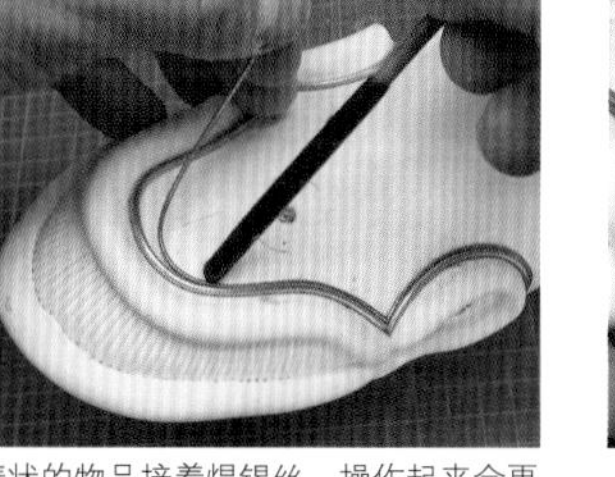

3 再粘第二层细焊锡丝，在这一步中，使用棒状的物品接着焊锡丝，操作起来会更方便。本书中用到的是砂棒的柄，只要是不会伤害本体的物品都可以。

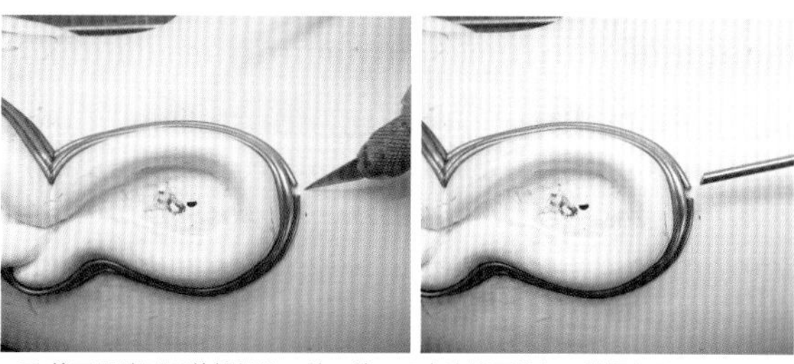

4 剪开眼睛周围的焊锡丝，剪开的口用来连接围绕躯干的焊锡丝。

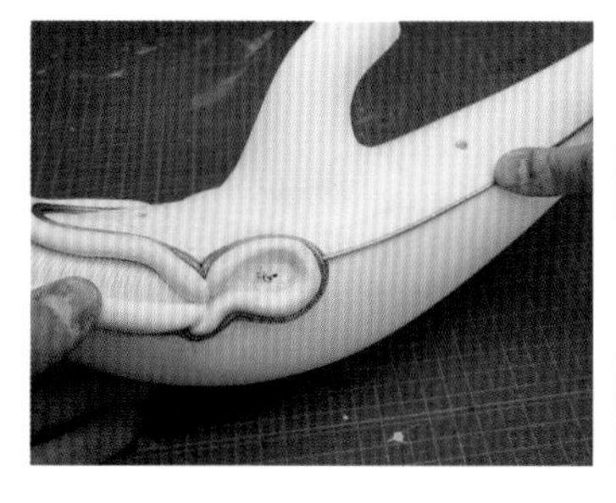

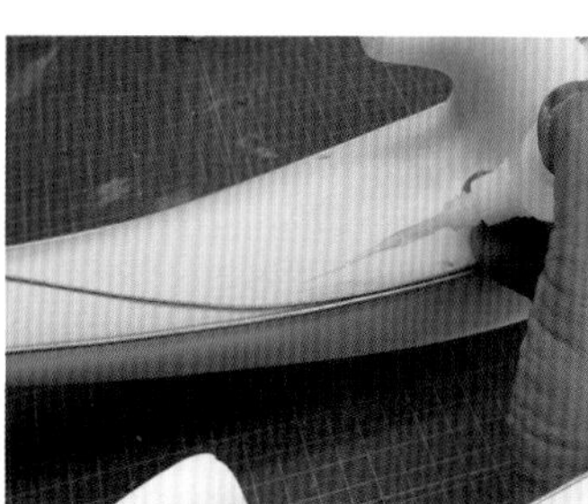

5 沿着躯体侧面的曲线粘贴焊锡丝，这里也要使用细焊锡丝粘成两层。

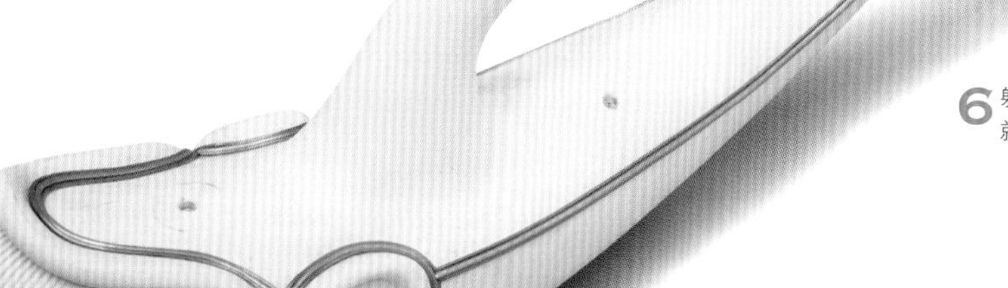

6 躯干上也粘贴完焊锡丝的效果。由于安装了焊锡丝，就会给只有黏土的造型增添许多动感。

◉ 在烟筒部位，水平粘贴焊锡丝

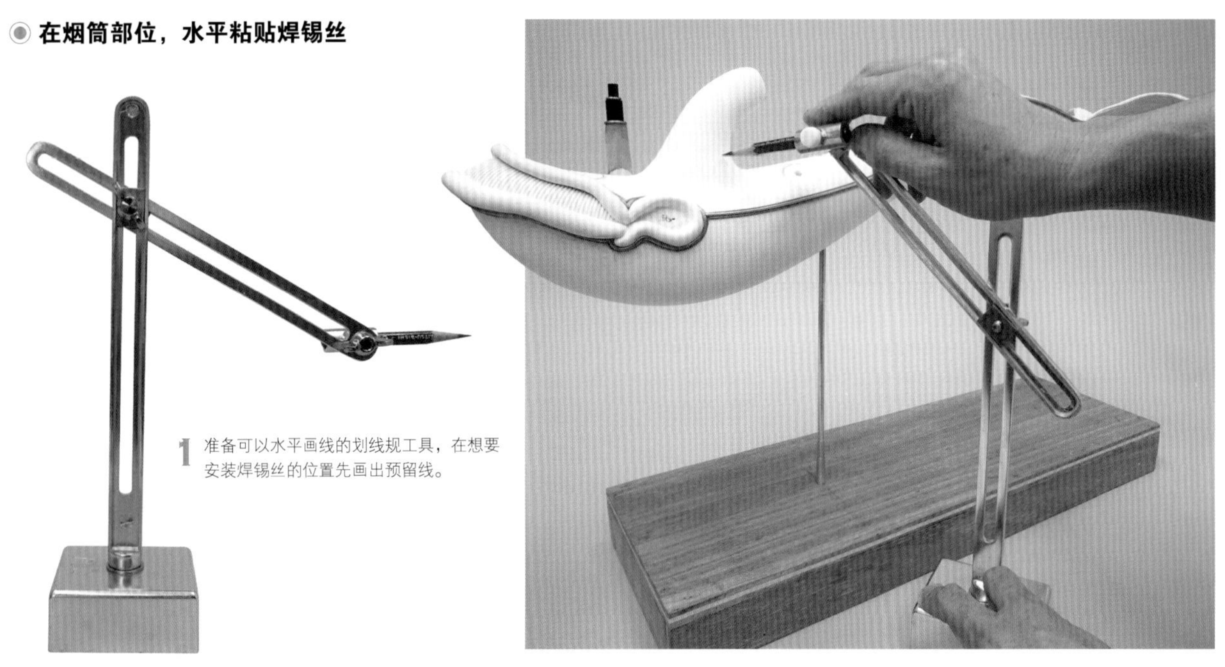

1 准备可以水平画线的划线规工具，在想要安装焊锡丝的位置先画出预留线。

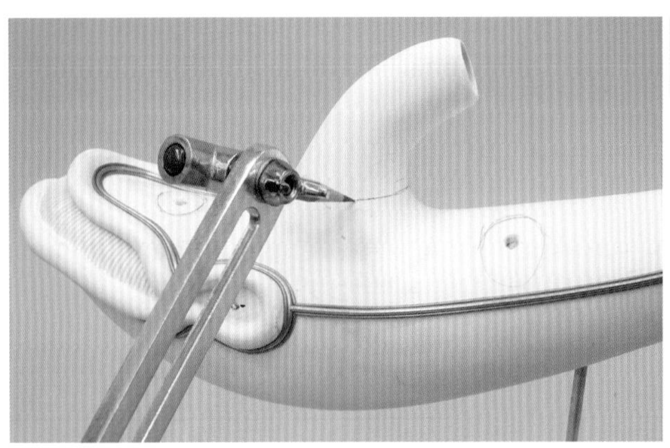

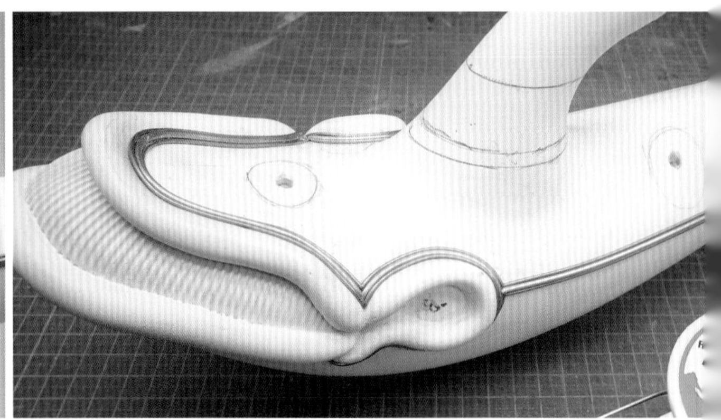

2 使用划线规，就算在曲面上也可以画出水平线。

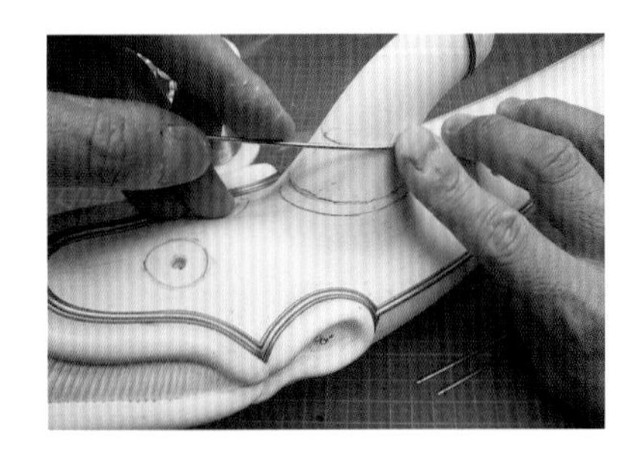

3 沿着水平线粘贴焊锡丝，剪开一段，垂直方向上粘贴焊锡丝。

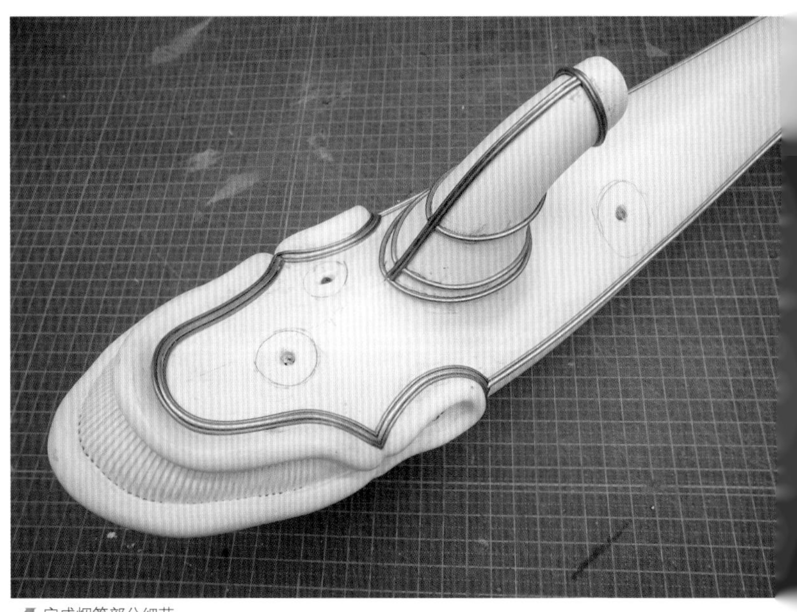

4 完成烟筒部分细节。

◉ 在排气塔上添加焊锡丝装饰

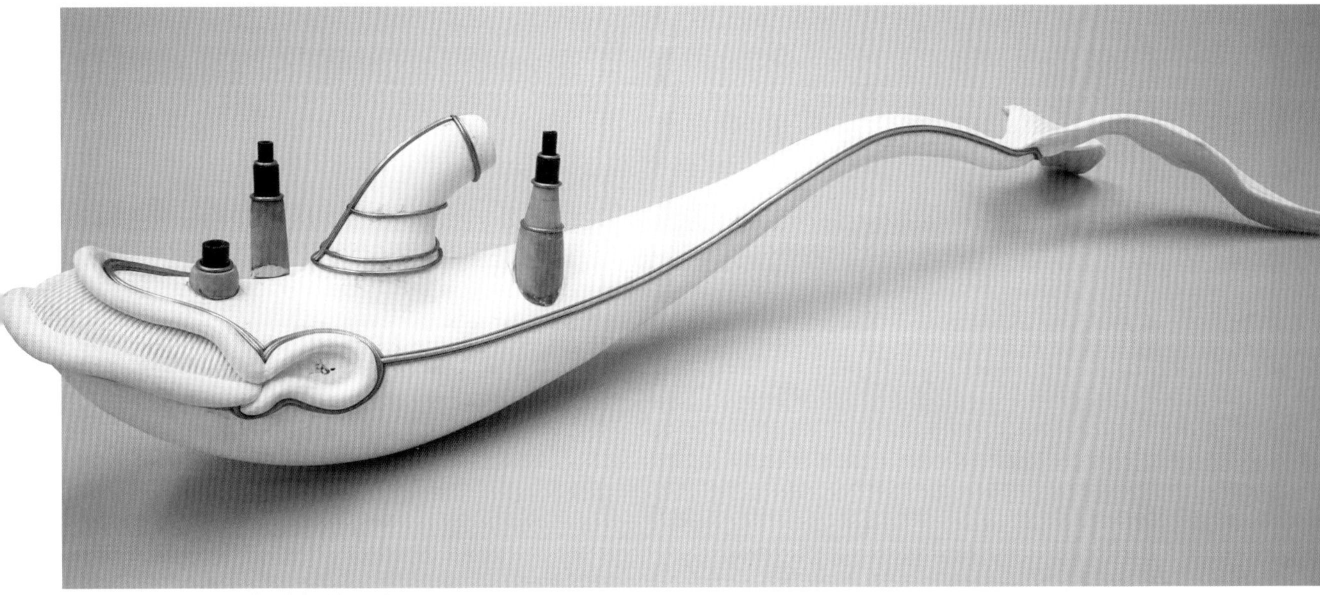

1 安装大小不同的排气塔，检查整体是否协调。

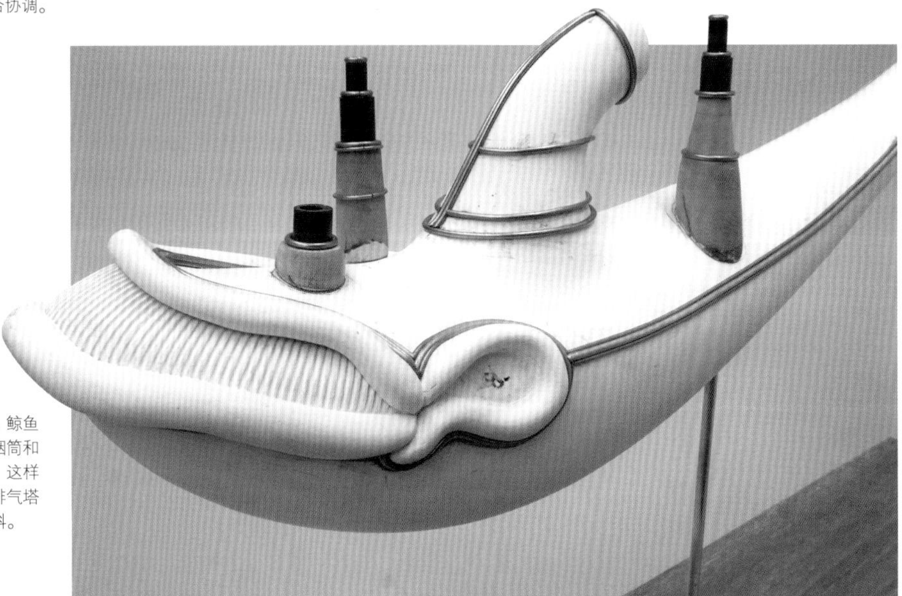

2 暂时放在底座上，检查塔有没有倾斜。鲸鱼的躯干体现着生物的动感流线，所以烟筒和排气塔要体现出机械的细致与规则性，这样看起来才会协调。检查安装在烟筒和排气塔上的焊锡丝是否与底面平行，是否倾斜。

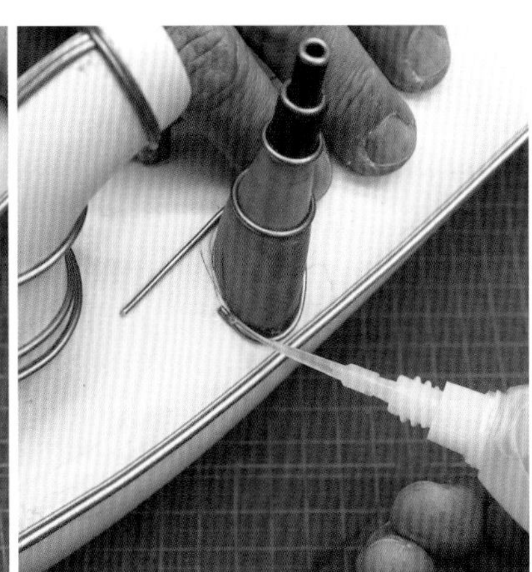

3 在排气塔底部缠绕焊锡丝，再用瞬间黏合剂固定。接缝选在不容易看出来的位置，或是后续在添加细节时可以被覆盖起来的位置。

3 烟筒开口部分的造型

◉ 埋入连接管

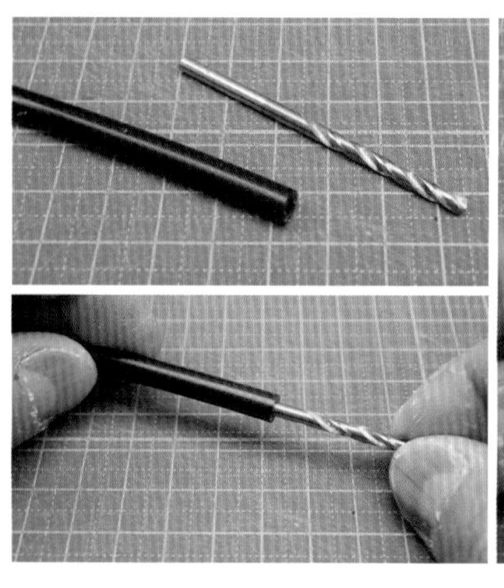

1 准备橡胶管，找一根与橡胶管洞大小完全相配的小棒（本书中使用的是电动钻孔机的刀刃，其他物品也可以）。在这根棒上缠绕焊锡丝，从而做出粗度与橡胶管相同的环状零件。

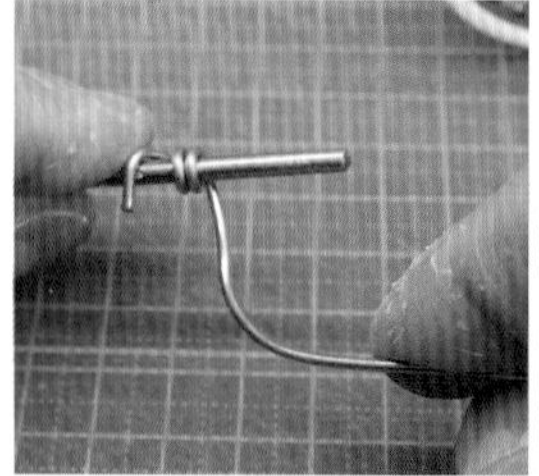

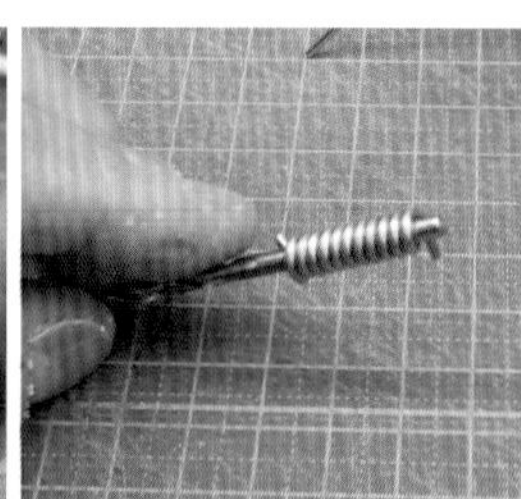

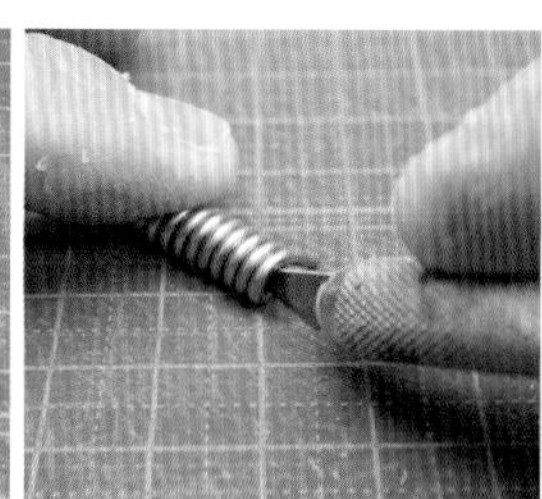

2 多缠几圈焊锡丝，再切割，一次性制作出大量的环状零件。

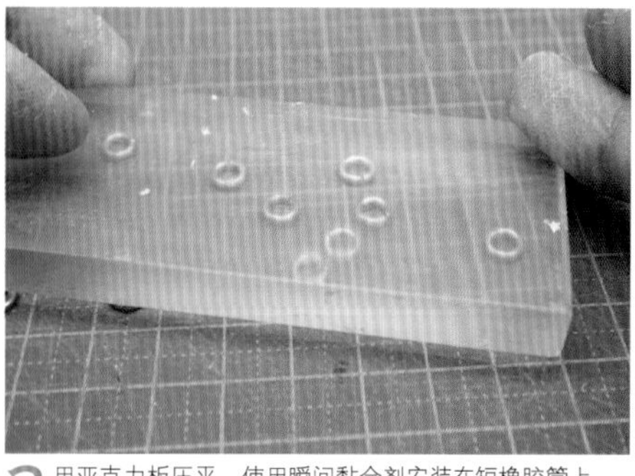

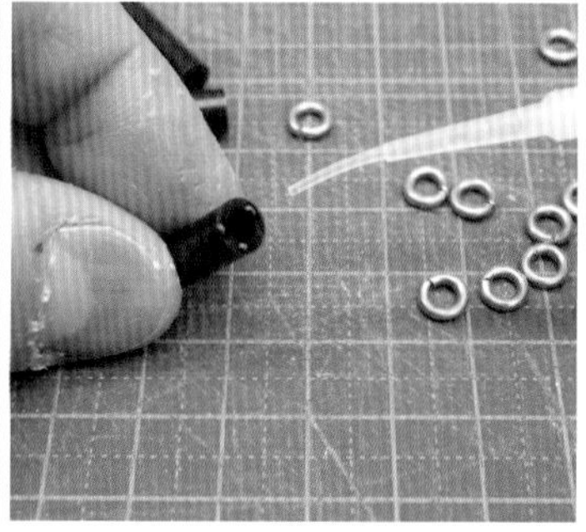

3 用亚克力板压平，使用瞬间黏合剂安装在短橡胶管上。

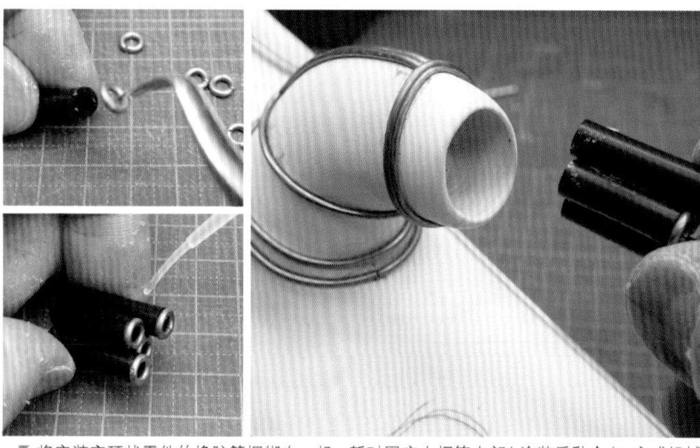

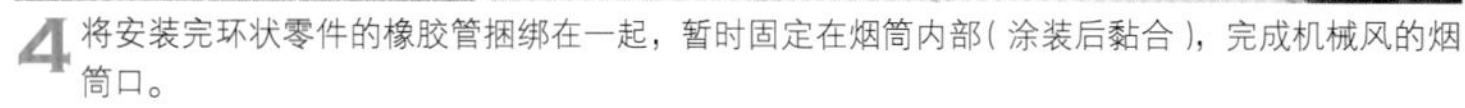

4 将安装完环状零件的橡胶管捆绑在一起，暂时固定在烟筒内部（涂装后黏合），完成机械风的烟筒口。

4 添加背部细节

◎ 小型零件的制作与安装

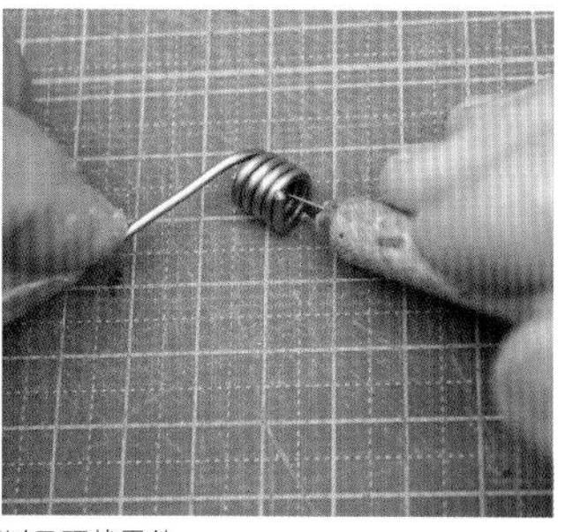

1 按照前一页的步骤，制作切成圆片的橡胶管以及环状零件。

2 黏合橡胶管和环状零件，从大圈开始按顺序叠加，制作出尖顶端的塔形。

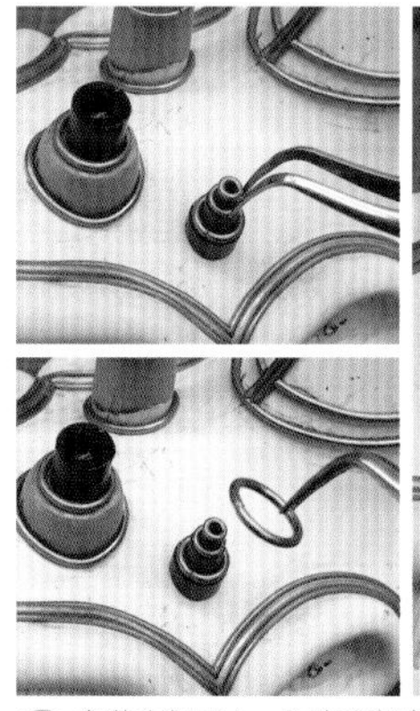

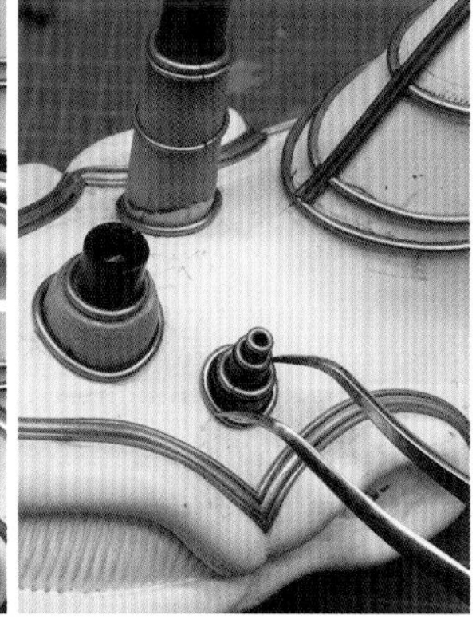

3 安装在躯干上，再在底部安装环状零件。

◎ 添加焊锡丝细节

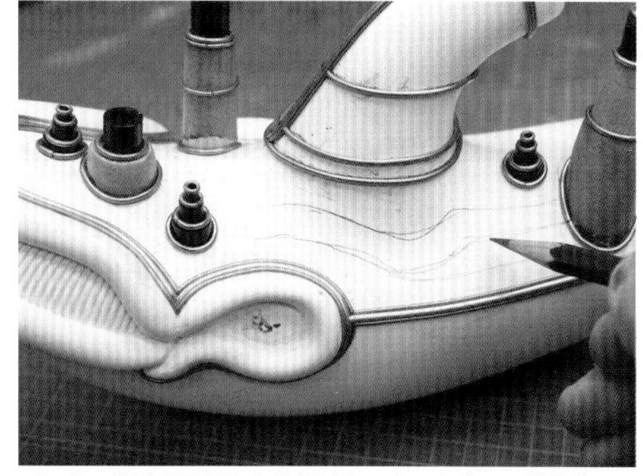

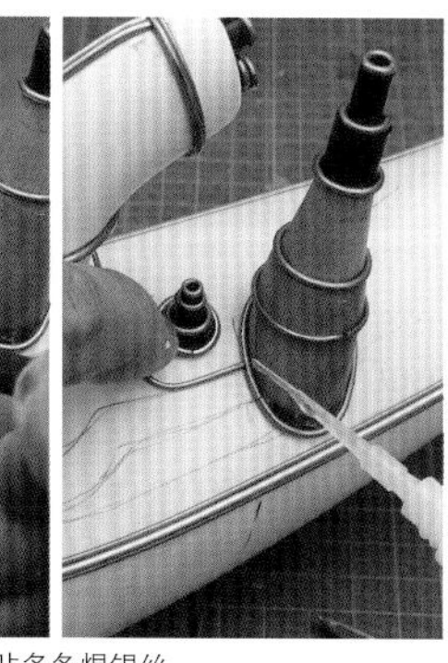

1 先用铅笔在要添加细节的地方画出预留线，沿着线粘贴多条焊锡丝。

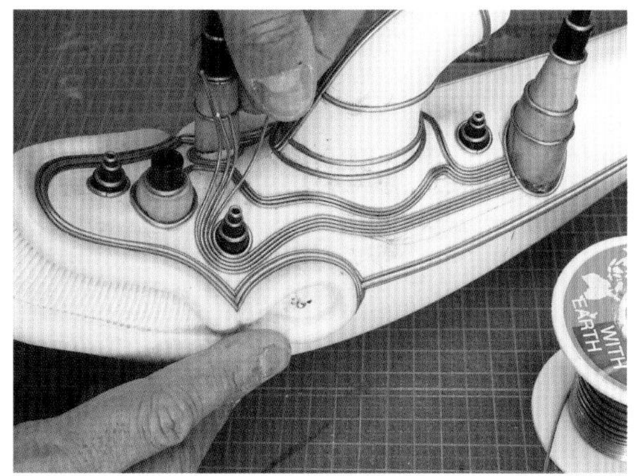

2 将多条焊锡丝拢到一起，沿着躯干粘贴，边用瞬间黏合剂固定边慢慢粘。

3 避免过于单调，粘贴过程中可以将焊锡丝的线条分开，缠绕到排气口处。将焊锡丝尾端埋入排气口，这样不仅是在装饰上，在构造上看起来也很有意义。

◉ 安装粗管

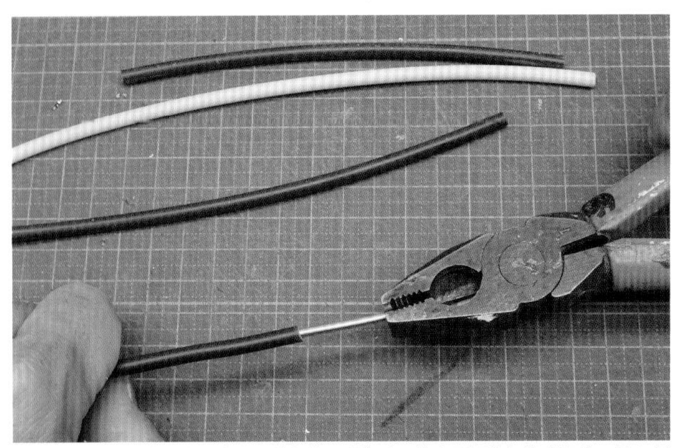

1 准备电子器械配线中常使用的电缆，制作时，拔出里面的铜线或铝线，插入焊锡丝。

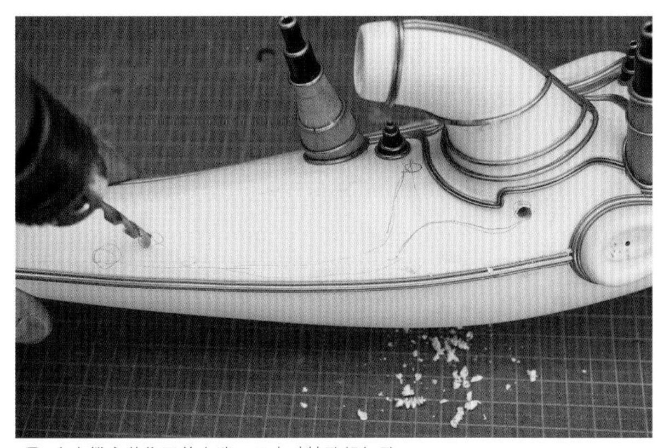

2 在电缆安装位置的末端，用电动钻孔机打孔。

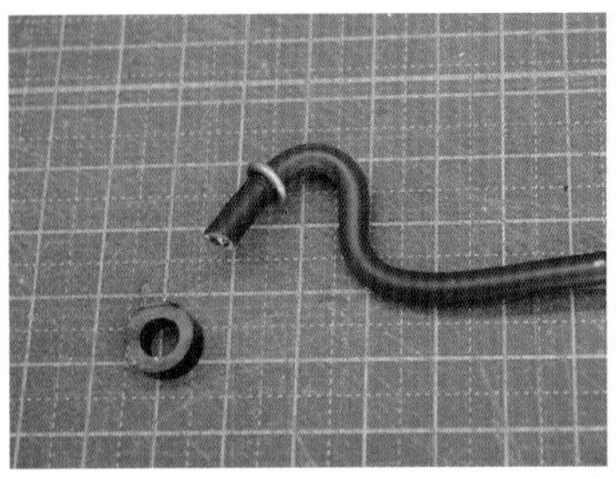

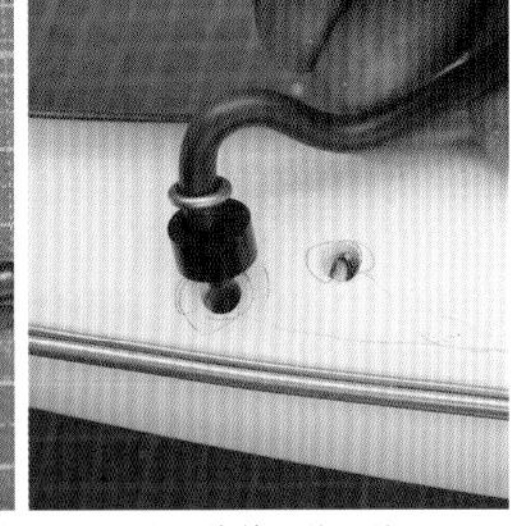

3 剪下一截粗一圈的橡胶管，一起安装橡胶管和P43页中制作的环状零件。

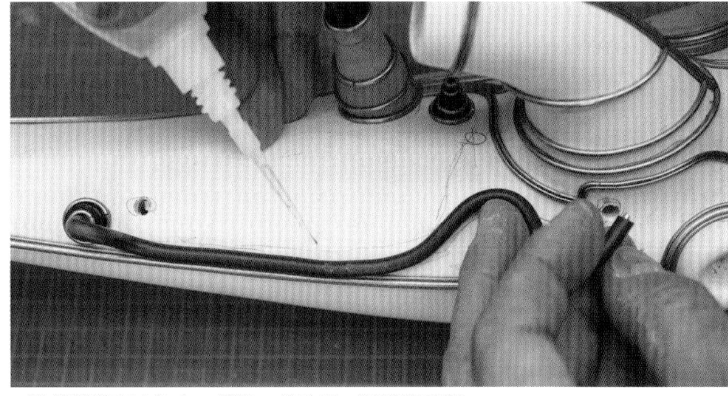

4 将管粘到本体上。增添一丝动感，以避免单调。

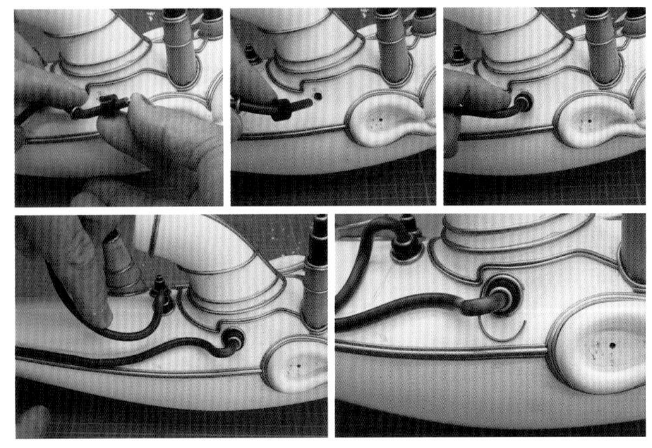

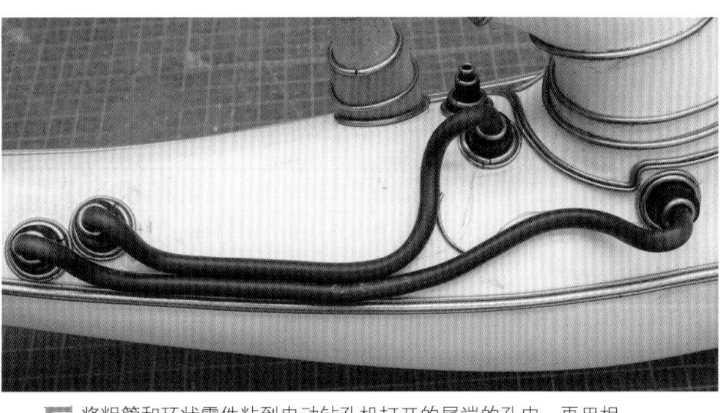

5 将粗管和环状零件粘到电动钻孔机打开的尾端的孔中，再用相同方法，安装多条粗管。

6 提前多做一些环状零件，在管上相隔一段距离就安装一个，制作出好像是金属零件固定住粗管的感觉。

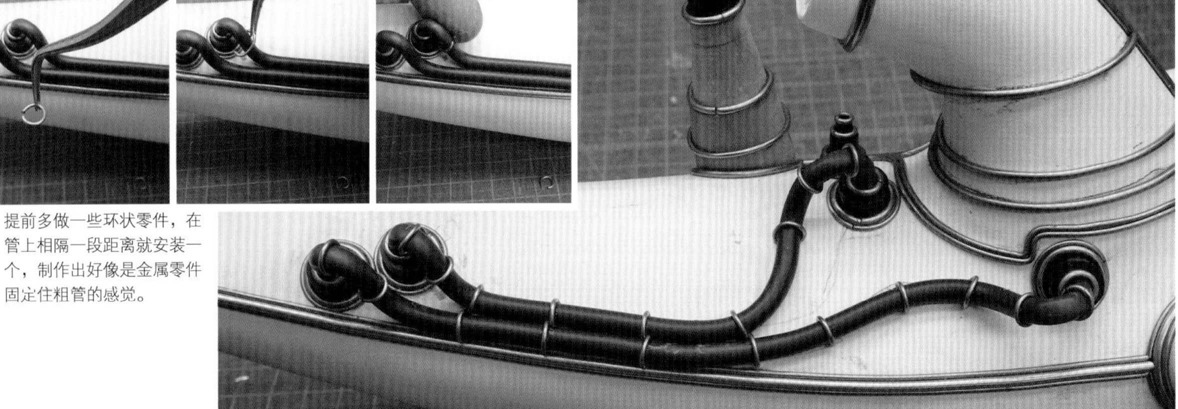

◉ 安装细管

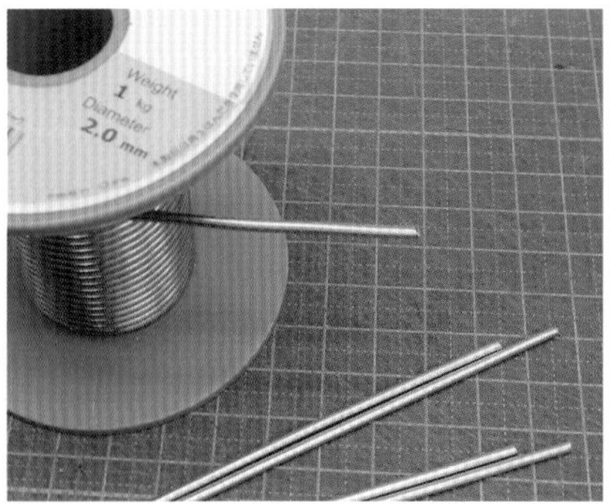

1 裁剪焊锡丝，用极细钻孔机（手钻）钻孔，只要看起来是筒状就可以，钻得深浅都可以。

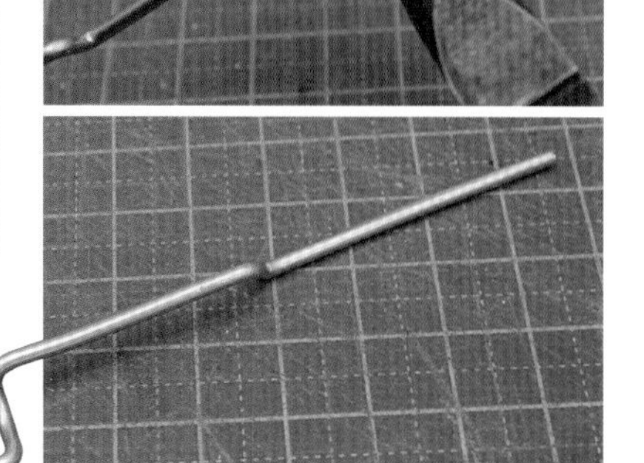

2 用铁钳做出弯曲部分，多了弯曲部分，看起来就不会单调，也更像是配管。

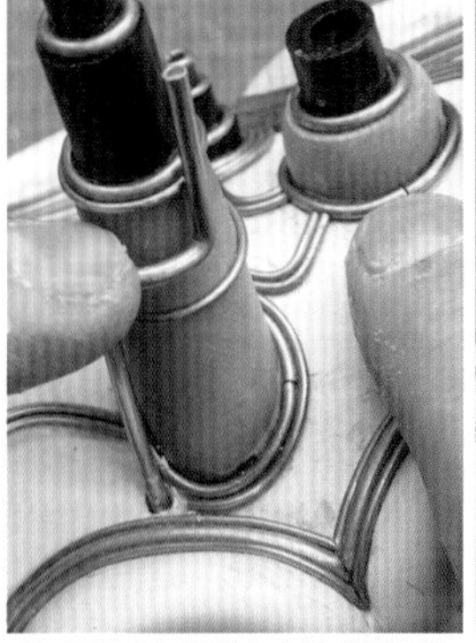

3 根据排气塔的高度剪裁焊锡丝，在要安装环状零件的位置上用油性笔做标记。

4 安装环状零件，在尾端安装橡胶管零件以固定。

5 用同样方法，在主烟筒和其他烟筒上安装细管。

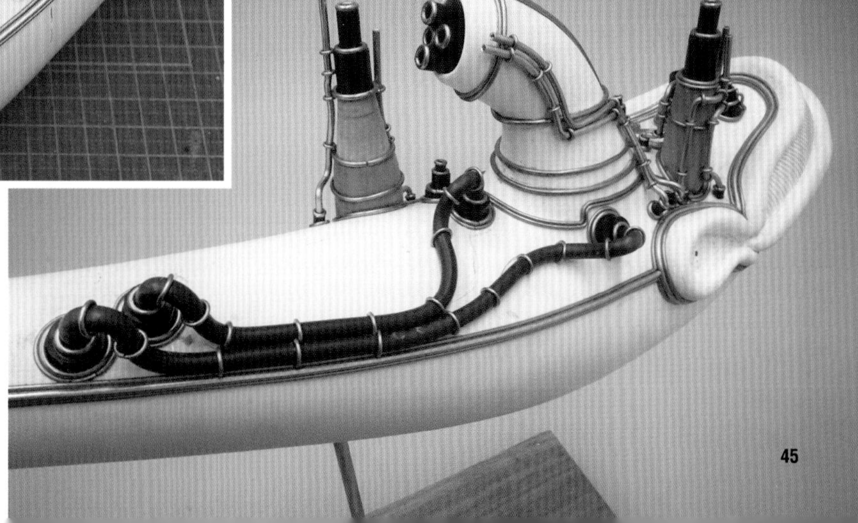

5 安装鳍

※最后安装鳍也可以（最后安装更不影响制作过程），但本书中为了保证完成后的效果，先安装了鳍。

◉ 决定鳍的位置，固定

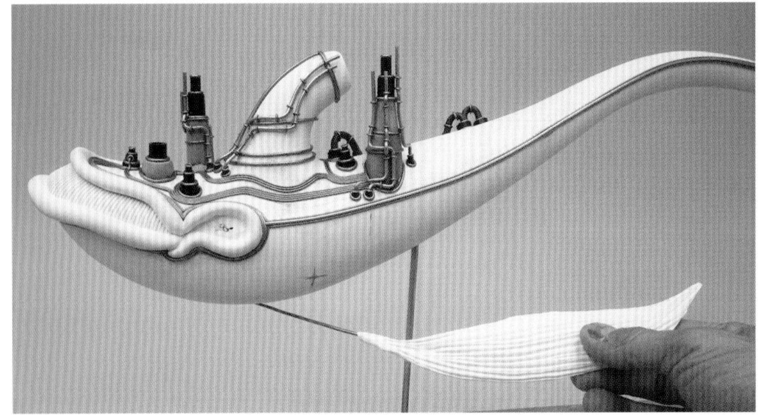

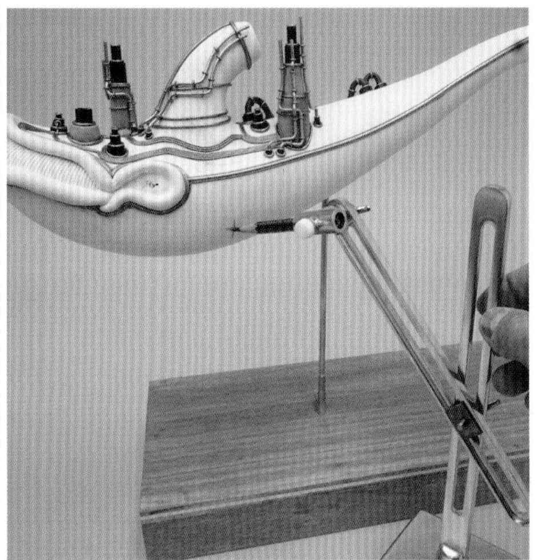

1 在决定好的位置用铅笔轻轻地做一个标记，再使用划线规画出一个十字标记。使用划线规就可以保证在另一侧也以相同高度画出一个标记。

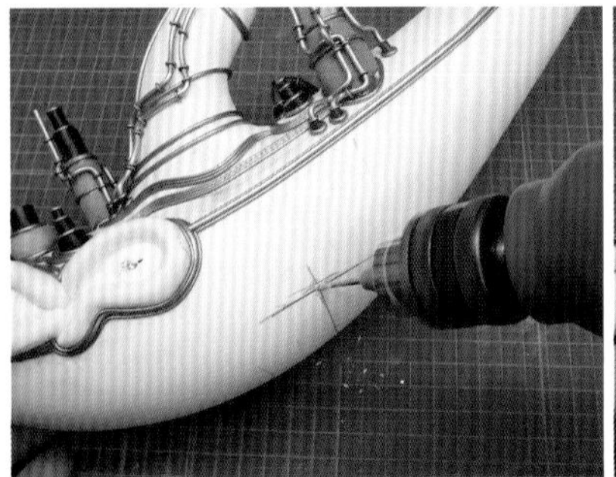

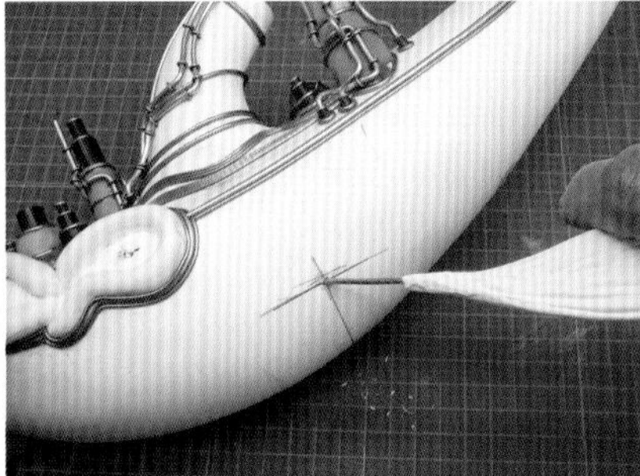

2 在做好标记的地方用电动钻孔机打孔，插入胸鳍的铜线，用黏合剂固定。

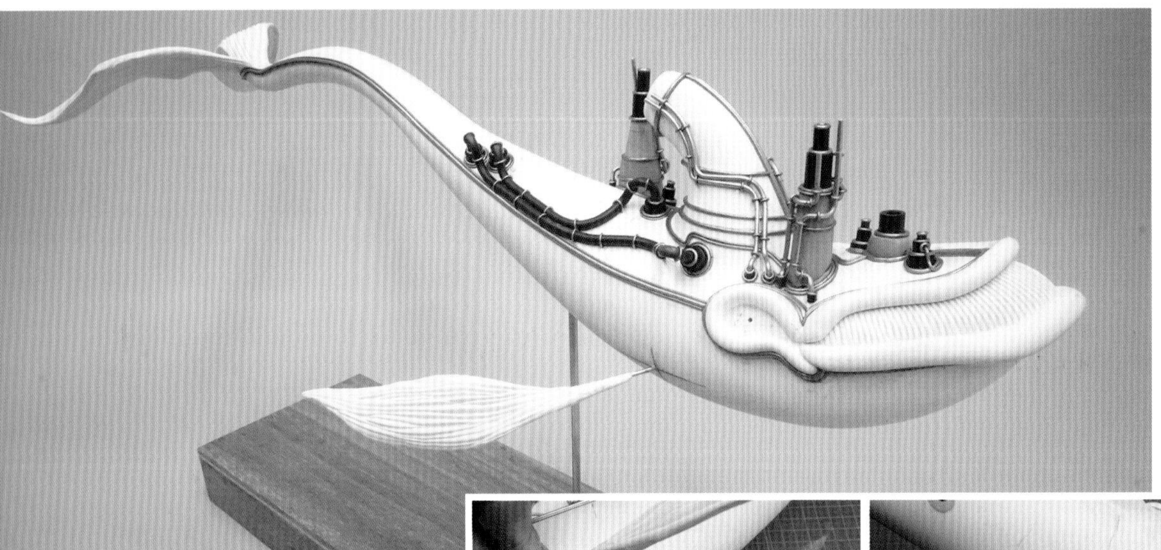

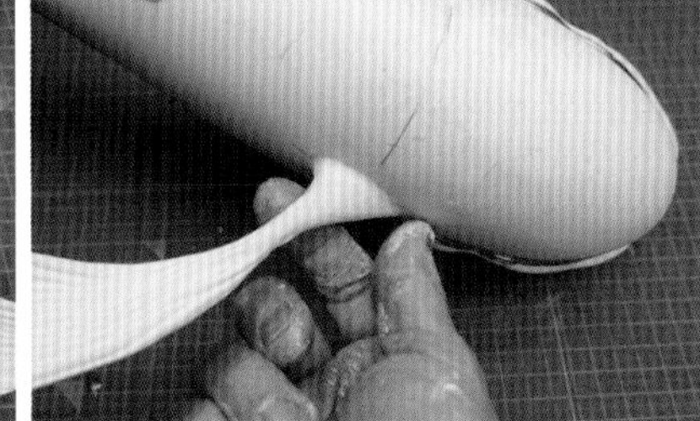

3 安装尾鳍，从各个角度再三反复确认鳍的角度。鳍的角度稍微出现偏差，就会对整体感觉造成很大影响，所以这里一定要花时间反复确认。找出最佳位置，以生动体现鲸鱼自由自在遨游在空中的形态，决定位置后再用黏土固定底部。

6 安装小窗

◉ 用遮蔽胶带做标记，粘贴窗户零件

1 按照P43的步骤，做出橡胶管和环状焊锡丝的组合零件。把这些零件当作船的小窗，安装在躯干上。

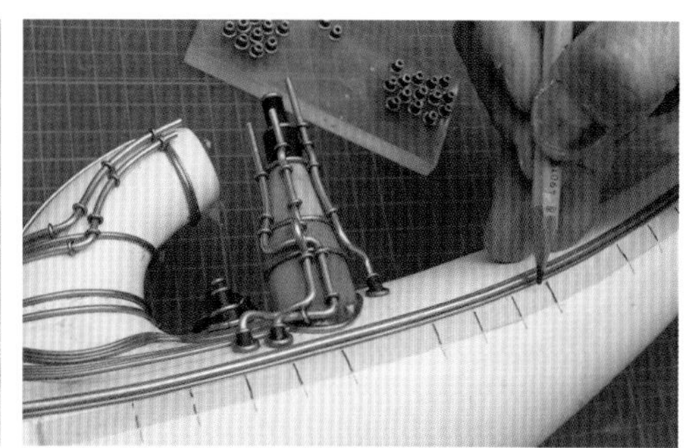

2 准备遮蔽胶带，标记出小窗之间的间隔。把遮蔽胶带贴在躯干上，确认窗户的安装位置。

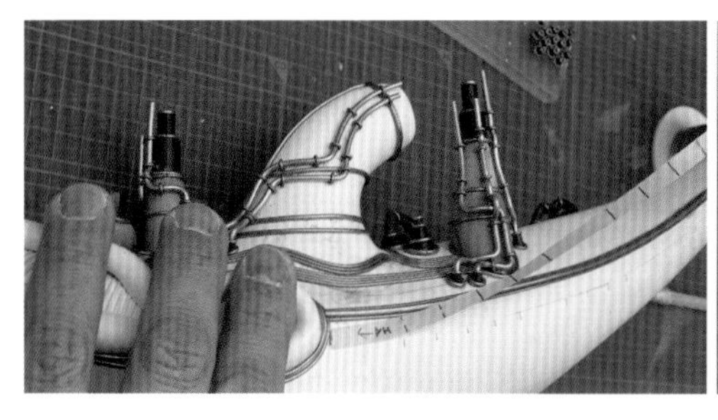

3 按照遮蔽胶带的印迹用铅笔在安装位置上画完标记后，撕下胶带，再贴到躯干的另一侧。

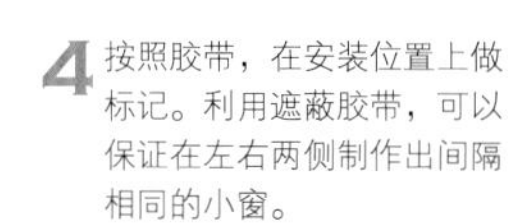

4 按照胶带，在安装位置上做标记。利用遮蔽胶带，可以保证在左右两侧制作出间隔相同的小窗。

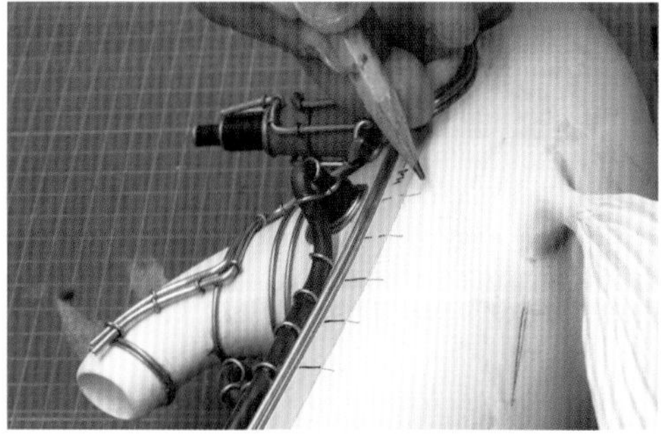

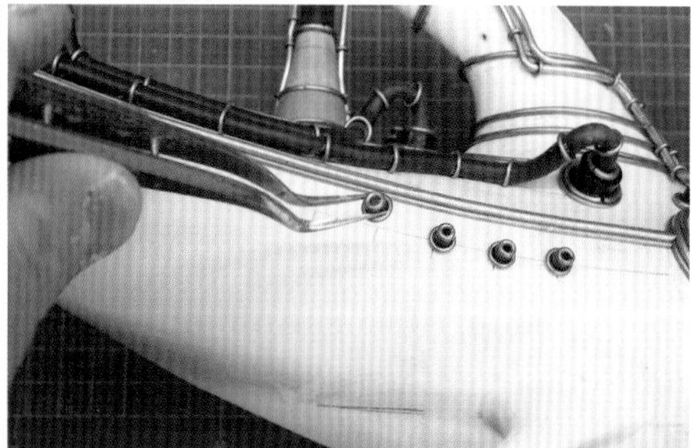

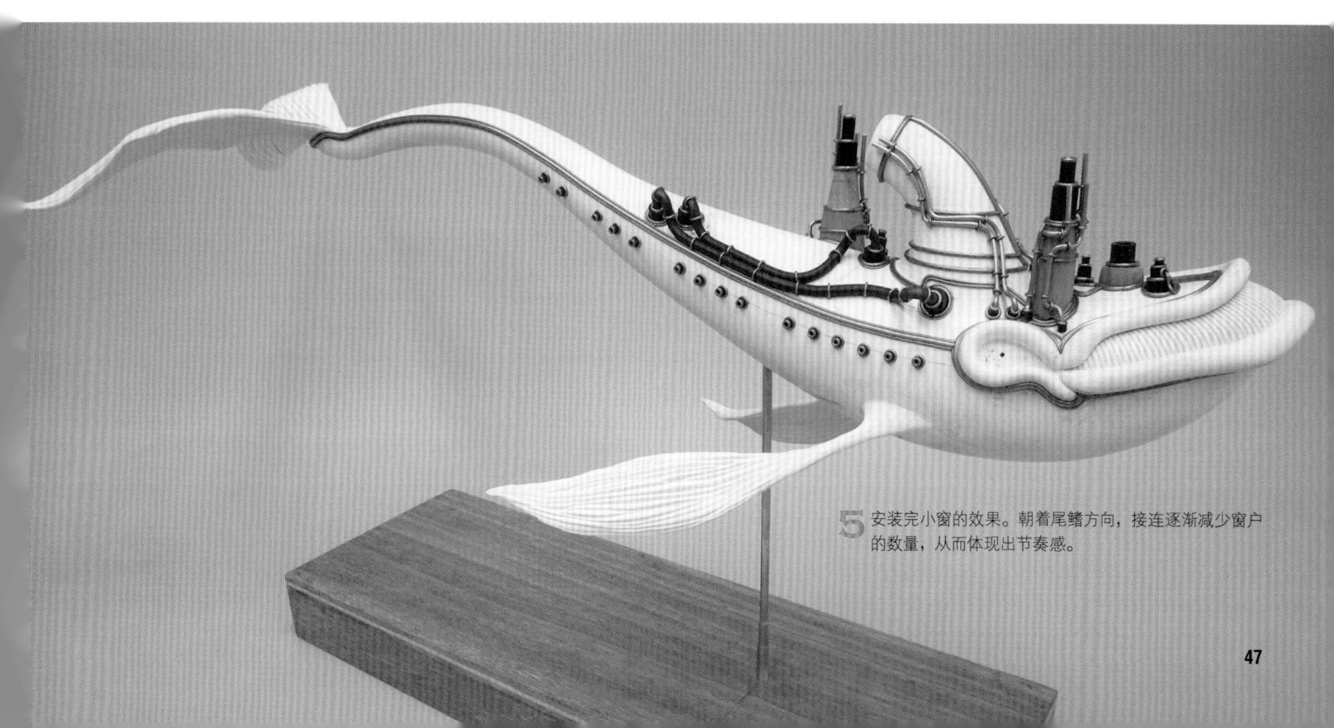

5 安装完小窗的效果。朝着尾鳍方向，接连逐渐减少窗户的数量，从而体现出节奏感。

7 完成细节部分

◉ 安装喇叭形排气管

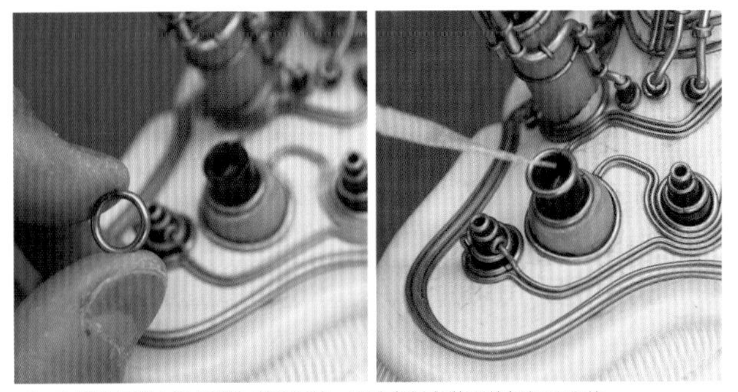

1 在短排气管上添加喇叭形排气管，用黏合剂安装环状焊锡丝零件。

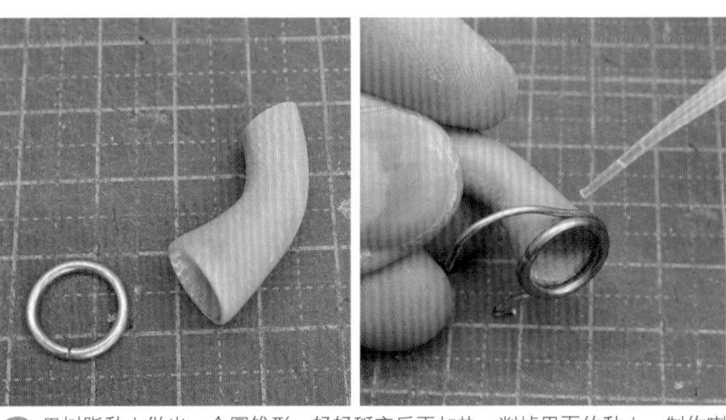

2 用树脂黏土做出一个圆锥形，轻轻掰弯后再加热。削掉里面的黏土，制作喇叭形排气管，在开口处安装环状焊锡丝。

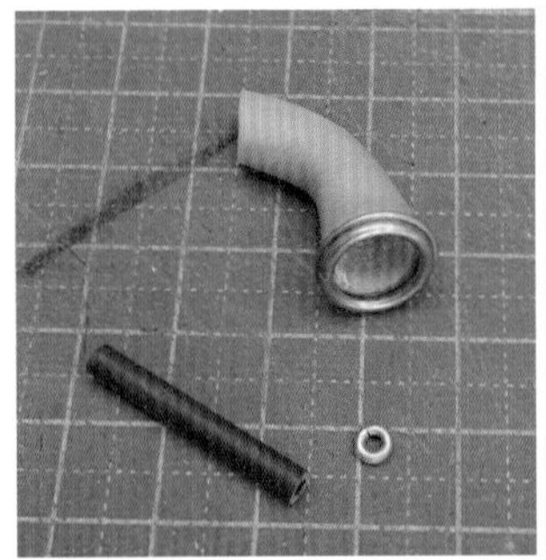

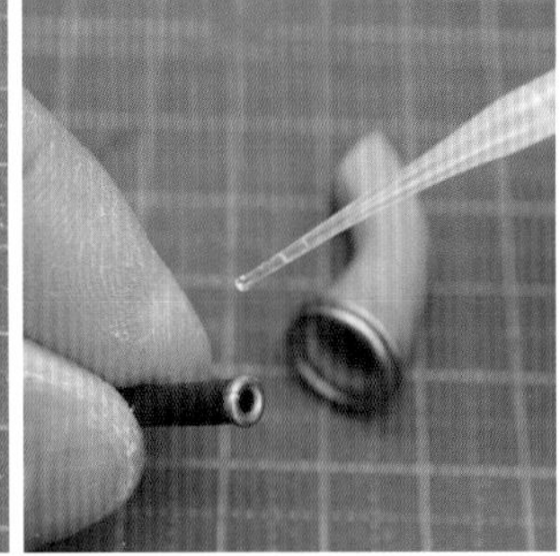

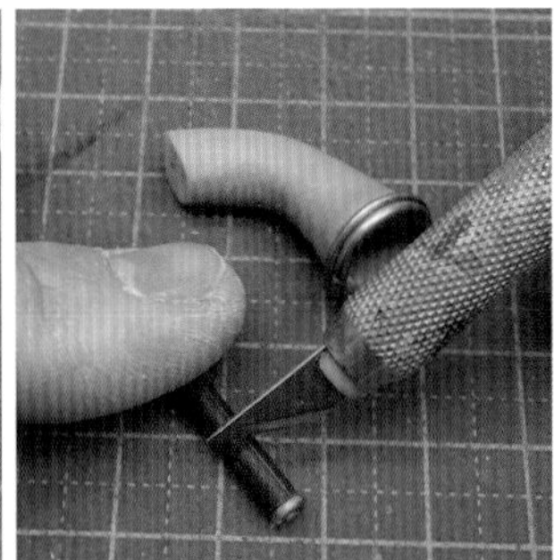

3 在喇叭形排气管的内部添加细管状零件，将环形焊锡丝安装在橡胶管上。

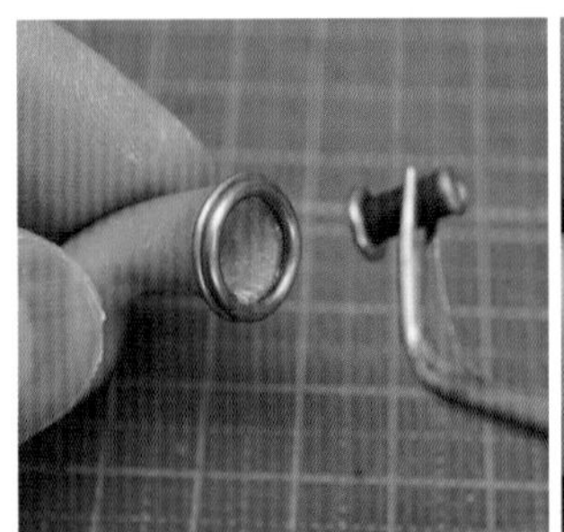

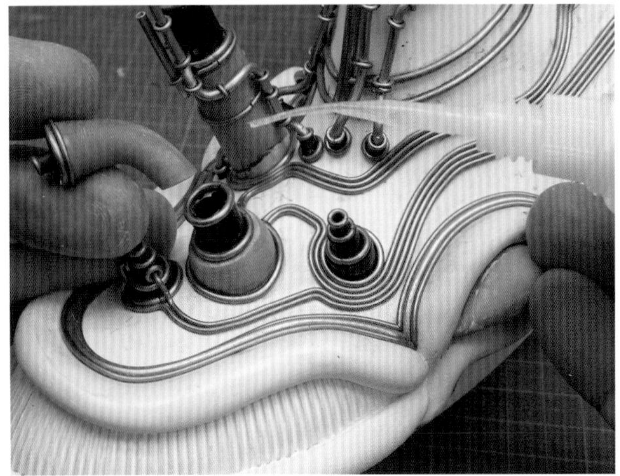

4 在喇叭形排气管中间插入细管状零件，黏合固定在短排气管上。

5 用同样方法，制作并安装多个喇叭形排气管。内部的细管状零件可以改变大小及长度，以制作出不同的感觉。

◉ 制作软管状配管

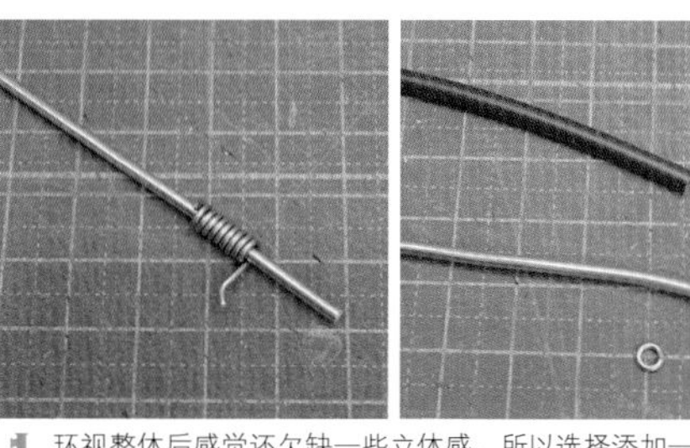
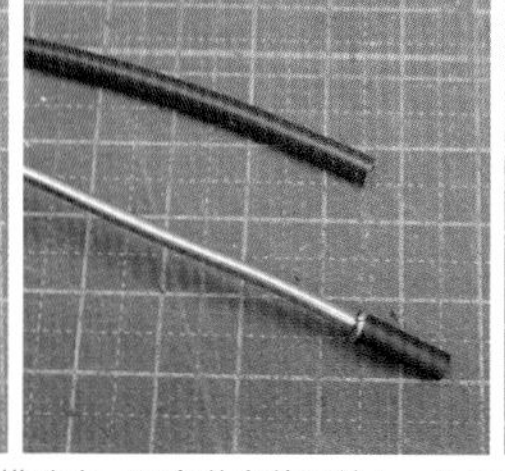
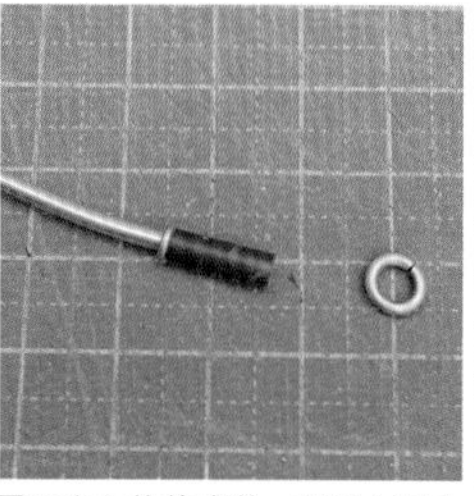
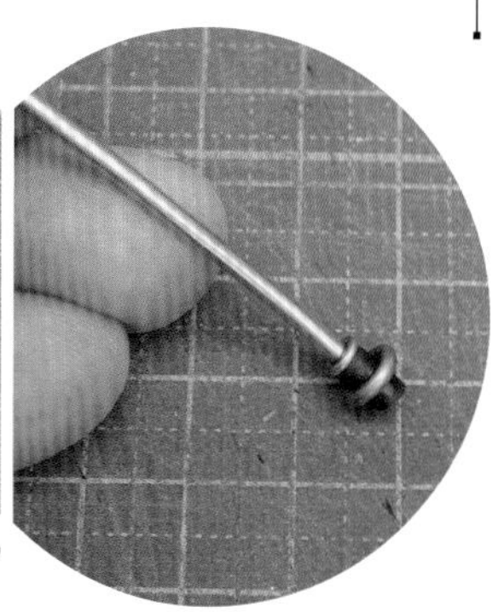

1 环视整体后感觉还欠缺一些立体感，所以选择添加一些配管横跨在已经安装完的配管上，从而展现出立体的感觉。和P44相同，在焊锡丝配管的尾端部位使用橡胶管和焊锡丝增添细节。

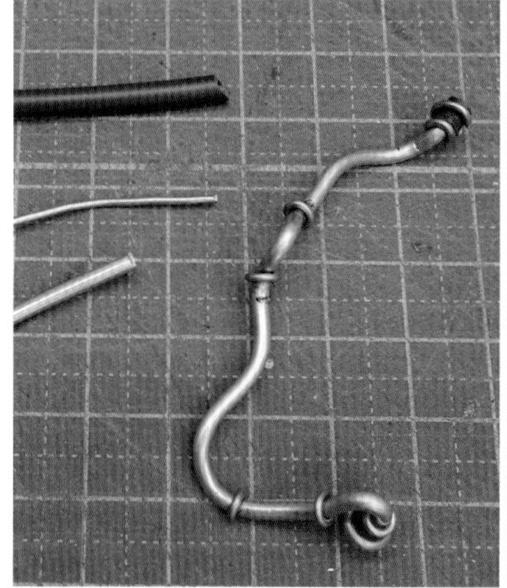

2 将粗焊锡丝弯成像软管一样的曲线，在重要的地方套上环状焊锡丝。安装时横跨在已经安装完的配管上方。

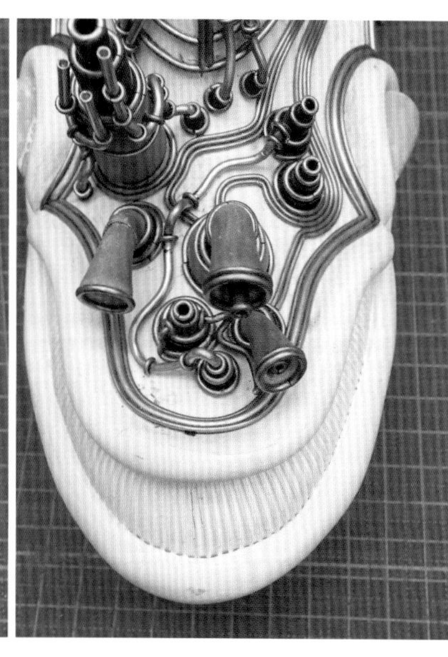

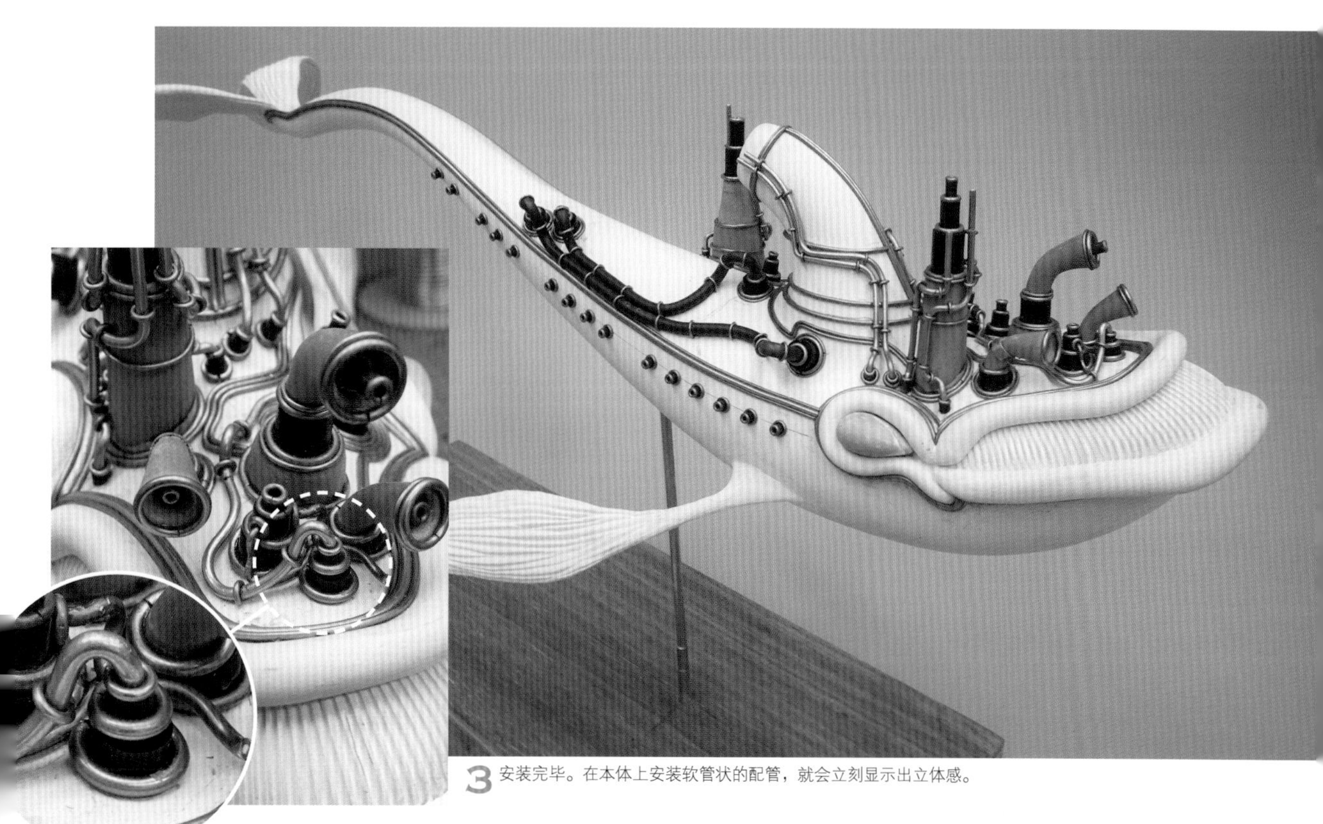

3 安装完毕。在本体上安装软管状的配管，就会立刻显示出立体感。

◉ 制作号角形状配管

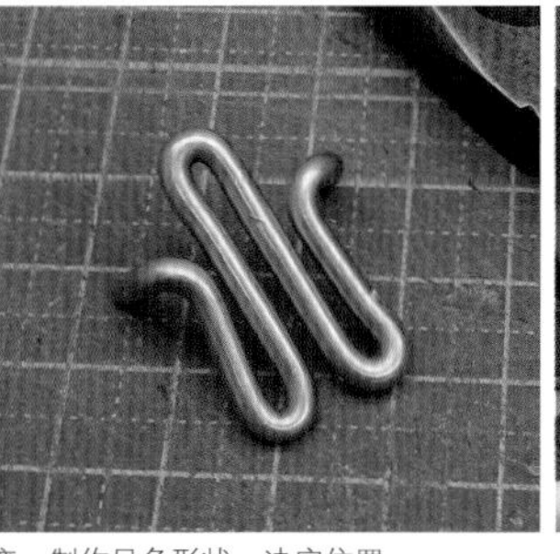
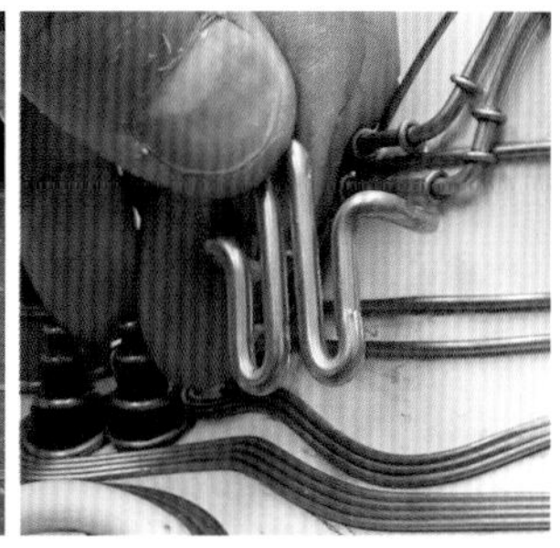

1 添加类似乐器号角形状配管，以在烟筒侧面突出机械感。将直径3mm的焊锡丝折弯，制作号角形状，决定位置。

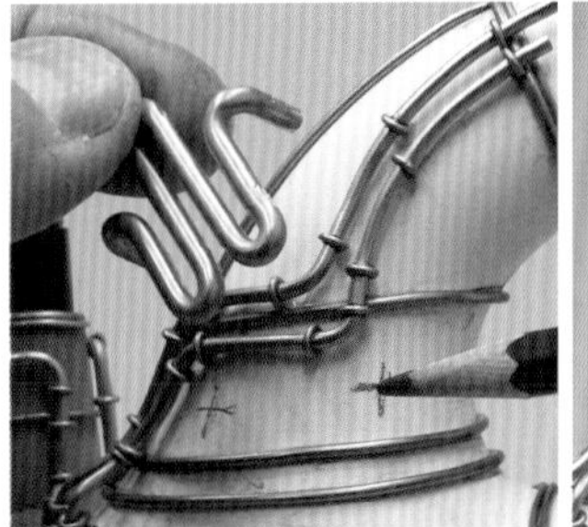
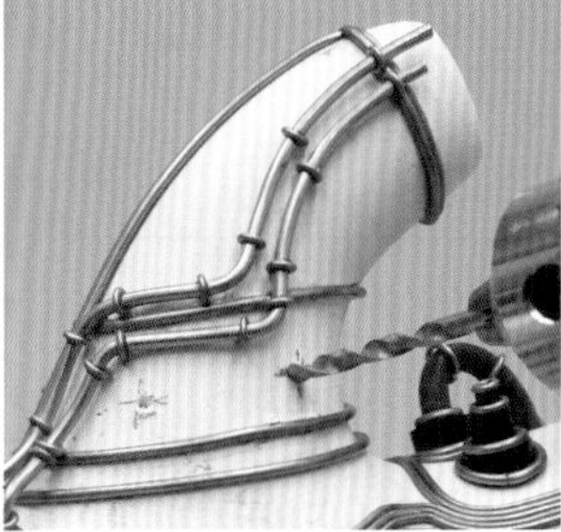
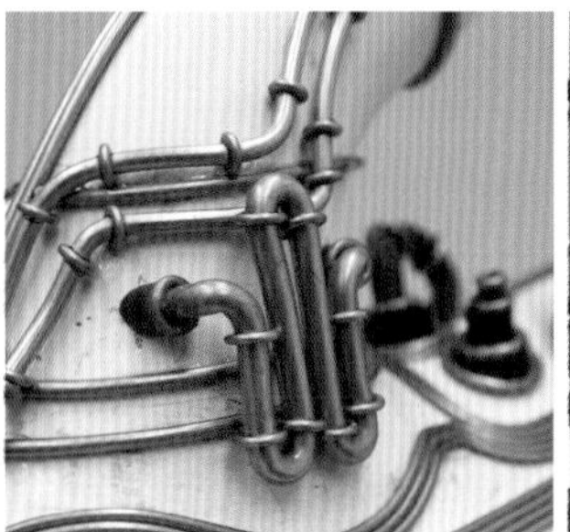
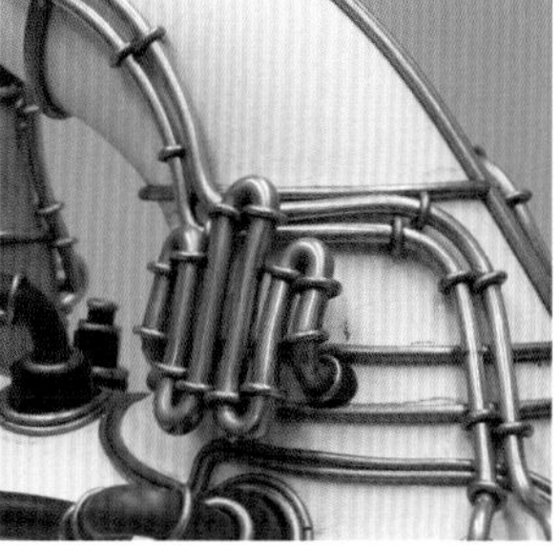

2 在号角形状配管的尾端用铅笔做标记，再用电动钻孔机打孔。在配管的尾端添加橡胶管细节后固定。

◉ 追加软管状配管

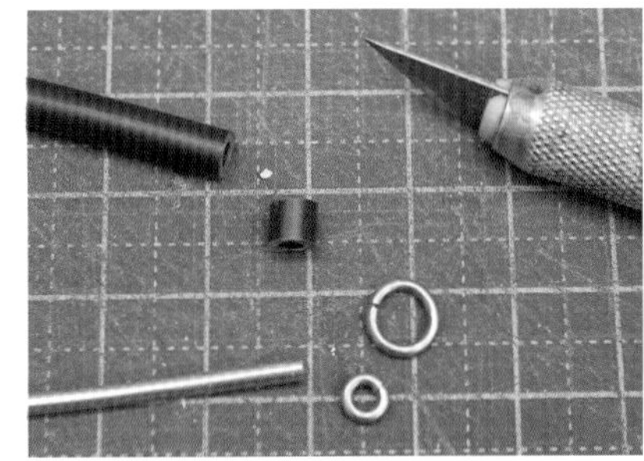
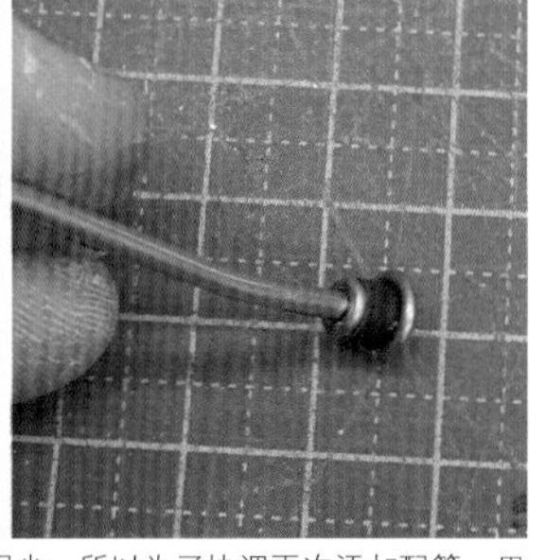

1 安装完号角形状配管后，下层的配管就会看起来很少，所以为了协调再次添加配管。用P49的做法制作曲线配管。

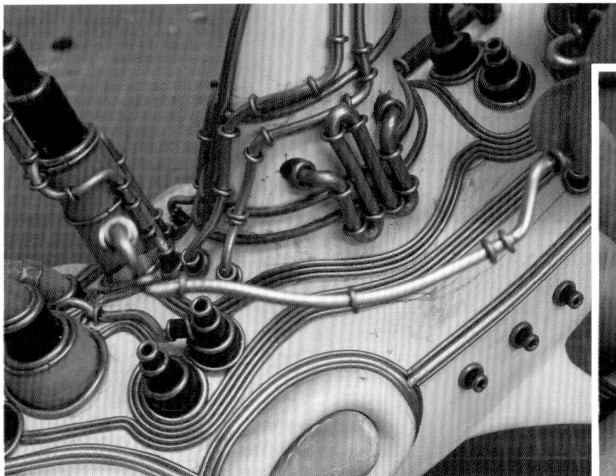
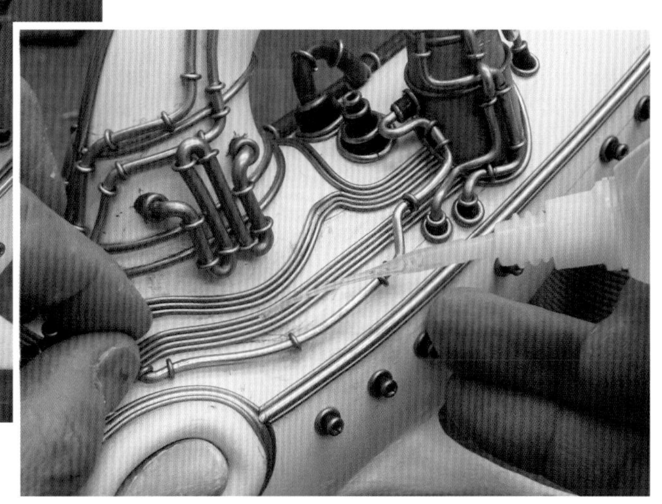
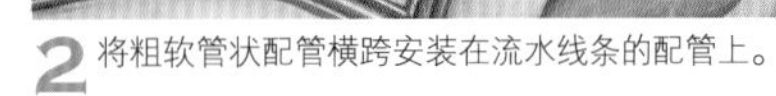

2 将粗软管状配管横跨安装在流水线条的配管上。

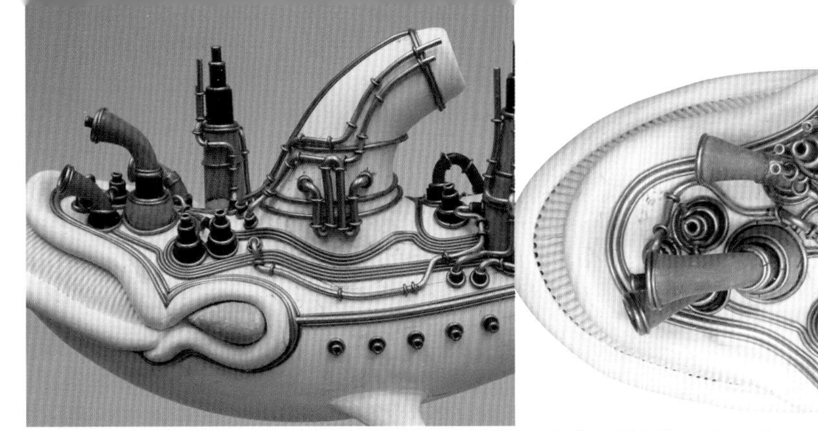

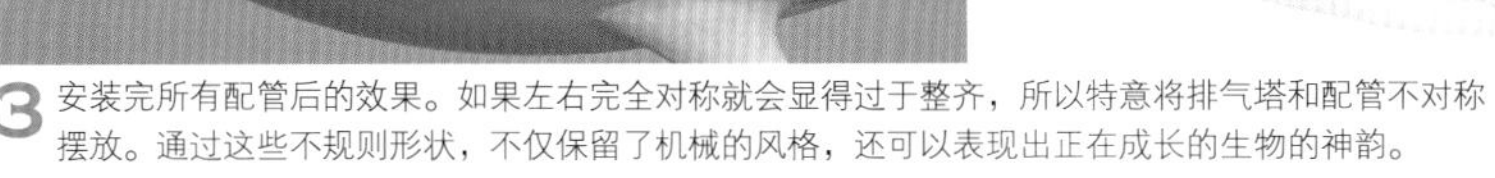

3 安装完所有配管后的效果。如果左右完全对称就会显得过于整齐，所以特意将排气塔和配管不对称摆放。通过这些不规则形状，不仅保留了机械的风格，还可以表现出正在成长的生物的神韵。

◉ 添加铆钉风格细节

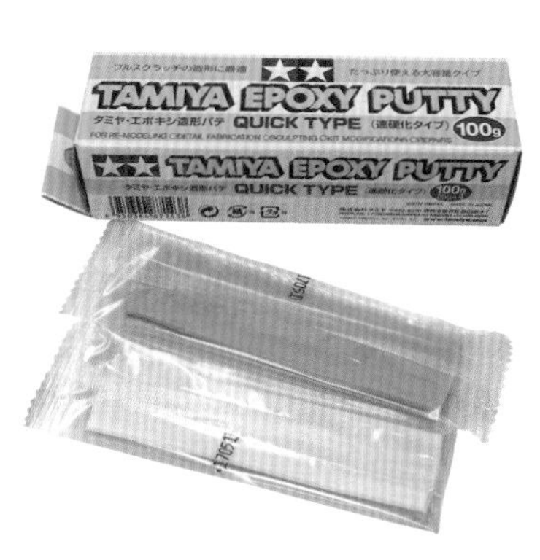

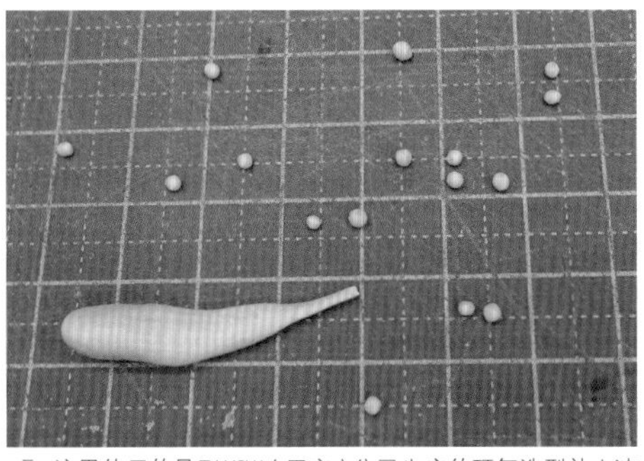

1 这里使用的是TAMIYA(田宫)公司生产的环氧造型补土速硬化型，揉搓后制作大量的小颗粒。

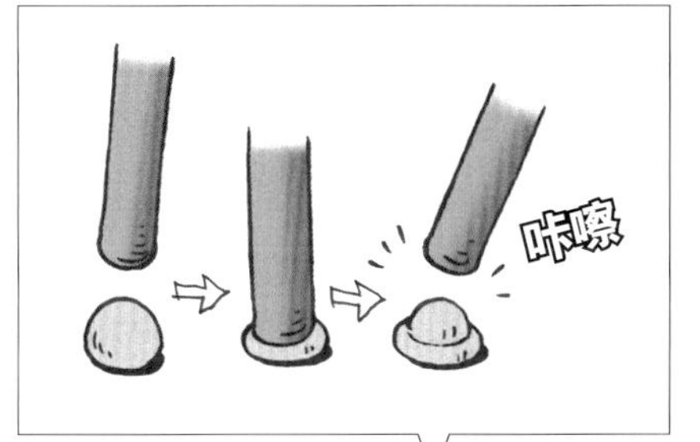

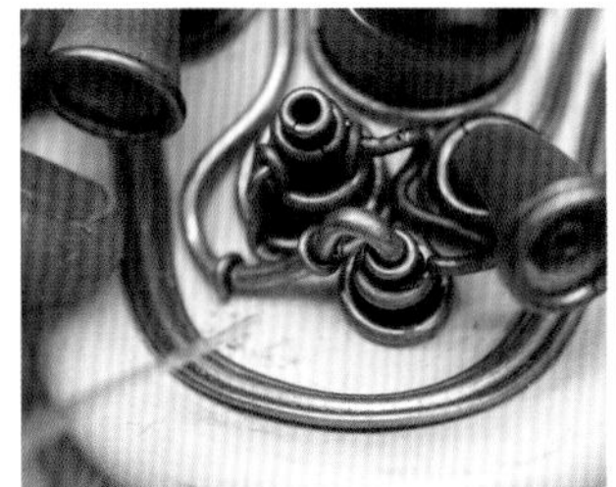

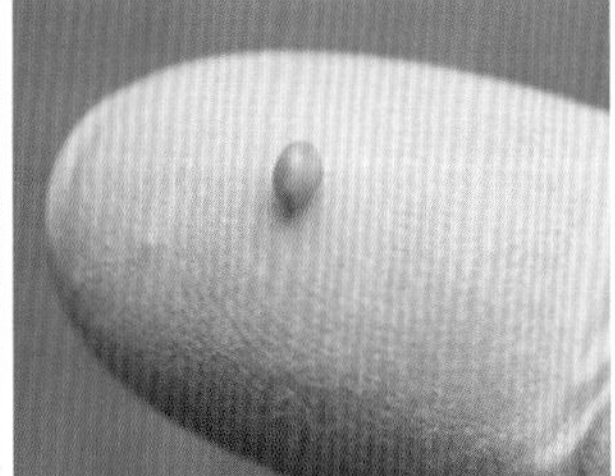

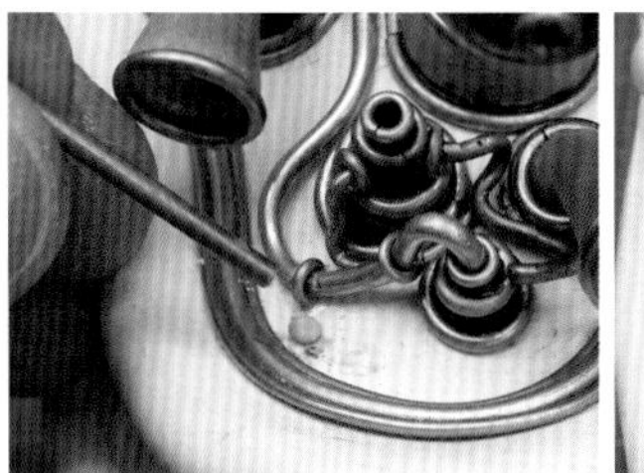

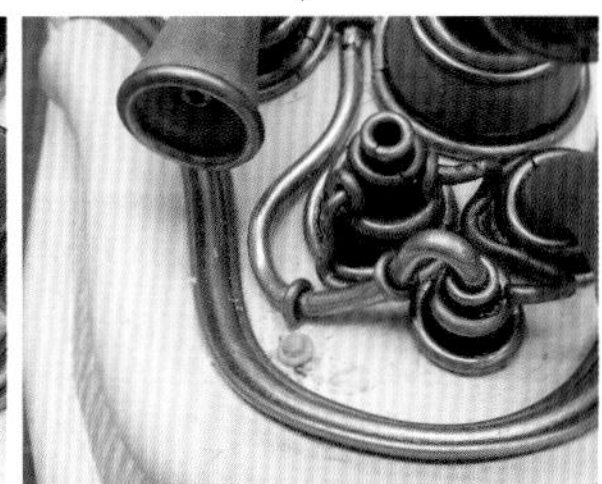

2 在想要添加铆钉风格细节的部位放置补土颗粒，再用少量瞬间黏合剂固定。用黄铜管从上面压一下就可以一次性做出铆钉(圆头部分)以及垫圈(铆钉与本体之间的圆盘)。

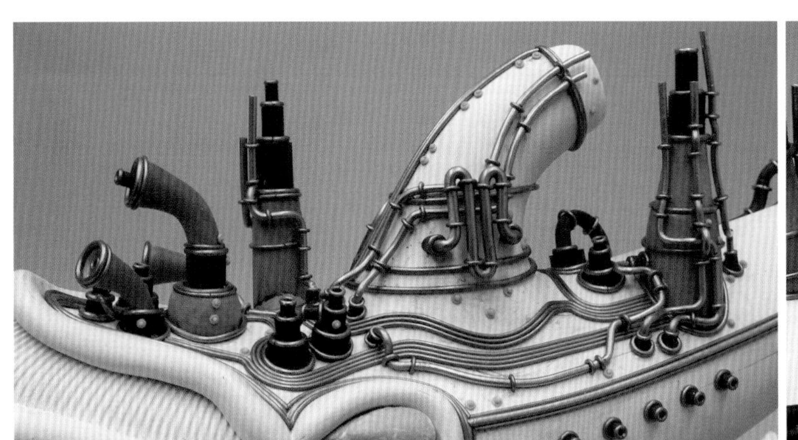

3 再用相同方法在机械部位添加铆钉风格细节，边考虑密集部分和稀疏部分的协调性边粘贴铆钉，不要粘得太均匀。

8 底层处理

◉ 擦掉灰尘，喷涂底漆

如果直接涂装组装完的模型，就会留下细小的划痕或者涂装会脱落，所以先进行底层处理。

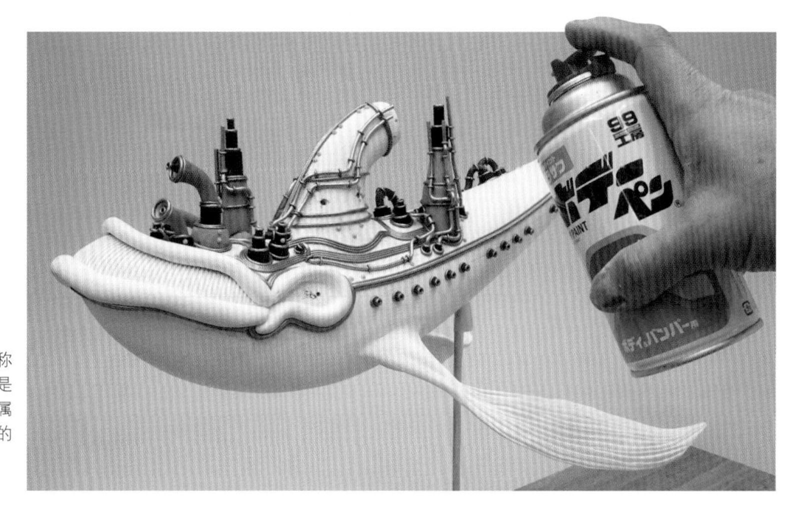

1 用刷子仔细刷掉黏土的碎渣和灰尘，往模型上喷涂被称为“surfacer”（二道底漆）的灰色底漆。本书中使用的是Soft99公司生产的“BodyPaint 底漆”。这款底漆内含金属易吸收的防锈涂料成分，所以很适合喷涂含有金属零件的模型。

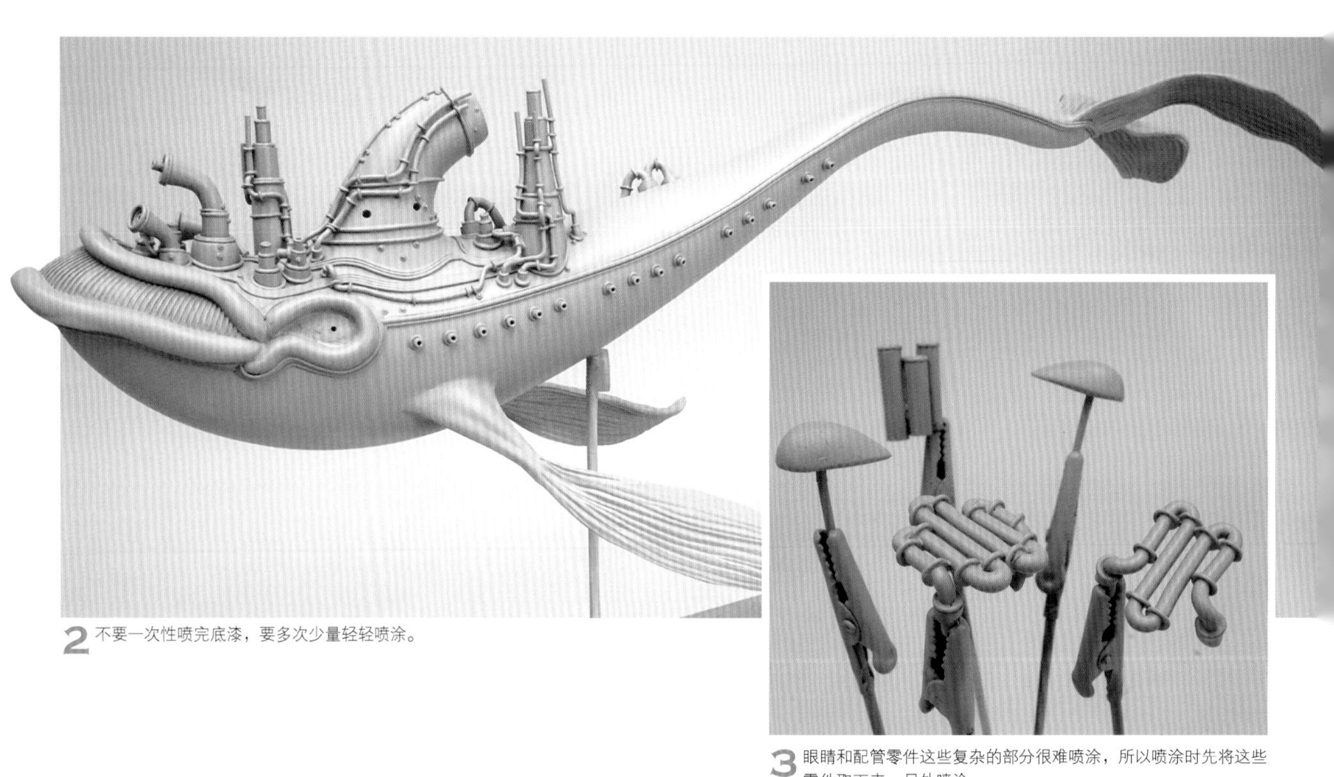

2 不要一次性喷完底漆，要多次少量轻轻喷涂。

3 眼睛和配管零件这些复杂的部分很难喷涂，所以喷涂时先将这些零件取下来，另外喷涂。

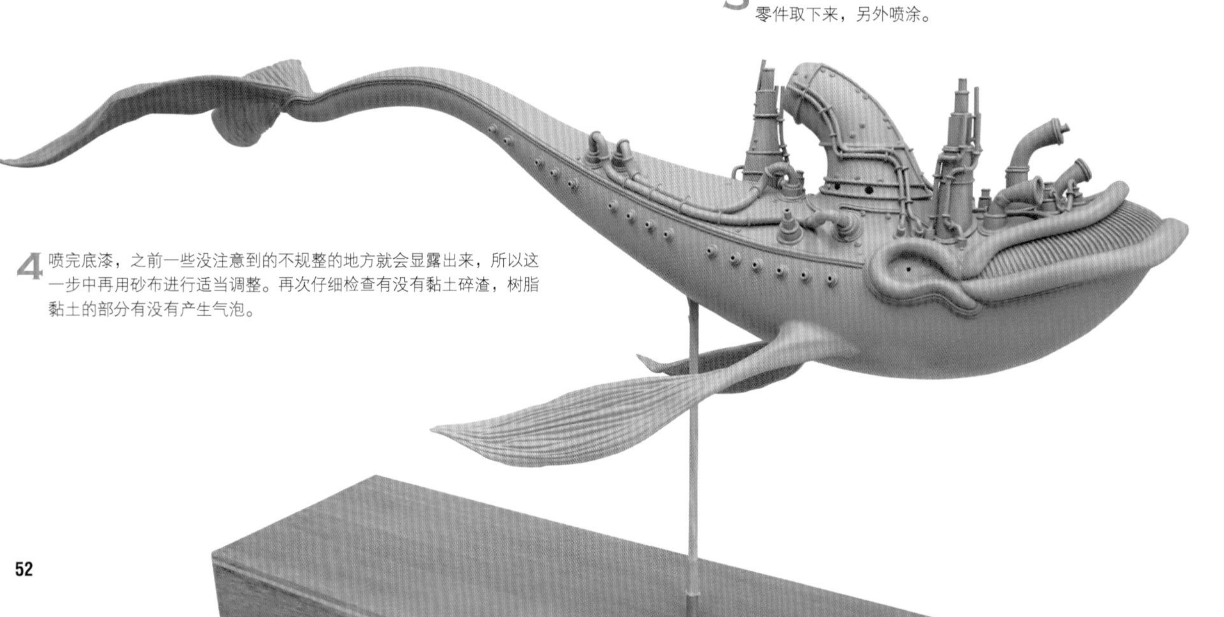

4 喷完底漆，之前一些没注意到的不规整的地方就会显露出来，所以这一步中再用砂布进行适当调整。再次仔细检查有没有黏土碎渣，树脂黏土的部分有没有产生气泡。

完成涂装前的原型

安装零件，完成所有的造型。喷完颜色单一的底漆，整件作品的制作感就会降低，可以纯粹作为“一个造型物”来观察。在这一步骤中，要仔细观察有没有不足的地方或是多余的地方，检查是否符合自己的预想。

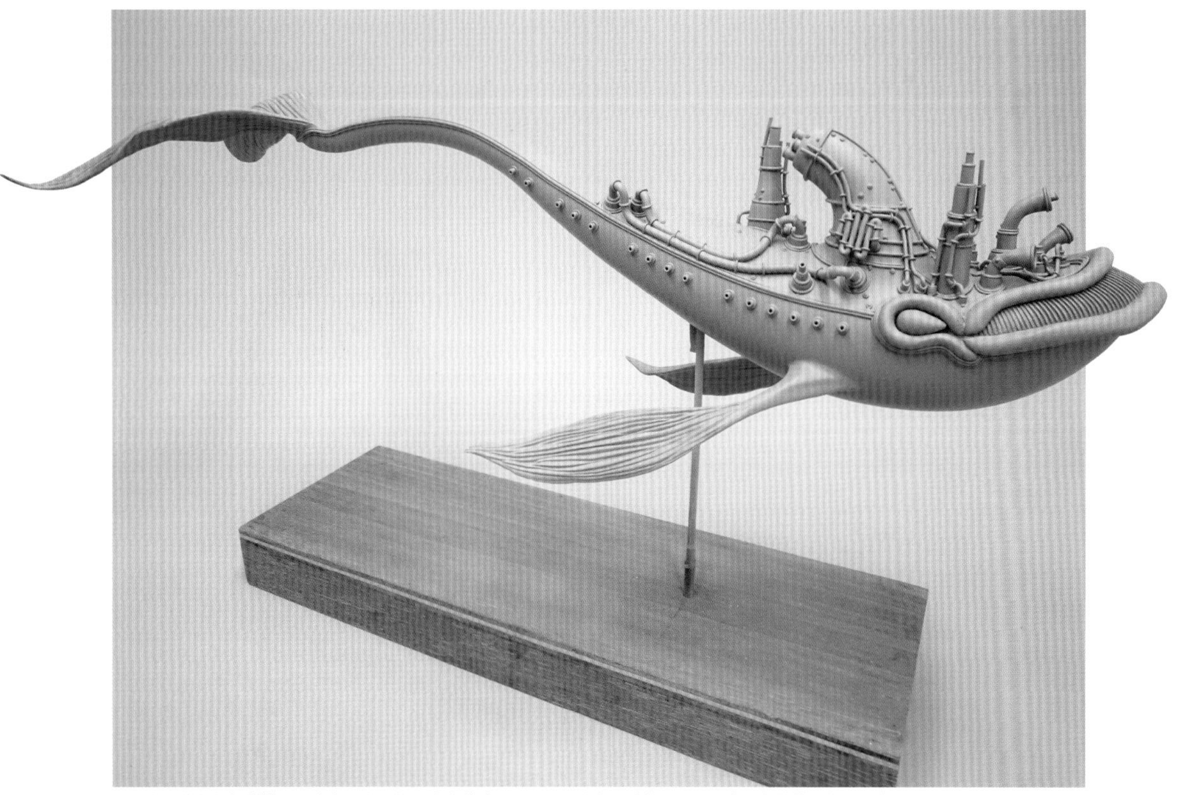

边观察现阶段灰色的模型，边在脑中幻想上完色的效果。不要贸然盲目涂装，在脑中有了完整的设想后再涂装。

从涂装到完成

1 底座的涂装

◉ 用黏合剂增添质感，上色

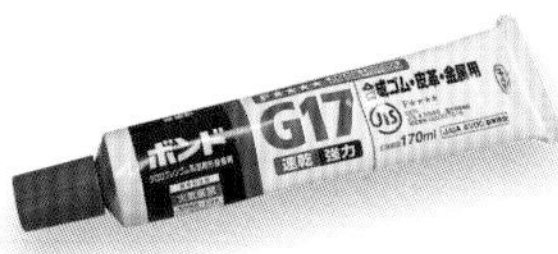

1 在底座涂抹木器漆，风干后再涂抹高黏度的黏合剂，制作出斑点效果。本书中使用的是Konishi的“bondG17”。

2 风干后，喷涂无光泽黑漆。

3 叠加涂抹丙烯颜料（参照P55），表现出厚重质感。最后喷涂无光泽清漆，覆盖整体。

2 本体的基础涂装

◉ 涂底色

1 用GSI Creos的“Mr.COLOR”无光泽黑漆和褐色漆调制出茶褐色，再用专用稀释剂稀释。

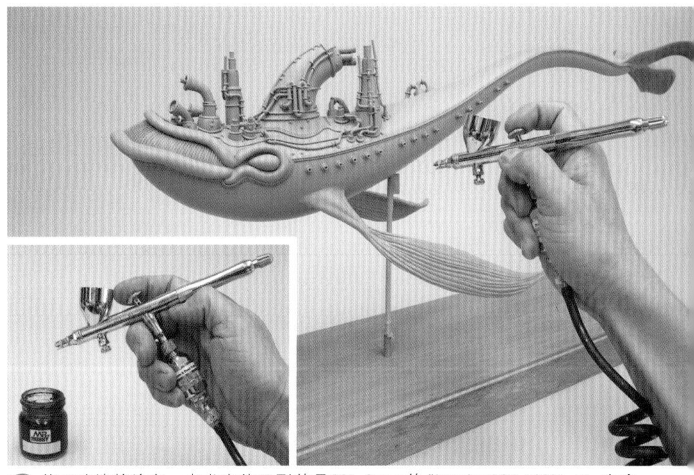

2 使用喷漆枪涂色。本书中使用到的是GSI Creos的“burokonBOY PS289 WA 白金 0.3mm”。

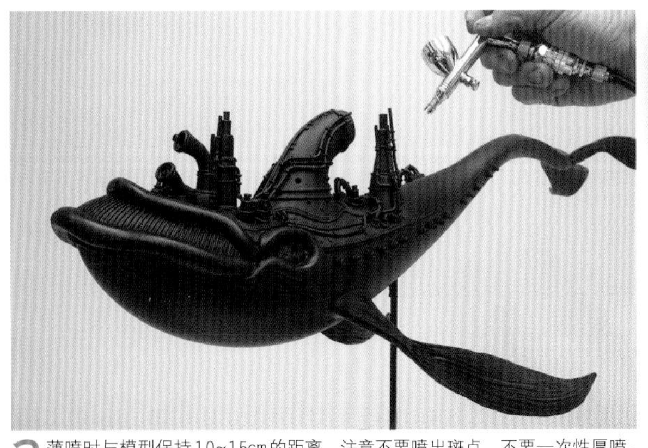

3 薄喷时与模型保持10~15cm的距离，注意不要喷出斑点，不要一次性厚喷。反复薄喷，风干再喷。

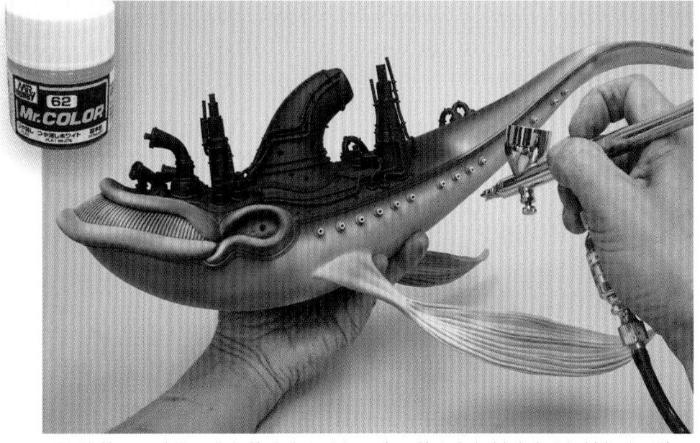

4 接着，用稍微不均匀的喷涂方式把无光泽的白色颜料喷涂在机械部分以外。

◉ 使用丙烯颜料涂装机械部分

关于丙烯颜料

本书中在涂装时，使用的是绘画中经常使用到的丙烯颜料。这种颜料溶于水后很好操作，无异味，安全性也高。但是，相较于模型专用涂料来说，附着力很低，不适合当作底层颜料。本书中，底层颜料使用的是“Mr. COLOR”的模型专用颜料。刷完底层颜料后再刷丙烯颜料上色。

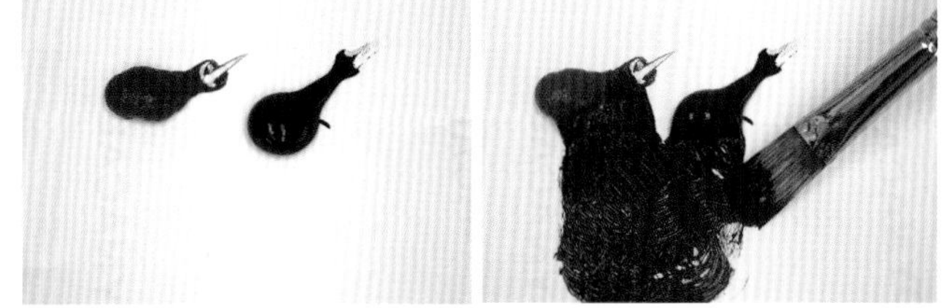

1 准备好水溶性涂料“Regular type”，混合颜色制作出深褐色。刷子使用的是猪毛刷。

2 每次用少量颜料慢慢上色，只在缝隙处保留黑色，从而展现立体感。

3 慢慢增加褐色的比例，叠加涂抹。最后混入金色，增添金属质感。

◉ 涂抹腹部—鳍

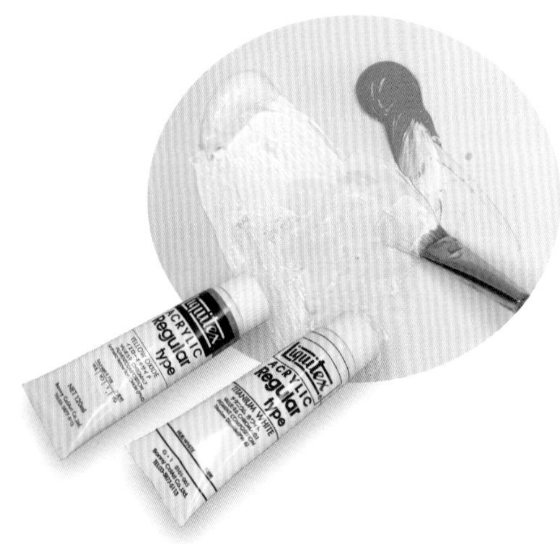

1 在鲸鱼腹部和鳍这种体现生物感的部分，涂抹以白色为底的混合色，涂出斑驳的感觉会更好。

2 用细笔涂抹机械部分与生物部分的分界线。

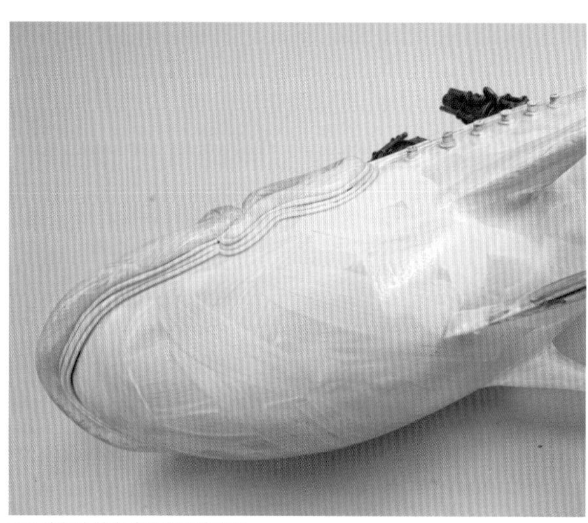

3 腹部也特意涂出斑驳的感觉。

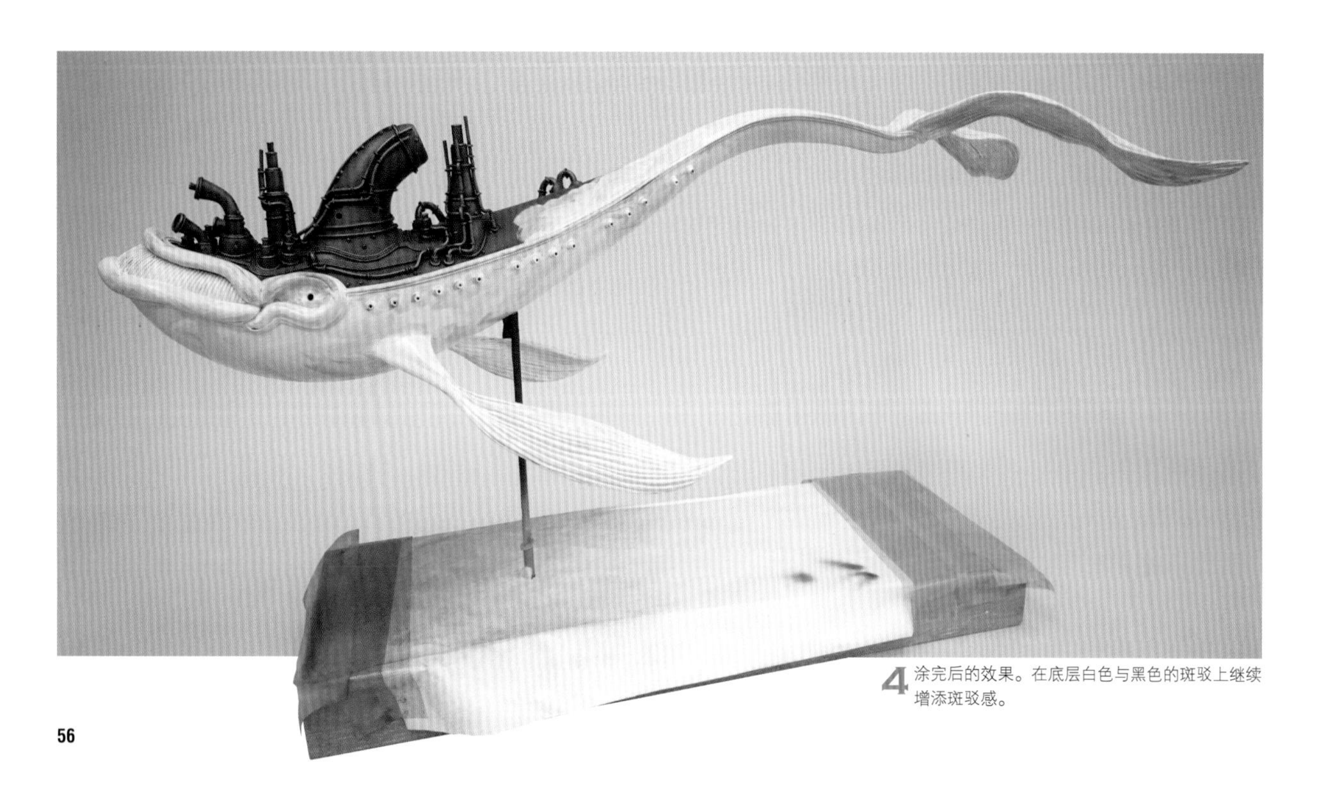

4 涂完后的效果。在底层白色与黑色的斑驳上继续增添斑驳感。

◉ 随意添加颜色

1 混合黄、绿、紫等颜料，随意涂色，留下刷色的痕迹也没关系。

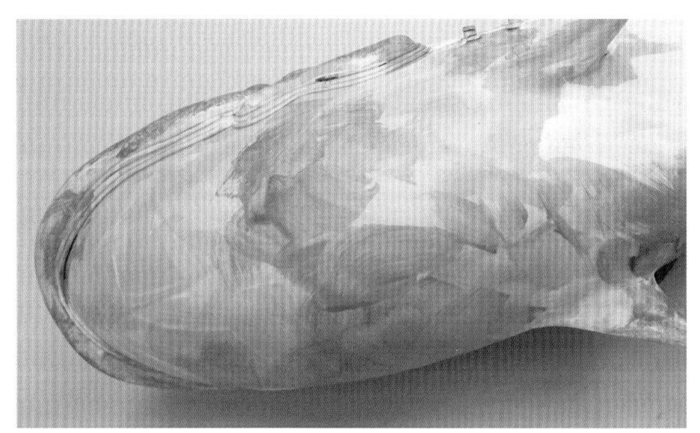

2 涂完颜色部分的特写。尾鳍和胸鳍也涂成马赛克形状。

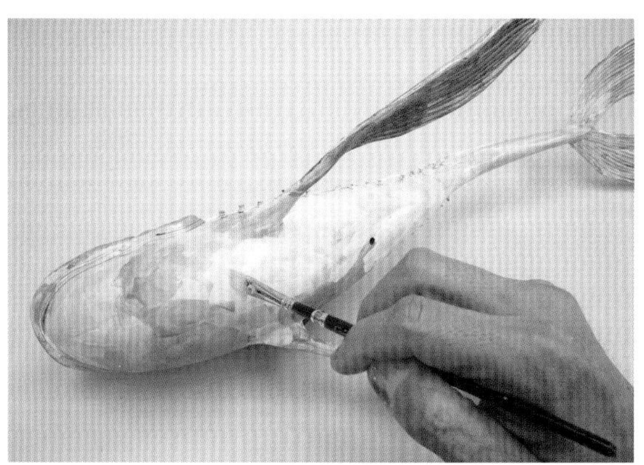

3 风干后，用水稀释的白色颜料薄涂模型整体，注意还要隐约能透出原本的颜色。

4 涂完后的效果。特意在随意涂完颜色后覆盖白色，这样会比仅仅涂抹纯白色更加有意味。

5 喷涂透明涂料，覆盖涂装面。本书中使用的是GSI Greos的“Mr.SUPER CLEAR无色”。

2 脏化后再擦拭 (Washing)

◉ 涂抹颜料后再擦拭

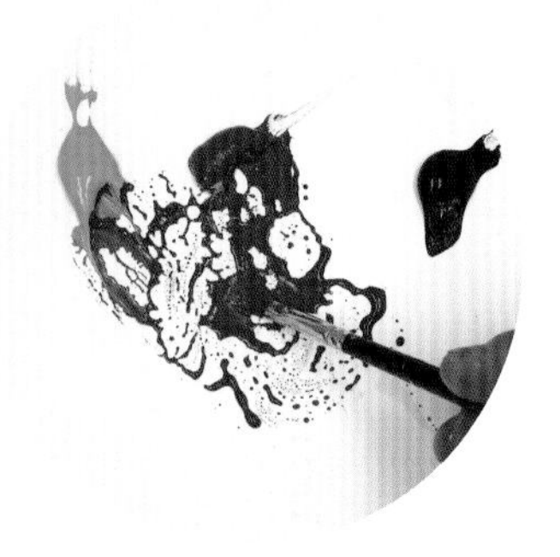

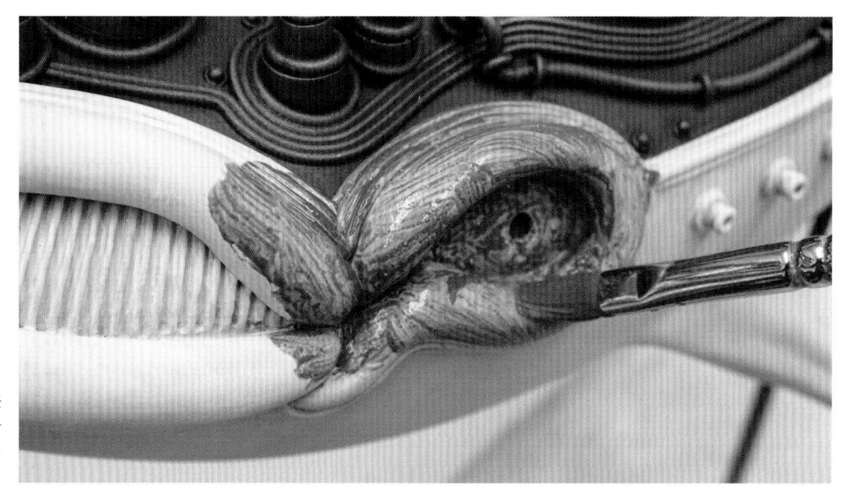

1 这里使用的是特意表现脏化的涂装方法"Weathering"中的"Washing"手法。用稍微多一点儿的水稀释Turner的"ACRYL GOUACHE"颜料，然后涂在鲸鱼白色的部位上。

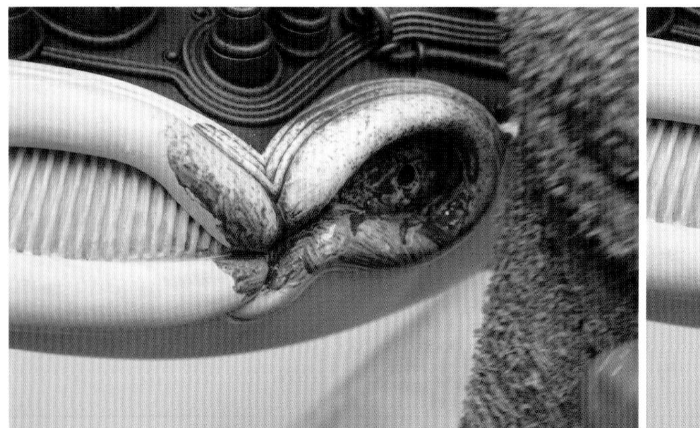

2 用旧毛巾砰砰地轻敲模型，沾掉颜料。沟槽中残留下了颜料，表面也体现出了腐朽的质感。

3 用相同方法，给鲸鱼的嘴、鲸须、躯干等部分都添加脏化的感觉。

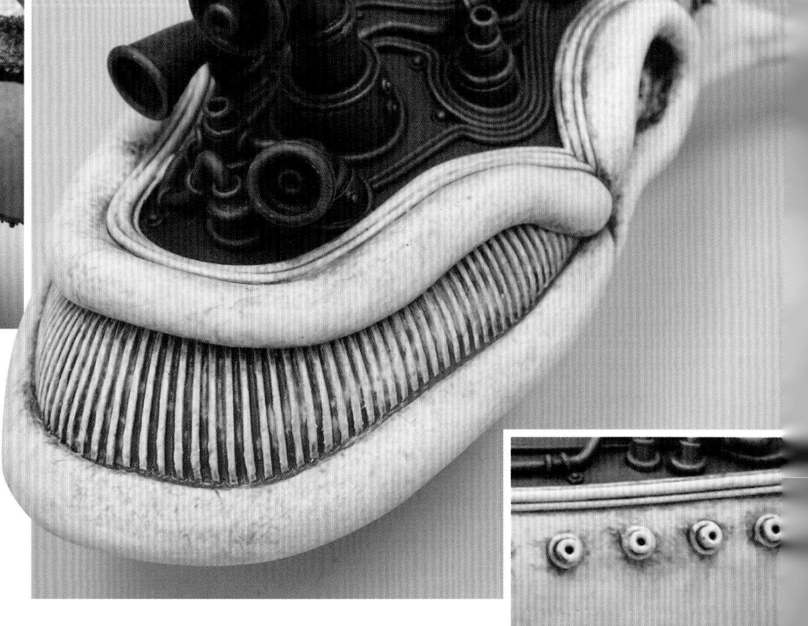

◉ 换颜色继续增添脏化质感

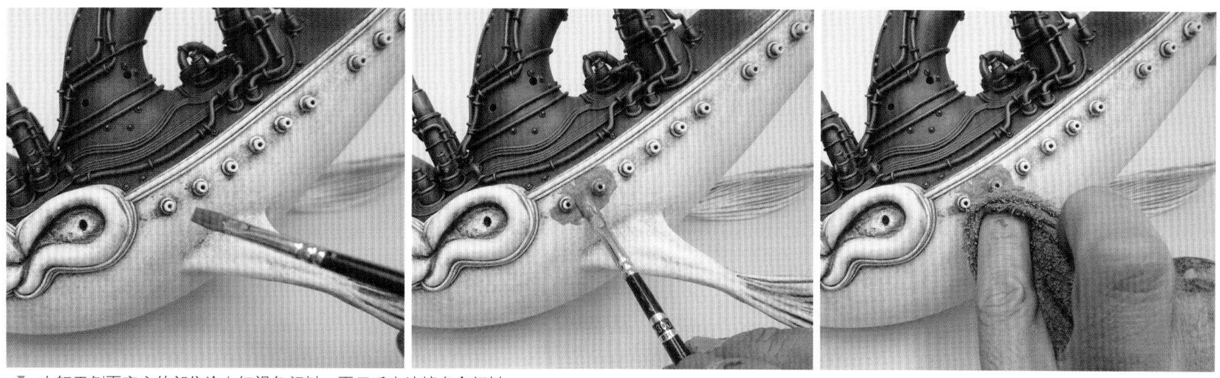

1 在躯干侧面窗户的部位涂上红褐色颜料，再用毛巾沾掉多余颜料。

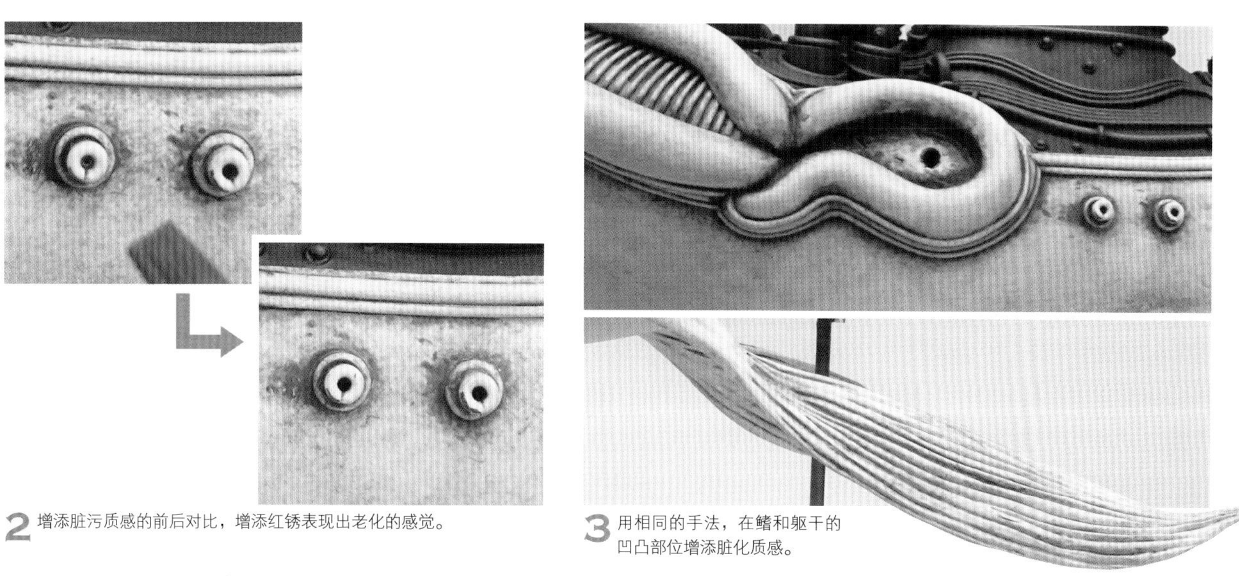

2 增添脏污质感的前后对比，增添红锈表现出老化的感觉。

3 用相同的手法，在鳍和躯干的凹凸部位增添脏化质感。

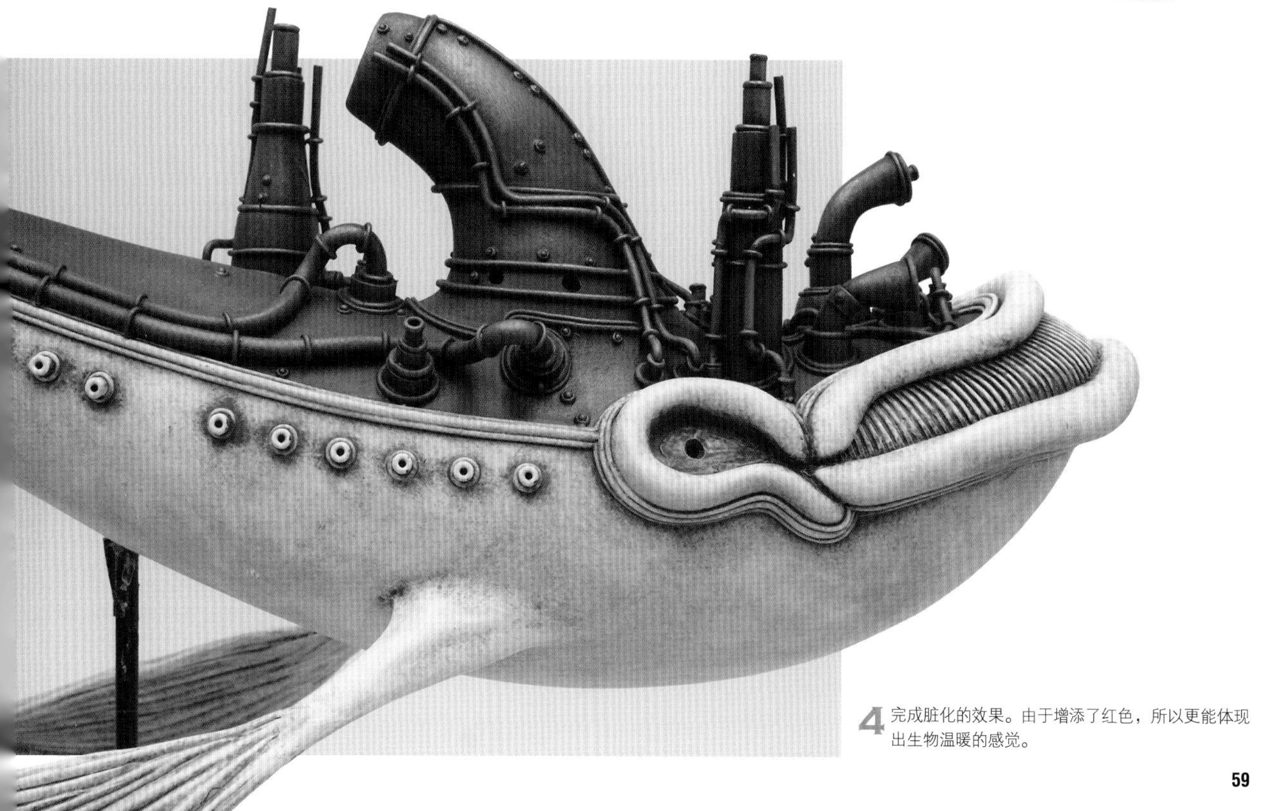

4 完成脏化的效果。由于增添了红色，所以更能体现出生物温暖的感觉。

3 涂装脱落 (Chipping)

◉ 用海绵上色

添加涂装脱落效果的手法叫“Chipping”。本书中介绍的方法不是真的脱落涂装，而是通过涂抹颜料从而实现脱落效果。

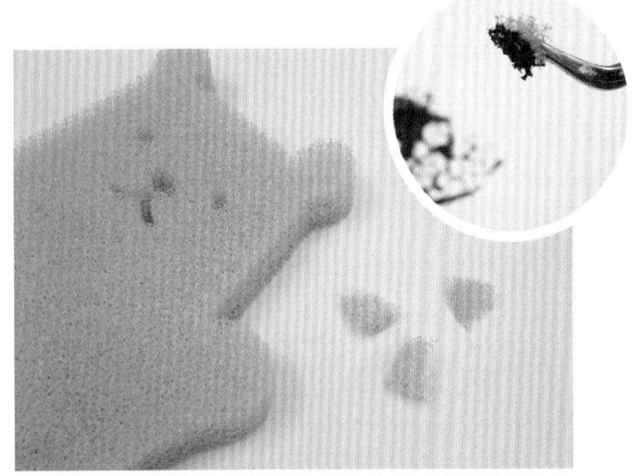

1 将普通的海绵撕成小碎块，再用镊子夹住海绵蘸取兑完水的颜料。

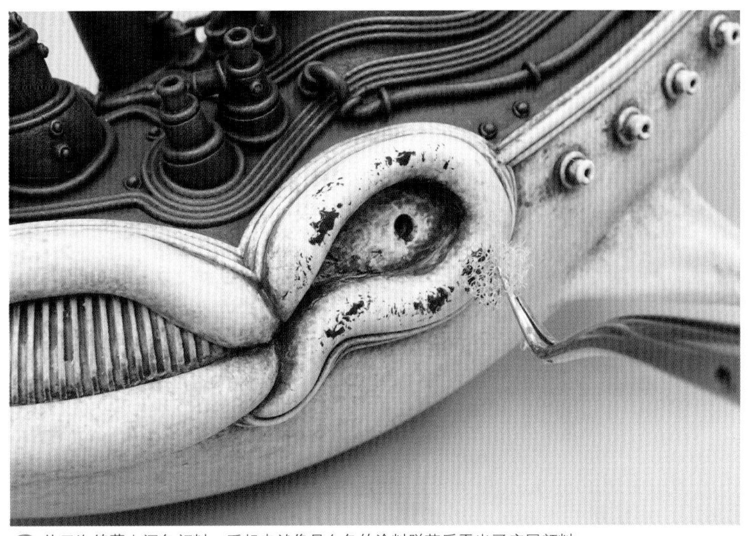

2 使用海绵蘸上深色颜料，看起来就像是白色的涂料脱落后露出了底层颜料。

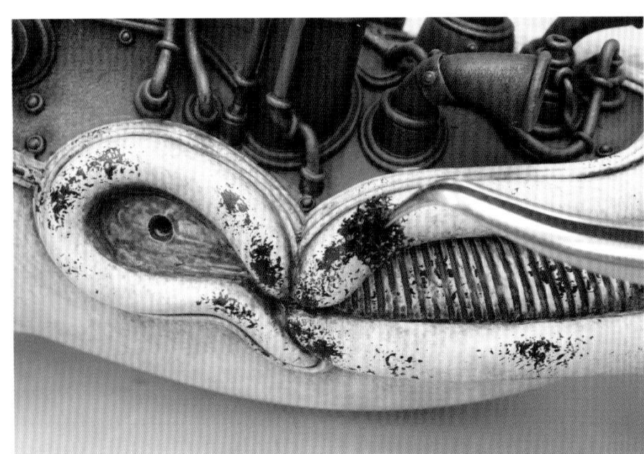

3 用同样方法，在嘴唇和腹部也添加脱落效果。

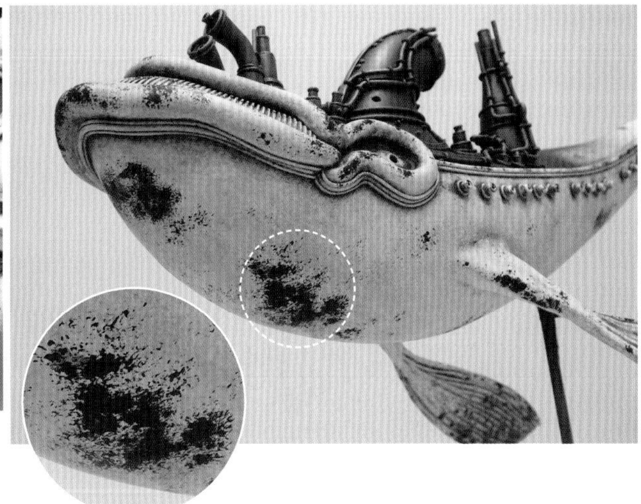

4 收尾涂装，组装模型

◉ 使用喷漆枪增添老化质感

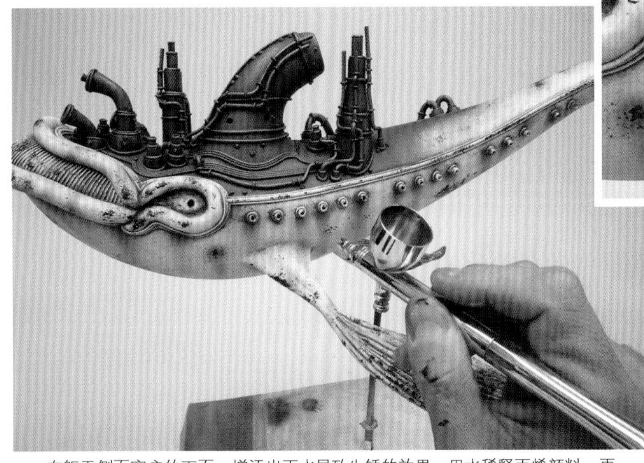

在躯干侧面窗户的下面，增添出雨水导致生锈的效果。用水稀释丙烯颜料，再用喷漆枪喷涂。

◉ 在机械部分增添金属光泽

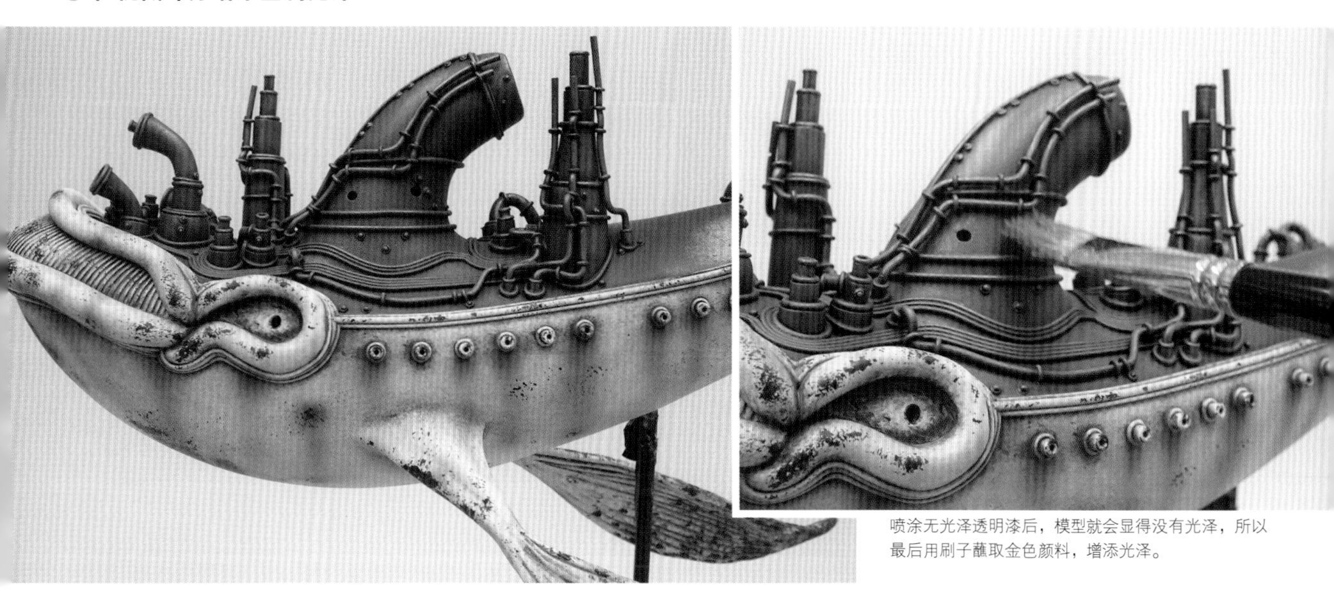

喷涂无光泽透明漆后，模型就会显得没有光泽，所以最后用刷子蘸取金色颜料，增添光泽。

◉ 组装细节零件

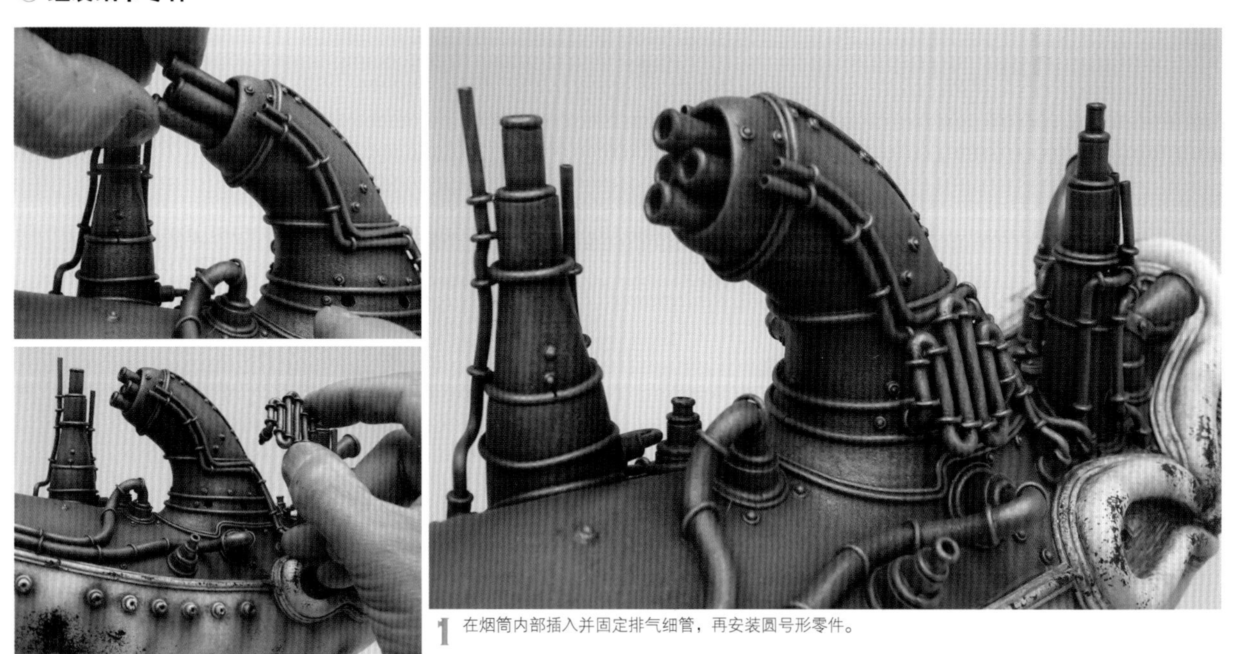

1 在烟筒内部插入并固定排气细管，再安装圆号形零件。

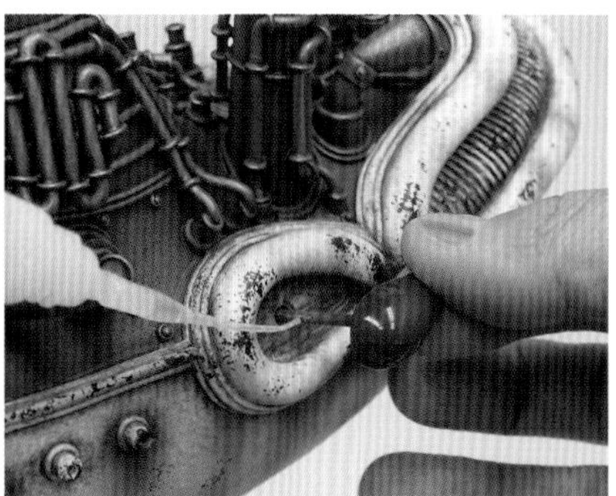

2 用红色颜料喷涂眼睛的零件。用喷漆枪反复叠加暗红色，营造出层次感，给表面填补光泽（详见P112）后安装。

完成

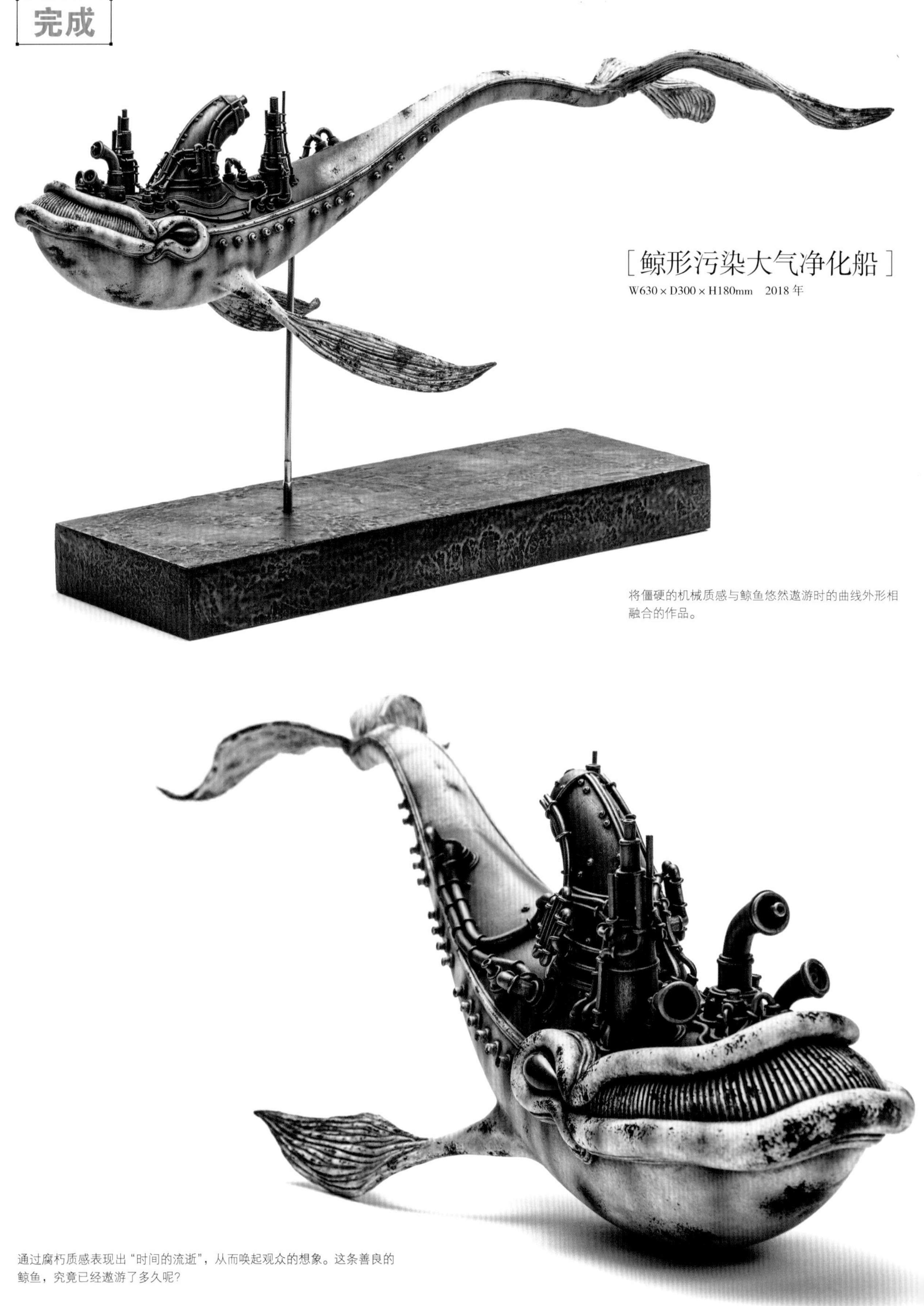

[鲸形污染大气净化船]

W630 × D300 × H180mm　2018 年

将僵硬的机械质感与鲸鱼悠然遨游时的曲线外形相融合的作品。

通过腐朽质感表现出“时间的流逝”，从而唤起观众的想象。这条善良的鲸鱼，究竟已经遨游了多久呢？

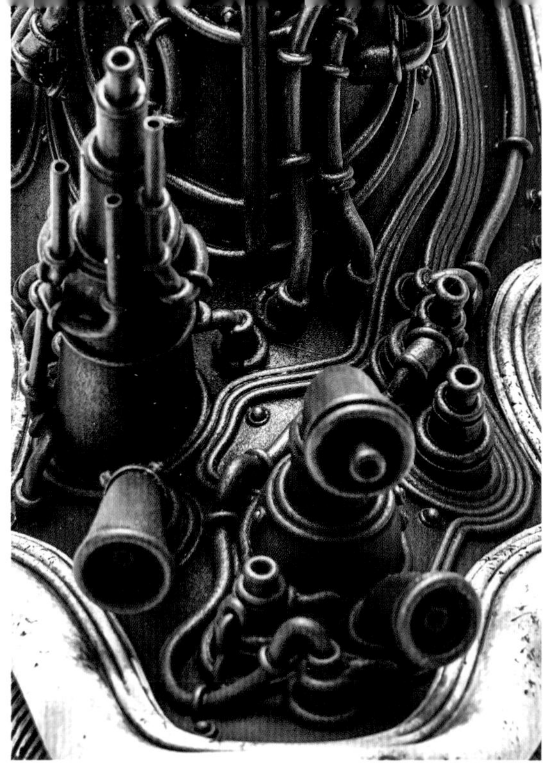

安装了许多大小不同的排气塔和配管的机械部分。通过左右不对称的排气塔和曲线配管，既表现出了机械的风格，又增添了正在成长的生物的韵味。

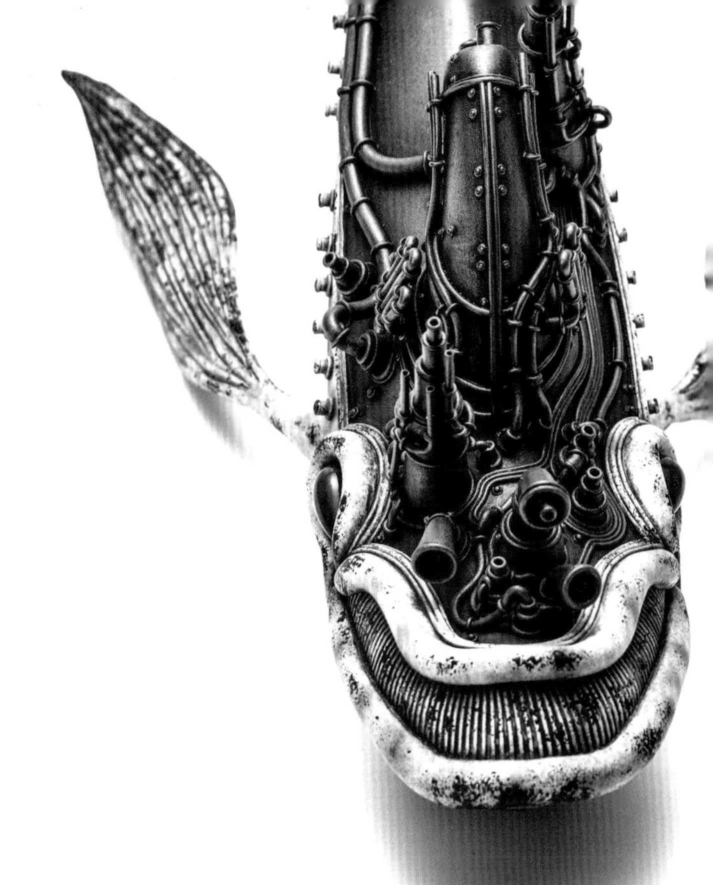

大型舰船上常有的锈渍。添加了锈渍，又展现出鲸鱼的躯体的庞大和规模感。

多种鲸形幻想生物

[鲸形污染大气净化船]Ver.2

W600×D550×H360mm　2016 年

与本章中制作的鲸鱼稍微不同，这条鲸鱼的躯干更圆滑。为了展现出生物之间的个体差异，机械部分的形状也稍有不同。世界上也许有许多条净化浑浊大气、心地善良的鲸鱼，它们分别完成成长，开启了漫长的旅行。

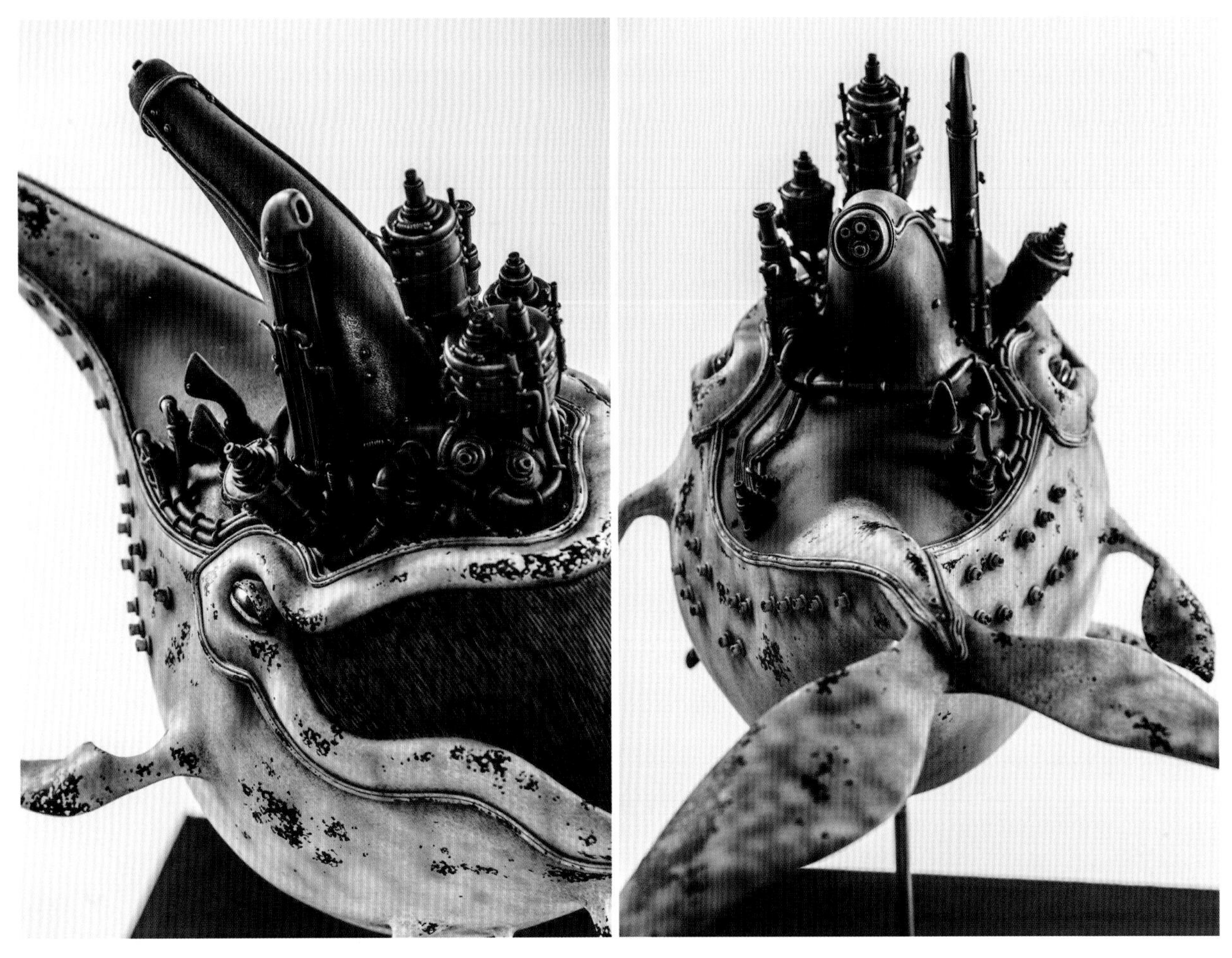

第2章

用黏土制作小型作品

——制作动感作品的要领

制作兔形幻想生物

▶概念图
身穿自带火箭引擎的航天服，朝着月亮前进的宇航员。这个造型可以看到脚底，所以之后会在脚底增添细节。

原型的制作

1 躯干的造型

叠加三块芯材制作外形

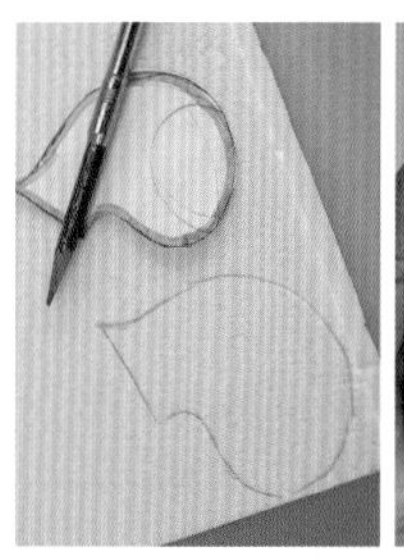
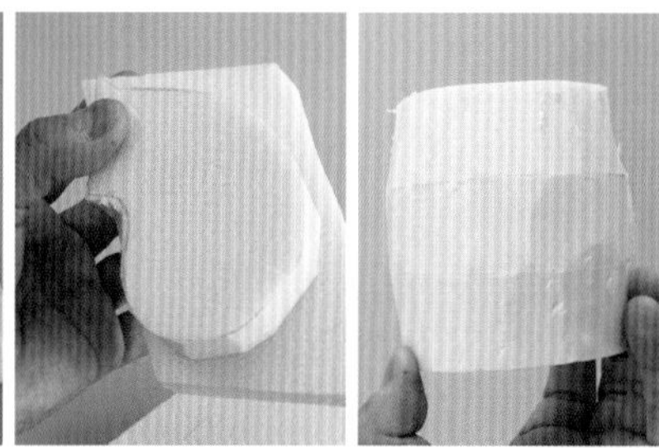

1 制作出比草图小一圈（往里3mm左右）的纸样，再描到挤塑聚苯乙烯泡沫板上。将三块20mm厚的泡沫板叠在一起，用喷雾胶暂时固定，修剪出有厚度的躯干。

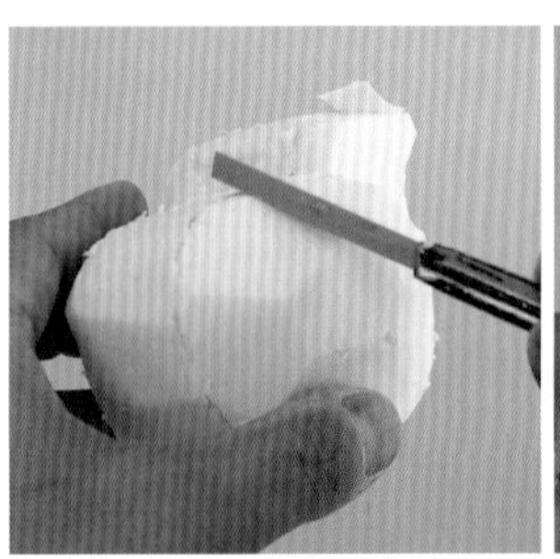

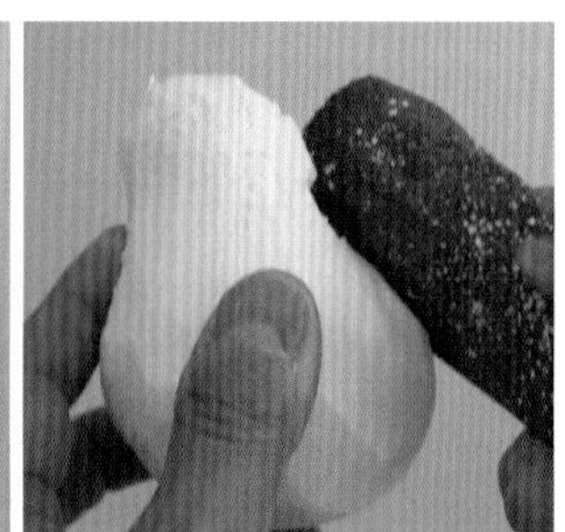
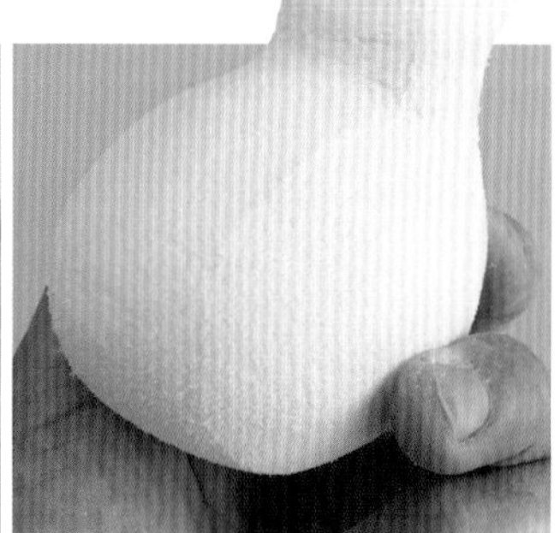

2 用小刀削出棱角，再用120号砂布打磨成圆滑的形状。

包裹黏土调整

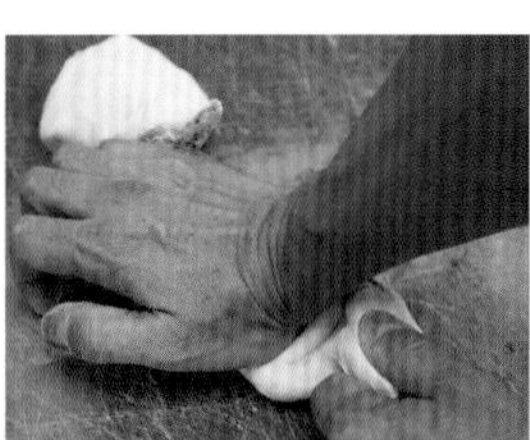

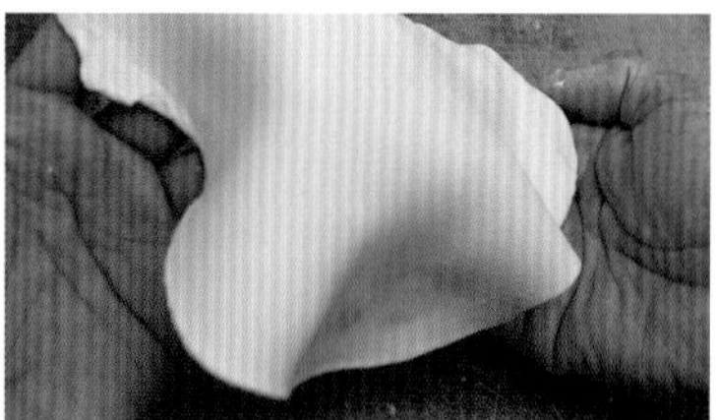

1 这里使用的石粉黏土和第1章相同，都是“New Fando”。将黏土揉开揉软后，再擀薄抻长，用来包裹芯材。

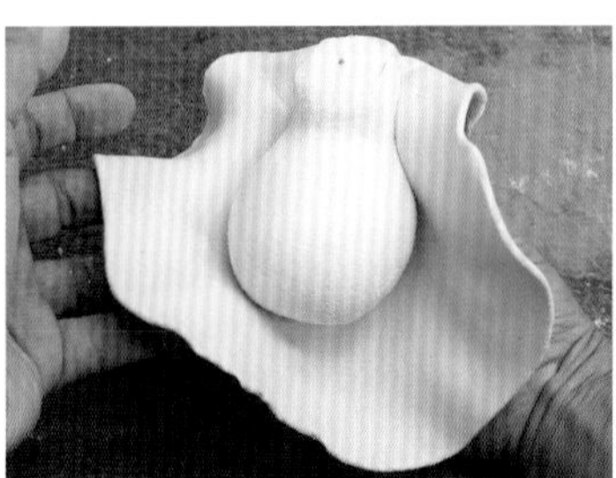

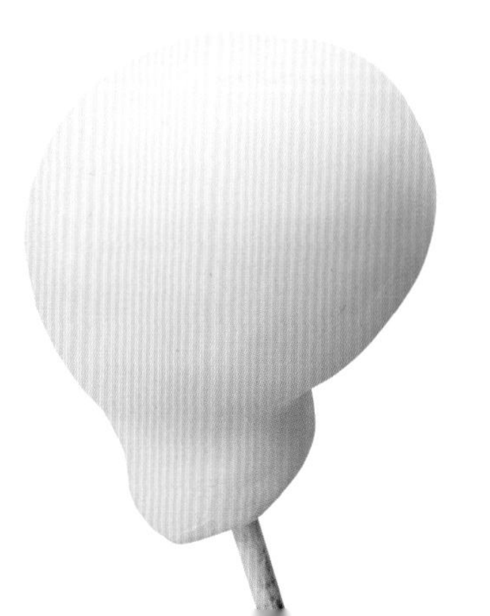

2 用手抻开黏土，沿着芯材的圆形包裹，不要留下缝隙。不要用黏土盖住后续安装头部的位置，留一个开口，干燥后再用砂布打磨。

2 头部的造型

将铝箔纸当作芯材，再用黏土包裹

1 与P34相同，树脂黏土使用的是“Mr.SCULPT CLAY”。将作为支撑棒的铝棒的顶部折弯。

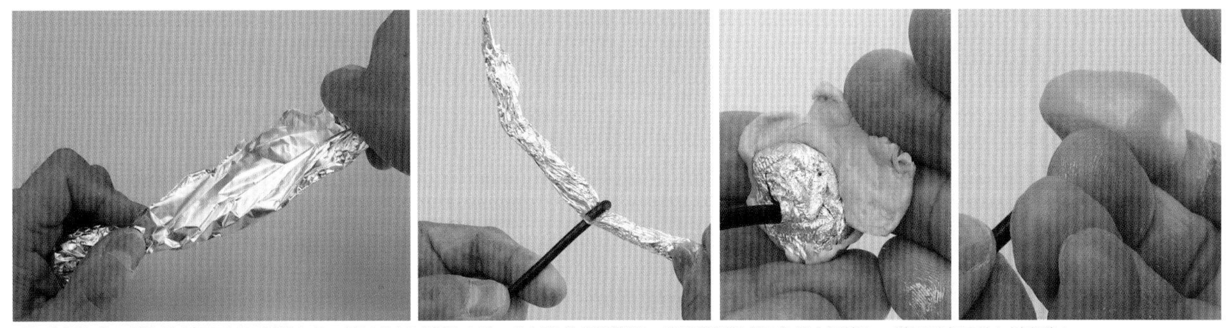

2 挤塑聚苯乙烯泡沫板不可以用烤箱加热，所以使用树脂黏土时，芯材要使用铝箔纸。将铝箔纸扭成细条缠在铝棒上，搓圆固定后盖上树脂黏土。

用烤箱加热→反复造型

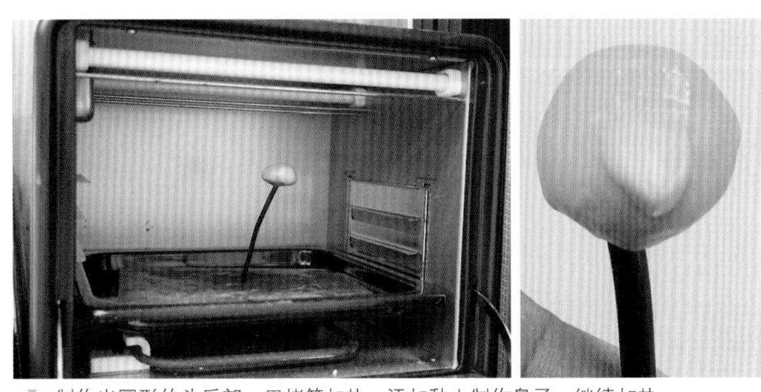

1 制作出圆形的头后部，用烤箱加热。添加黏土制作鼻子，继续加热。

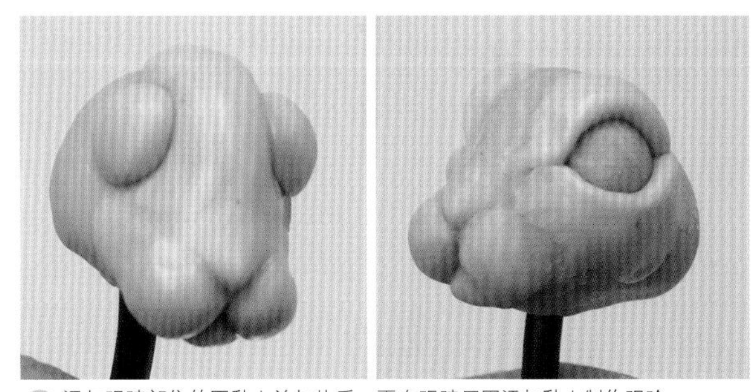

2 添加眼睛部位的圆黏土并加热后，再在眼睛周围添加黏土制作眼睑。

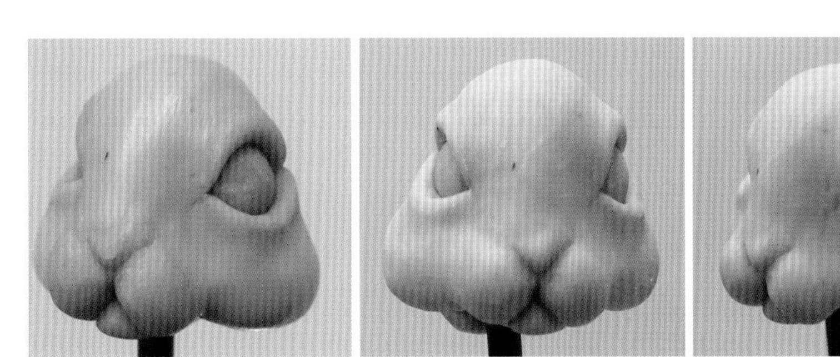

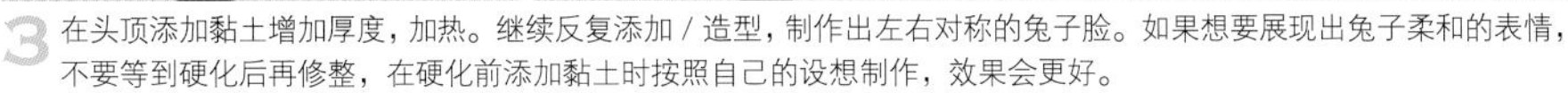

3 在头顶添加黏土增加厚度，加热。继续反复添加 / 造型，制作出左右对称的兔子脸。如果想要展现出兔子柔和的表情，不要等到硬化后再修整，在硬化前添加黏土时按照自己的设想制作，效果会更好。

3 耳朵的制作

用相同长度的黏土制作耳朵

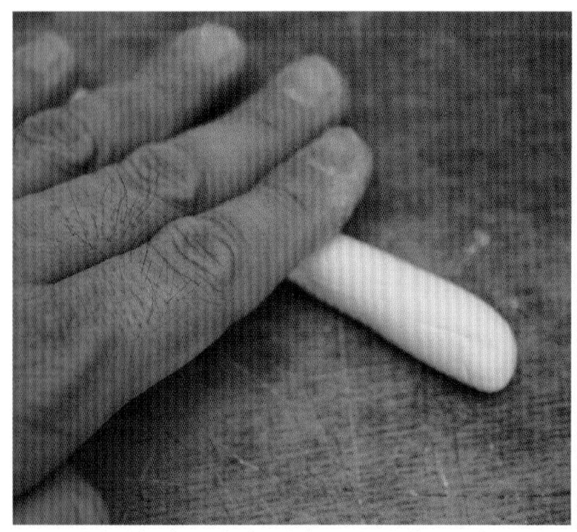

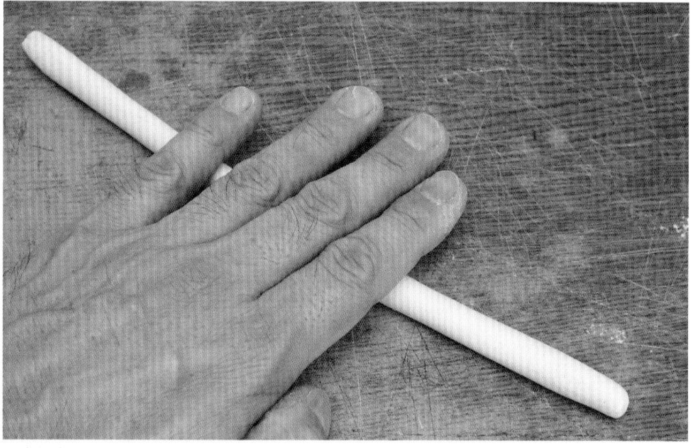

1 耳朵部分很脆弱，很容易损坏，所以制作耳朵时应该选用比树脂黏土更结实的石粉黏土。将黏土搓成细长圆柱状。

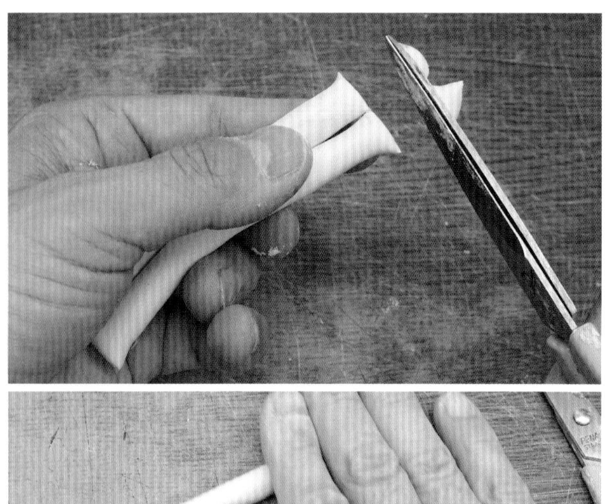

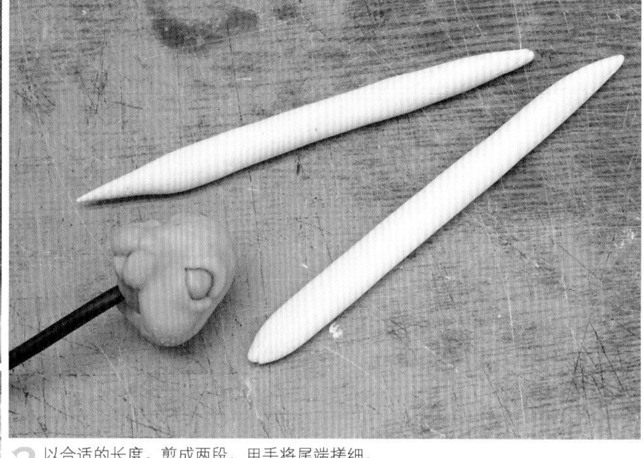

2 以合适的长度，剪成两段，用手将尾端搓细。

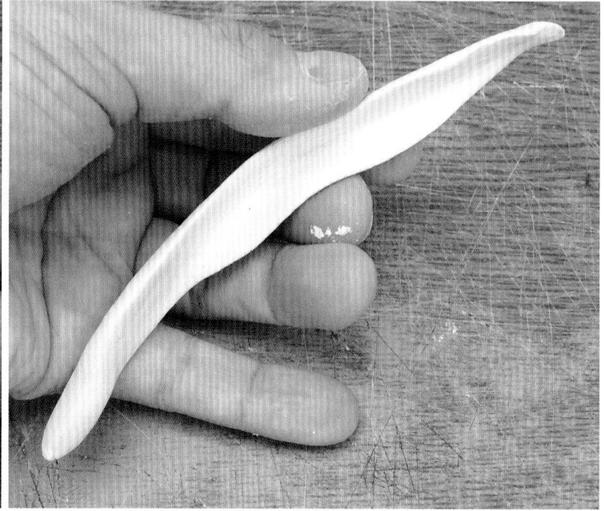

3 用手指压出耳朵的形状。手指的力量可以随意，左右不完全对称才能体现出生物的感觉。

4 衣领周围的造型

在躯干内侧挖出衣领

衣领要隐约可以遮住兔子的脸，这样就会看起来像襁褓一样可爱。
削磨躯干内侧的黏土，制作衣领。

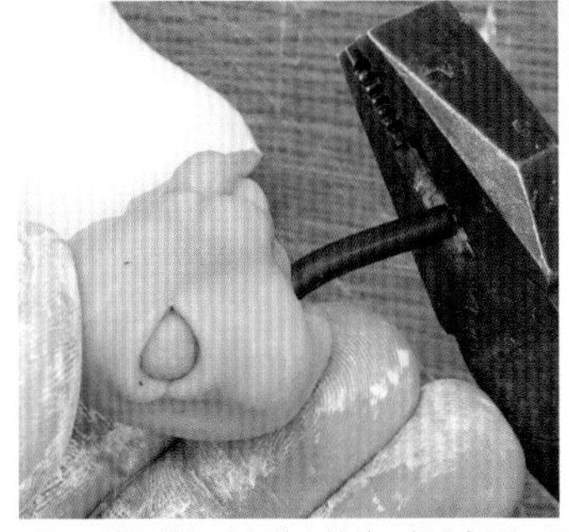

1 用钳子剪短头部的支撑棒，插入躯干。不需要用电动钻孔机在挤塑聚苯乙烯泡沫板上打孔，直接插进去就可以。

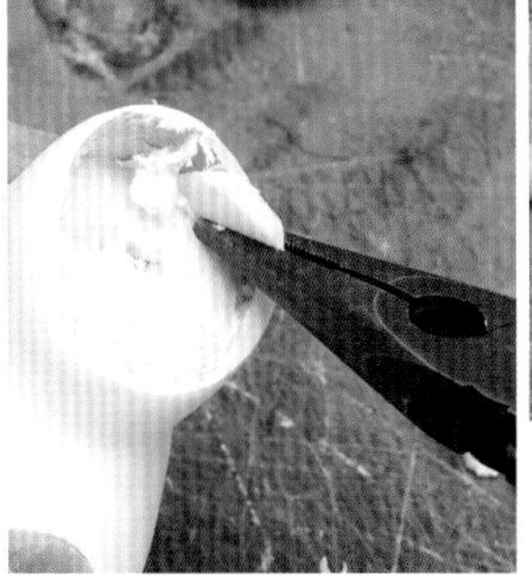

2 取下头部，削掉少量躯干里的挤塑聚苯乙烯泡沫板。再次插入头部，确认衣领的大小，反复削，反复插入。

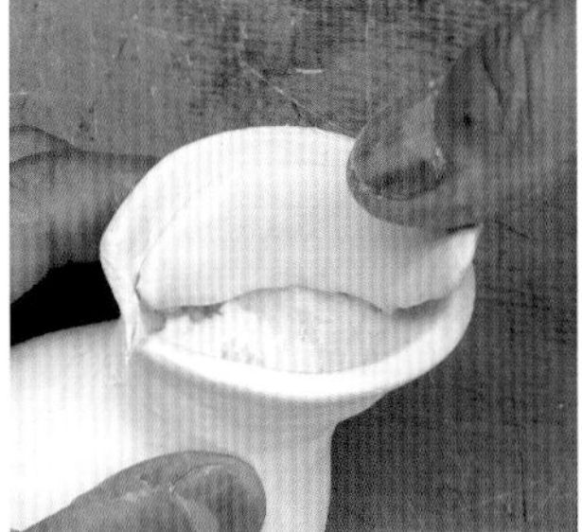

3 削到可以稍微露出兔子脸的程度后，进入制作衣领的步骤。在衣领的前面剪出一个V字形。在衣领的内侧粘上一层薄黏土，等待完全干燥，用砂布打磨。

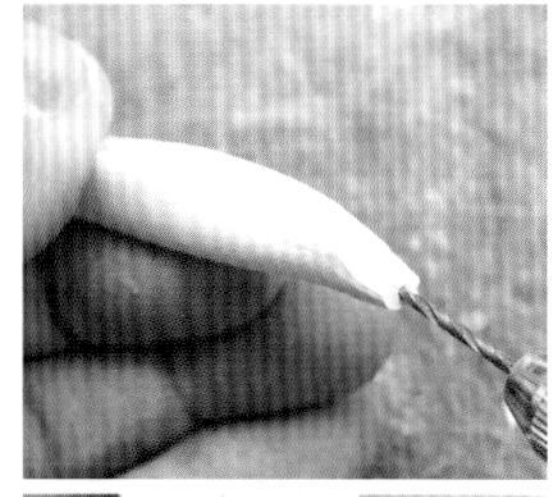
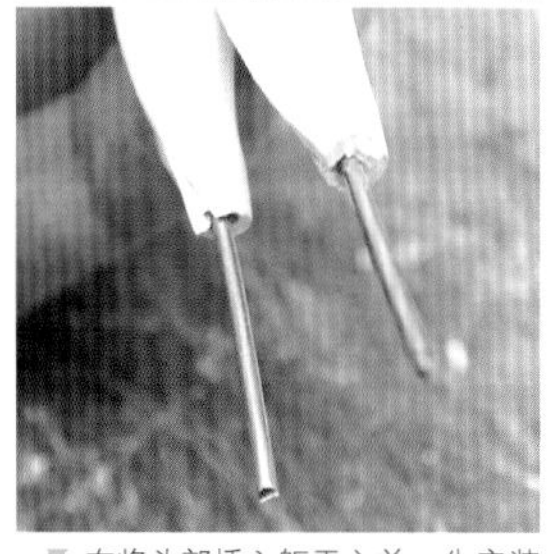

4 在将头部插入躯干之前，先安装耳朵。用电动钻孔机在耳朵零件上打孔，插入铜线。

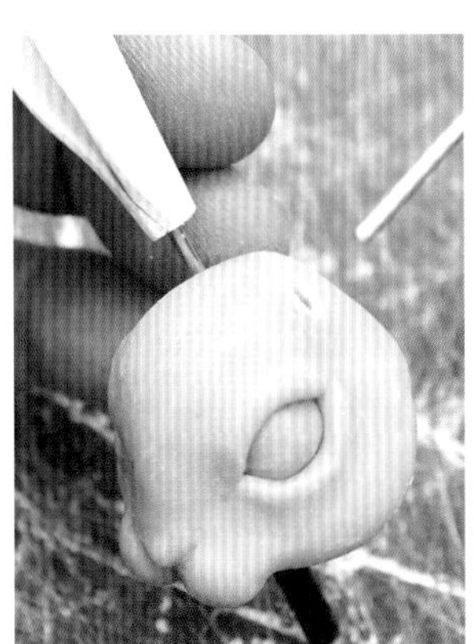
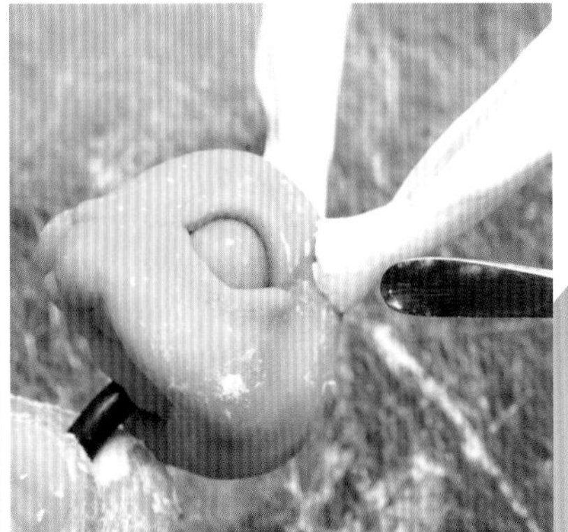

5 在头部用电动钻孔机打孔插入耳朵，用黏土包裹根部，调整形状。

6 将头部安装在躯干上，完成衣领周围的暂时组装。检查兔子的脸有没有被遮住太多，衣领有没有歪。

5 脚部的造型

使用石粉黏土制作圆形大腿

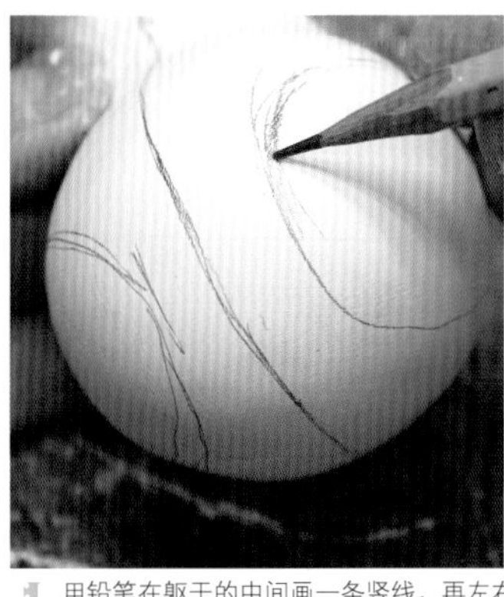

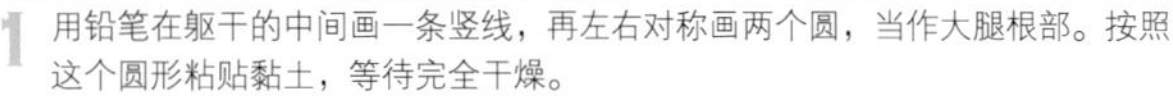

1 用铅笔在躯干的中间画一条竖线，再左右对称画两个圆，当作大腿根部。按照这个圆形粘贴黏土，等待完全干燥。

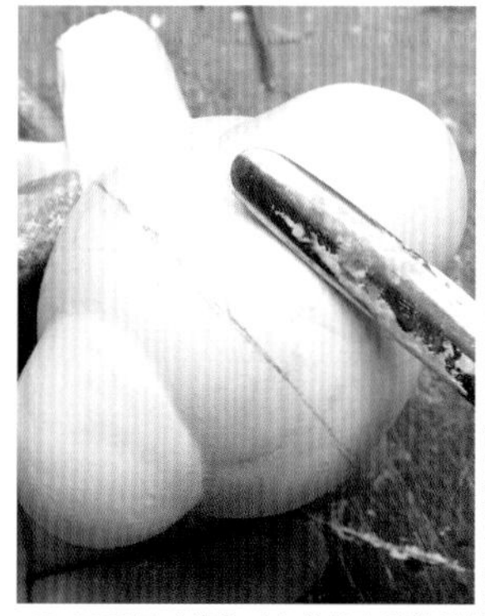
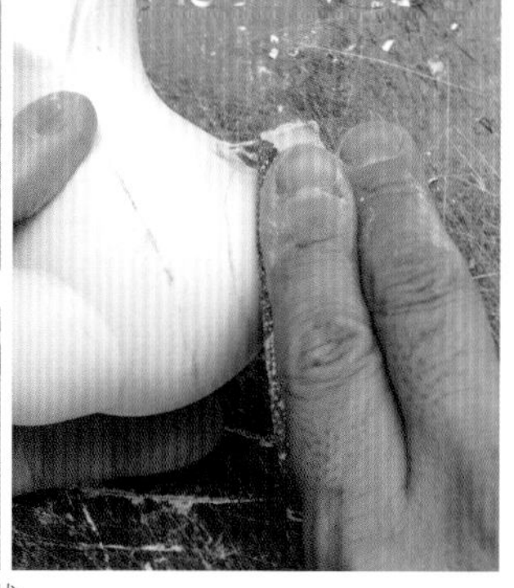

2 用80号砂棒和砂布修整大腿的形状。

将铜线当作芯材，制作脚掌

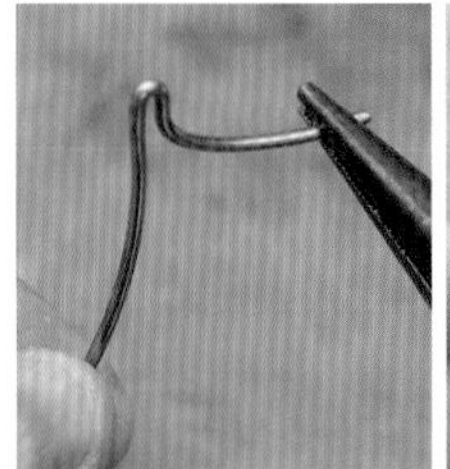
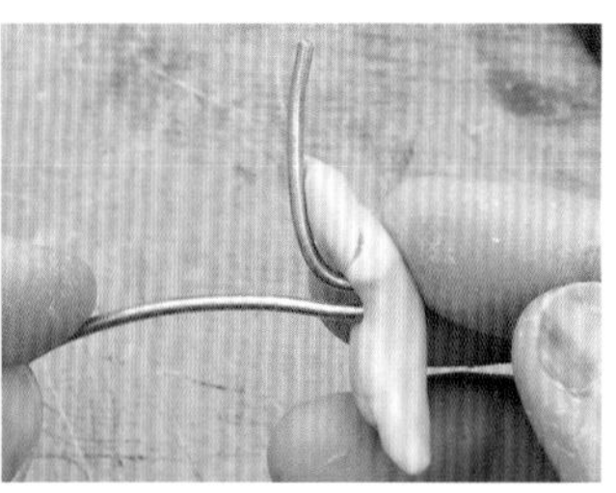

1 弯曲铜线，制作脚部芯材，涂抹瞬间黏合剂，粘贴树脂黏土。弯曲铜线时要注意不要遗漏脚后跟部位，脚后跟部位也要有芯材支撑。

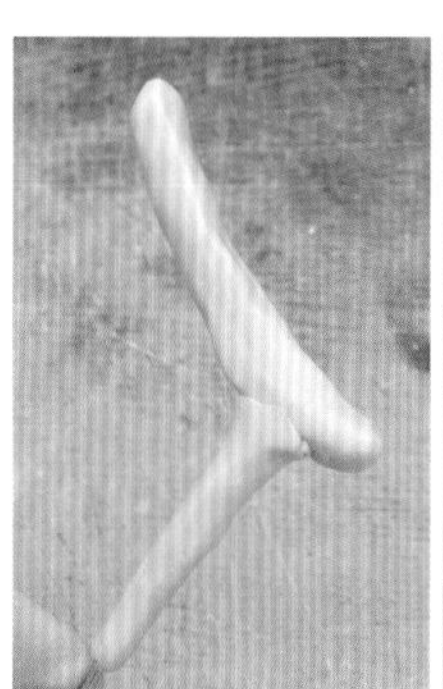
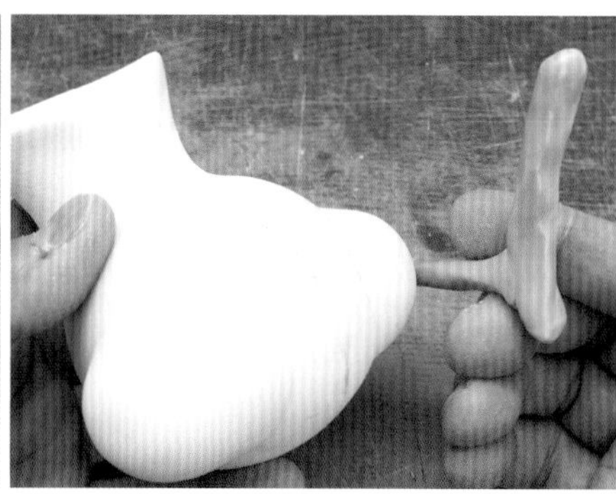

2 大致包裹完黏土后用烤箱加热，硬化，确认大小和安装位置。

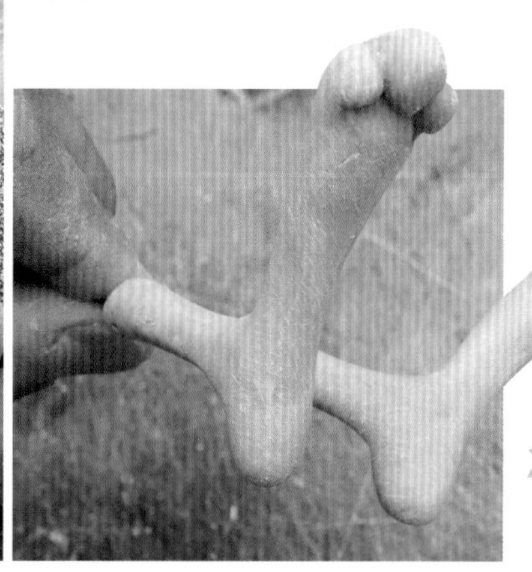

3 粘贴树脂黏土，制作脚趾。实际上，兔子的后脚有4根脚趾，但这里使用变形手法做成了3根。

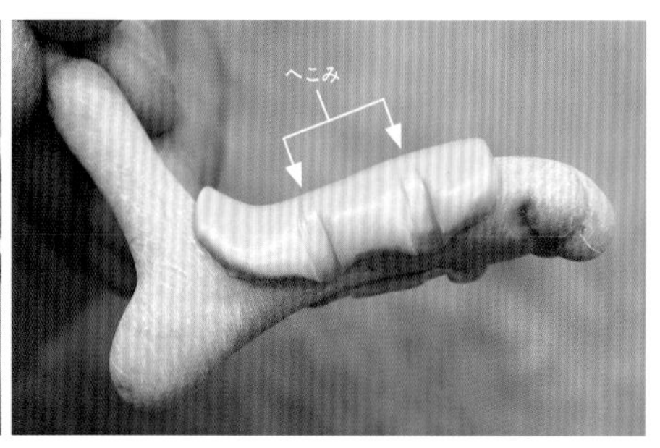

4 这次的造型可以看见脚掌，如果只是光秃秃的脚掌就会显得过于单调，抻长树脂黏土卷到脚掌上，制作出覆盖脚掌的细节。之后还会在脚上缠绕带子，预留出凹坑后加热硬化。

6 关节部位与发动装置的造型

添加航天服风格的细节

这次的概念是飞向太空的兔子，所以躯干上要添加航天服风格的细节。将脚部露了出来，臀部也安装了发动装置的凸出部分（同时也制作出露手部分的细节）。

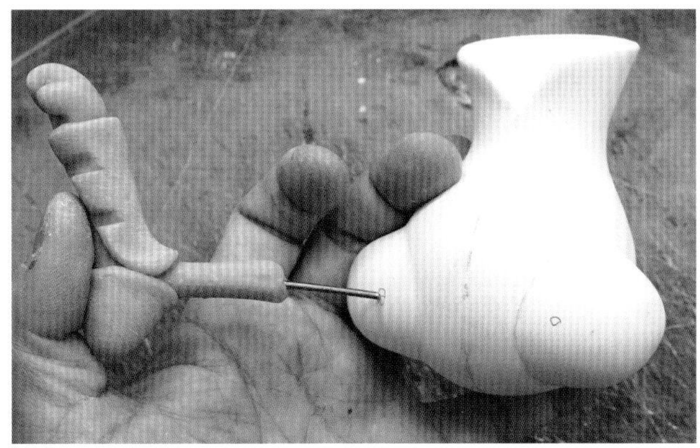

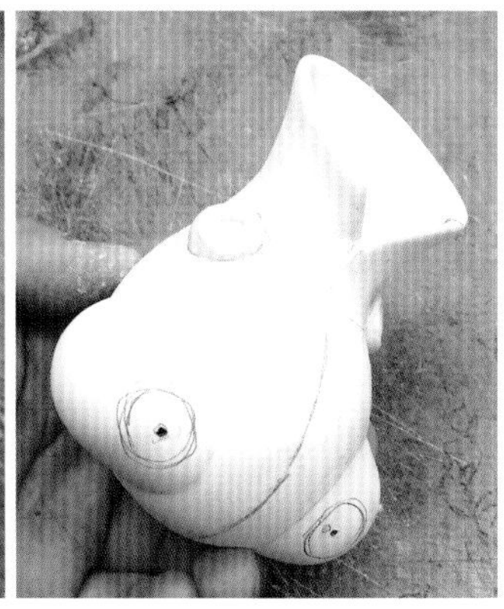

1 决定脚的安装位置，用铅笔做好标记，在标记的周围画一个圆。

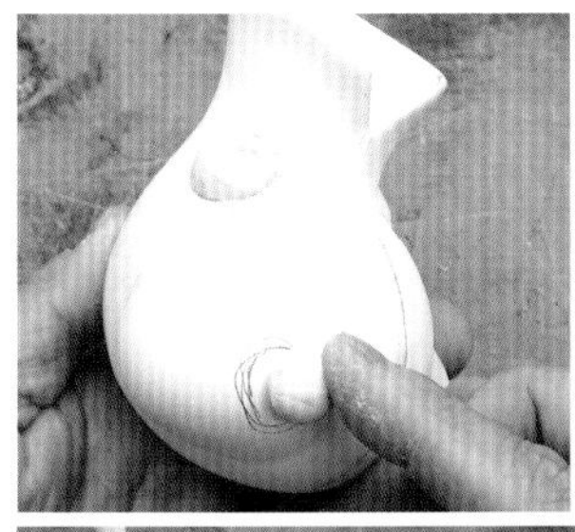

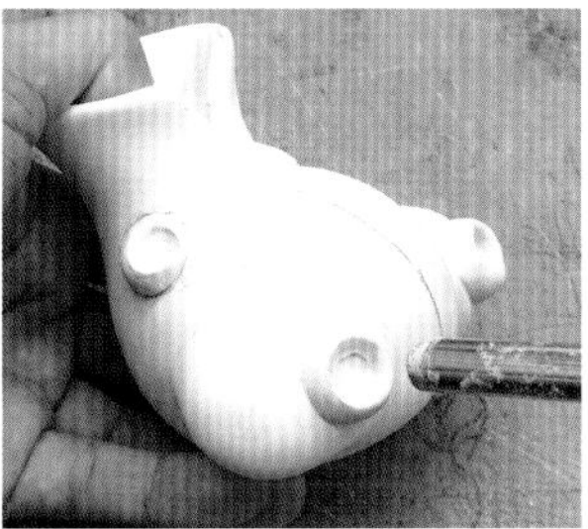

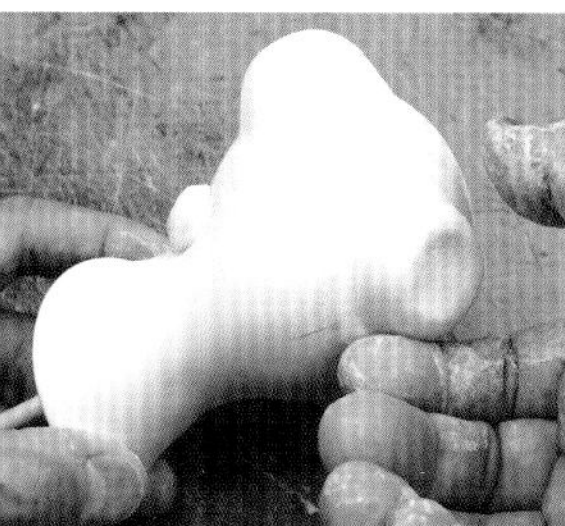

2 将揉圆的黏土粘贴到圆上，用铅笔盖压出一个圆形凹坑（不一定是铅笔盖，只要顶端是圆形的小棒就可以）。干燥后用电动钻孔机钻出连接孔。

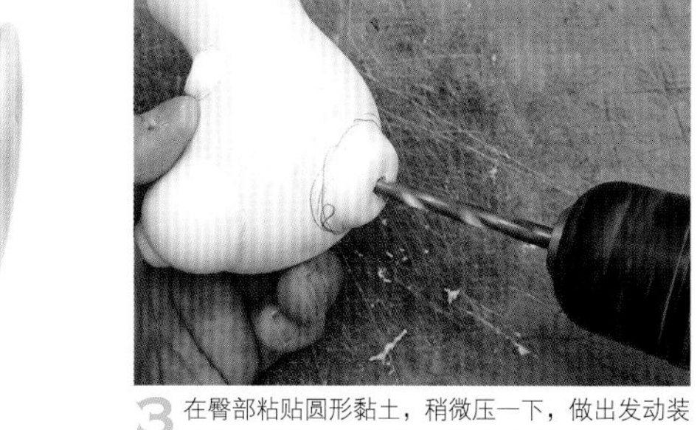

3 在臀部粘贴圆形黏土，稍微压一下，做出发动装置的凸出部分。干燥后用电动钻孔机打孔。

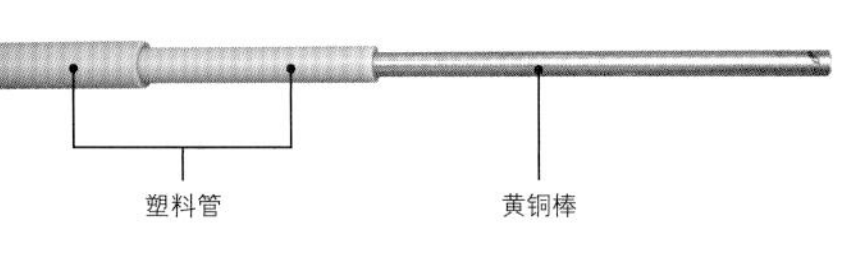

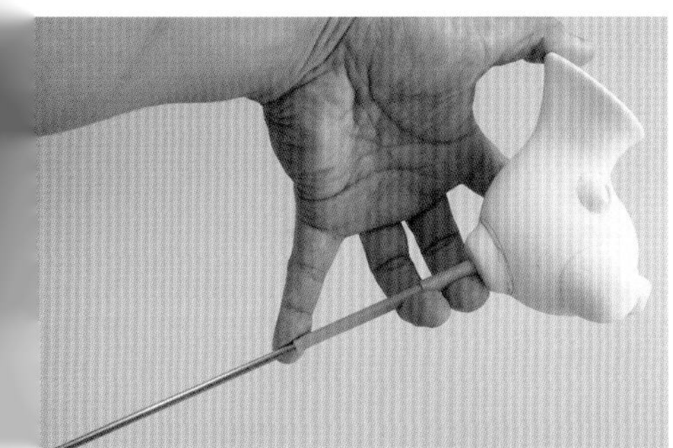

4 将黄铜棒插到塑料管中，用瞬间黏合剂固定，用作展示时的支柱。

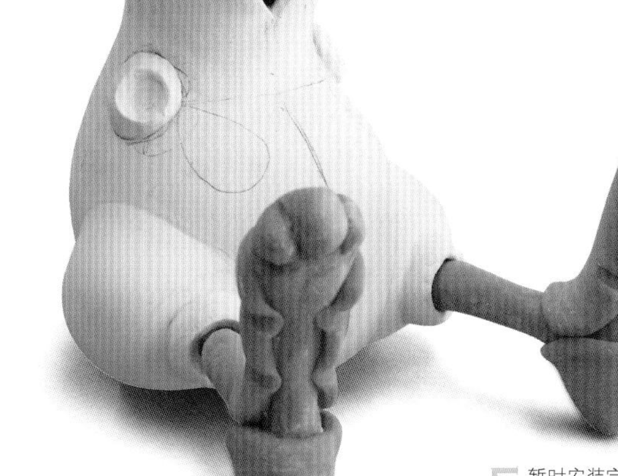

5 暂时安装完头部和双脚的效果，仿佛身穿着厚重的航天服。

制作底座—添加细节

1 底座的制作

◎ 组合大小不同的黏土，制作出烟雾感

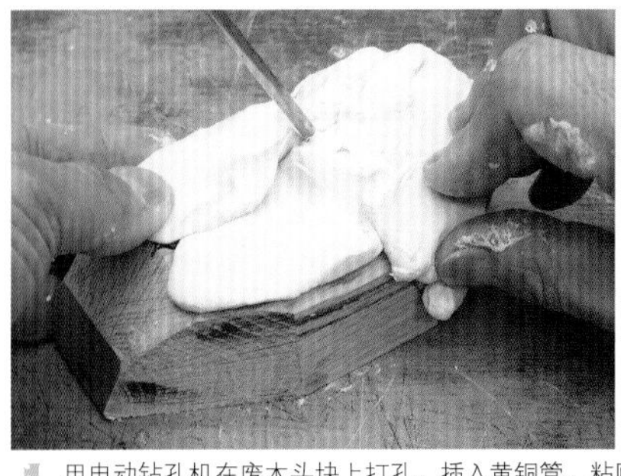

1 用电动钻孔机在废木头块上打孔，插入黄铜管。粘贴抻开的石粉黏土，再在上面叠加多个大小不同的树脂黏土（用烤箱烧过的）。

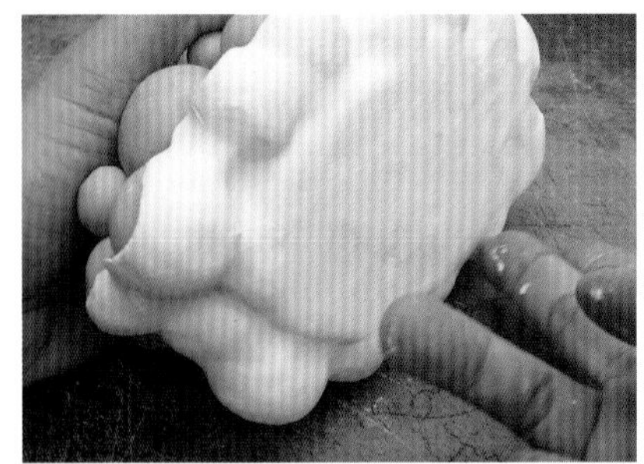
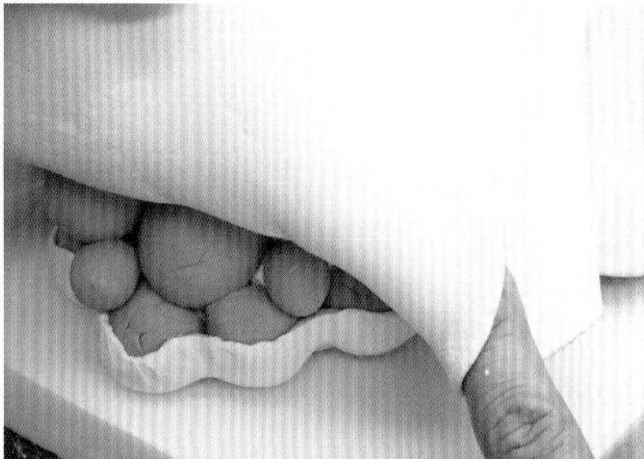

2 在背面粘贴抻开的薄石粉黏土，上面也覆盖上石粉黏土，等到干燥，制作出膨胀的烟雾形状。

2 躯干背面的零件以及添加细节

◎ 制作引擎零件

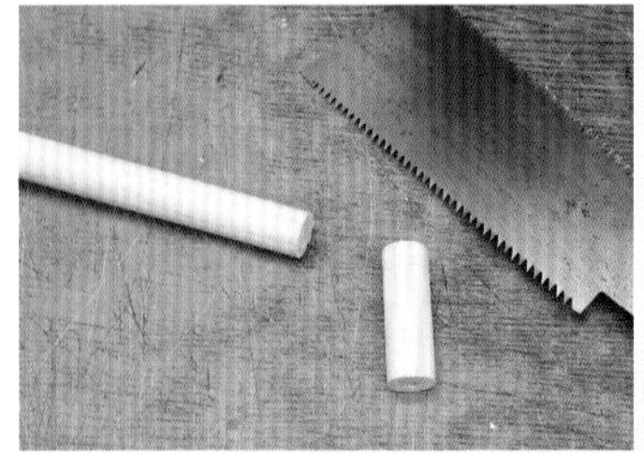

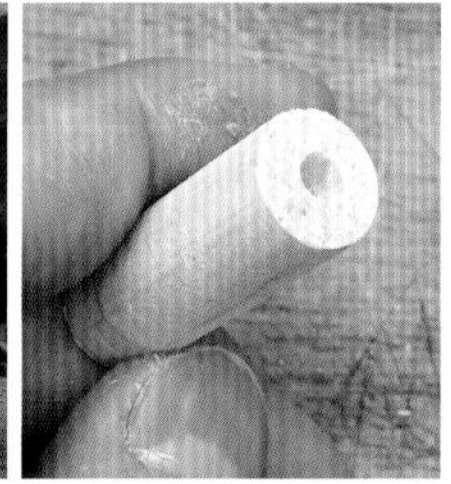
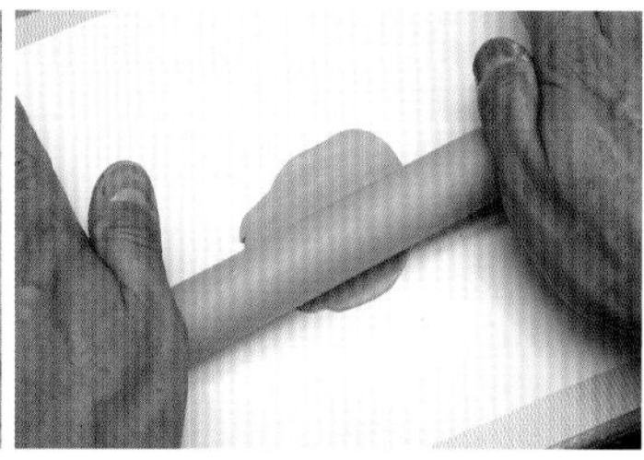

1 以摩托车中常见的散热管为概念，制作引擎零件。裁剪木棒，用电动钻孔机在中间打孔。将树脂黏土擀平。

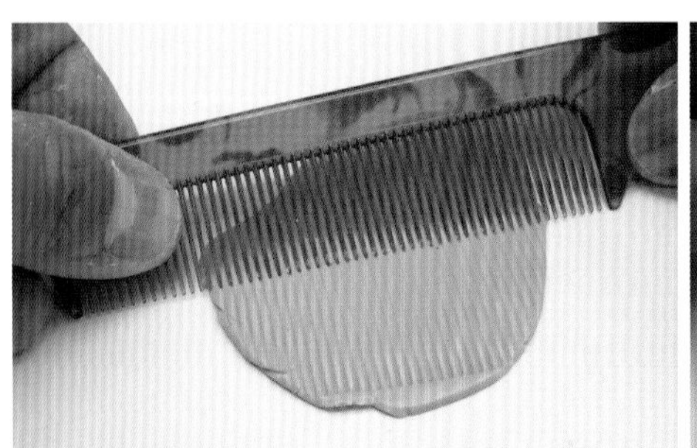

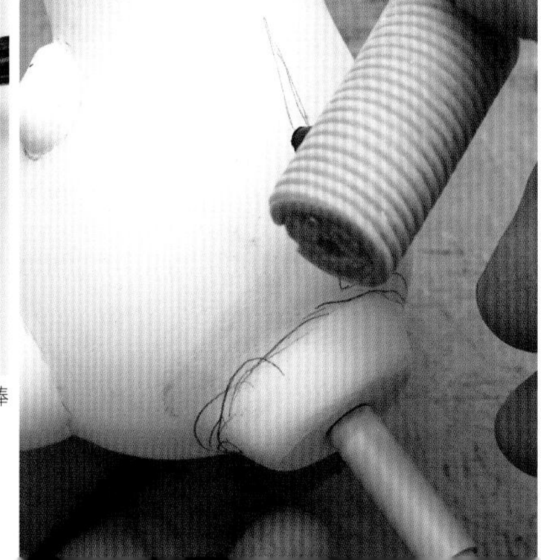

2 用梳子在黏土上制作条纹。技巧是要从近到远按压式移动梳子，按照木棒的长度剪取一段黏土，缠在木棒上用烤箱加热。

使用橡胶管和焊锡丝为引擎零件添加细节

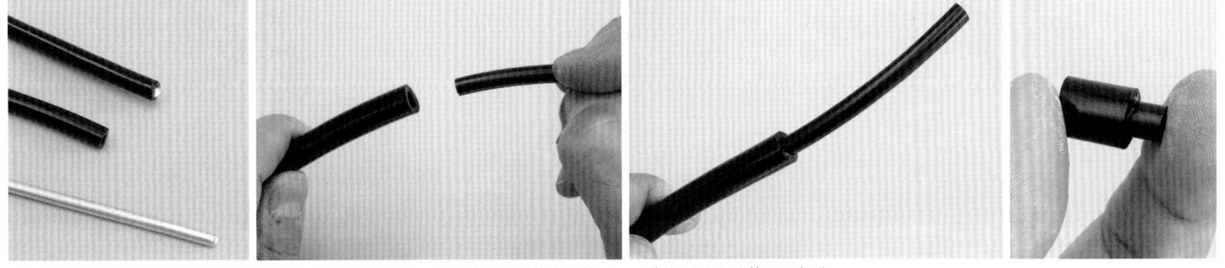

1 拔出彩色钢丝“自游自在”中的铝线，只留下橡胶管。将细管插到粗管中后剪短，制作出引擎零件的上下部分。

2 安装橡胶管，然后在橡胶管上套入环状焊锡丝，以添加细节。用电动钻孔机打孔，再插入连接用的彩色钢丝。

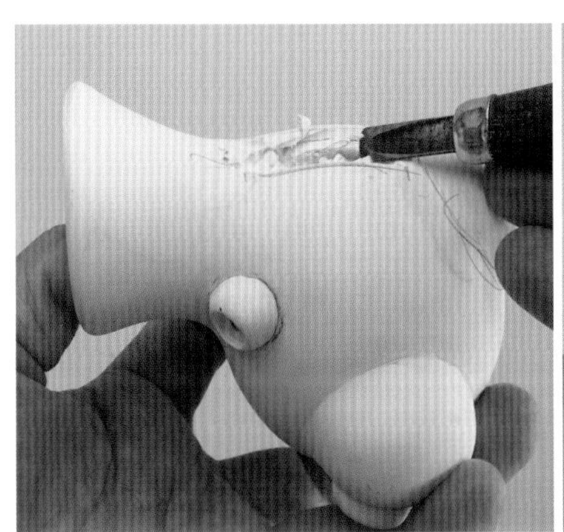

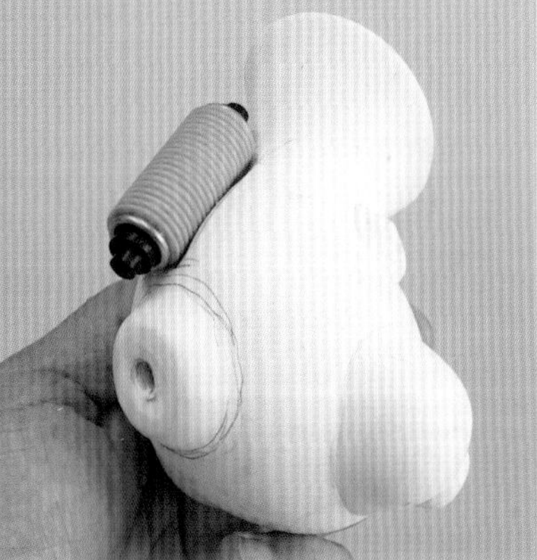

3 在躯干的背部中央处，制作出一个安装引擎的凹坑。先用铅笔画出大概位置，再用雕刻刀雕刻（之后会被引擎零件挡住，所以里面的芯材露出来也没关系）。暂时组装，确认凹坑的大小是否合适。

用焊锡丝和铅板为航天服增添装饰

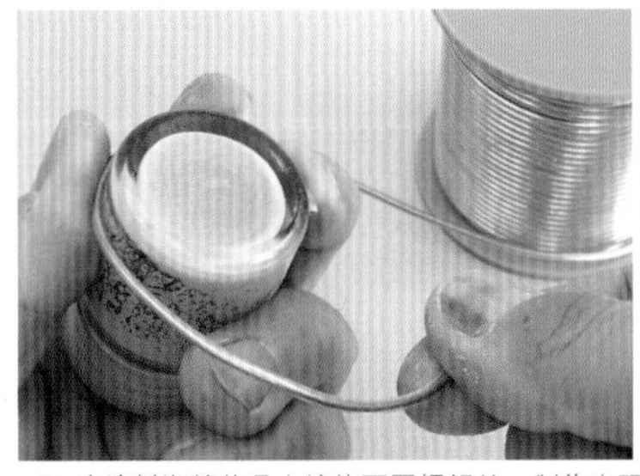

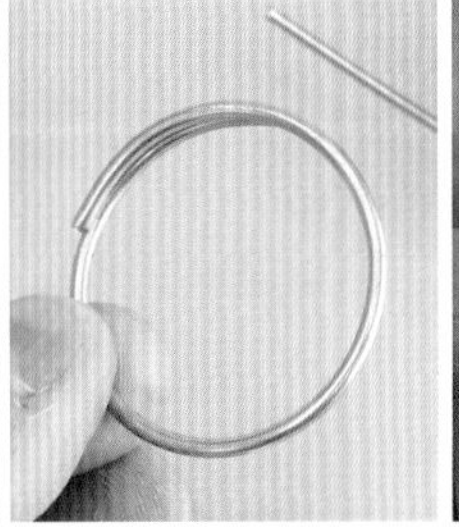

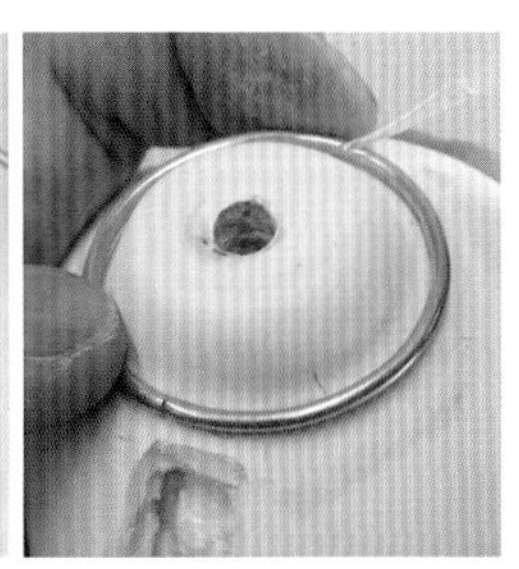

1 在涂料瓶等物品上缠绕两圈焊锡丝，制作出环形零件，用瞬间黏合剂固定在臀部凸出的位置。

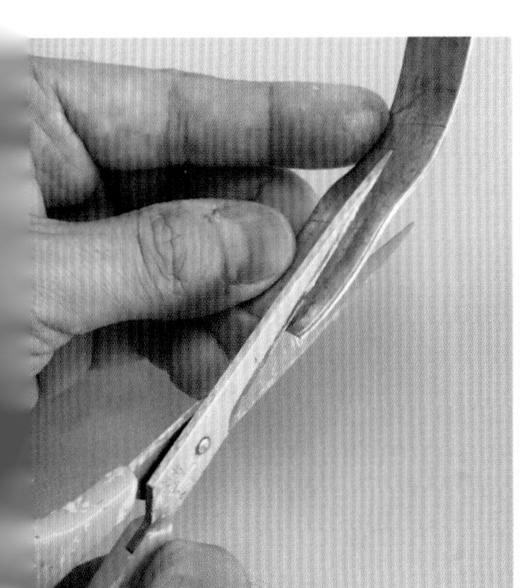

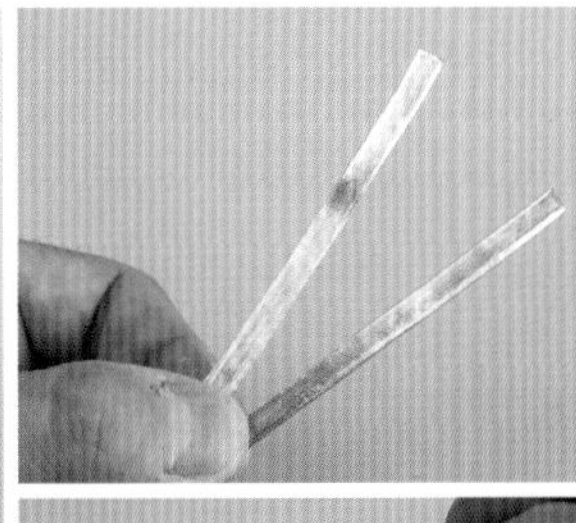

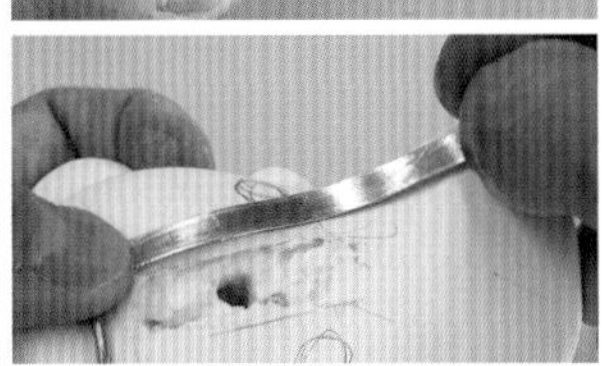

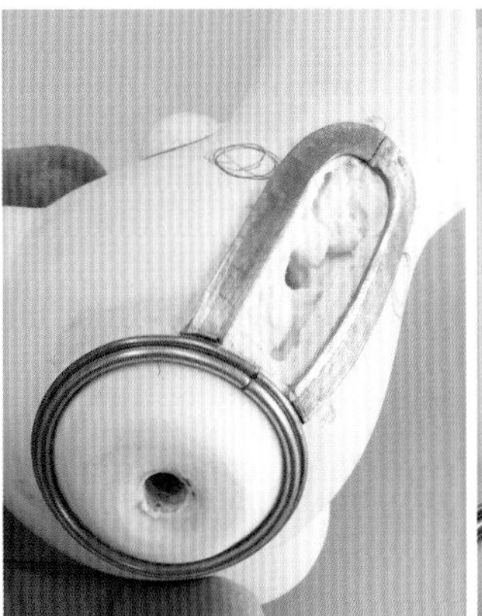

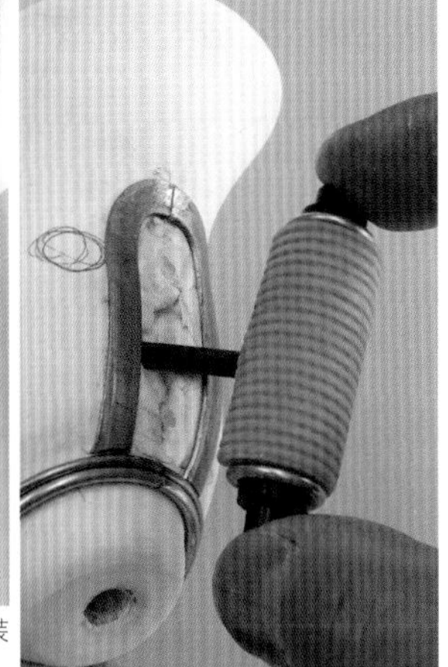

2 将铅板剪成细条，围住要安装引擎零件的位置。如果不能完全贴合，就用锤子将铅板敲变形再粘贴。完成制作后，试安装一下引擎零件，观察是否贴合。

3 试组装，确认整体协调性

检查细节部分是否有多余或不足

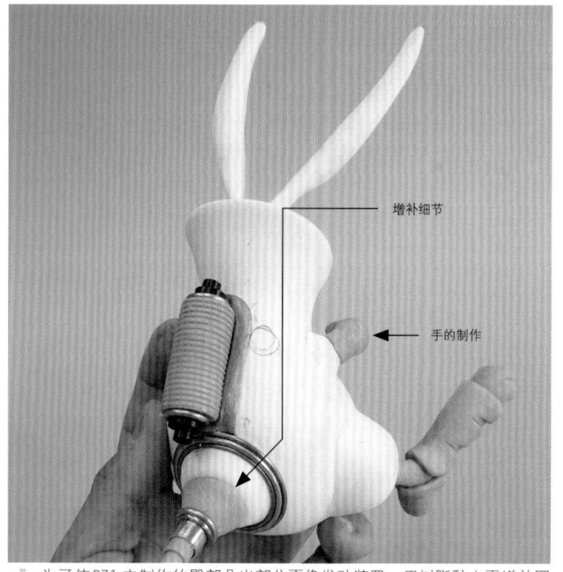

1 为了使P71 中制作的臀部凸出部分更像发动装置，用树脂黏土再增补圆锥形细节。从航天服中伸出的手也使用树脂黏土制作。

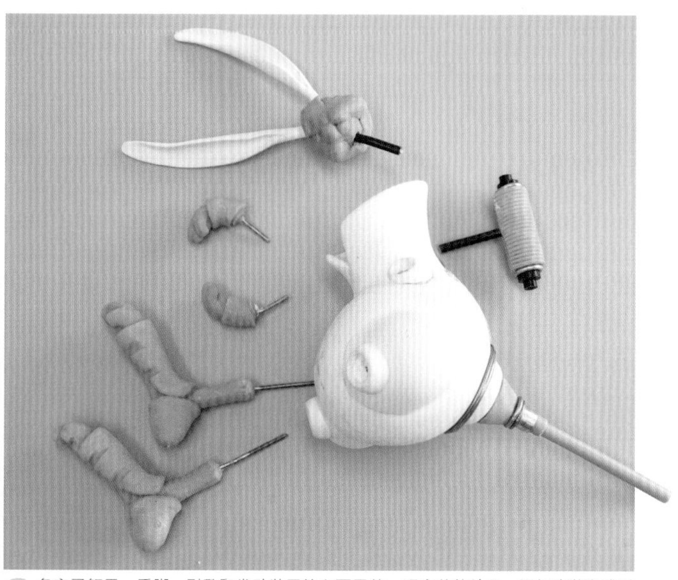

2 备齐了躯干、手脚、引擎和发动装置等主要零件。观察整体效果，设想涂装完成后的效果，航天服很容易被认为过于简单，所以继续追加细节。

追加航天服细节

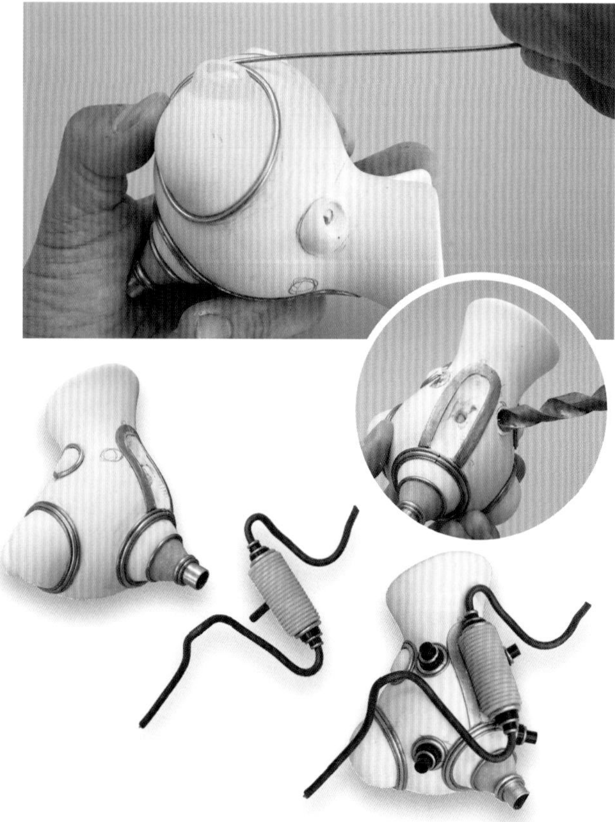

1 使用焊锡丝和铅板为航天服添加细节。再用电动钻孔机打孔，安装排气口零件。从引擎中抻出粗橡胶管，连接到排气口上。

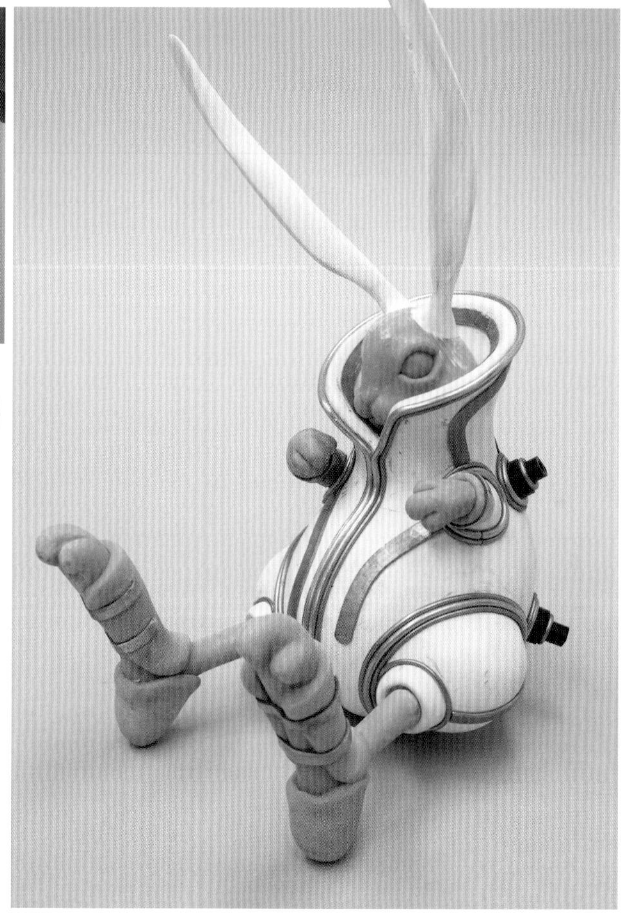

安装细长形排气筒

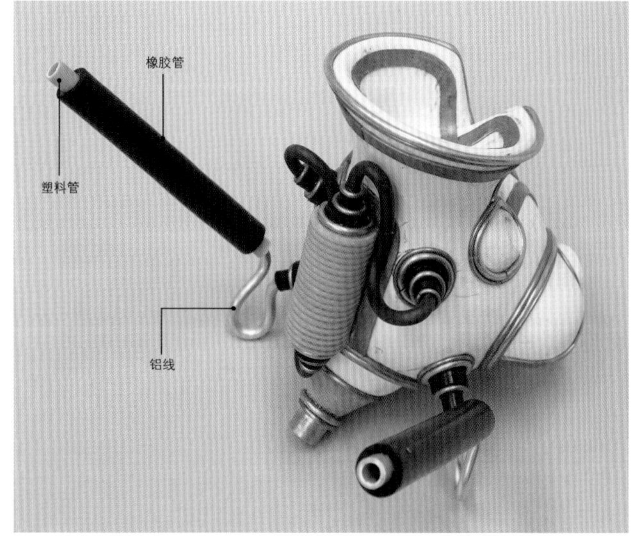

1 为了保持协调，在身体的后面安装两个排气筒。在细长的橡胶管中插入塑料管，再用铝线和本体连接。

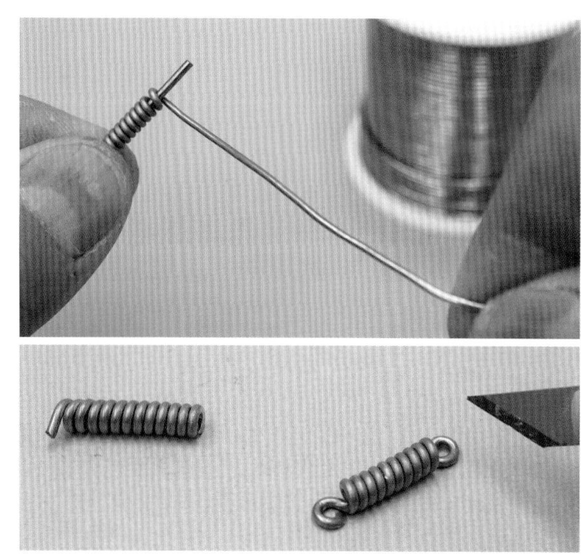

2 将焊锡丝缠到细金属棒上，两端拧成封闭圆形，做出线圈状的零件。

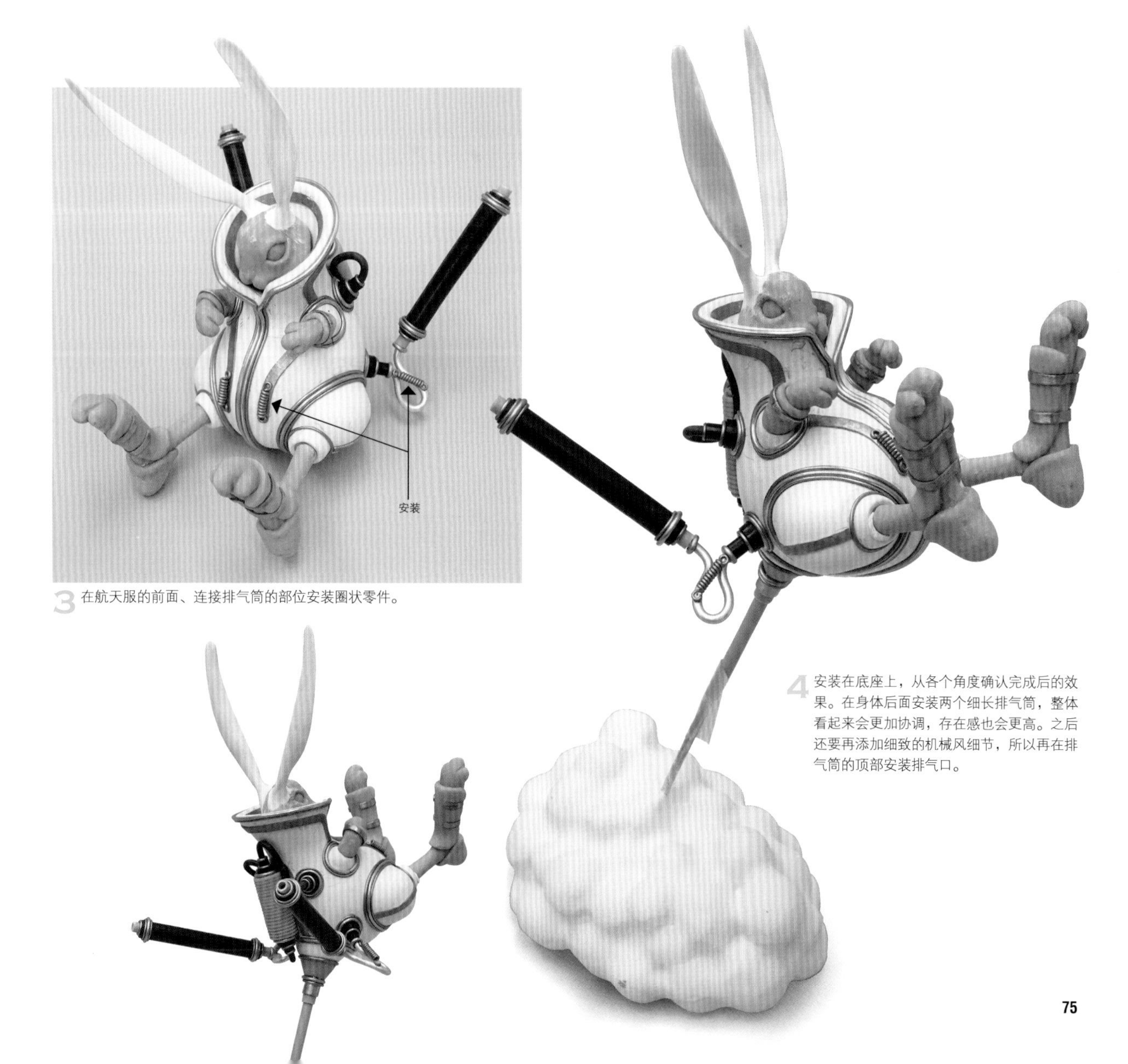

3 在航天服的前面、连接排气筒的部位安装圈状零件。

4 安装在底座上，从各个角度确认完成后的效果。在身体后面安装两个细长排气筒，整体看起来会更加协调，存在感也会更高。之后还要再添加细致的机械风细节，所以再在排气筒的顶部安装排气口。

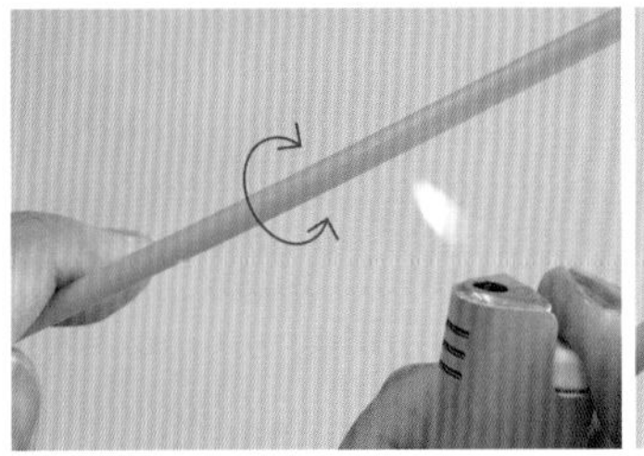
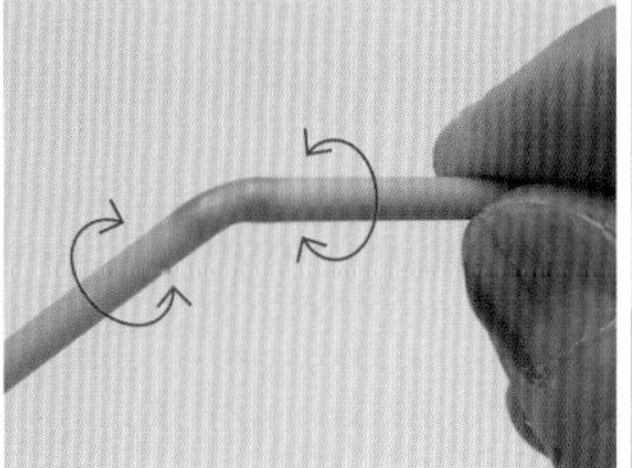
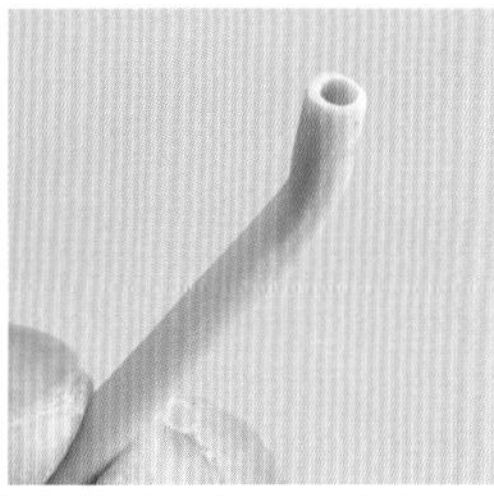

5 边旋转塑料管边用火烤，折弯变软的部位。在一个地方过度加热的话，塑料管就会过软，所以注意烤的时候要边转边烤。

6 套入粗一圈的塑料管中，再插入排气筒，用瞬间黏合剂固定。叠加焊锡丝以增添机械风格，完成排气口的制作。

4 原型完成前的加工

添加铆钉细节

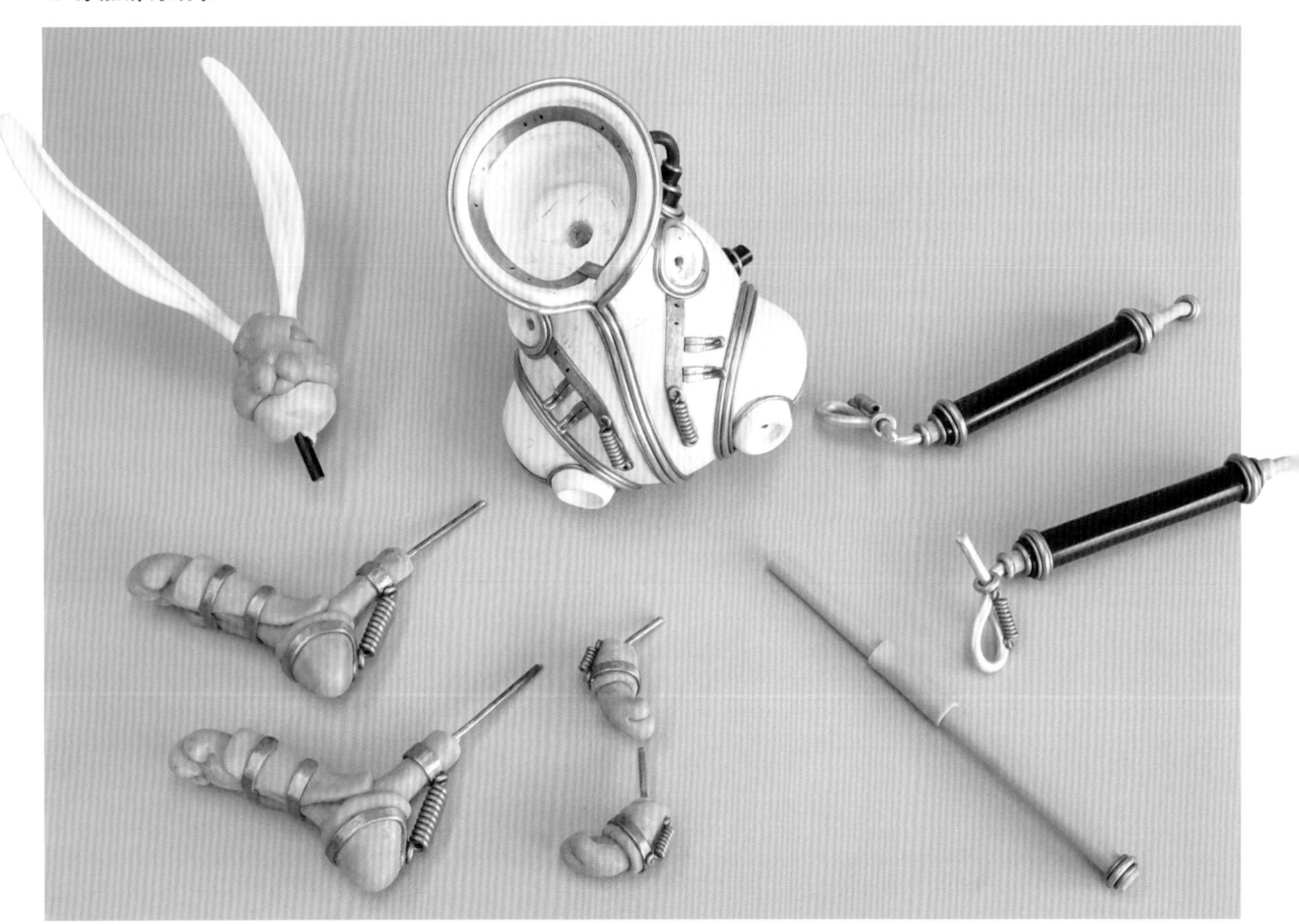

1 完成了使用焊锡丝和铅板所制作的细节。最后用P51相同的方法，增添铆钉细节。暂时先将零件拆开，这样更容易操作。

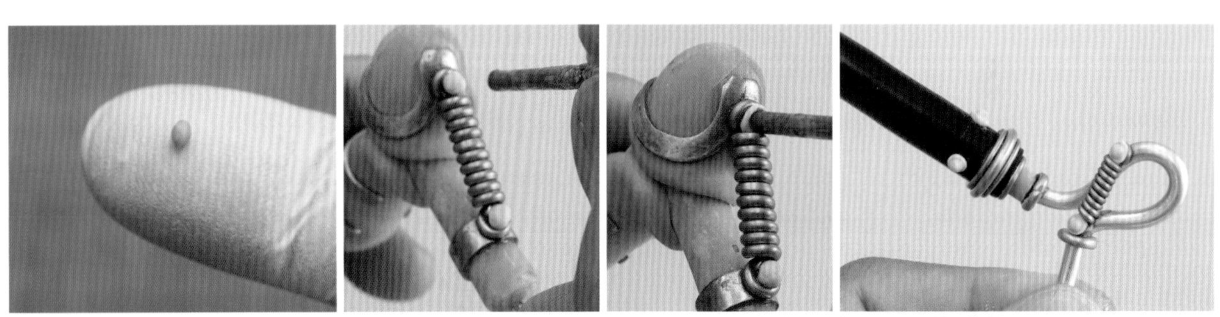

2 在圈状零件的两端放置揉圆的环氧树脂补土，用少量瞬间黏合剂固定。用黄铜管从上方盖一下，制作出铆钉形状，再添加到排气筒和躯干上。

完成涂装前的原型

在进行到这一步时，先暂停制作，观察模型是否符合自己的设想效果。在现阶段，各种颜色的素材混合在一起，装饰就会看起来很乱，但是喷涂完底漆后就会看起来不一样了。边想着这一点，边检查装饰有没有多余或不足。

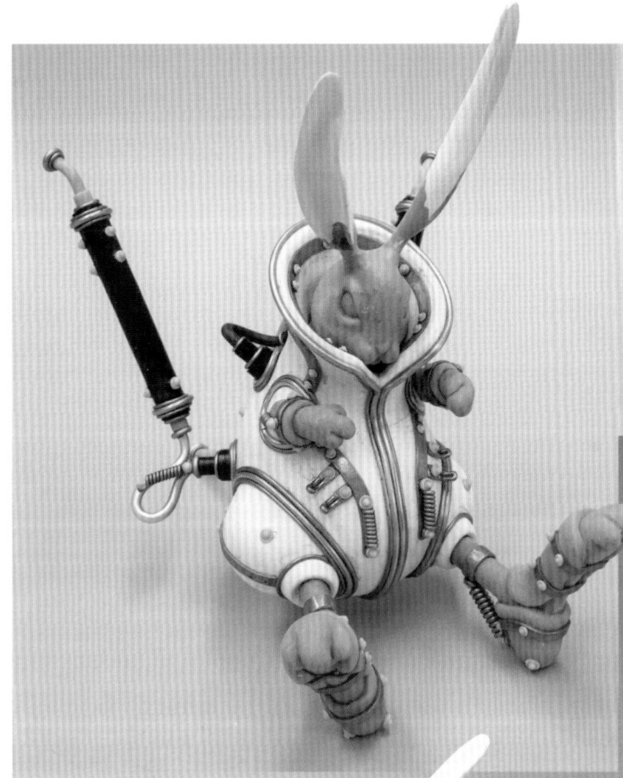

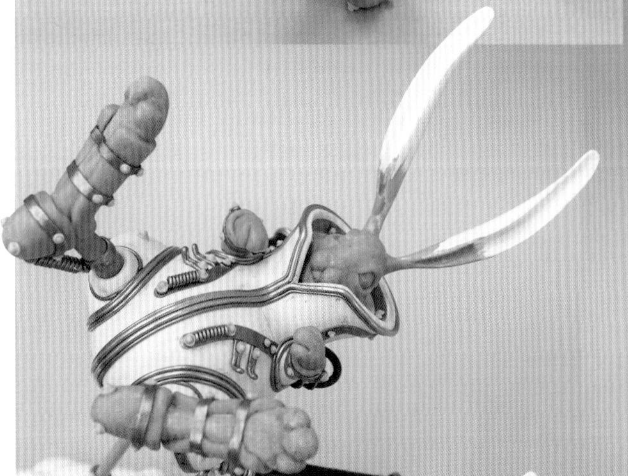

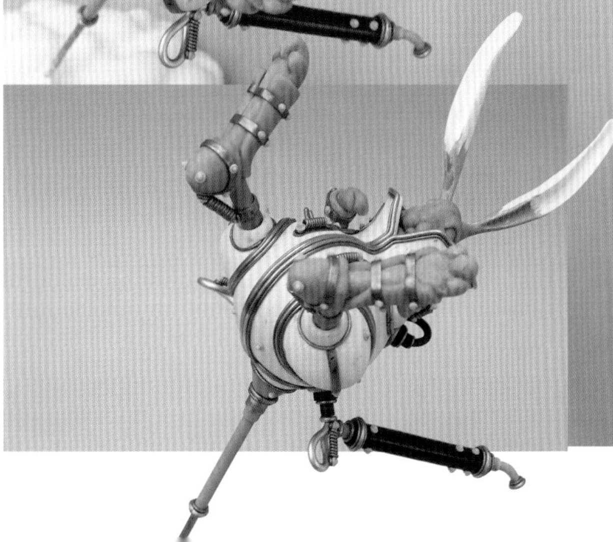

安装在底座上的效果。想要展现出兔子勇猛跳跃的动感，就需要调整支柱和躯干的安装角度，以及置于空中的双脚的朝向。

从涂装到完成

1 底层处理

喷涂底漆和底色

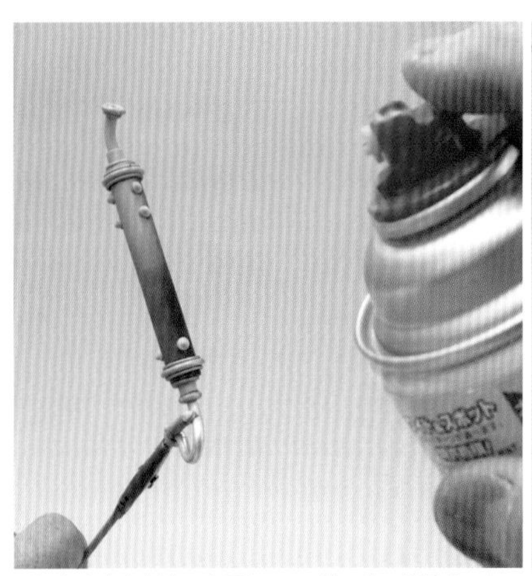

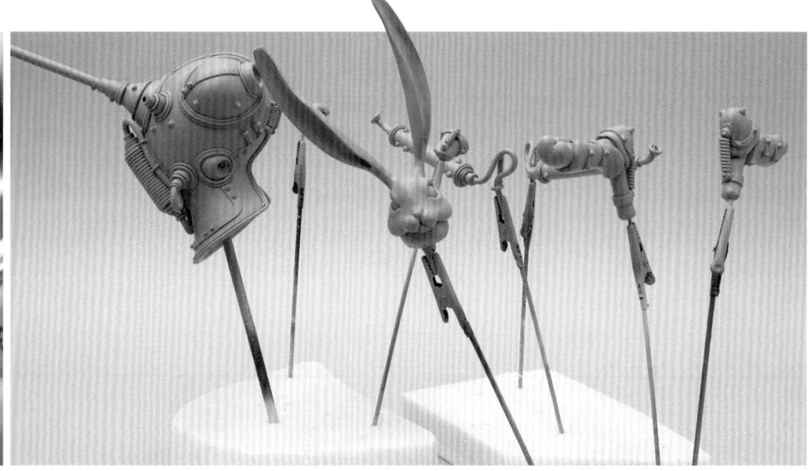

1 多次喷涂底漆。这里和P52一样，使用的是"BodyPaint底漆"。

2 喷完底漆后整体都变成了灰色，原本看起来"被安装上去"的装饰，现在都变成了航天服的一部分。仔细确认铆钉状的零件有没有脱落，铅板有没有没粘牢。

3 为了用涂料展现出航天服的厚重感，除头部以外的部分都喷涂无光泽黑漆当作底漆。

2 基础涂装—完成

以暗色—亮色的顺序叠涂

1 涂装时使用到的是丙烯颜料“Liquitex regular type”。混合黑色与红褐色，首先以黑色为主，用刷子涂刷。

2 干燥后，再刷一些以红褐色为主的颜料。涂的时候要注意凹坑部分还要保留黑色（阴影部分）。逐渐提亮颜色，反复叠加涂刷，最后涂刷橘黄色进行提亮（被光照射的部位）。

用毛巾轻敲，突出质感

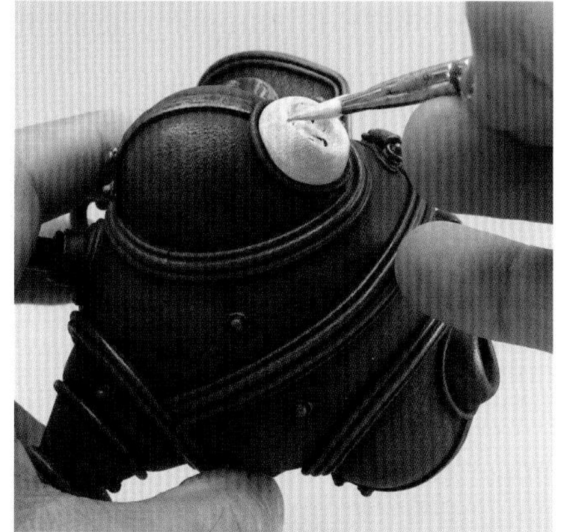

1 将兔子手脚的部位涂白。

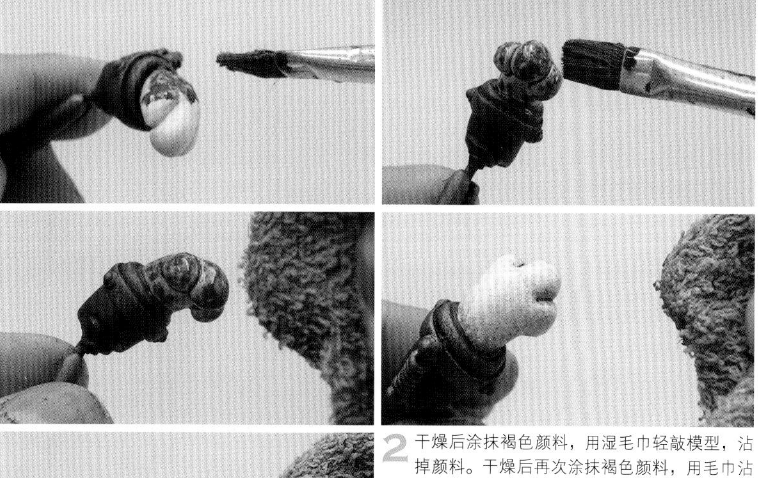

2 干燥后涂抹褐色颜料，用湿毛巾轻敲模型，沾掉颜料。干燥后再次涂抹褐色颜料，用毛巾沾掉颜料。反复操作后就能打造出腐朽的质感。

细节的完成

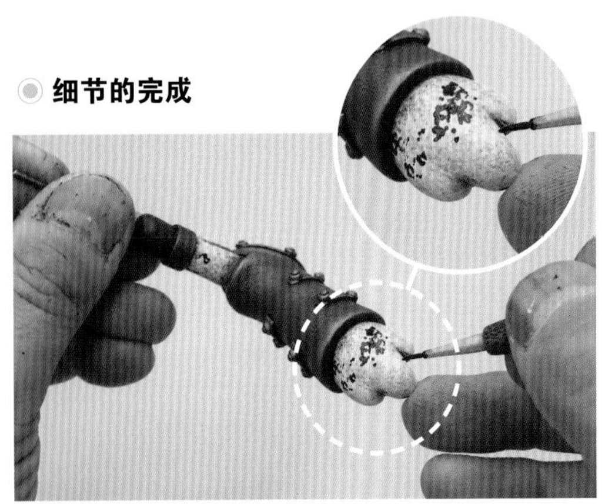

1 用面相笔在手腕和双脚随意画出脱落效果，打造出涂装表面脱落的感觉。

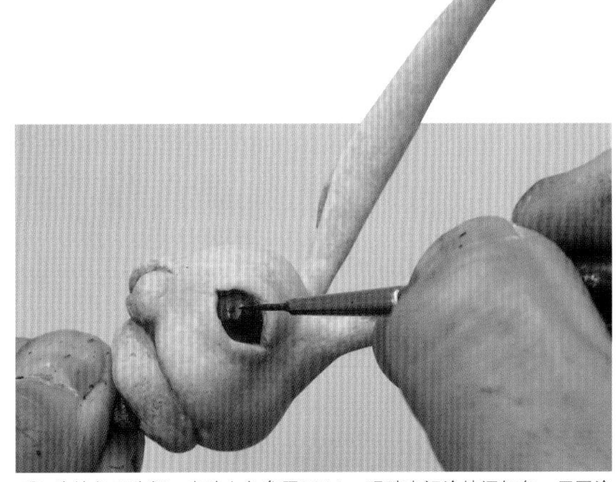

2 涂抹兔子头部。皮肤上色参照P111。眼睛中间涂抹深红色，周围涂抹亮红色。

3 添加青绿色（铜锈是绿色）。用刷子涂抹黄绿色颜料，再用毛巾沾掉颜料。

4 在航天服的袖口和脚后跟处涂抹低调的黑色，以增添不同。涂装完毕且干燥后，喷涂无光泽透明涂料，统一整体的光泽度。

5 最后再用有光泽的透明涂料涂刷双眼，让眼睛熠熠生辉。

[火箭兔]

W130 × D250 × H200mm　2018 年

完成

完成了一件利用火箭喷射器飞向太空瞬间的作品。厚重的航天服加上圆圆的兔子，也表现出一种幽默的感觉。

多种以兔子为主题的造型

[COCOON]
白色

W300 × D450 × H1030mm

2017 年

与幽默的火箭兔子具有不同的韵味的一件作品。有着柔和的轮廓，又有一双与兔子所没有的骨感的双脚。看着这个站立的兔子，就会让观众产生一种“奇异物种”“没看过的某种生物”的想法。它究竟是在哪个世界生存的生物呢？全部交给观众自行想象。但是，无论在哪个世界，它一定都是少数派。

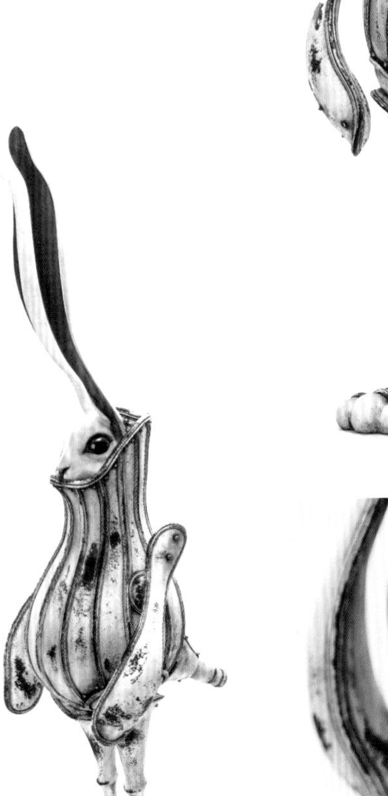

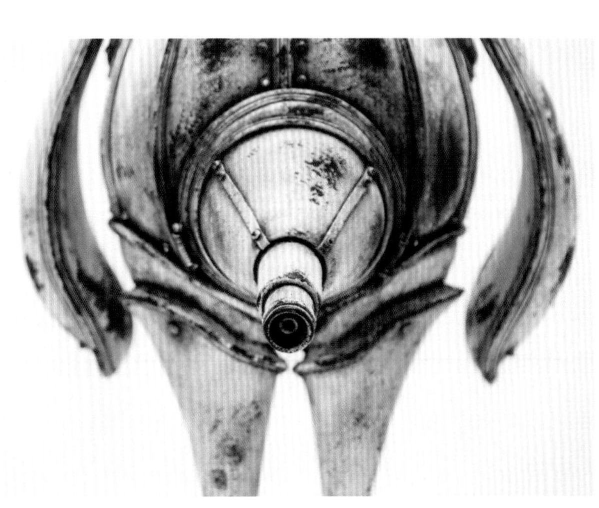

躯干通过Chipping的手法（参照P108），表现出了时间流逝的痕迹。在脚关节，突出的细节部位等涂装容易脱落的位置，进行了剥落效果处理。

[COCOON]
青铜色

W180 × D300 × H850mm

2017 年

身上包裹着青铜的茧，制作出封闭在壳里的效果。少数派也许有时就是孤独的。但是,具有强烈个性的它,静静地站在那里，毫不退缩。

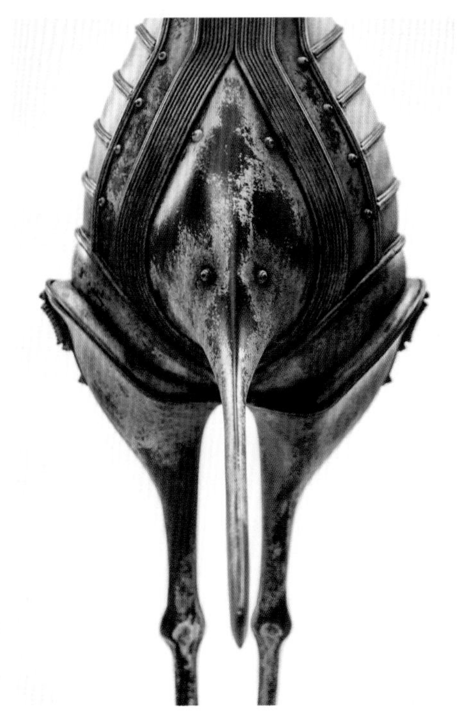

青铜色的躯干，在涂装时也是用到了Chipping的手法。涂完黑褐色的底层涂料后,喷涂了定型喷雾,再刷涂绿色颜料。用蘸了水的刷子涂刷，露出黑色底色。

[Personal Mobility]

W360 × D150 × H300mm　2014 年

与之前的作品又不同，这件作品中突出了蒸汽朋克元素。兔子依靠这个类似于站立式车辆的机器，利用火箭喷射器飞向太空。

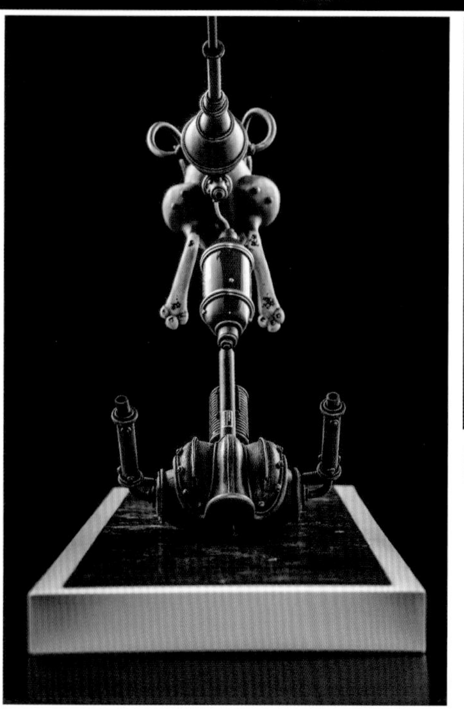

最初要制作的只有站立式车辆和兔子，但在制作过程中又添加了天线状零件，突出了飞向前方的感觉。想要制作出耐人寻味的作品，就要思考如何配置零件构成整体。

第3章

通过翻模、复制制作作品

——制作作品群

以兔子为主题的作品以及翻模、复制

制作从事潜水员、赛车手等各种职业的兔子。首先做出一个兔子模型，然后就可以翻模复制，能更轻易制作出各种不同版本的模型。

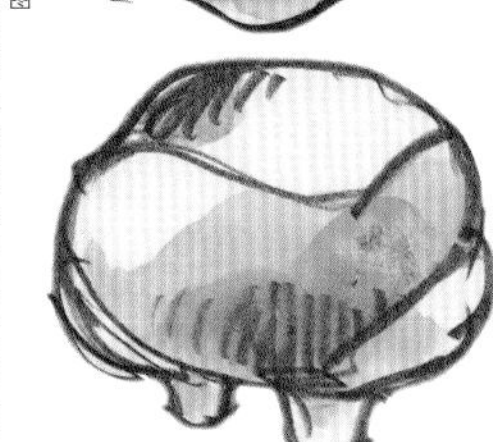

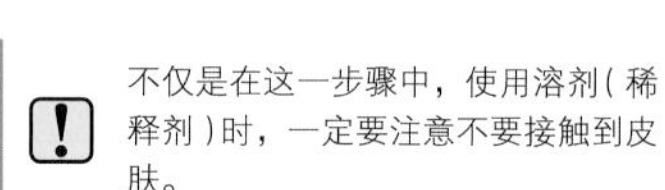

▶翻模用的分割计划图
细节复杂的作品在进行翻模时，需要将零件的部分割开来。如果直接按照整体翻模，翻出来的效果就可能不会很完美，或者会产生很大的偏差。先画出计划图再操作的话，后续步骤都会变得简单。

原型的制作

1 准备黏土

◉ 混合两种树脂黏土

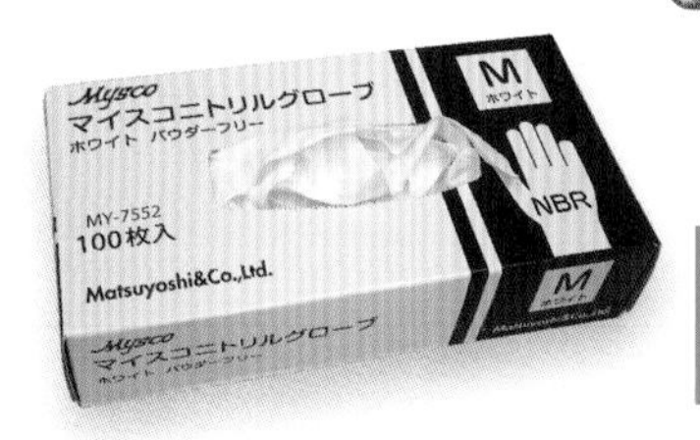

不仅是在这一步骤中，使用溶剂（稀释剂）时，一定要注意不要接触到皮肤。

1 准备Poliform牌米黄色和灰色的"Super Sculpey"。米黄色的有弹力，灰色的有硬度。混合这两种树脂黏土，发挥出各自的特点。操作时一定要戴上橡胶手套。

2 树脂黏土有可能会很硬，所以使用剥皮器（剥蔬菜皮时常用到的）将黏土剥成长条状。

3 将长条状的黏土揉成碎末，以米黄色6成、灰色4成的比例混合两种黏土。按照自己习惯的比例也可以。

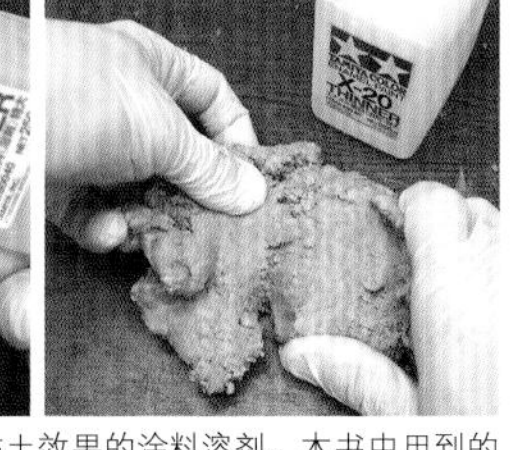

4 倒入少量具有溶解树脂黏土效果的涂料溶剂。本书中用到的是TAMIYA的"ENAMEL PAINT X-20溶剂"。

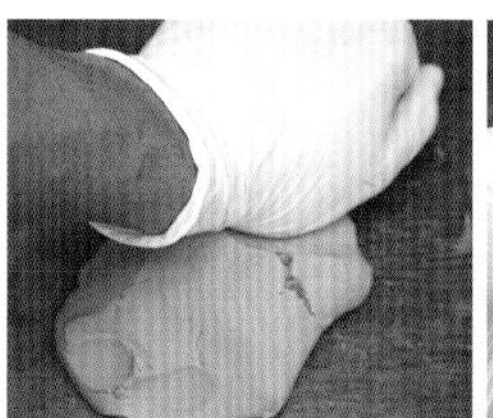

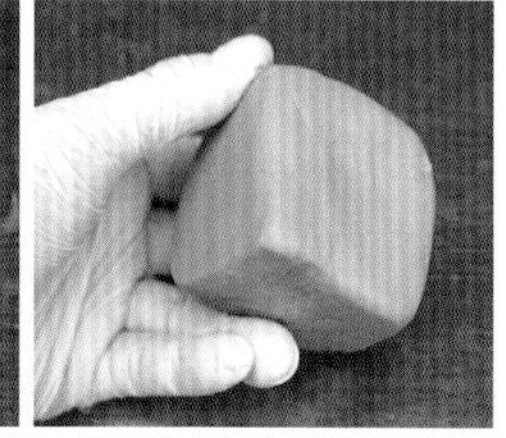

5 因为和涂料溶剂混合一起黏土会有些松软，使用管子等工具揉，黏土硬度会呈现更好的效果。

2 头部的制作

用铝箔纸当作芯材，使用树脂黏土造型

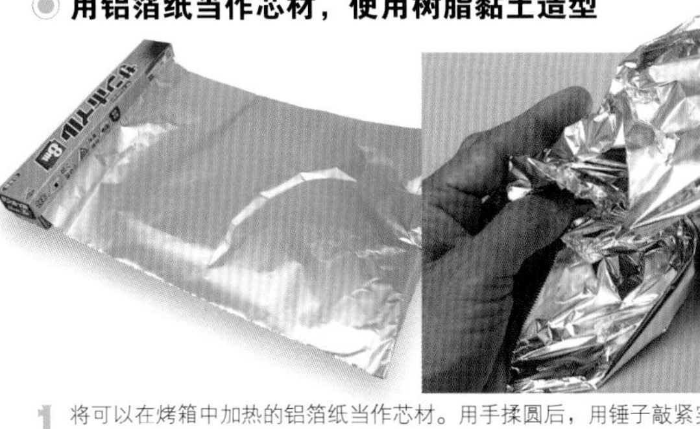

1 将可以在烤箱中加热的铝箔纸当作芯材。用手揉圆后，用锤子敲紧实。如果没有固定紧实，在覆盖黏土后的造型过程中就会发生凹陷，所以一定要先制作紧实。

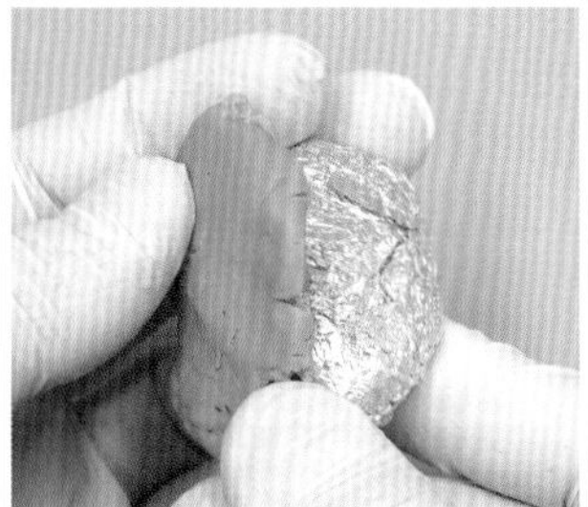

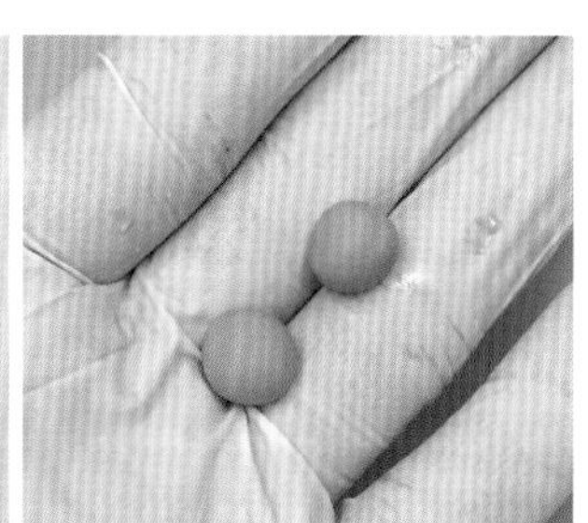

2 覆盖黏土，制作兔子圆滑的头部。粘贴两个微小的圆形黏土，做出嘴角凸出的部分。

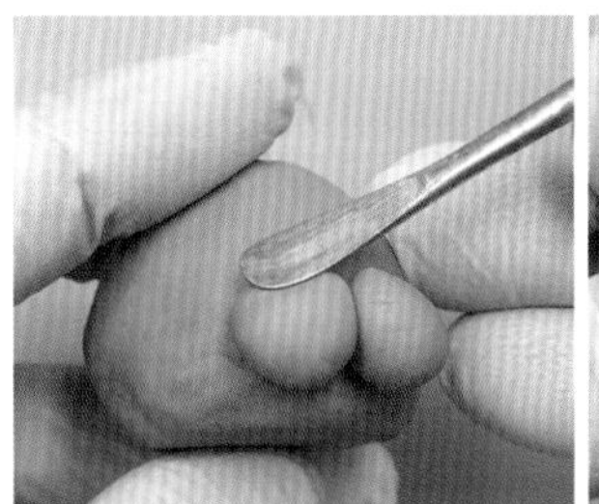
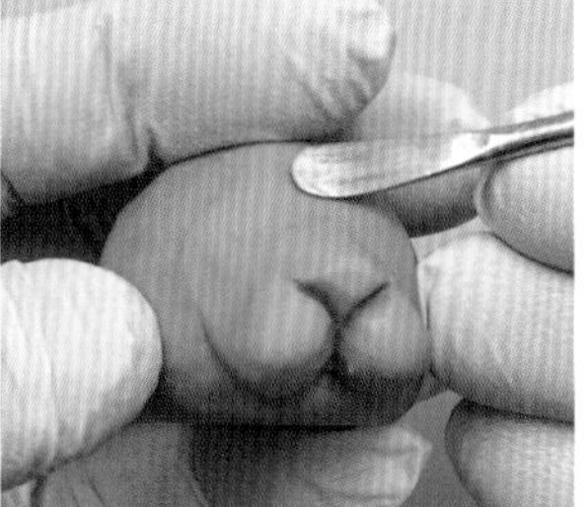

3 粘贴两个圆形黏土，用刮刀按压上部，使黏土融到头部黏土中。鼻子的部分也粘贴黏土，用刮刀调整。

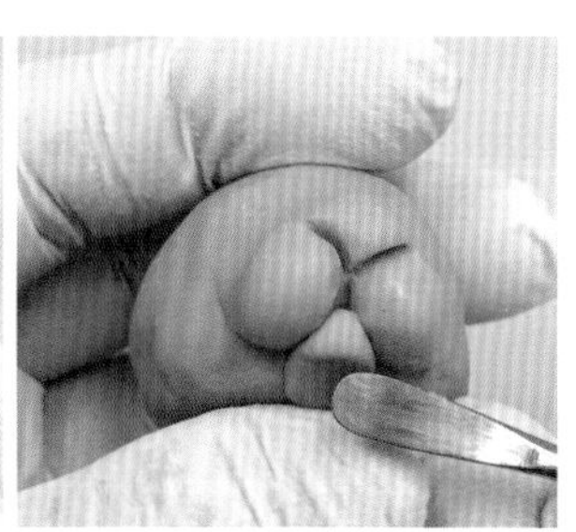

4 在嘴唇的下方也粘贴黏土，制作出兔子有裂缝的嘴部。

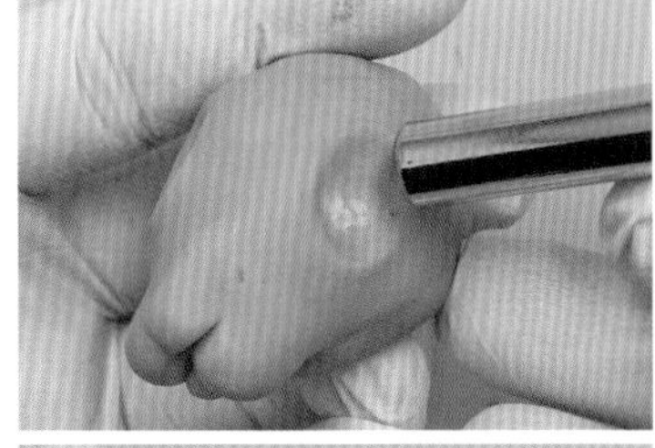
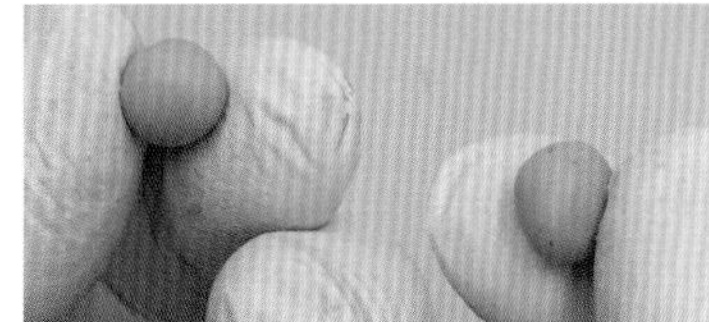
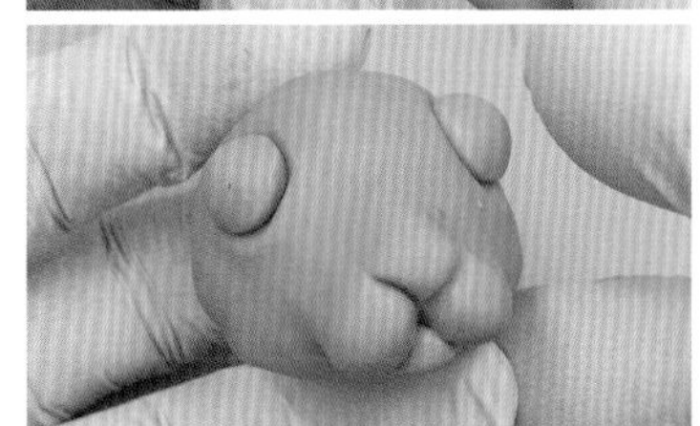

5 用铅笔盖等顶部是圆形的小棒压出凹坑，再粘上球形黏土制作眼睛。在130℃的烤箱中加热大约15分钟，等待硬化。

3 表情的造型

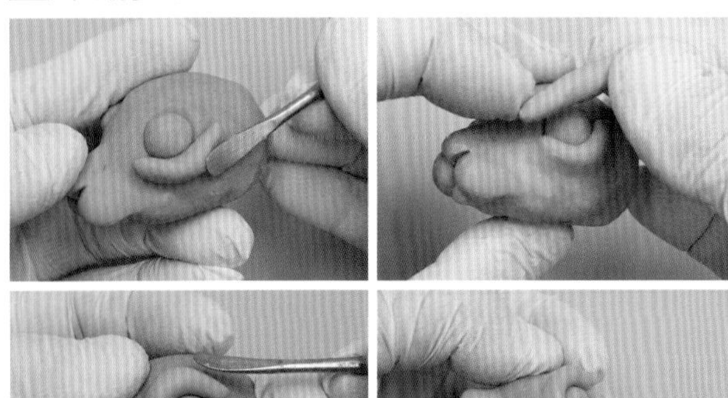

1 按照眼睛下方→上方的顺序，粘贴香肠形状的黏土，再用刮刀黏合，制作出眼睑，在烤箱中加热。粘黏土时要注意粘成稍微吊眼角的形状。这里制作出来的眼角，决定了兔子脸部的效果，所以一定要慎重。

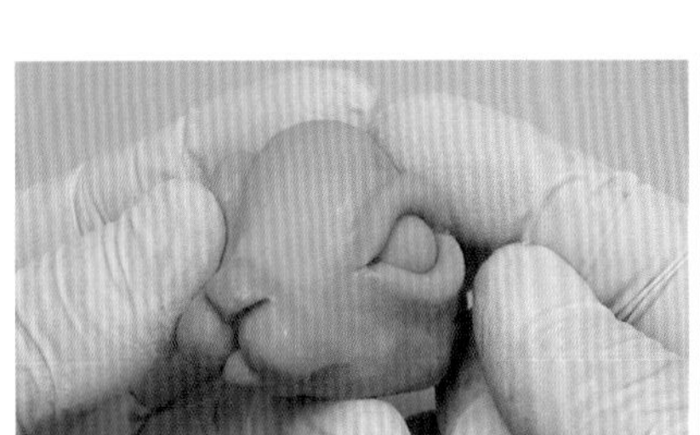

2 观察兔子加热硬化后的表情。看起来缺少一点可爱的感觉，所以在额头和脸颊又增添了黏土，制作出脸颊圆润的可爱面容。像这样，反复“确认表情→添加黏土→硬化”，不断接近理想中的面部。

4 躯干的制作

◉ 梨形躯干上安装宽大的衣领

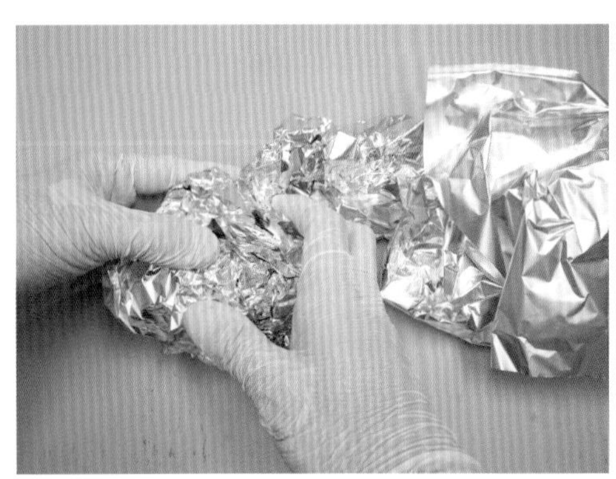

1 和头部一样，将铝箔纸当作芯材，用锤子敲紧，制作梨形圆鼓鼓的躯干。

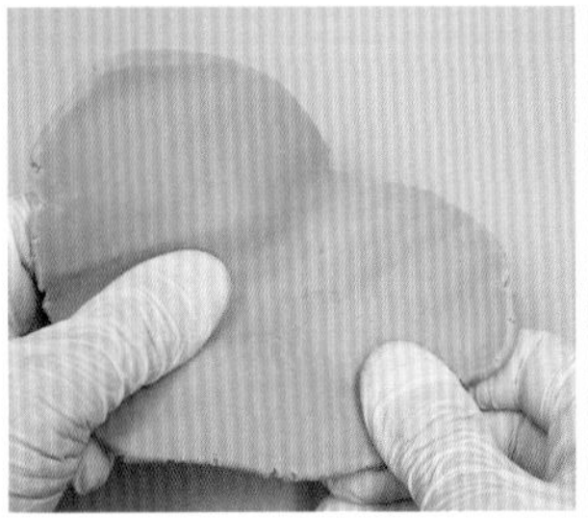

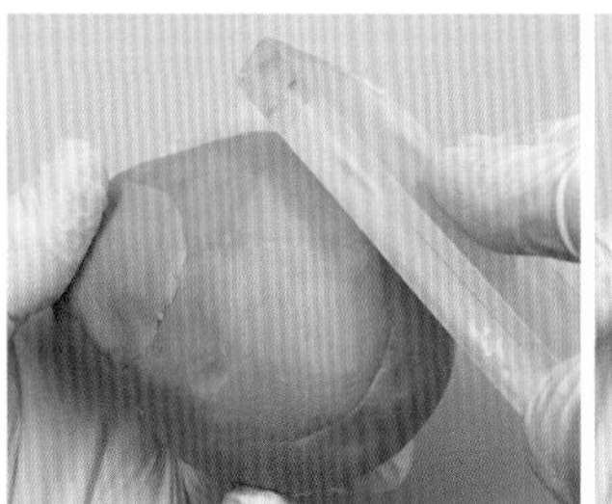

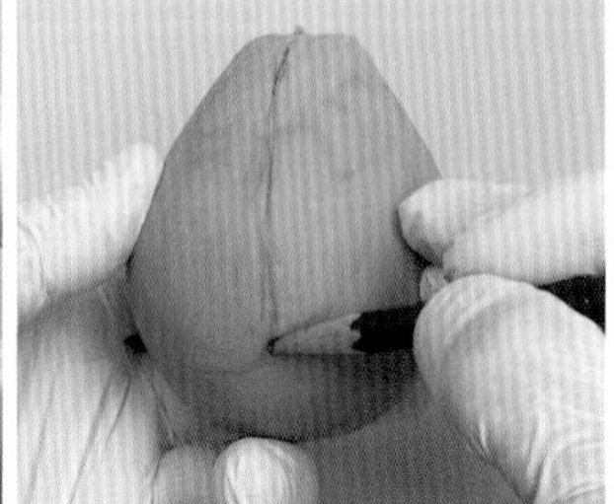

2 用抻薄的黏土包裹芯材，用亚克力板调整表面。在躯干的中间部位用铅笔画出衣领的标记。

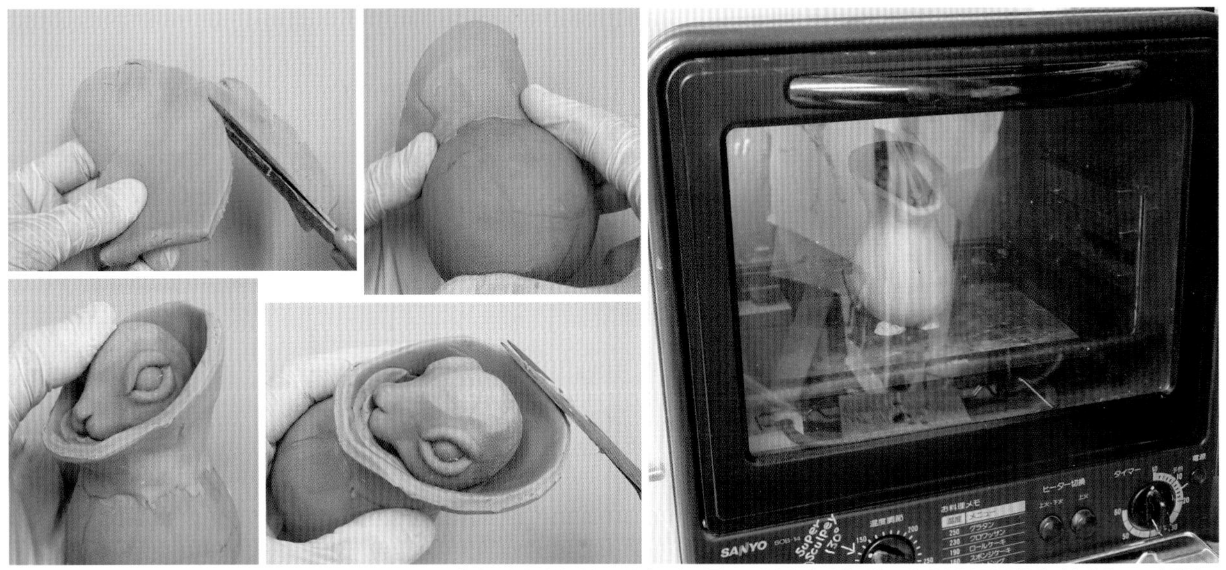

3 用剪刀将抻平的黏土剪成衣领形状，安装在躯干上。 操作过程中多次将头部零件放置在里面，调整衣领和脸的平衡。将后衣领调高到包住头部的位置，这样就可以体现出襁褓一样的可爱。制作完成后加热。

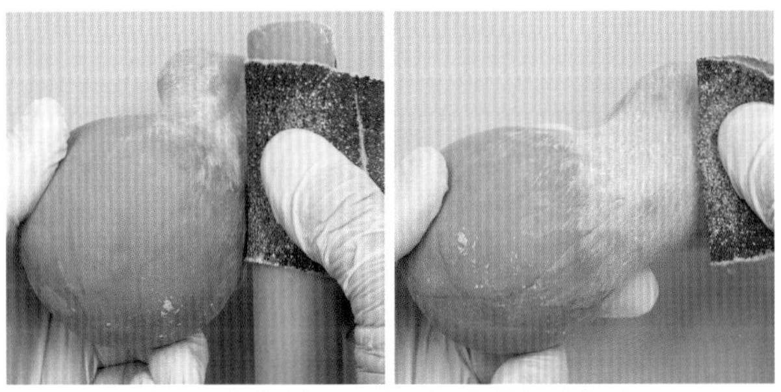

4 用80号砂布打磨衣领的接合处，使躯干和衣领完美融合在一起。

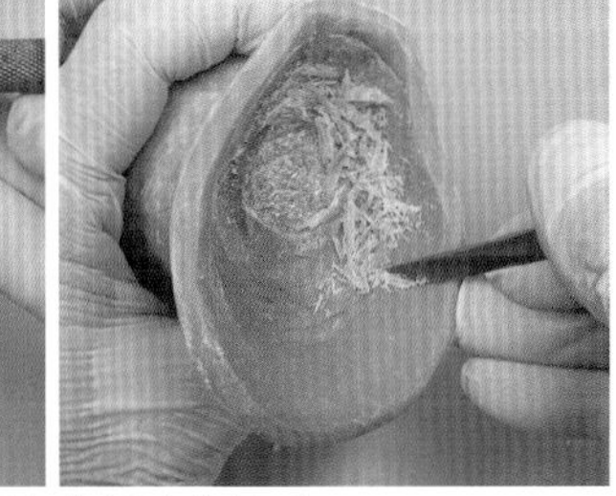

5 用雕刻刀修整衣领边缘，修刮内侧，使衣领变薄变细致。

◉ 增添下腹的厚度

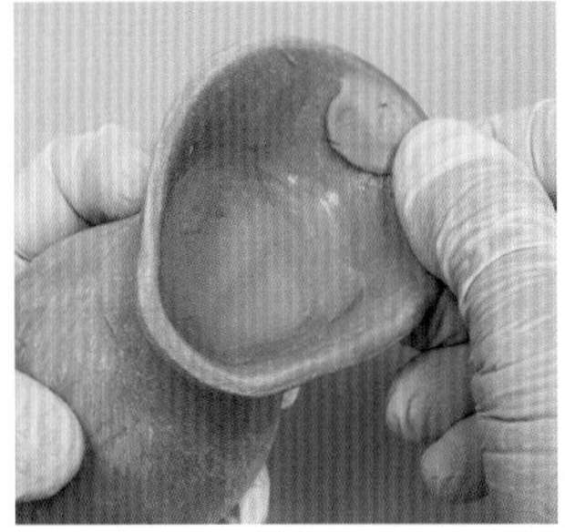
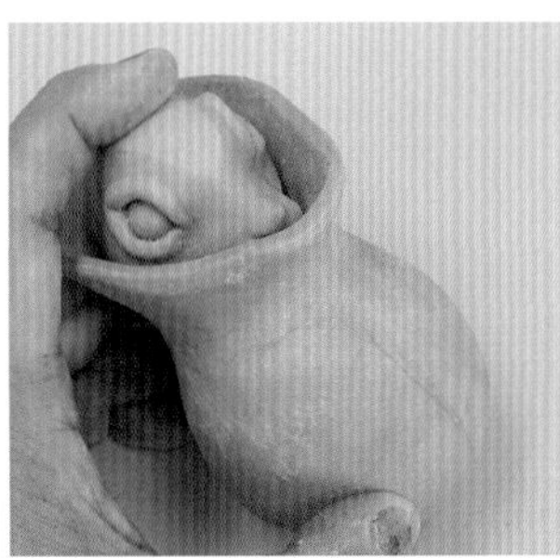
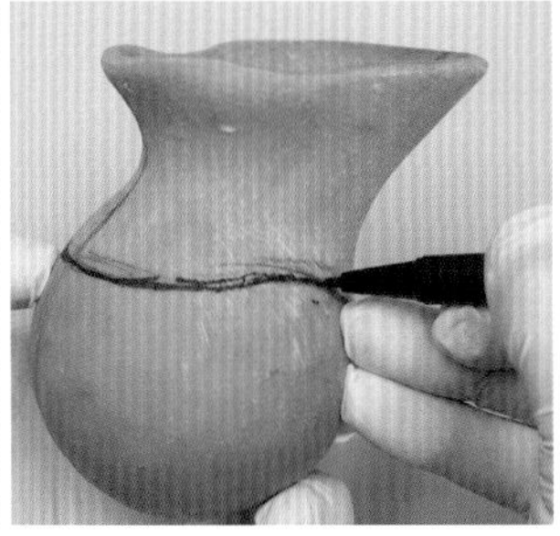
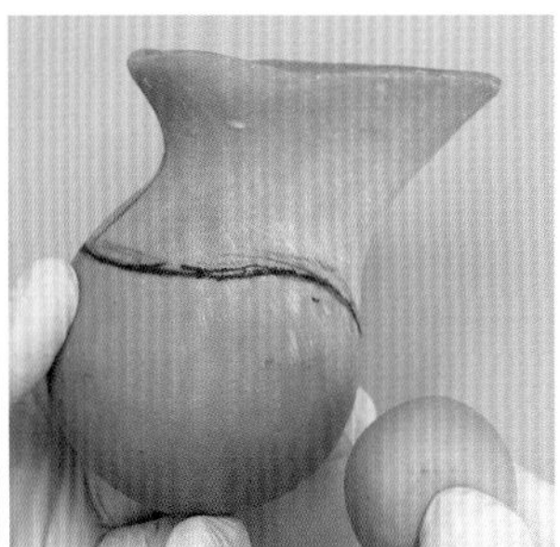

1 用黏土修补过薄的部位。放入头部零件，边设想完成后的效果，边在衣领和躯干的分界线上(为了方便翻模，之后会分割开的部位)用油性笔画线。

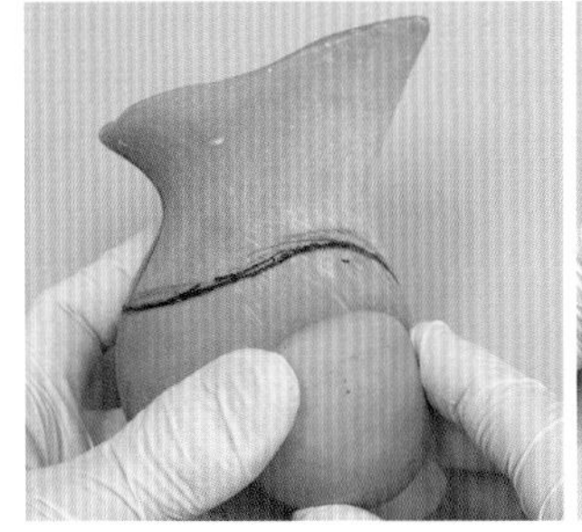
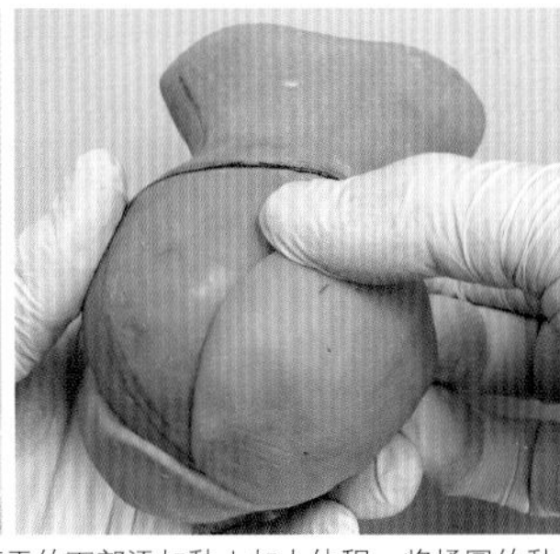
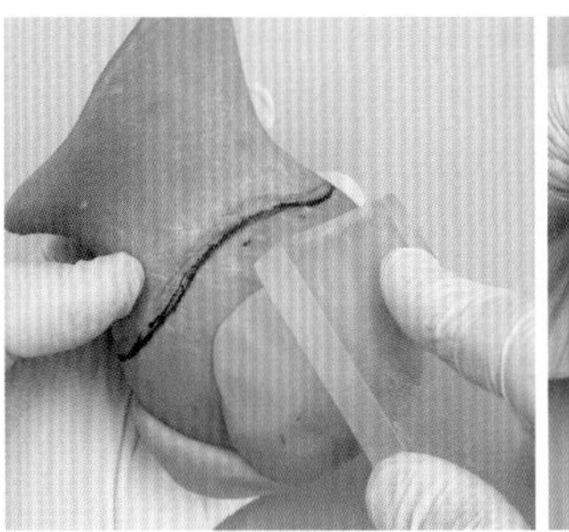
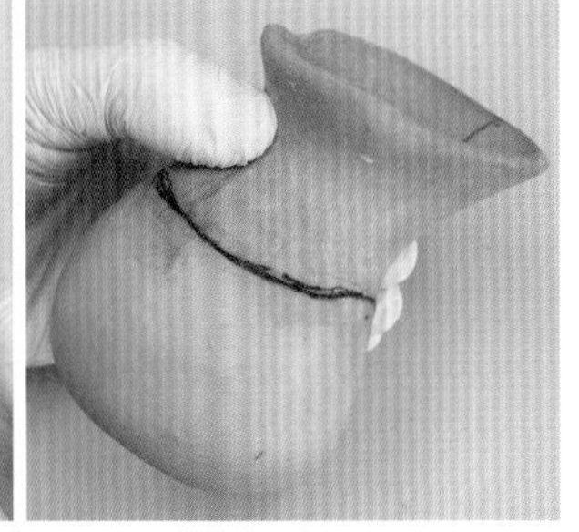

2 头部比例看起来有些过大，所以在躯干的下部添加黏土加大体积。将揉圆的黏土压在大腿根部位置，再用亚克力板抻开黏土，做出圆鼓鼓的下腹。

制作、分割衣领和大腿的细节

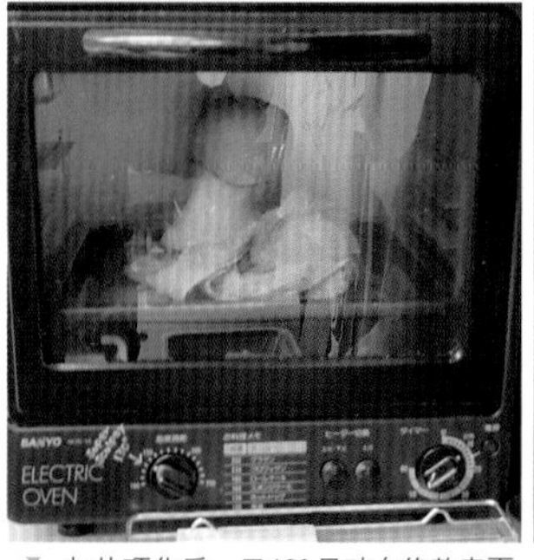

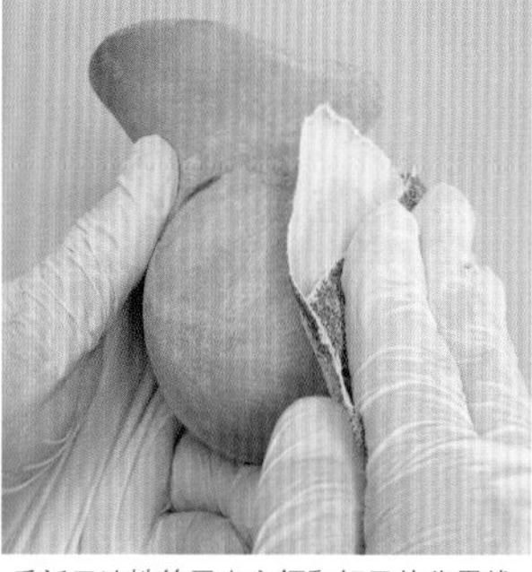

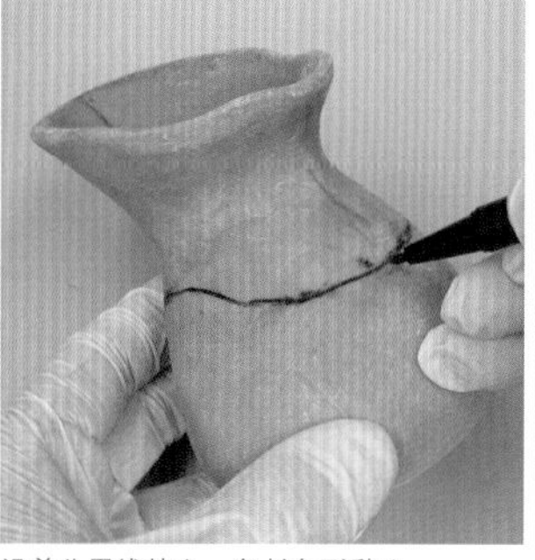

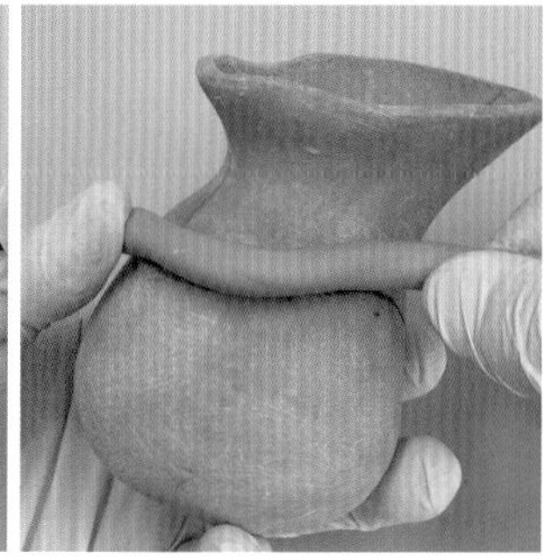

1 加热硬化后，用120号砂布修整表面。重新用油性笔画出衣领和躯干的分界线，沿着分界线粘上一条长条形黏土。

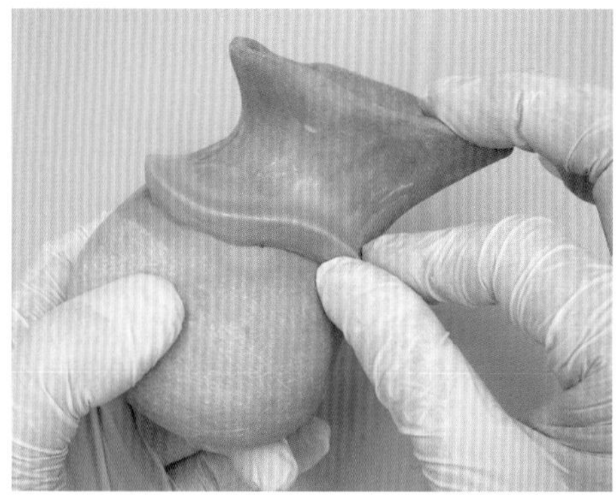

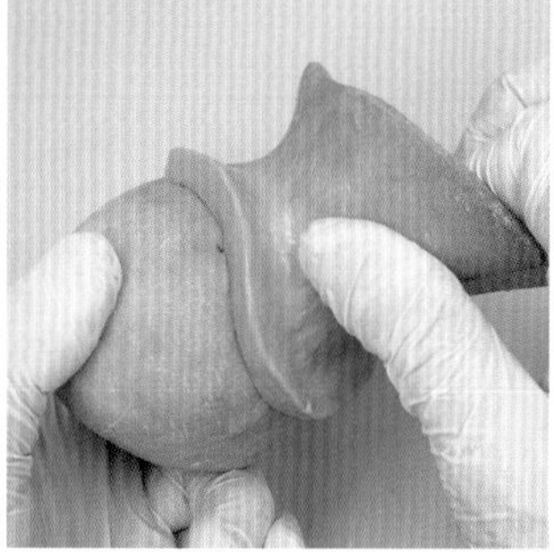

2 用手指捏出棱角。操作时，添加Enamel溶剂(参照P86)，表面会更光滑。

3 在躯干的下方粘贴球形黏土，做出大腿的形状。

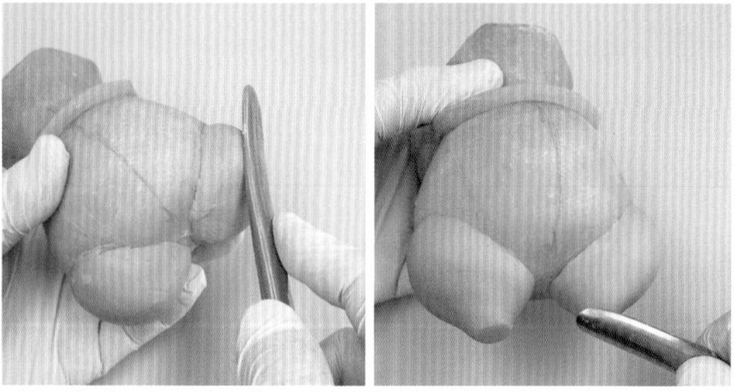

4 用刮刀按压大腿底部，修出逐渐变窄的形状后，用烤箱加热。

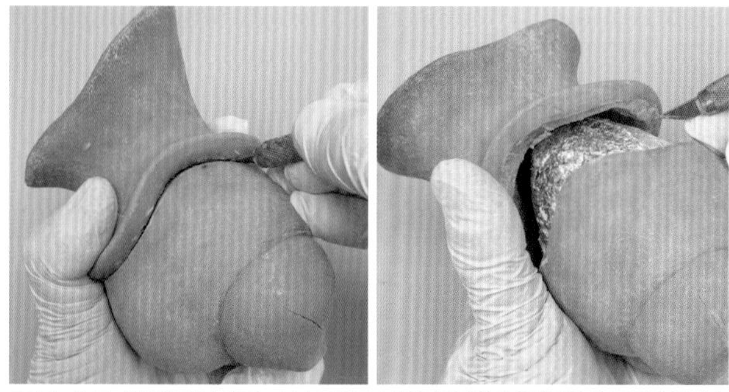

5 加热后，趁还没有冷却时，用小刀割开衣领和躯干的分界线(注意不要被烫到)。

6 分割完的效果。刚加热的树脂黏土还没有完全硬化，所以很容易分开。

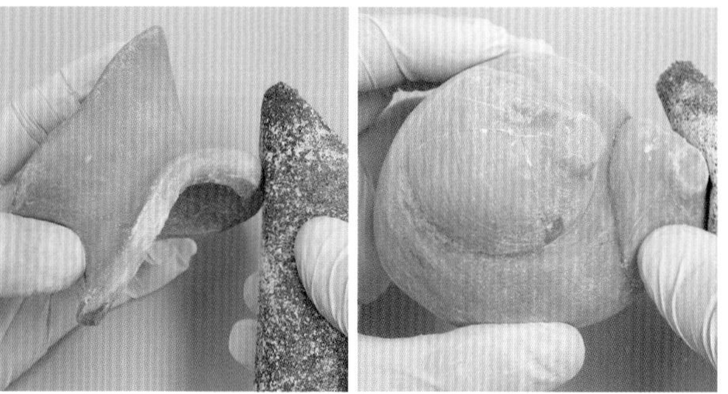

7 冷却硬化后，使用80号砂布打磨切割口和表面。

5 耳朵—头后部的造形

制作有些厚度的耳朵

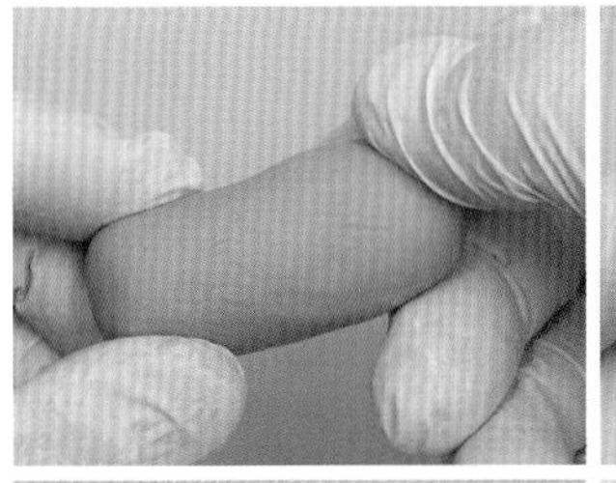

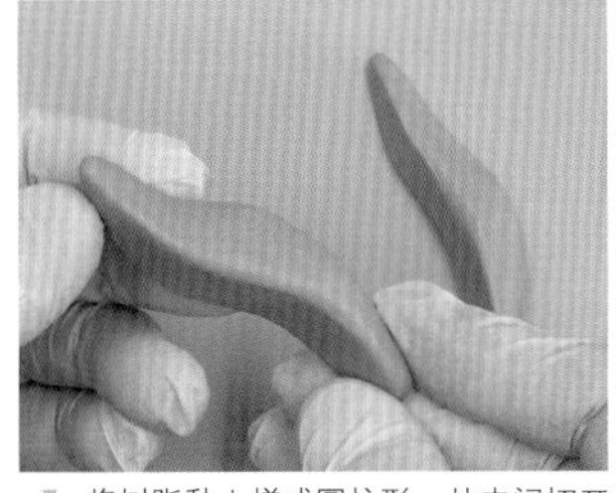
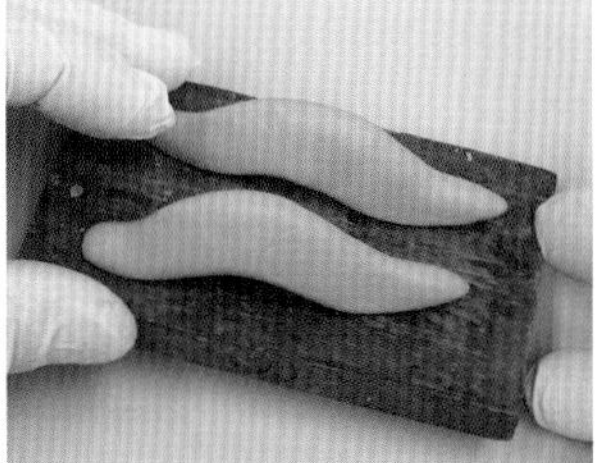

1 将树脂黏土搓成圆柱形，从中间切开，分成两段等量的黏土。用这个黏土制作兔子的耳朵。添加一些变化，左右不要完全对称，放在木板上用烤箱加热。

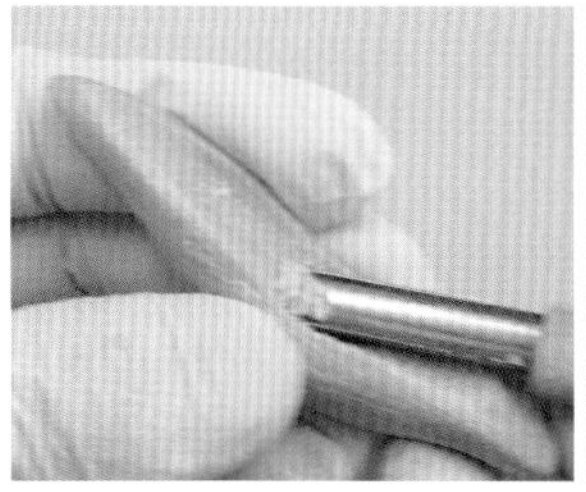

2 硬化后用雕刻刀（圆刀）雕刻内侧，再用砂布打磨表面，完成耳朵的制作。太薄的零件很难用石膏翻模，所以注意耳朵要保留一些厚度。

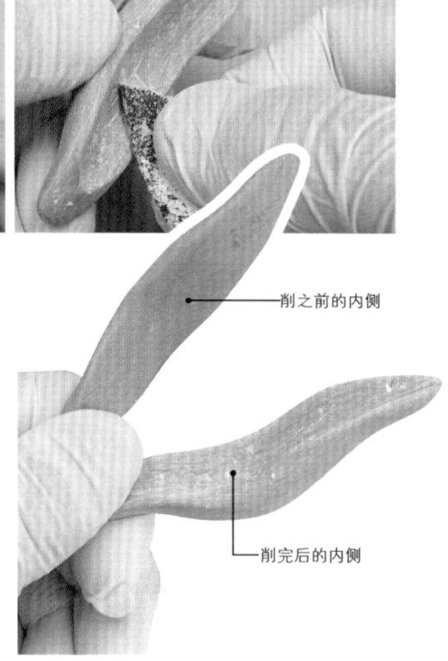

为了分割零件，削掉头后部

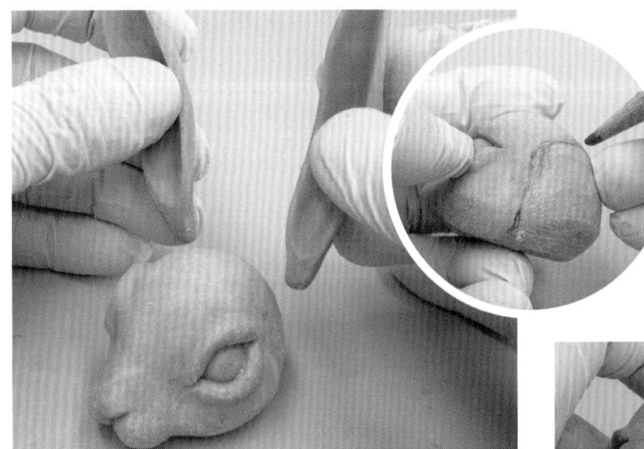

1 摆放耳朵，决定位置，用铅笔在头后部画出分割线。

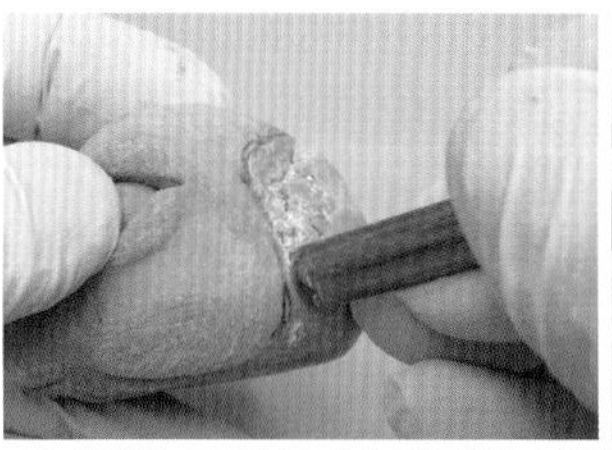

2 沿着线，用雕刻刀将头后部的黏土削掉。再用钳子拽出一些芯材，减少芯材的量。

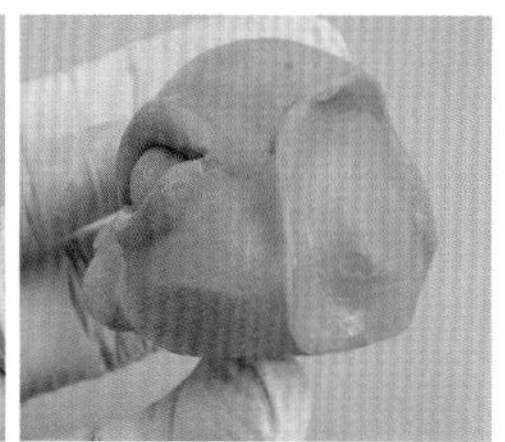

3 用小刀修整头后部的横截面，用树脂黏土填补开口，再用烤箱加热。

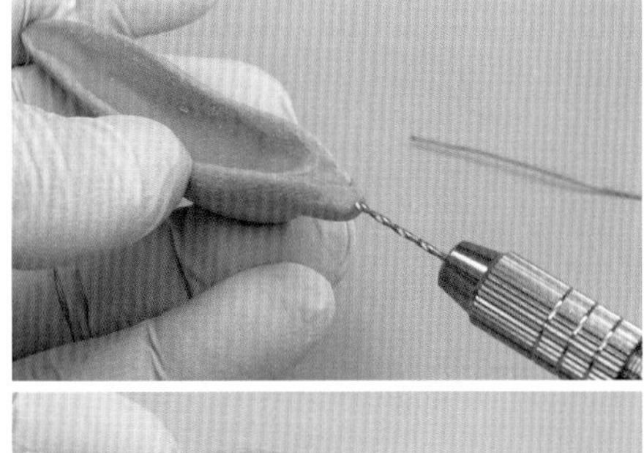
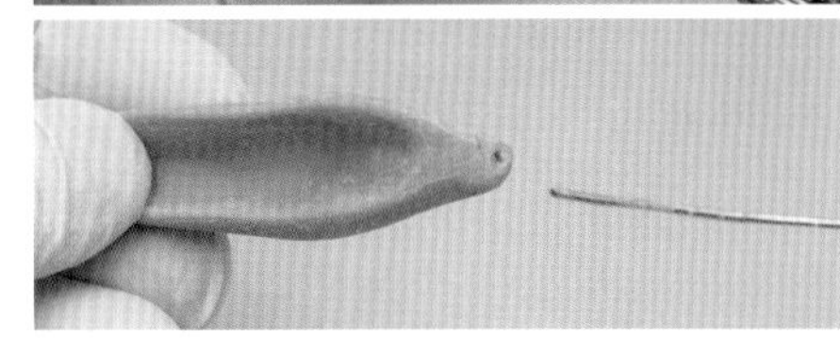
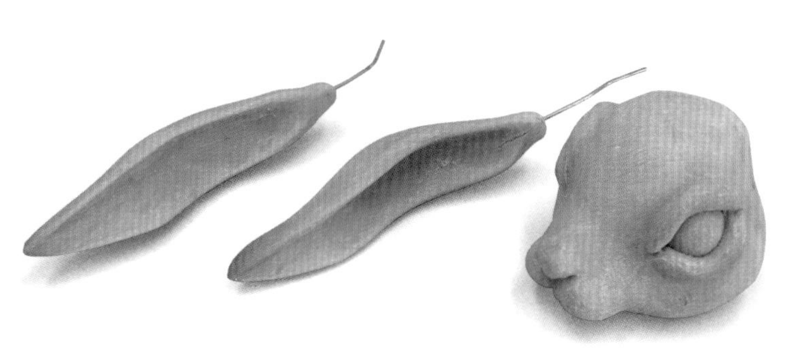

4 用1.5mm的打孔钻在耳根打孔，插入黄铜线后用瞬间黏合剂固定。

◎ 制作耳朵—头后部的整体零件

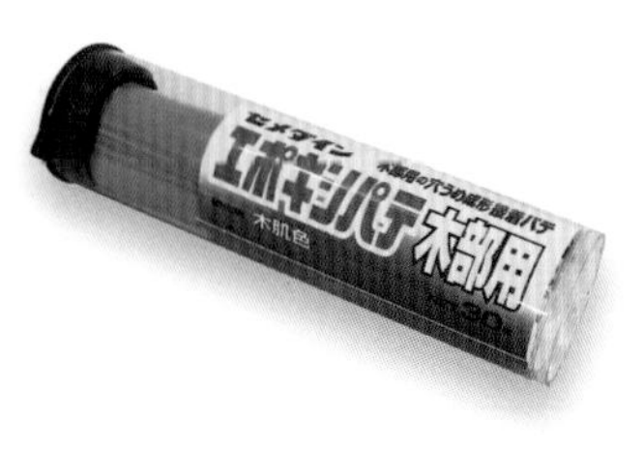

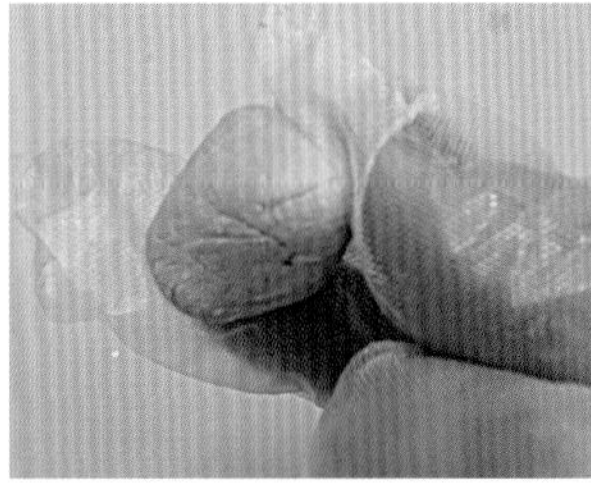
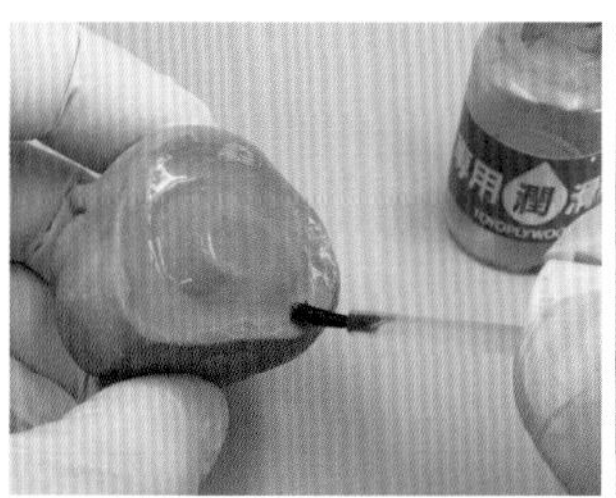
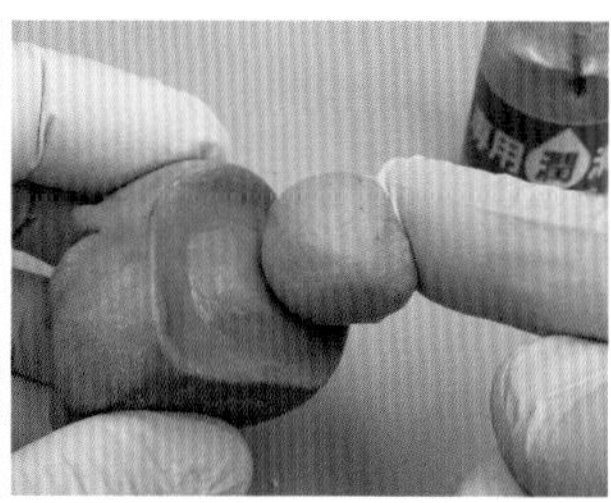

1 用环氧树脂补土重新制作被削掉的头后部，在头的横截面涂上润滑油（色拉油等其他油也可以），粘上被揉圆的补土。

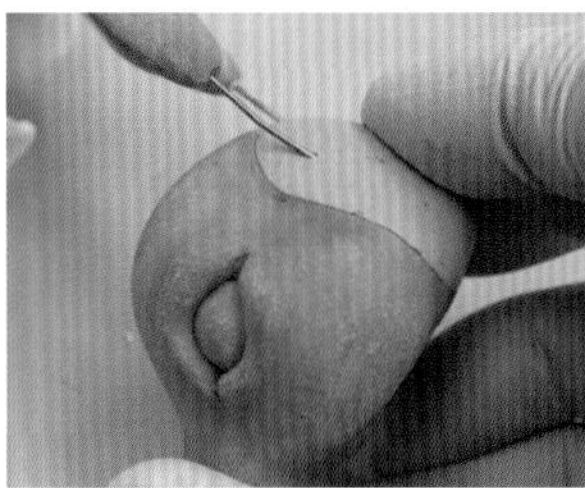
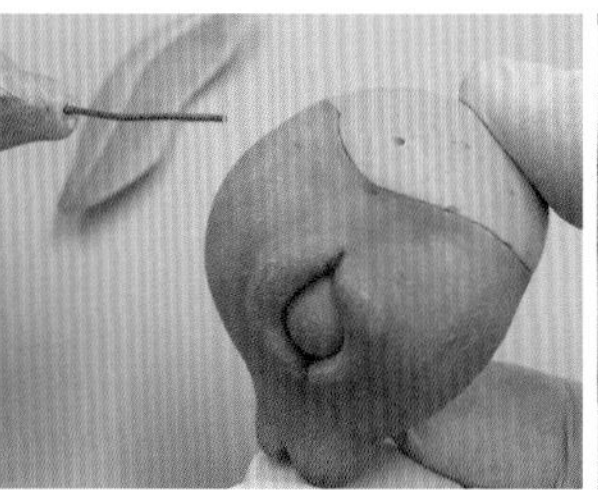
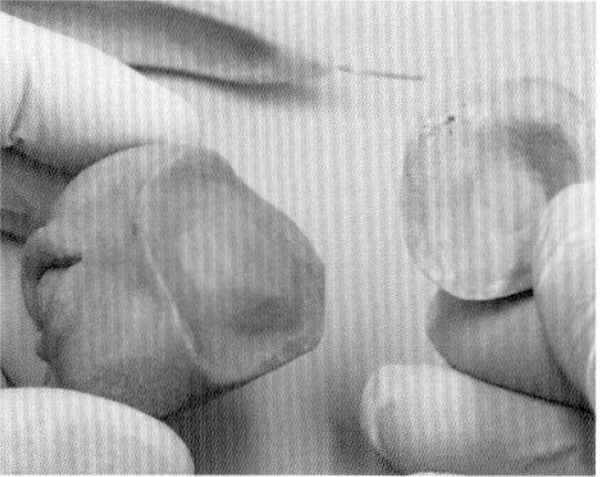

2 制作头后部的形状，在硬化前，将黄铜线插入耳朵里再摘掉。过10分钟硬化后，取下头后部（由于涂了润滑油，所以很容易取下来）。

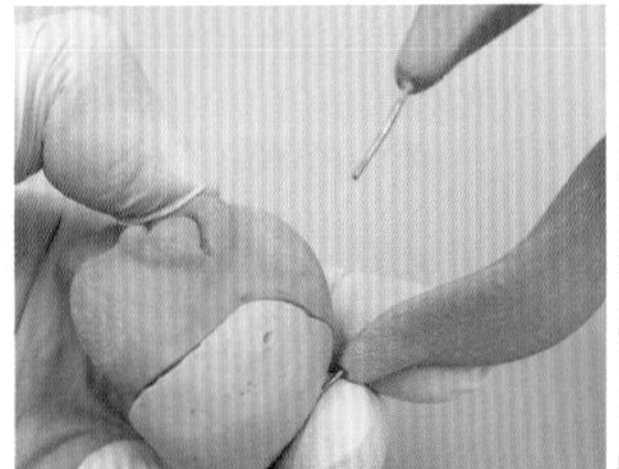
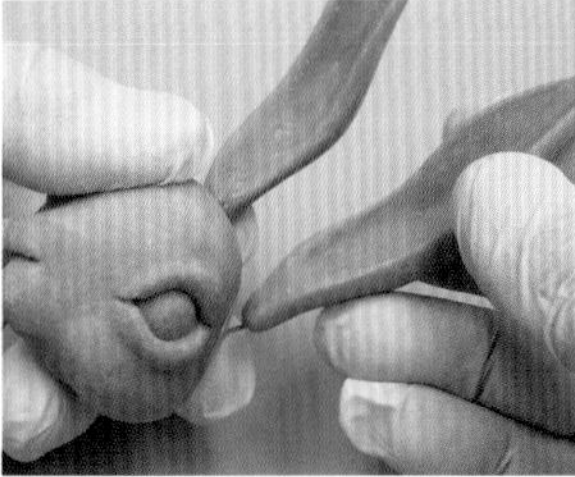
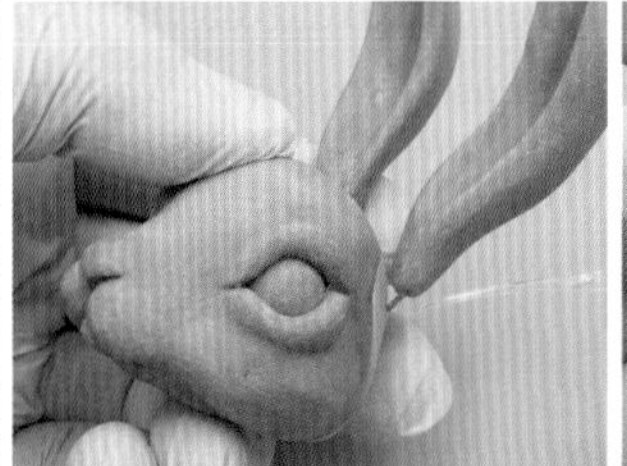
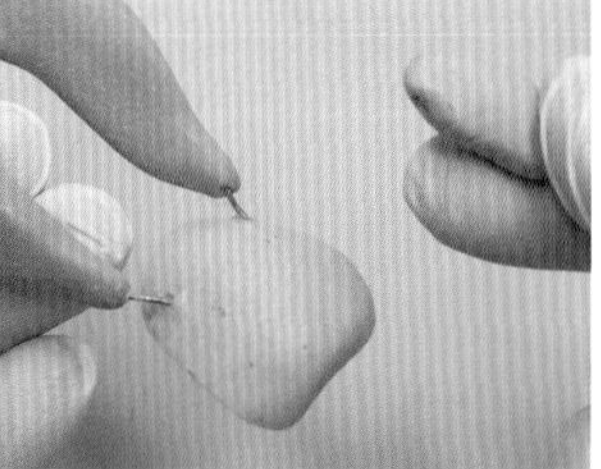

3 插入耳朵，用瞬间黏合剂固定。在接合口处粘贴补土，做出耳根形状。

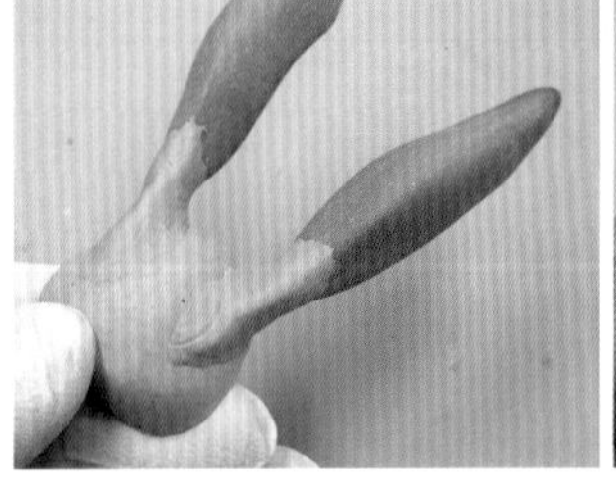

4 边观察左右协调，边反复增添削刮补土，用80~120号砂布打磨，完成头后部和耳朵的制作。

6 脚的制作

◎ 制作稳定站立的形状

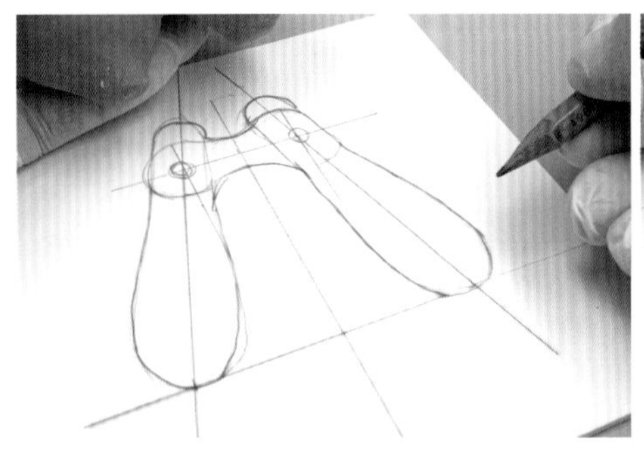
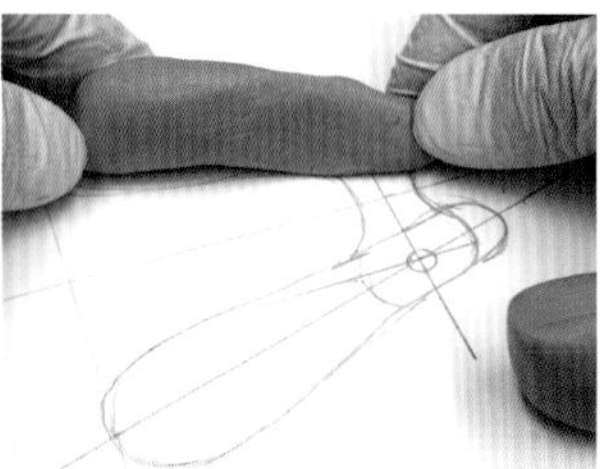
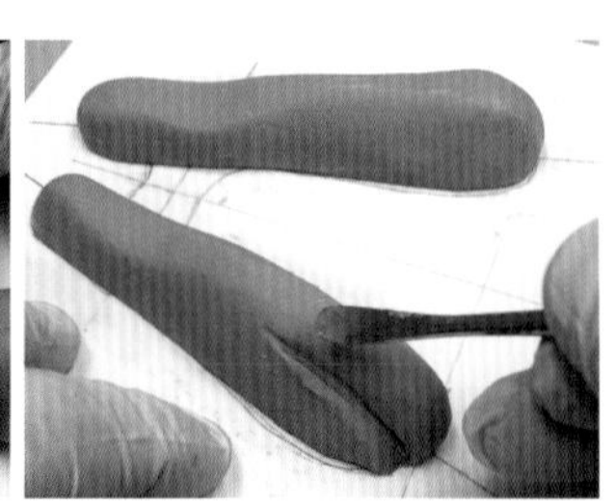

1 与第2章的兔子不同，这次的制作概念是要站在地面上，所以事先在厚纸板上画出双脚稳定的形状。将树脂黏土放在厚纸板上，调整形状，用刮刀制作脚尖的细节。

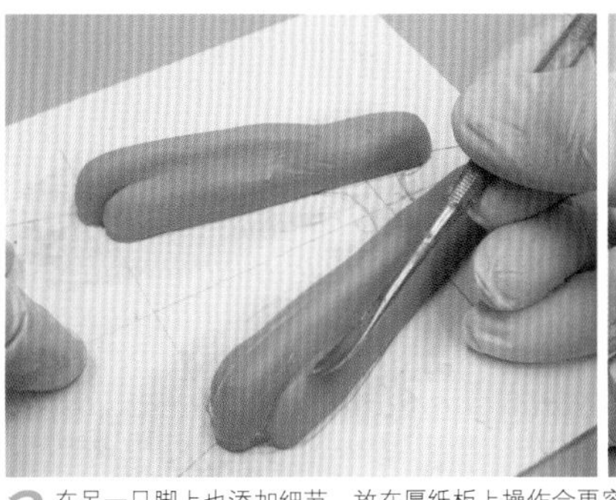

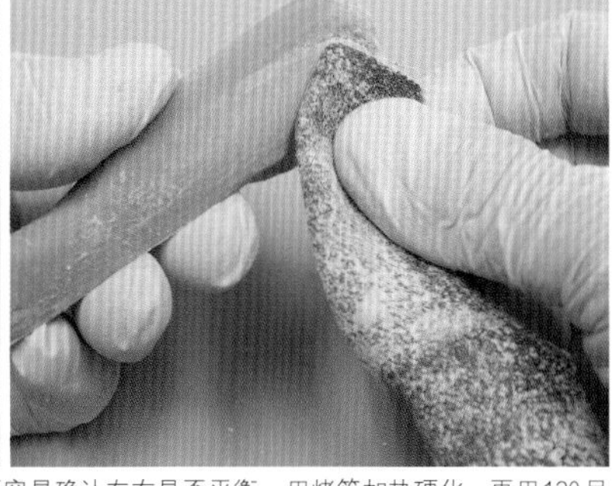

2 在另一只脚上也添加细节，放在厚纸板上操作会更容易确认左右是否平衡。用烤箱加热硬化，再用120号砂布打磨表面。

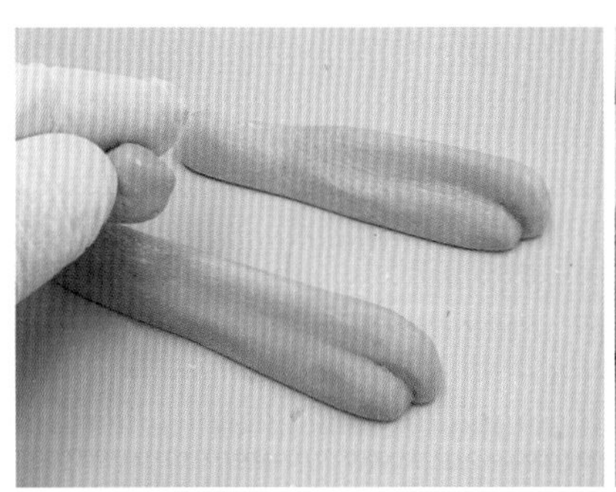

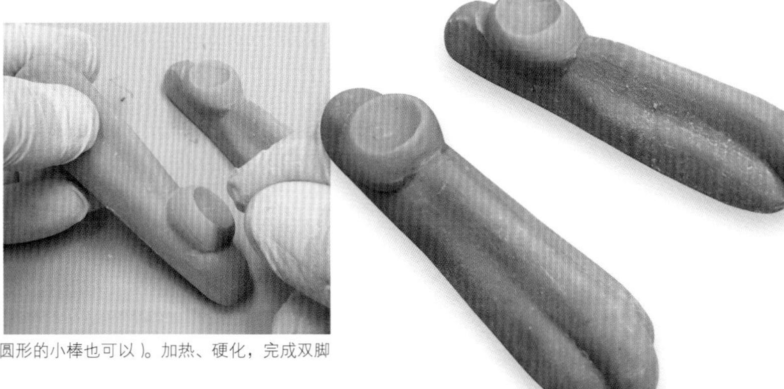

3 脚踝处粘贴球形黏土，用手指戳个洞（使用顶部是圆形的小棒也可以）。加热、硬化，完成双脚零件的制作。

7 底层处理

喷涂底漆

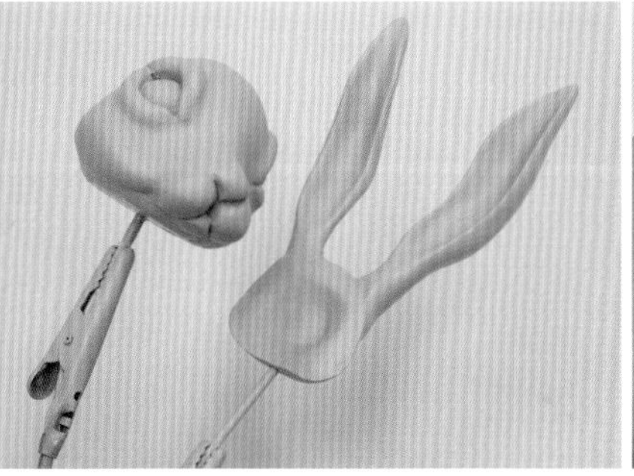

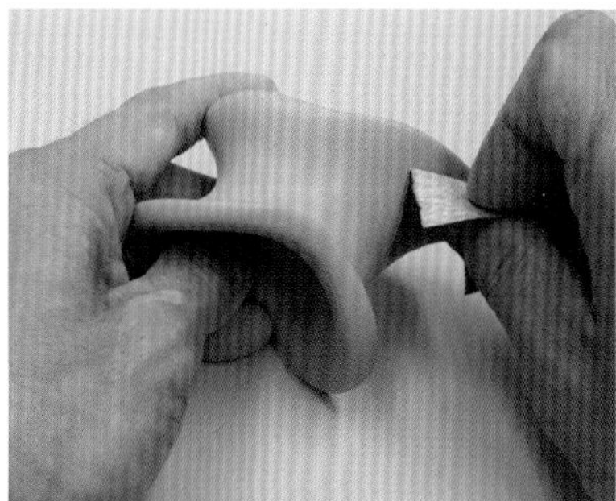

1 多次喷涂底漆，技巧是最开始从远处喷（有磨砂质感，所以称为喷砂），慢慢再由远及近。使用320号防水砂纸（不沾水）和砂布处理细微伤痕。

完成复制前的原型

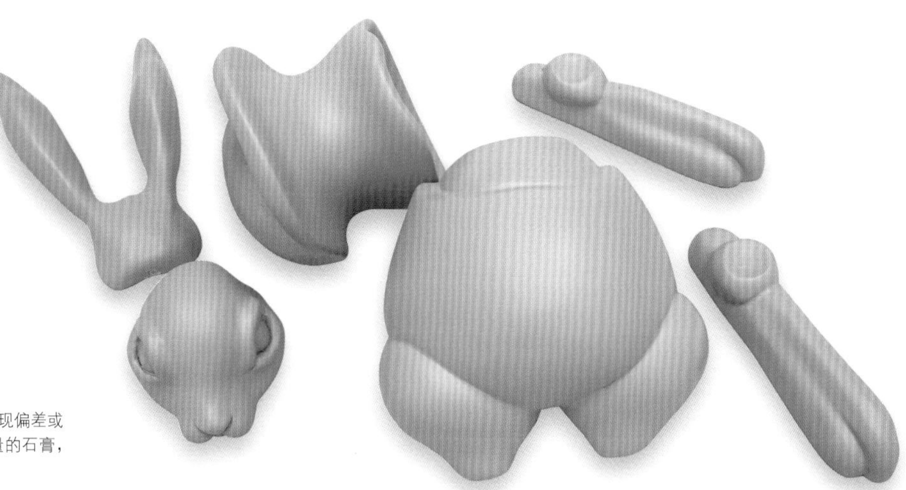

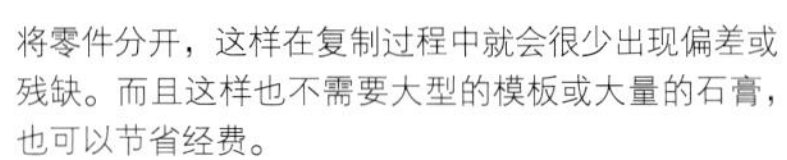

将零件分开，这样在复制过程中就会很少出现偏差或残缺。而且这样也不需要大型的模板或大量的石膏，也可以节省经费。

用石膏翻模

用来复制造型作品的翻模技巧有很多。本书中介绍的“石膏翻模”方法，既无异味，又安全，成本也不高，还可以翻出中空（内部是空的，重量很轻的状态）的复制品。虽与硅胶翻模相比更脆弱，也不适合大量复制，但是是一种很适合初学者使用的方法。

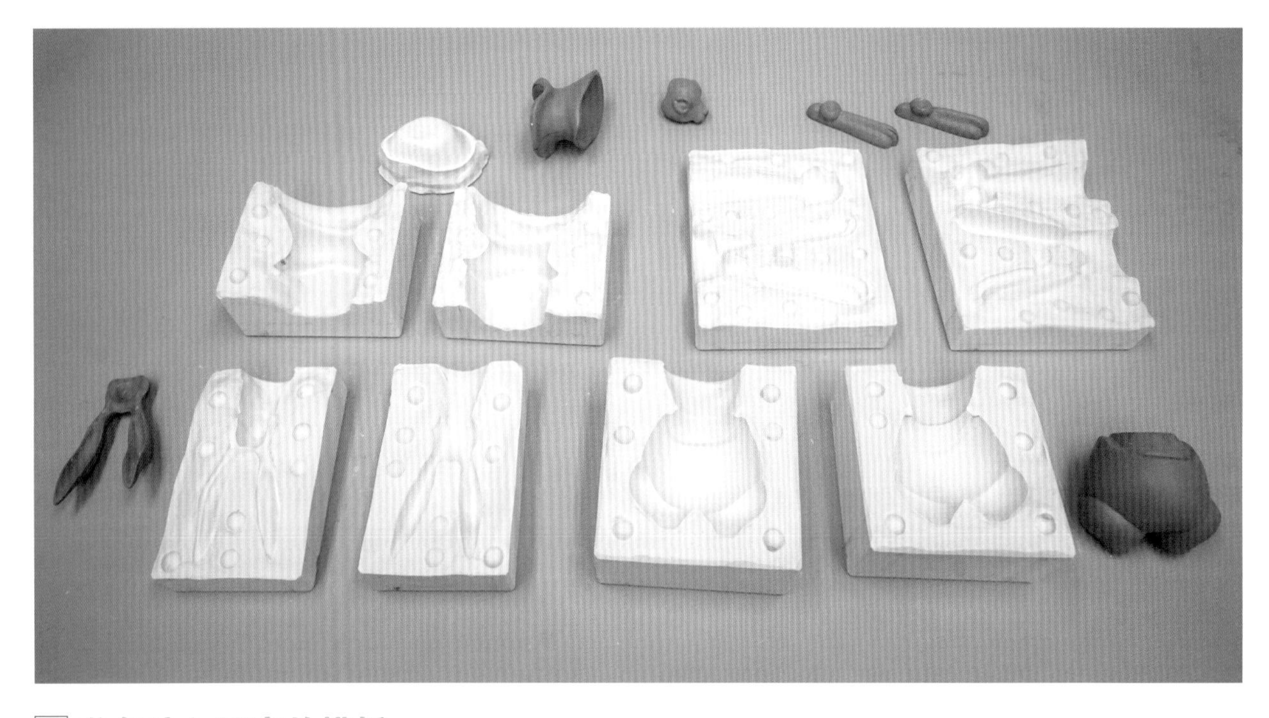

1 准备注入石膏的模板

◉ 用油黏土固定零件

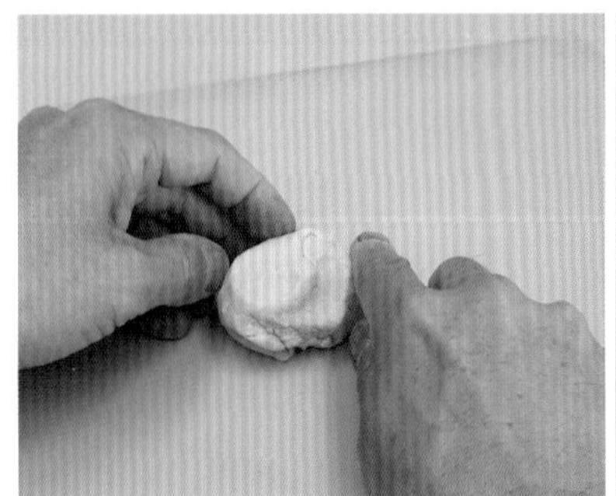

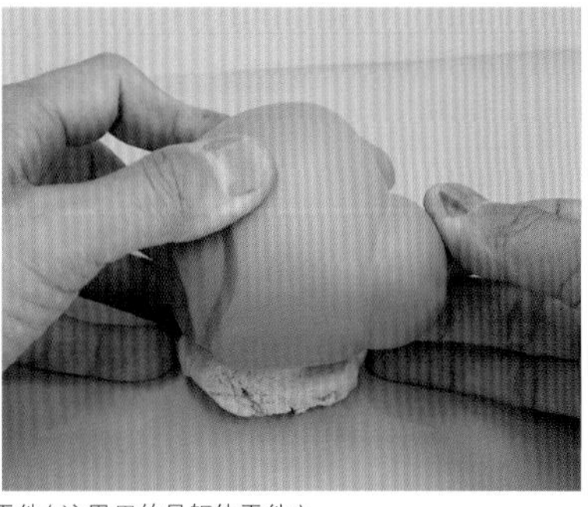

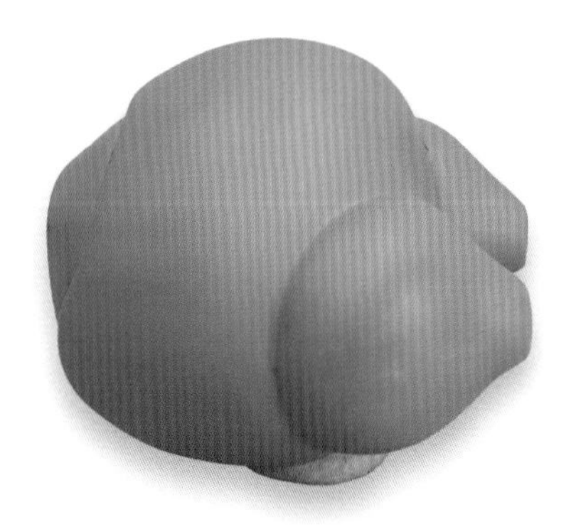

1 在文件夹等光滑的物品上放置油黏土，固定翻模零件（这里用的是躯体零件）。

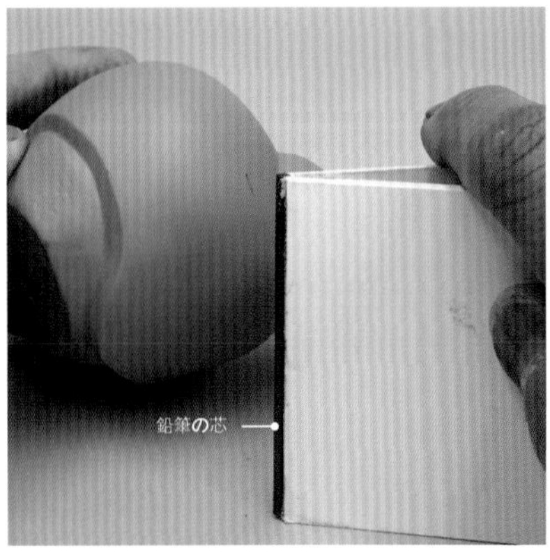

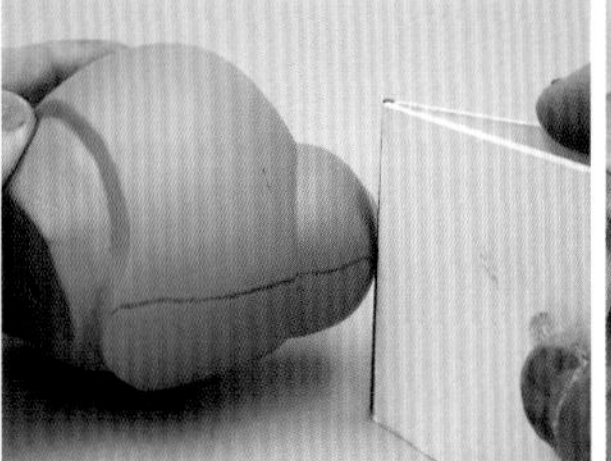

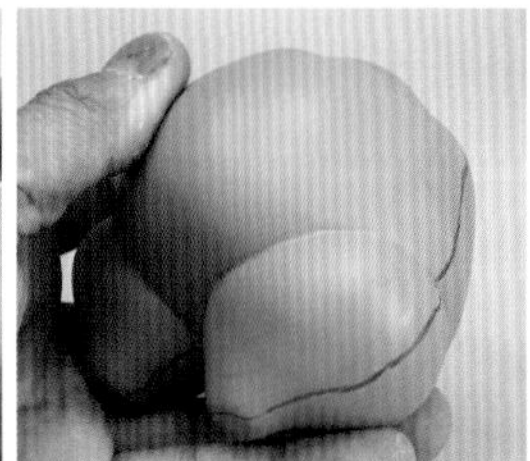

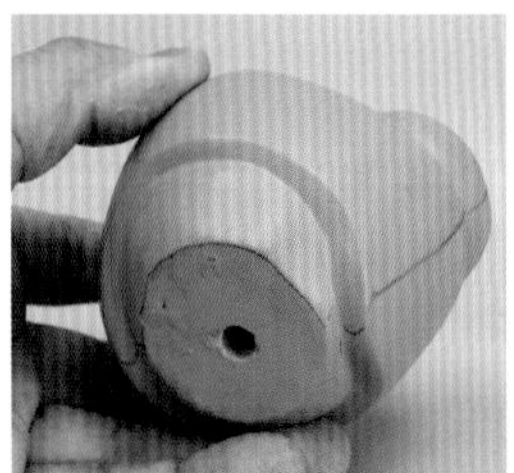

2 将厚纸板折成三角形，然后安装铅笔芯。沿着固定好的零件，在零件凸出的位置上画线，这条线将作为模型的接缝线（parting line）。

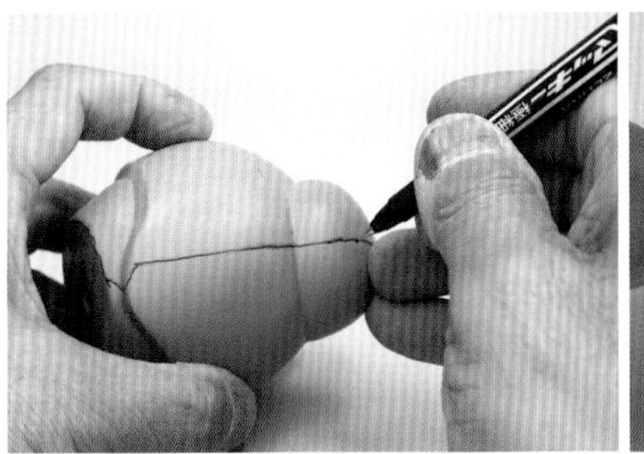

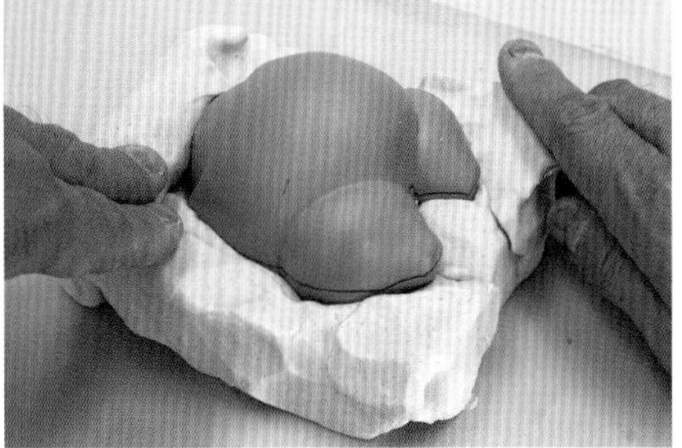

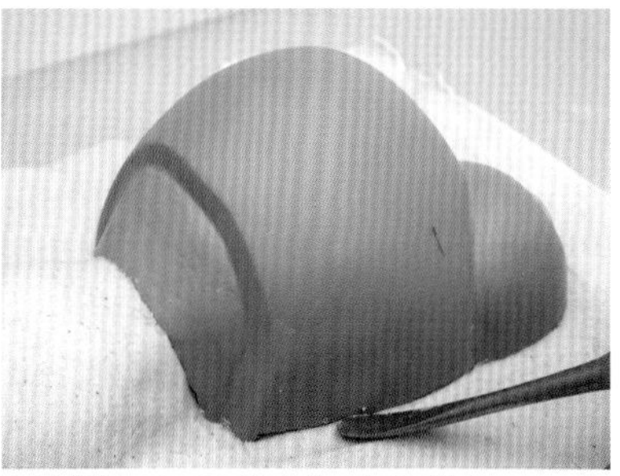

3 用油性笔再描一遍分界线，让线更加明显，按照线的高度包裹油黏土。在躯干的前部要做浇铸口（倒入复制用的素材的接口），所以将油黏土堆成圆锥形。

◉ 围上模板

4 准备模板的胶合板（9mm厚）。为了防止石膏溢出，一定要使用没有倾斜没有裂纹的模板。

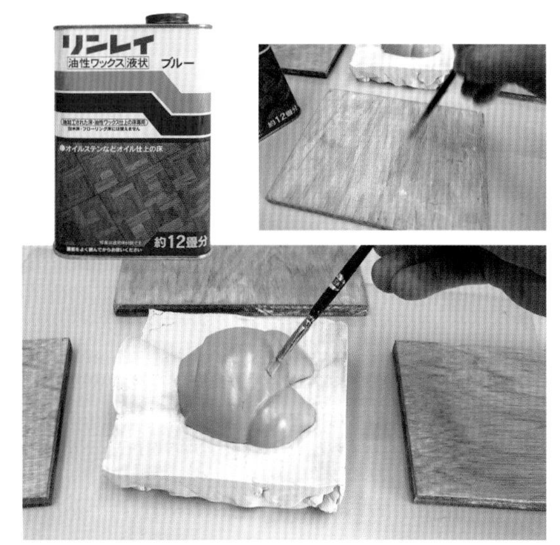

5 在模型和模板上涂抹石蜡，以防止与石膏粘到一起。

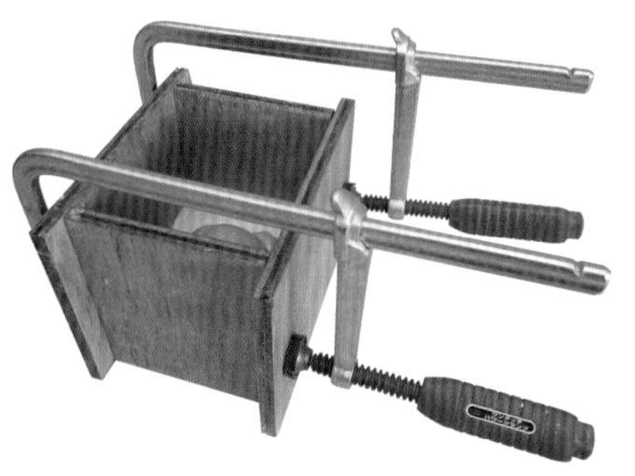

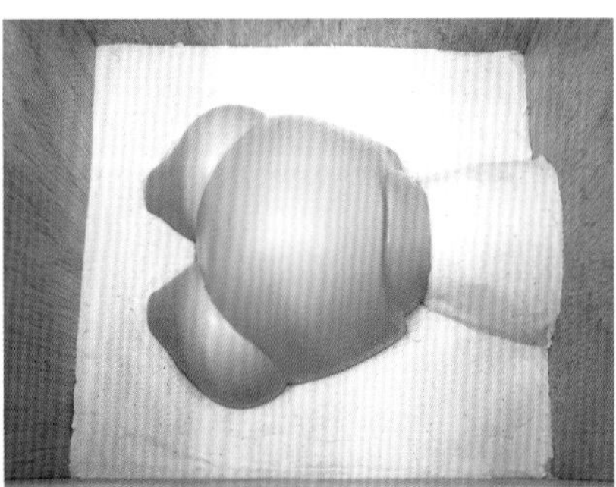

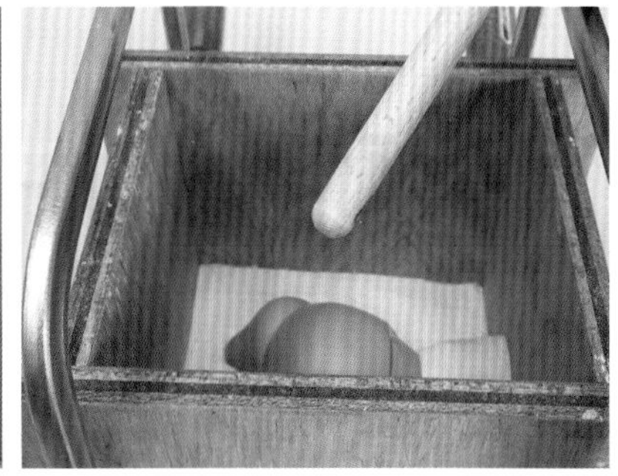

6 用模具将黏土模型圈起来，以防止石膏外漏，再用叫作夹具的金属器件固定起来。翻模零件和胶合板之前保持3cm左右的距离。如果没有隔开距离，模型就很容易损坏，也很难操作。

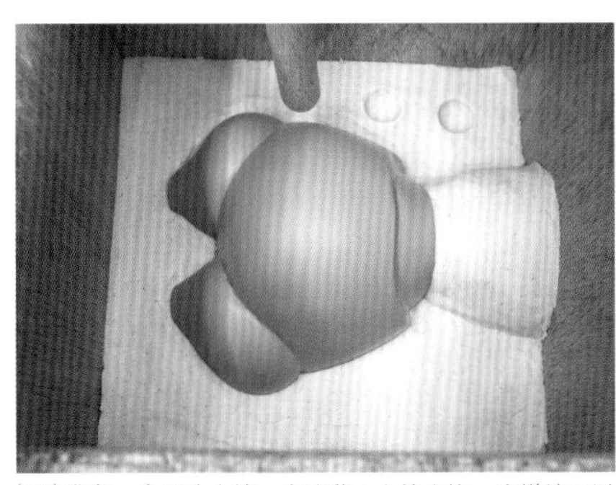

7 准备一个圆头小棒，在油黏土上按出坑，这样就可以防止模型错位。

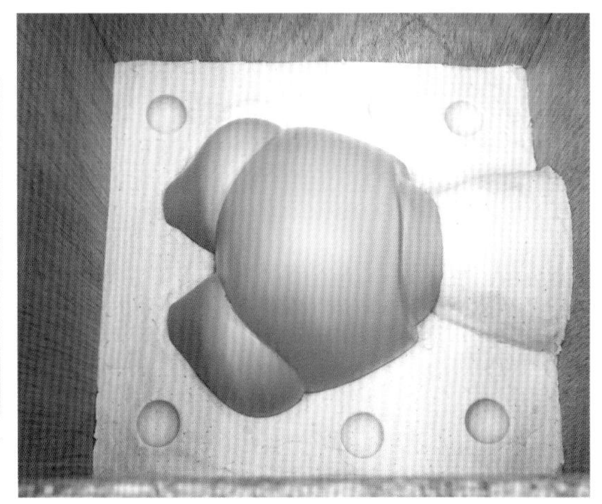

2 倒入石膏

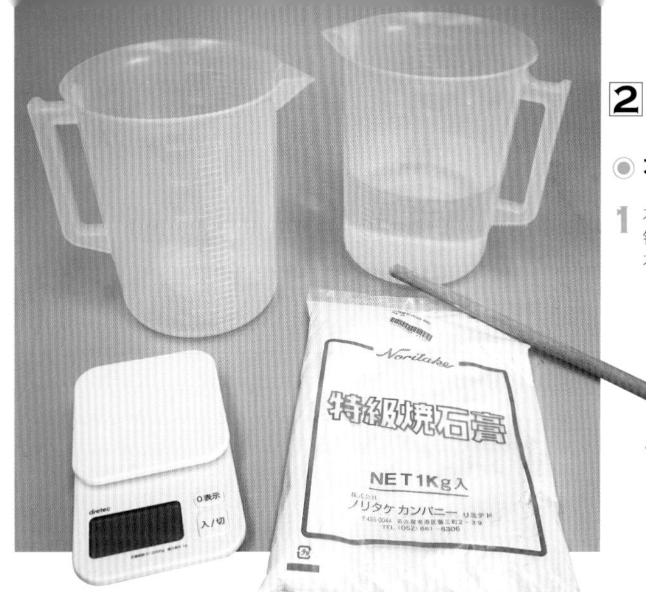

◉ 石膏的准备

1 本书中使用的是Noritake的“特级烧石膏”。这款石膏溶于水变成液体后，10分钟左右开始硬化，40分钟左右就可以完全硬化。如果弄错了石膏和水的比例，石膏就无法硬化，所以还需要准备计量杯和电子秤。

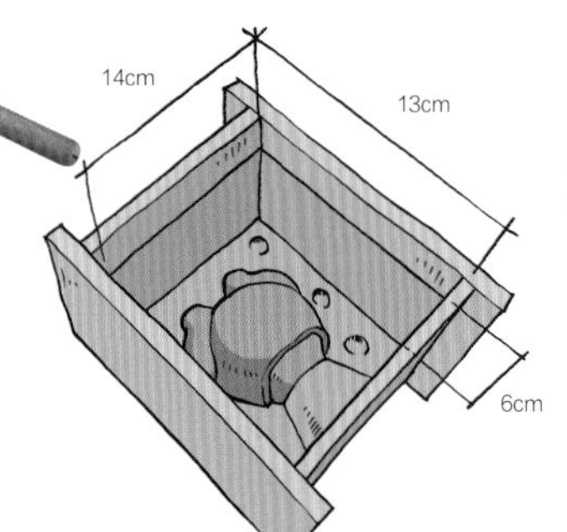

2 测量模板的长度，然后算出石膏所需要的量。长14cm×宽13cm×高6cm，体积1092cm^2，所以需要1kg左右的石膏。水的重量是石膏的70%，也就是700g。

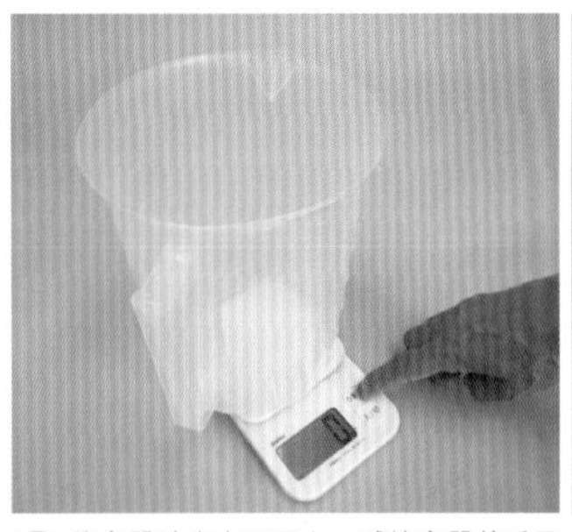

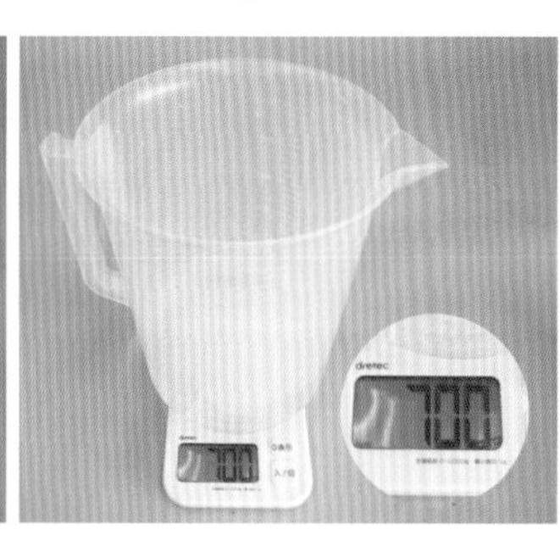

3 将容器放在电子秤上，减掉容器的重量，分别计量水和石膏的重量。

4 将石膏慢慢倒入水中，用小棒搅拌，防止起泡，大概右转100次，左转100次。搅拌完毕后，轻轻上下摇晃容器，让石膏液的气泡浮到表面。

◉ 倒入石膏

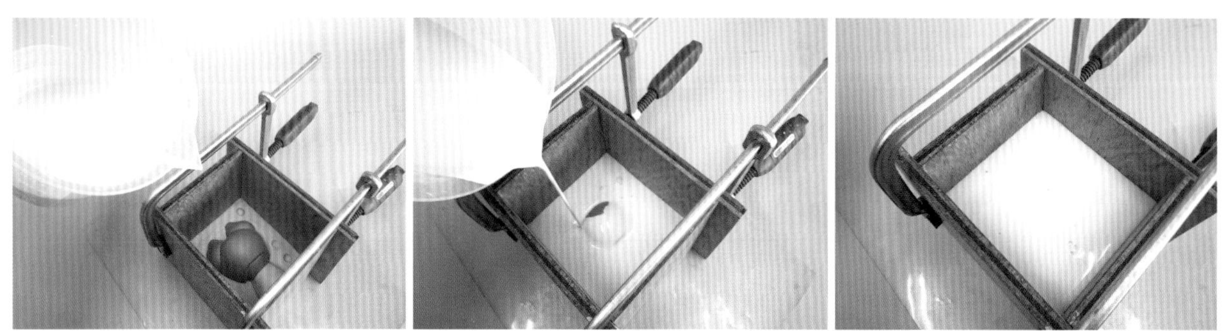

1 如果倒得过急就会产生气泡，所以倒的时候要慢一点儿。石膏也可能会溢出来，所以在下面铺上文件夹等物品。

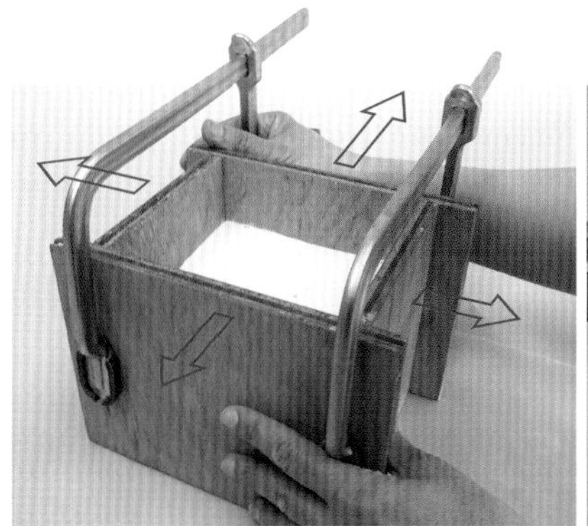

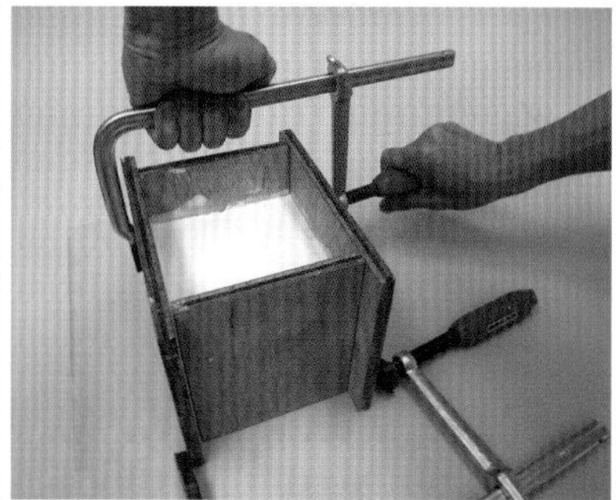

2 轻轻左右晃动模板，排出气泡。过30~40分钟石膏硬化后，摘下夹具，取下模板，用橡皮头锤从内侧轻轻敲打就能取下来了。

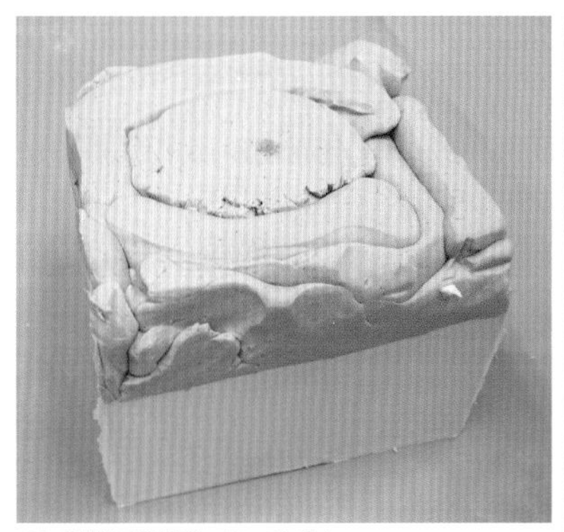

3 翻转石膏模型，取下油黏土。

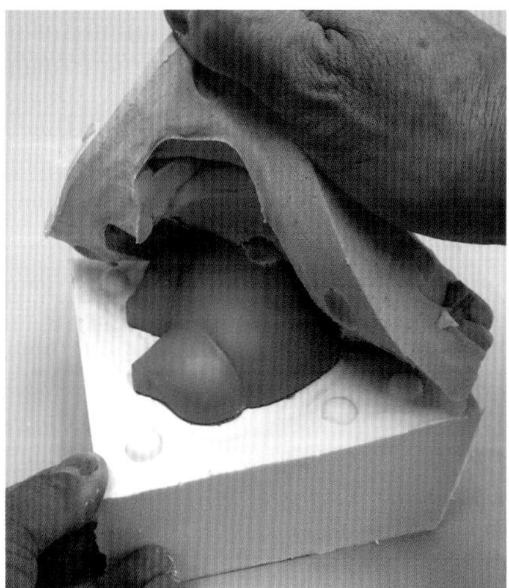
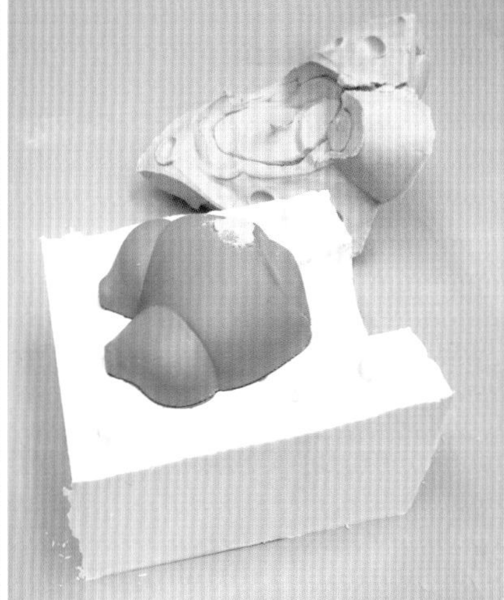

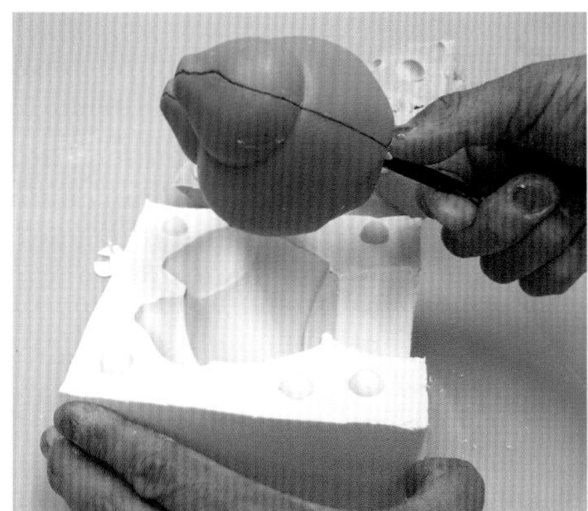

4 从石膏中取下原型，这样就完成了一半的石膏模型。

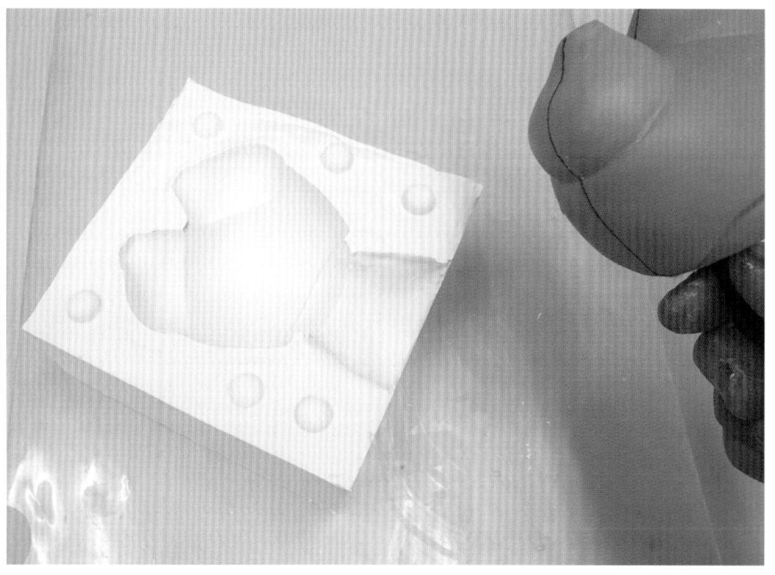

◎ 在相反方向也倒入石膏

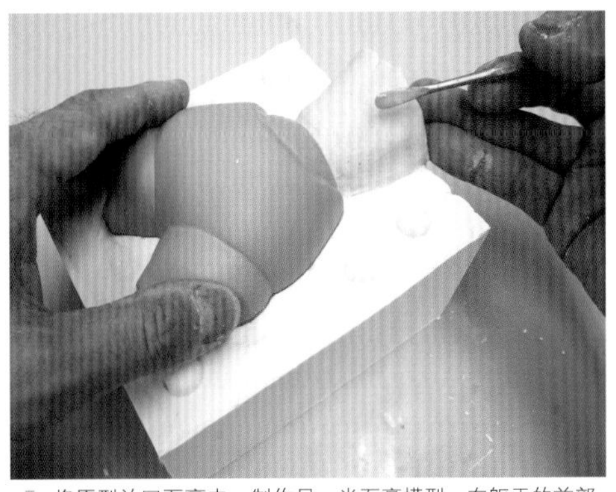

1 将原型放回石膏中，制作另一半石膏模型。在躯干的前部，将油黏土堆成圆锥形，制作浇铸口。

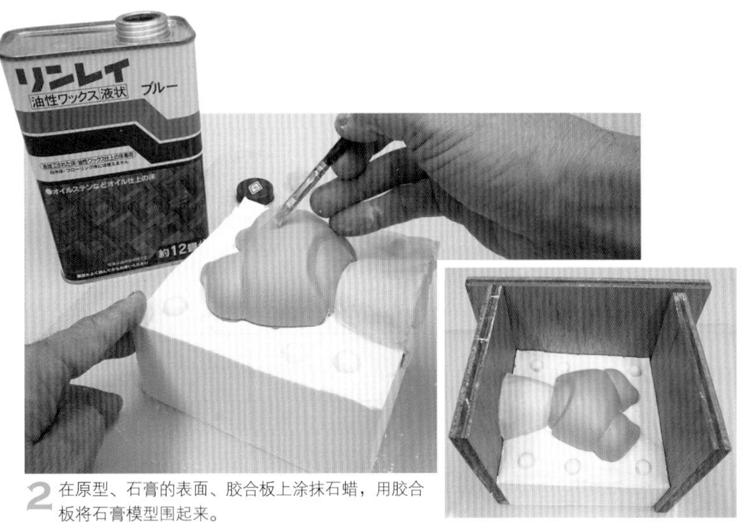

2 在原型、石膏的表面、胶合板上涂抹石蜡，用胶合板将石膏模型围起来。

3 用夹具固定，用P96~97中相同的步骤准备并倒入石膏。硬化后，取下胶合板。

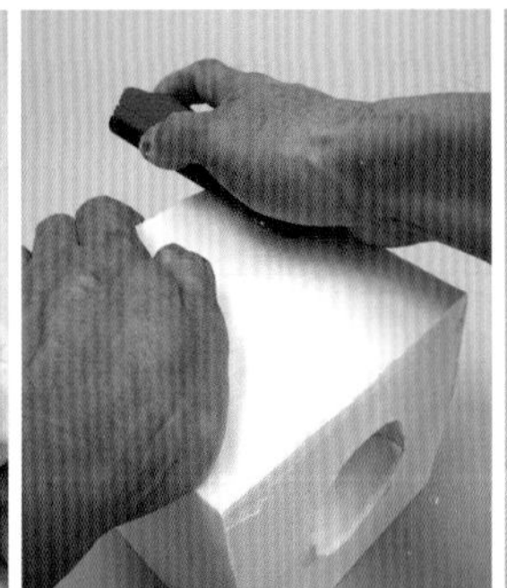

4 取出油黏土，用刨子（刨石膏板用的刨子）削磨石膏模型的边角。

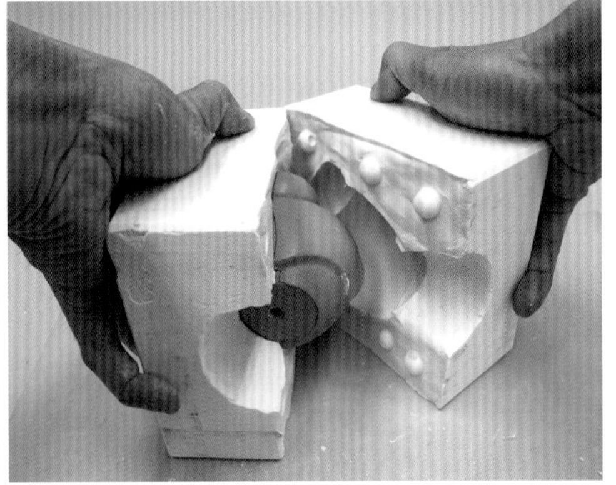

5 将石膏模型分成两半，提前涂抹过石蜡的话，用手就可以轻易分开。

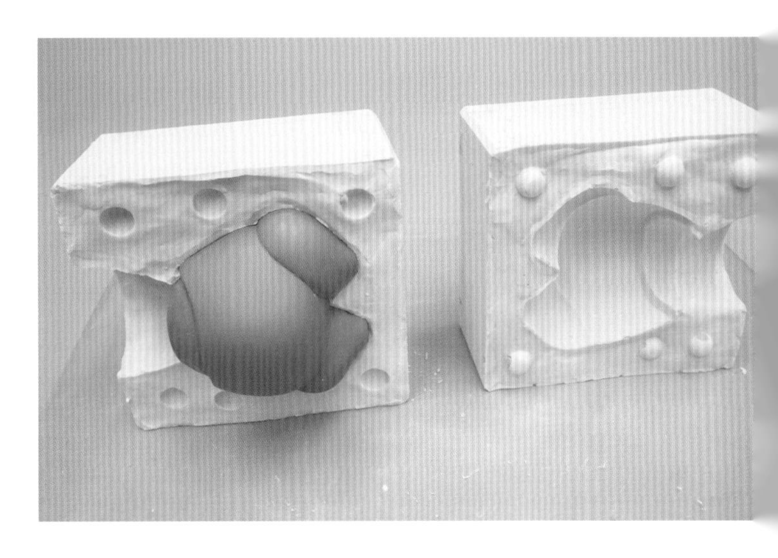

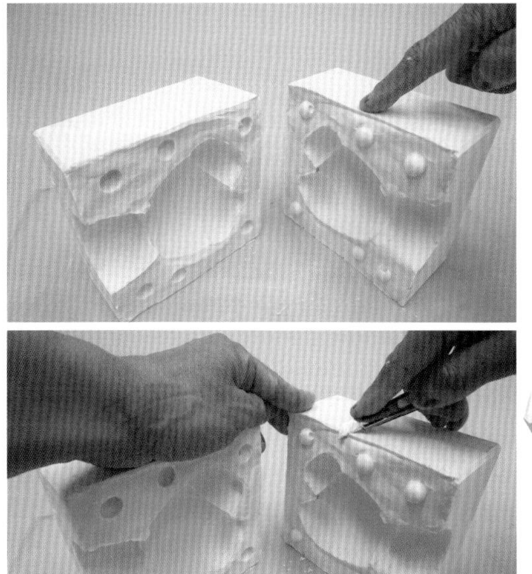

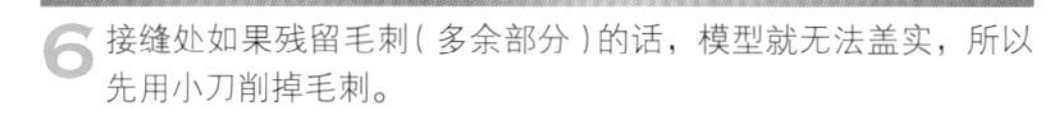

6 接缝处如果残留毛刺（多余部分）的话，模型就无法盖实，所以先用小刀削掉毛刺。

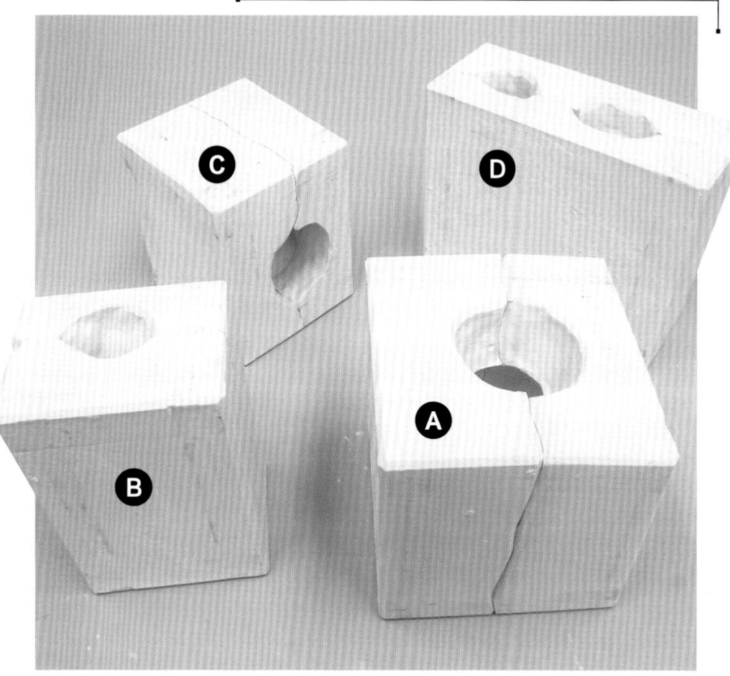

7 用同样的步骤，制作其他零件的石膏模型。

完成翻模

完成各个零件的石膏模型。头和脚的零件都很小，所以翻模时就放在了一起。

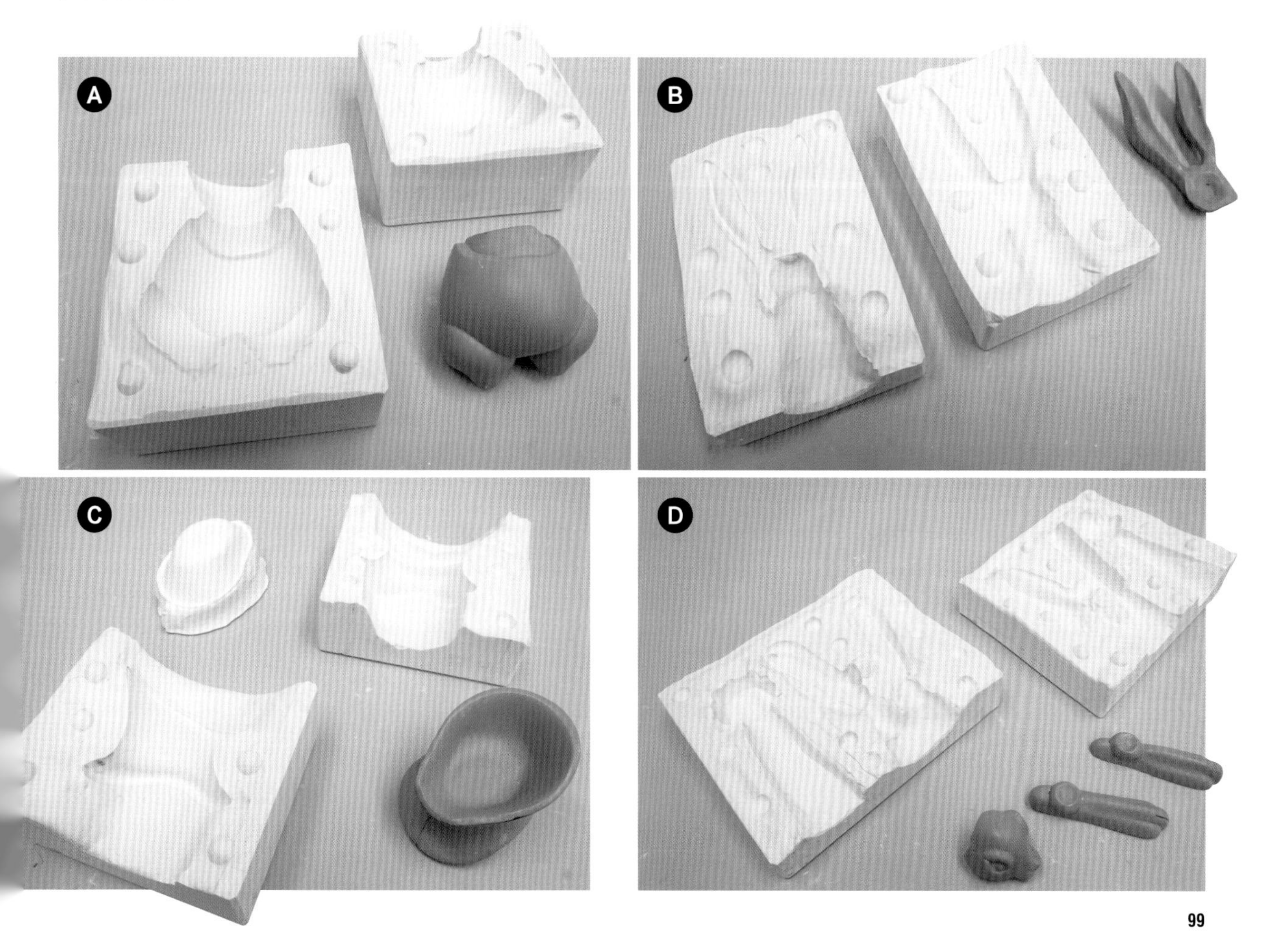

浇铸

将素材注入模型，进行复制的工作被称为“浇铸”。浇铸时可以使用金属、树脂等很多材料，这次选用的是安全性高且易操作的液体黏土。

1 准备液体黏土和模型

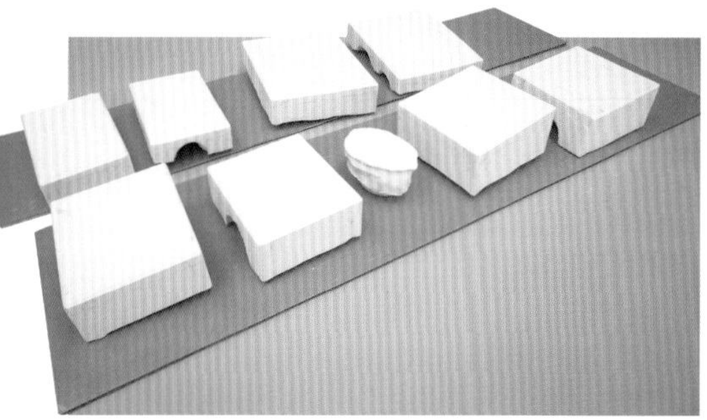

1 将石膏模型放在通风良好的位置，等待完全干燥(大概一周时间)后，开始浇铸。

2 液体黏土使用的是Padico的“Modeling Cast”。有时水和黏土可能会分层，所以需要轻轻搅拌，注意不要产生气泡。

3 倒的时候用粗孔的过滤网过滤，以防止倒入结块的黏土。

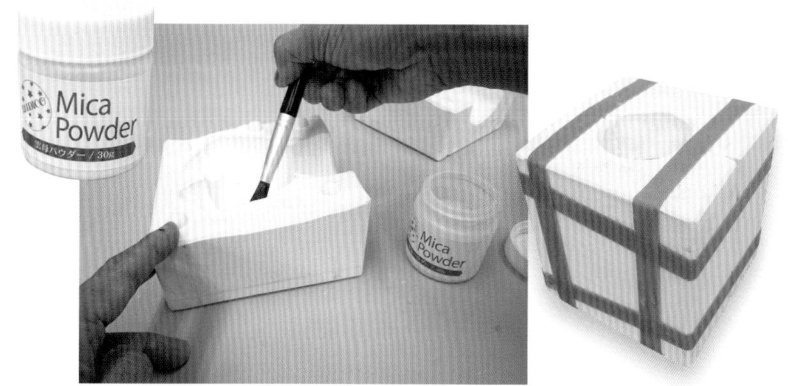

4 用腮红刷在模型上涂抹离型剂(可以帮助完美取型的一种药剂)，本书中使用的是Padico的“Mica Powder”。涂完后将石膏模型组装在一起，用橡皮圈固定紧实。

2 倒入液体黏土

1 从高处不间断倒入液体黏土，轻轻敲打排出气泡。

2 放置一会儿后黏土就会收缩，继续倒入黏土。

3 倒到溢出开口的程度，放置3~4分钟，等待黏合(黏土固定在模型内侧)。

4 用小刀沿着浇铸口的黏合部分确认黏合的厚度。确定厚度达到2~4mm后，将模型翻转过来倒出多余黏土。

3 干燥、取模

等到干燥后拆开模型

1 倒置模型，放置40~60分钟等待干燥。在下面放置小棒的话，通风会更好，干燥得也会更透彻。

2 用橡皮头锤轻轻敲打模型，确认模型和黏土之间有了缝隙，听到咚咚声后，摘下橡皮圈。

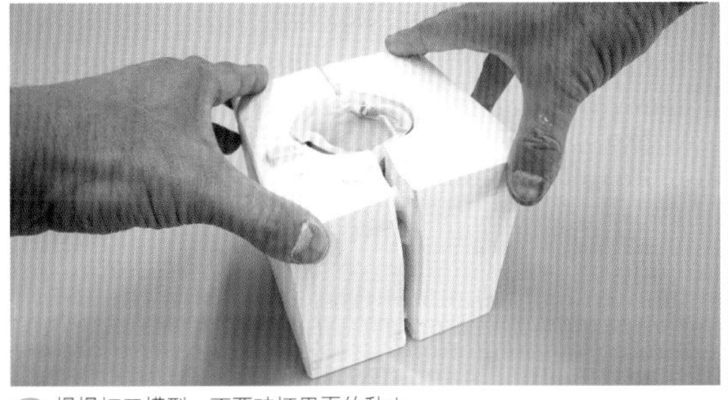

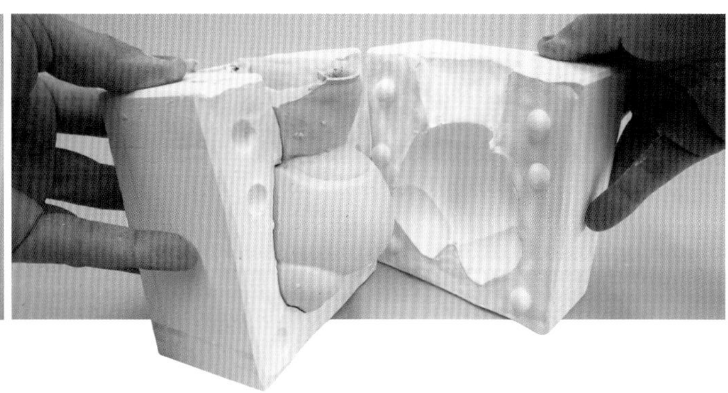

3 慢慢打开模型，不要破坏里面的黏土。

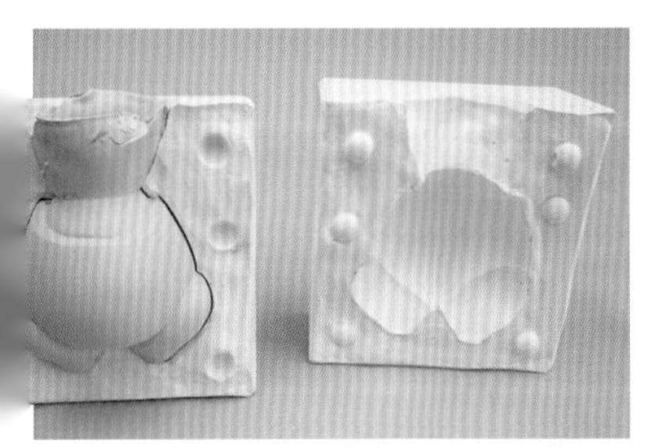

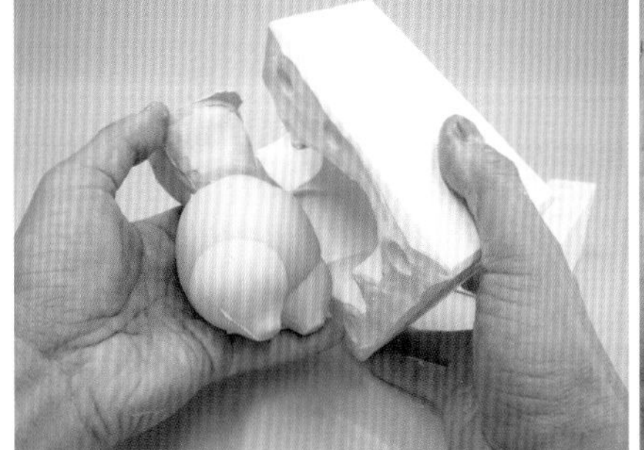

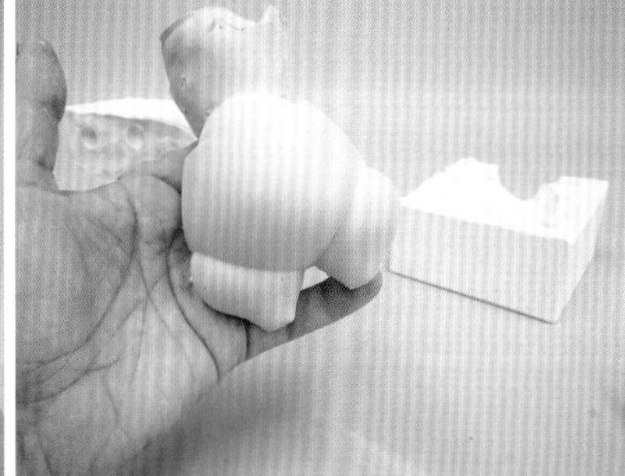

4 用手接住硬化后的黏土零件，取下模型。

修剪多余部分

在完全硬化固定前，用小刀剪掉多余部分(浇铸口)。再以相同的步骤，复制其他零件。

4 加工复制完的零件

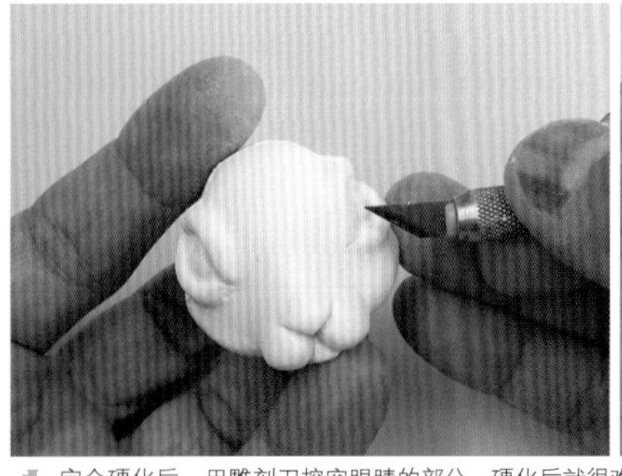

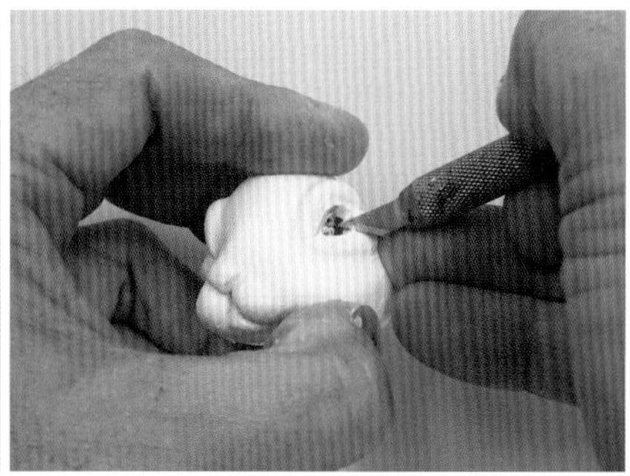

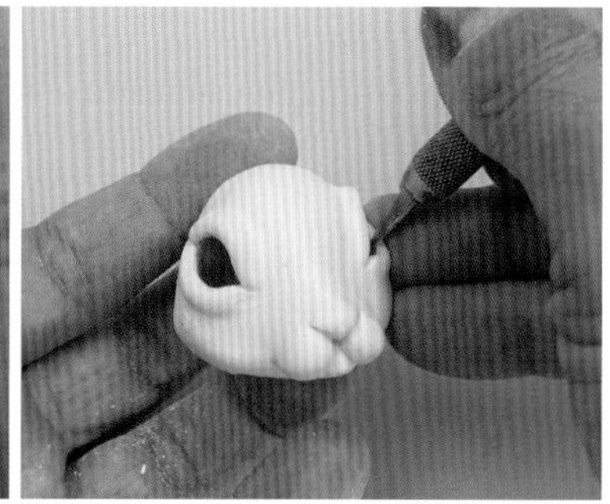

1 完全硬化后，用雕刻刀挖空眼睛的部分。硬化后就很难用刀进行雕刻，挖的时候要慢慢削。

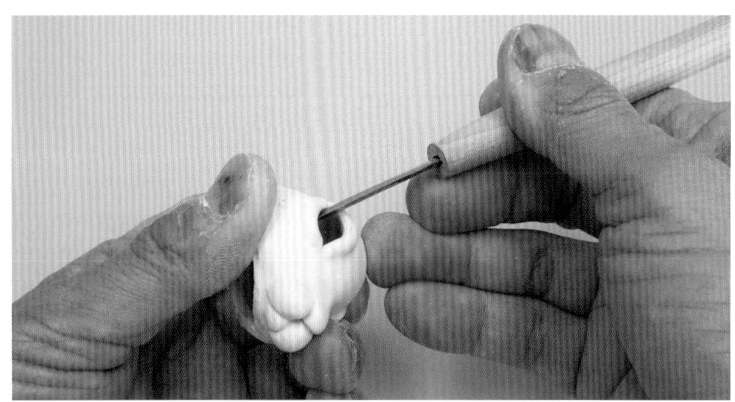

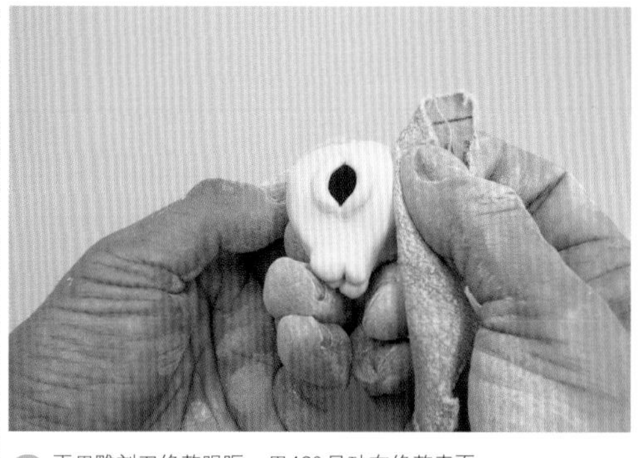

2 再用雕刻刀修整眼眶，用120号砂布修整表面。

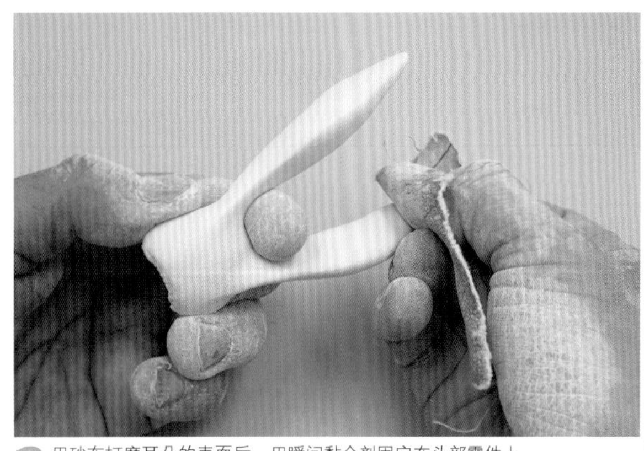

3 用砂布打磨耳朵的表面后，用瞬间黏合剂固定在头部零件上。

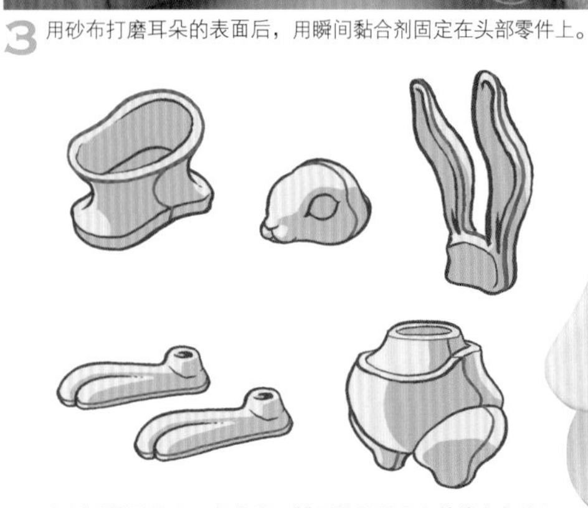

4 复制后的零件上，都会留下模型接缝处凸出的线条部分（图中的红色部分，被称为分离线）。用砂布打磨每个零件的分离线，完成制作。

5 组装

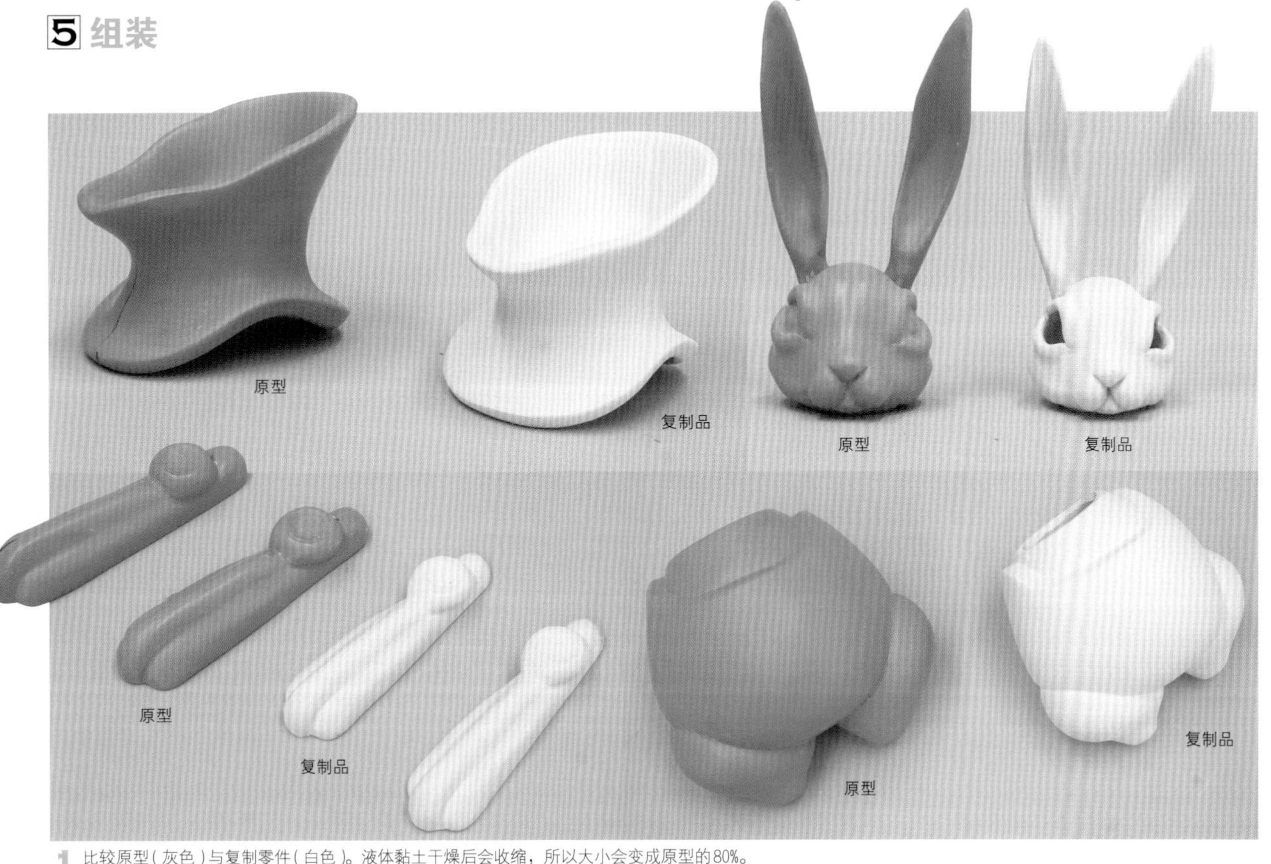

1 比较原型（灰色）与复制零件（白色）。液体黏土干燥后会收缩，所以大小会变成原型的80%。

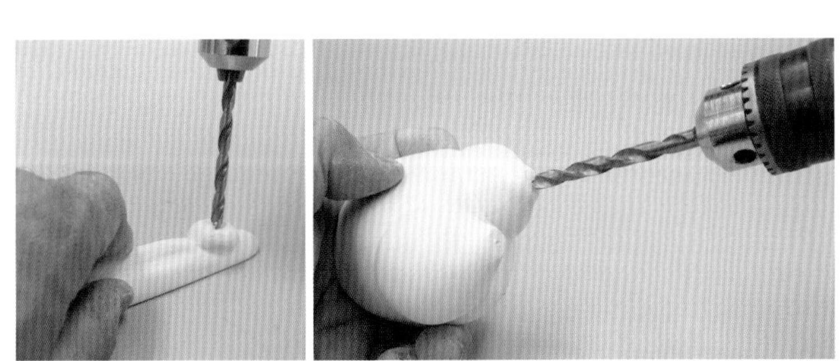

2 用电动钻孔机在脚部零件和躯干零件的大腿部打孔。

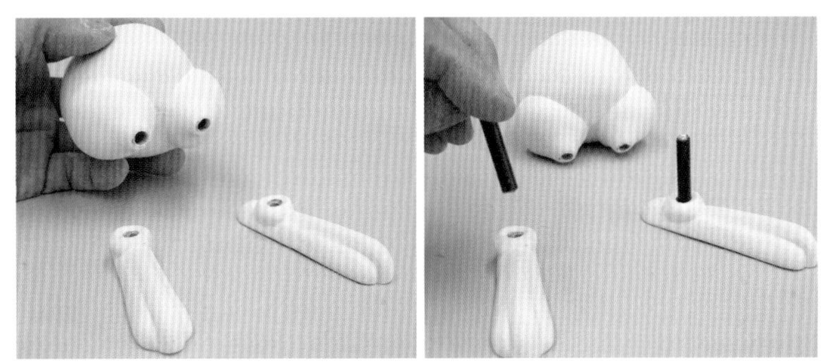

3 用铝棒连接躯干和双脚，组装衣领和头部（在这个步骤中还没有黏合）。

4 完成通过浇铸复制的兔子，后续添加细节，就可以制作出许多有特性的兔子。

通过复制制作基础兔子

通过复制，制作出兔子“COCOON”被白色茧壳包裹着的基础形状。利用铅板和铆钉进行装饰，表现出既柔和又棱角分明的设计感。

▲概念图
被白色柔软的服装包裹着的兔子，既注重温暖舒服的感觉，又在服装上增添了老化的感觉。

原型的制作

1 装饰关节、连接部位

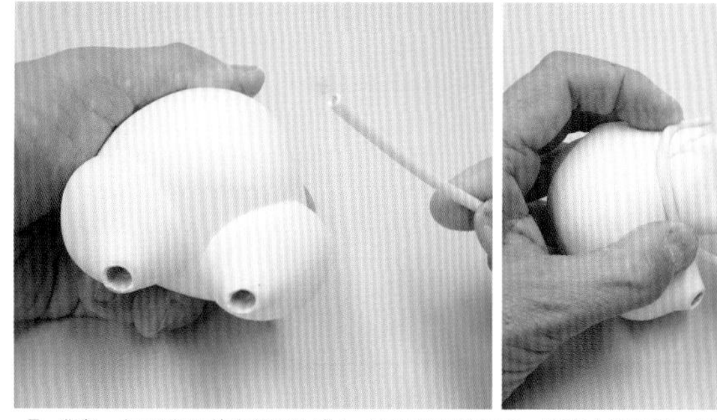

1 准备一根配电用的电缆（VA线），抽出里面的东西，绕在大腿根部，用瞬间黏合剂固定。

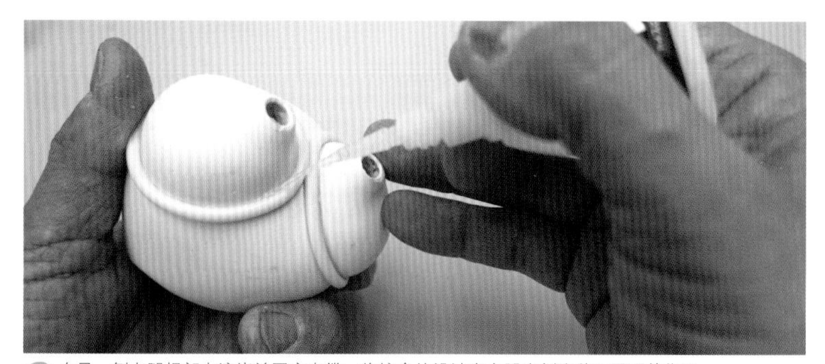

2 在另一侧大腿根部也缠绕并固定电缆。将接合处设计在大腿内侧这种不显眼的位置。

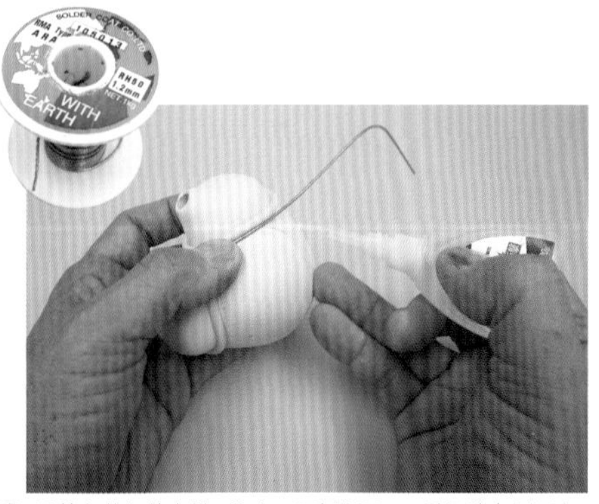

3 沿着安装好的电缆，缠上一圈焊锡丝，用瞬间黏合剂固定。

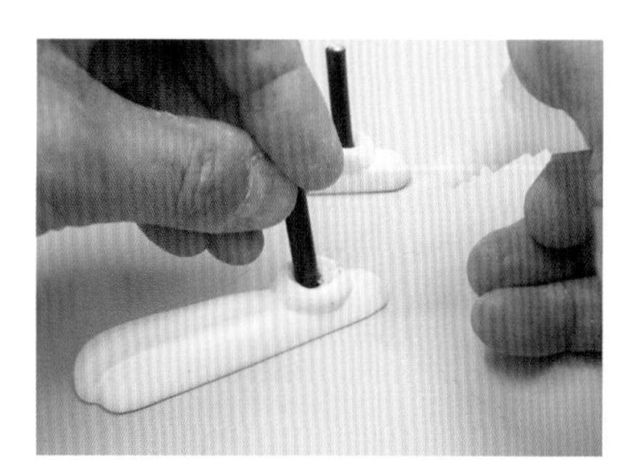

4 在这个阶段中，连接本体和双脚，检查身体有没有倾斜。

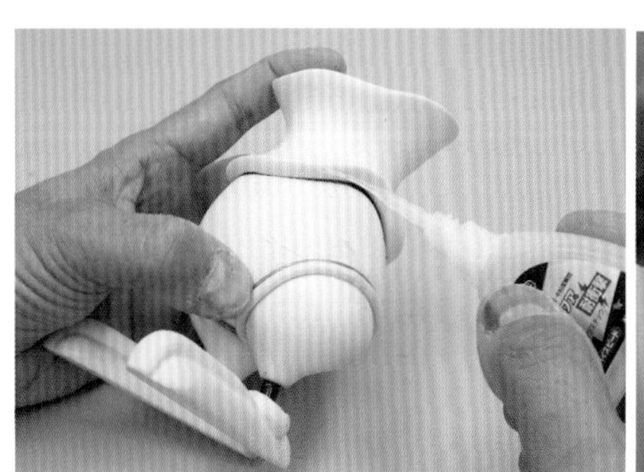

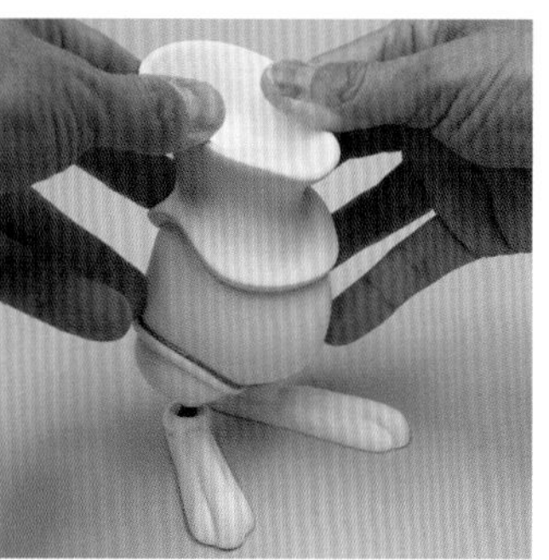

5 组装并黏合衣领和本体。

6 沿着接合部位缠绕并固定焊锡丝，以遮盖零件之间的接缝。

2 服装的造型

用焊锡丝制作条纹

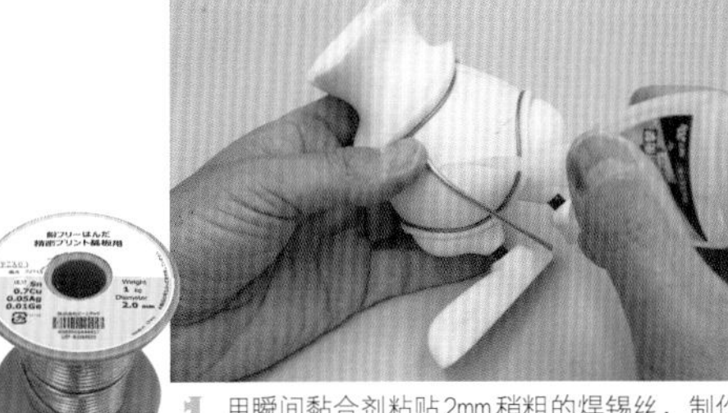

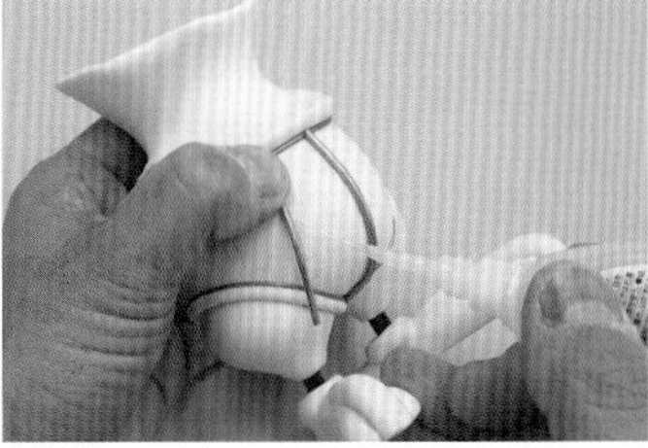

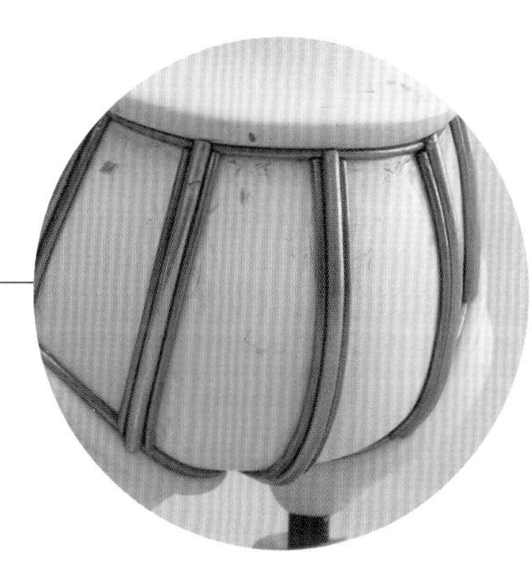

1 用瞬间黏合剂粘贴2mm稍粗的焊锡丝，制作条纹。

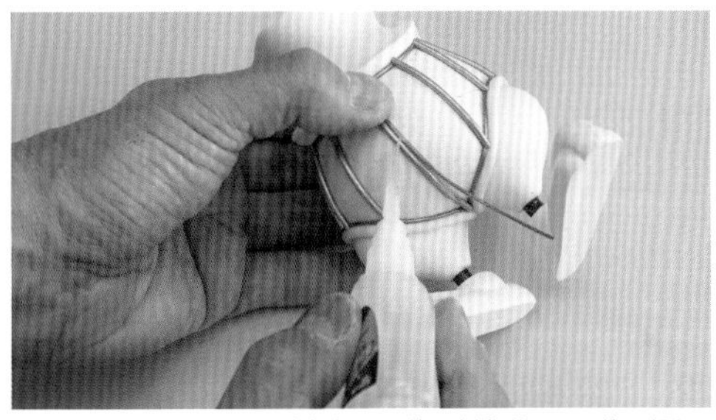

2 安装完粗焊锡丝后，在粗焊锡丝的两侧安装1.2mm的细焊锡丝。

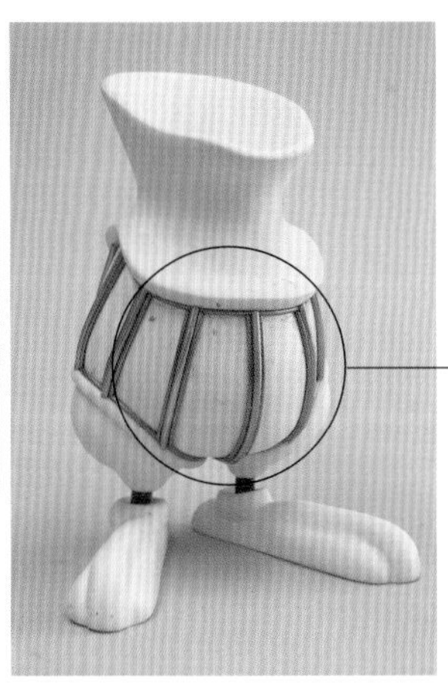

用铅板添加重点

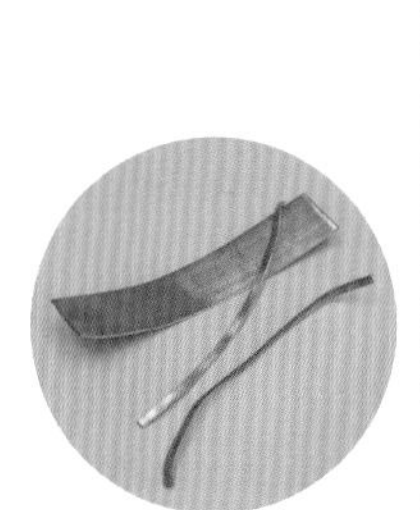

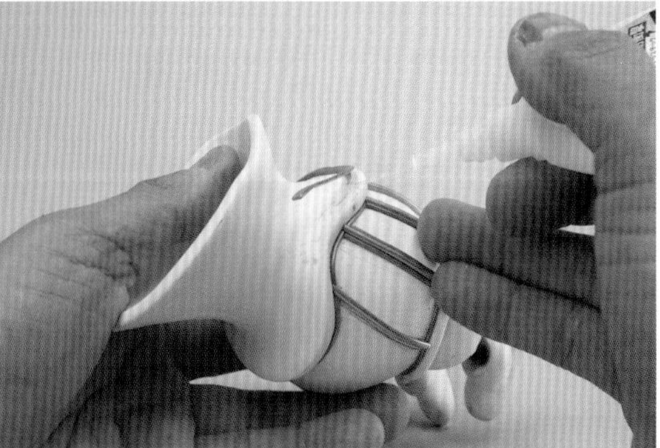

1 将铅板剪成细条状，缠在下衣领上，慢慢缠绕，边缠边用黏合剂固定。

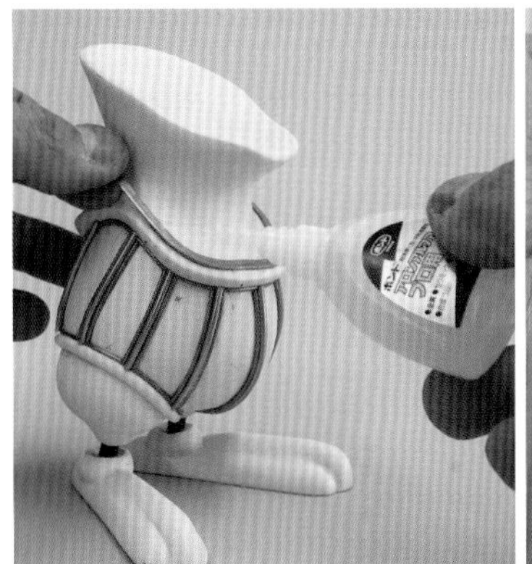

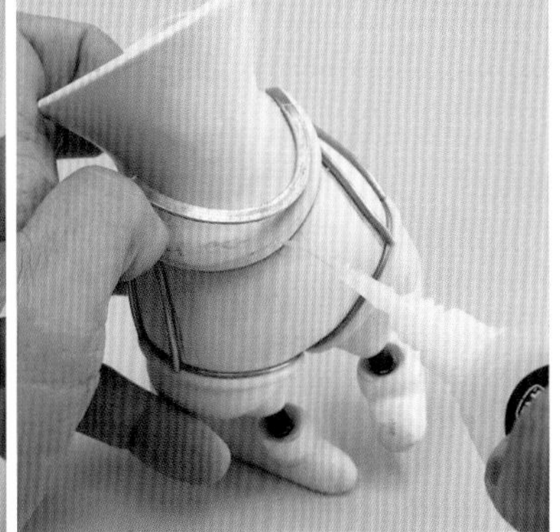

2 前侧粘完铅板后，在肩膀位置剪断铅板。后侧也同样粘上铅板，将接缝处设计在肩膀位置。

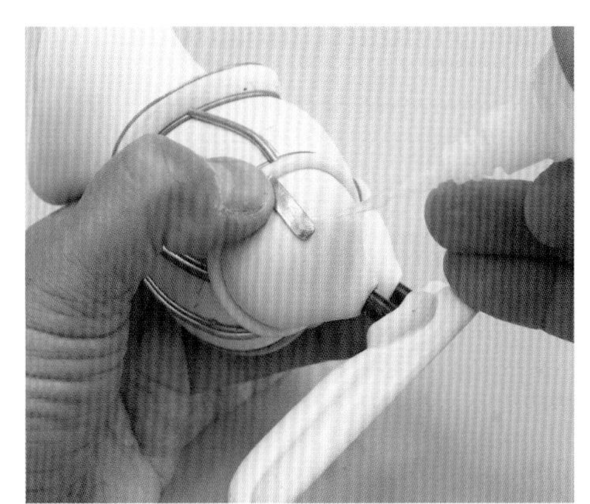

3 两条大腿上也粘上短铅板，添加重点。

◎ 添加衣领周围、脚踝的细节

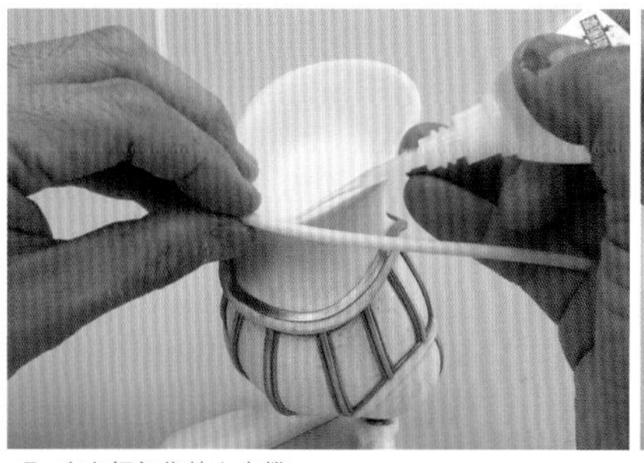

1 在衣领部位粘上电缆。

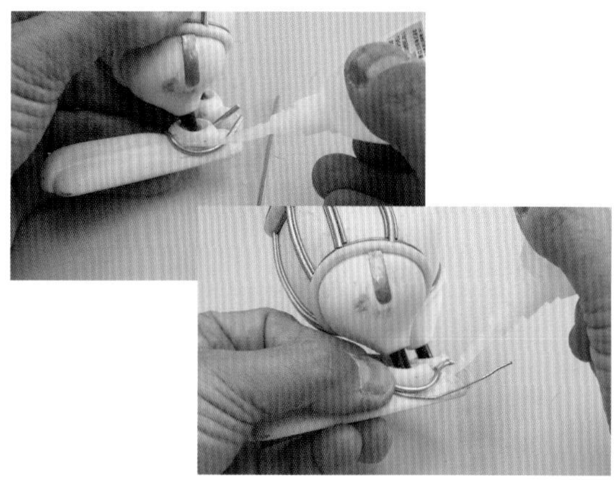

2 在电缆的下方粘上焊锡丝。

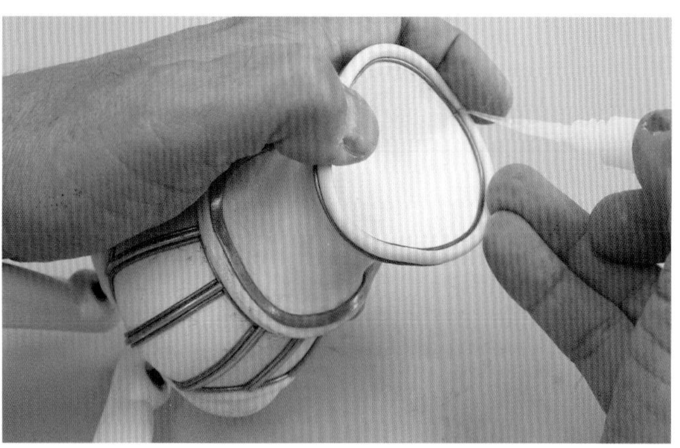

3 在衣领内侧也粘贴焊锡丝，将接缝设计在后衣领处。

4 脚踝处粘贴两层不同粗度的焊锡丝，用黏合剂固定。

◎ 添加线圈状装饰

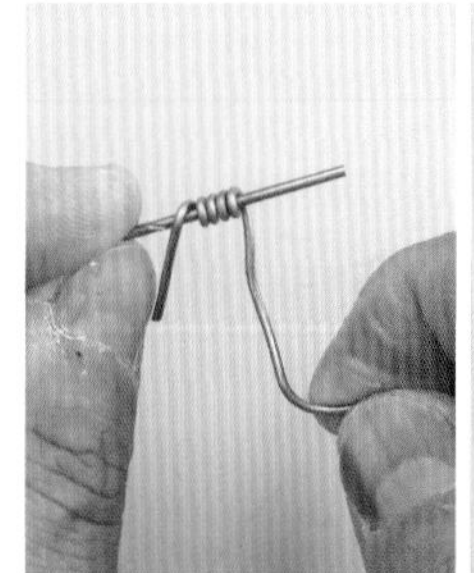

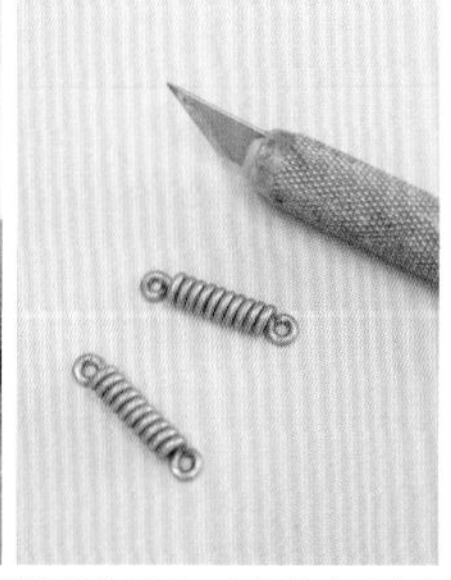

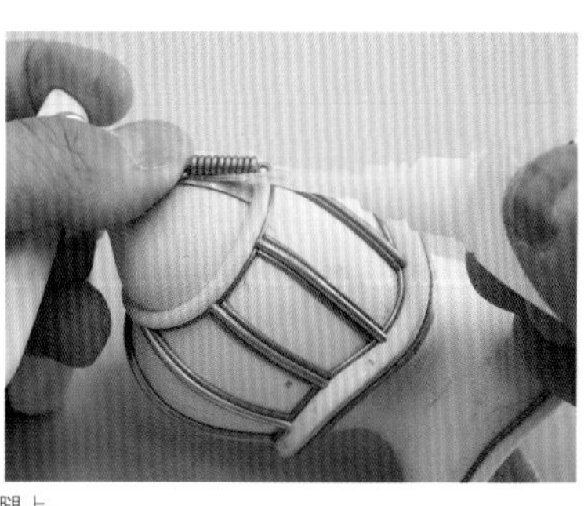

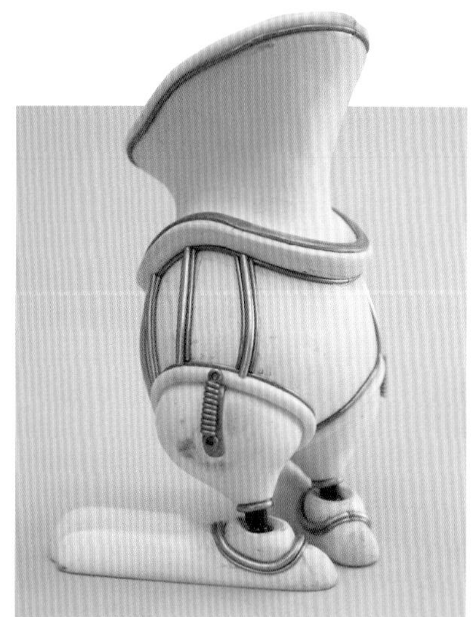

按照P75的步骤，制作线圈焊锡丝零件，分别粘在两条大腿上。

◎ 增添铆钉装饰

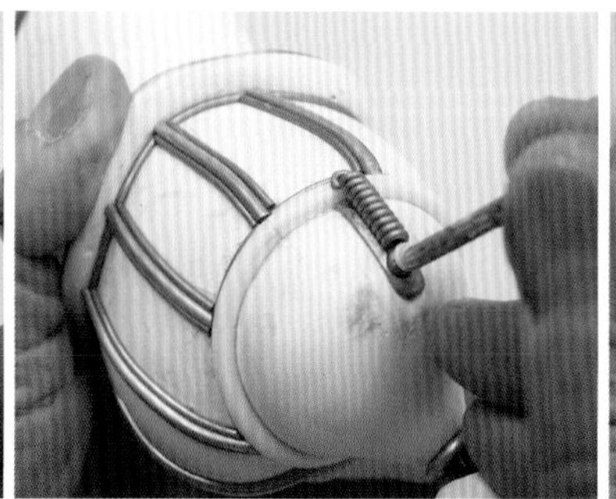

用P51的方法，用小管在圆环氧树脂补土上压出铆钉状，添加装饰，添加在衣领、脚尖、后背。

3 加工头部

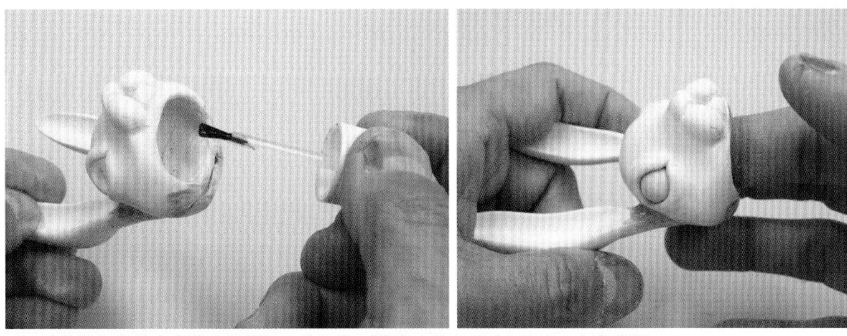

1 在头部零件的内侧涂抹润滑油，将环氧树脂补土从内侧按压出来，制作眼睛。

2 从里面看到的效果。先涂抹润滑油，等硬化后也容易摘取，方便涂装。

完成组装

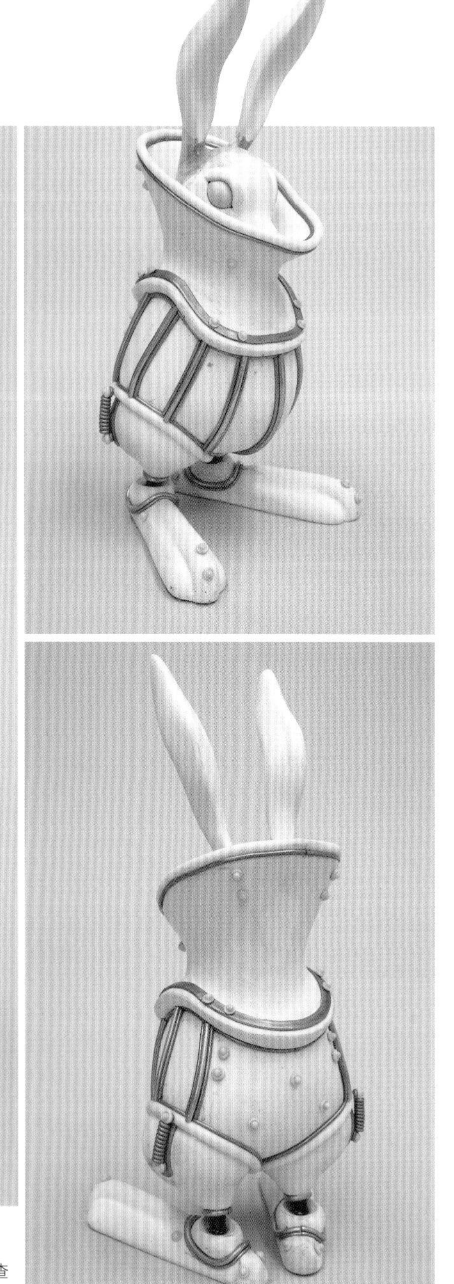

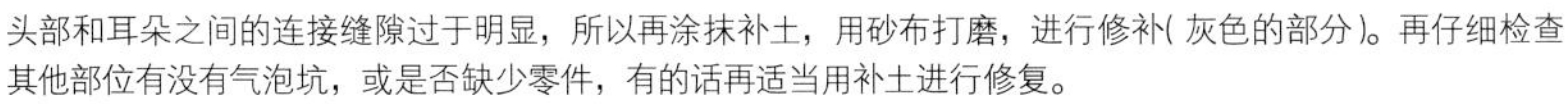

头部和耳朵之间的连接缝隙过于明显，所以再涂抹补土，用砂布打磨，进行修补(灰色的部分)。再仔细检查其他部位有没有气泡坑，或是否缺少零件，有的话再适当用补土进行修复。

从涂装到完成

1 脱落涂装（Chipping）

本书中使用的方法是，使用容易脱落的定型喷雾，再用刷子蹭掉涂装。

◉ 用定型喷雾进行底层准备

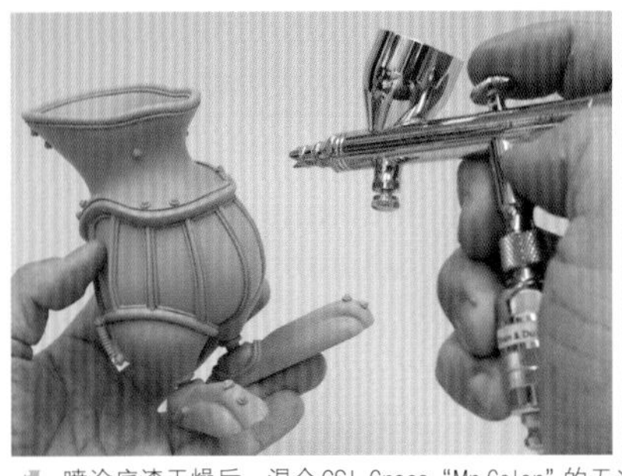

1 喷涂底漆干燥后，混合GSI Creos“Mr.Color”的无光泽黑色和棕色，用喷漆枪进行底层喷漆。

2 等待完全干燥后，用普通的定型喷雾喷涂整体。本书中使用到的是花王的“Cape”无香料款。喷完定型喷雾后再涂抹涂料，就很容易剥落。

◉ 使用Acryl Gouache涂装

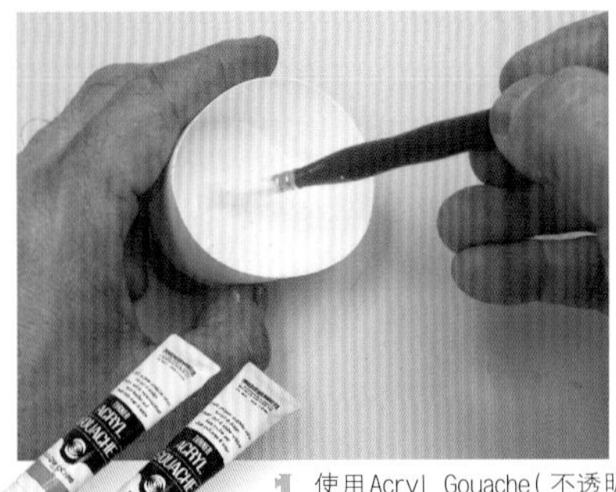

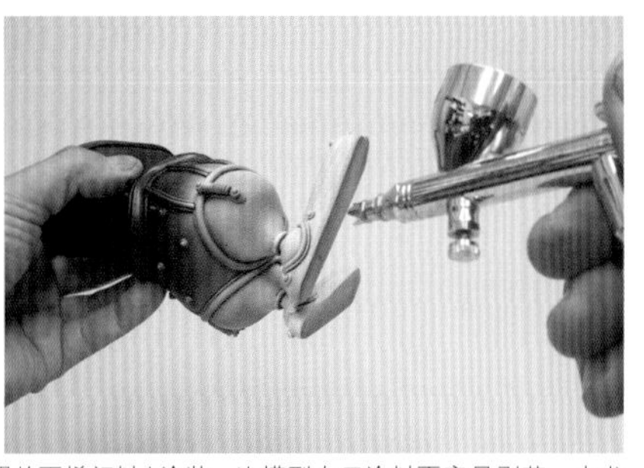

1 使用Acryl Gouache(不透明款丙烯颜料)涂装，比模型专用涂料更容易剥落。本书中使用的是Turner的“Acryl Gouache”。混合白色和黄色颜料，用水稀释后使用喷漆枪涂装。

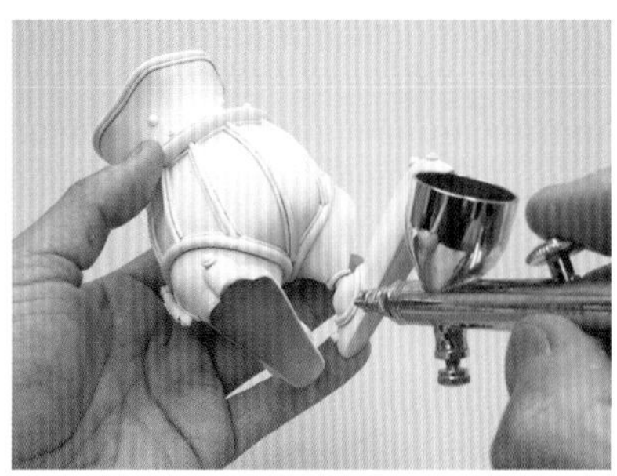

2 最开始涂装时多使用白色颜料，缝隙部位多使用黄色颜料，反复喷涂。

◉ 用刷子剥掉涂装

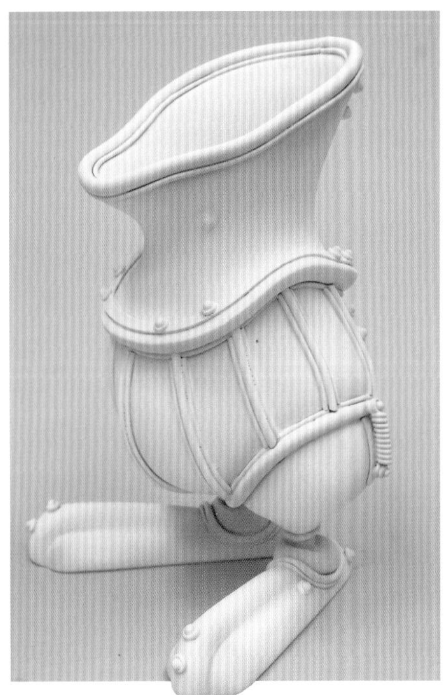

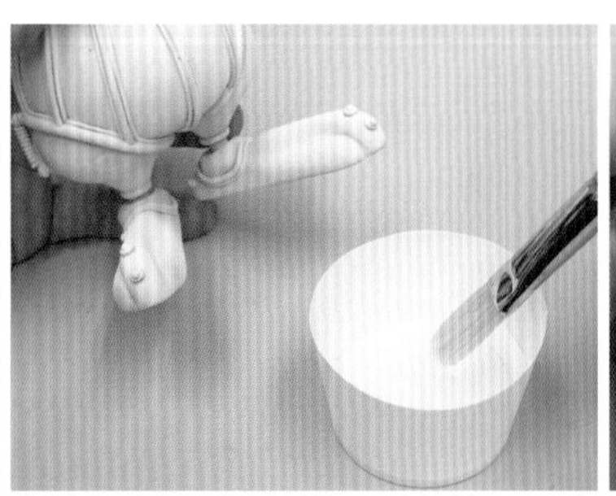

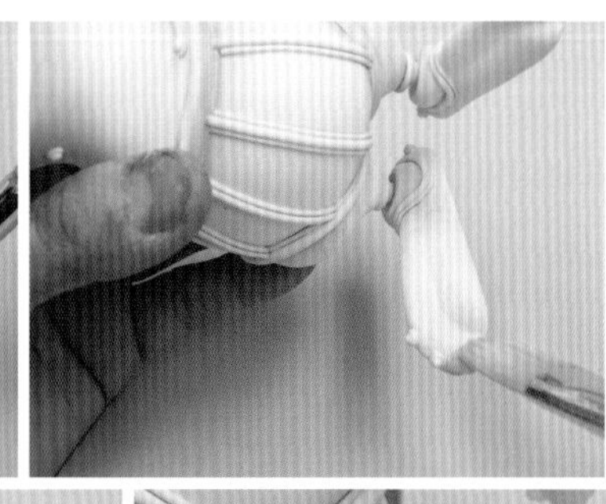

1 用颜料涂装后，将油画专用硬刷蘸水，擦掉涂装。定型喷雾溶于水，颜料脱落后，就会露出底层黑色的部分。

2 再用相同步骤，在躯干上添加腐朽质感。观察整体，加重严重脱落部位和轻微脱落部位的对比。

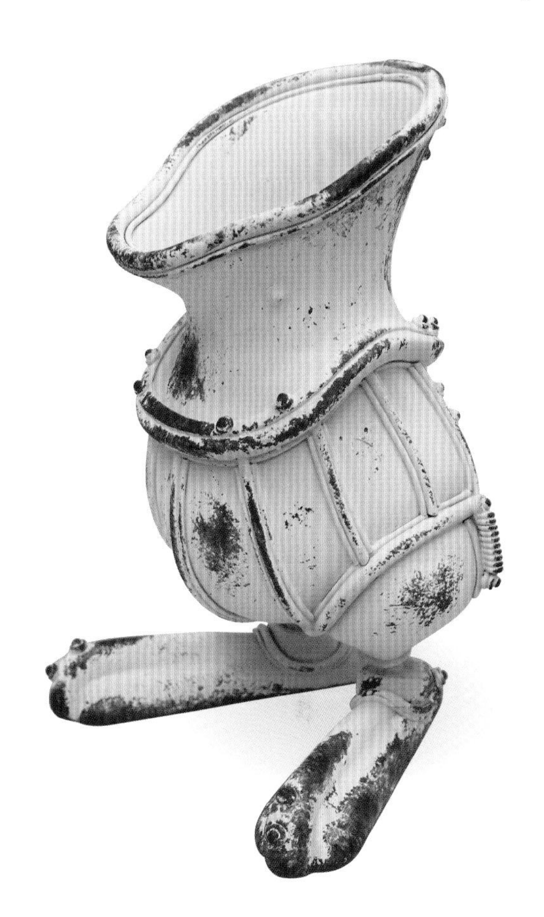

3 完成Chipping后，为了防止涂料继续脱落，喷涂透明涂料覆盖整体。本书中使用到的是GSI Creos的“Mr.Super Clear”。喷涂时不要一次性完成，注意要少量多次。

2 脏化后再擦拭的涂装方式（Washing）

◎ 用丙烯颜料脏化后，再用毛巾沾掉

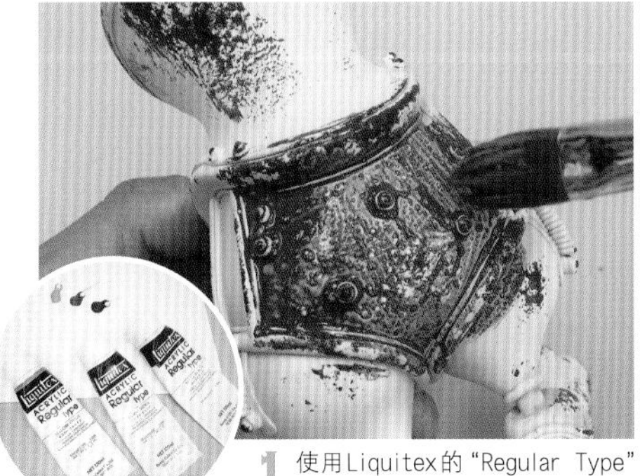

1 使用Liquitex的“Regular Type”制作出焦褐色颜料，再添加大量的水溶解，刷涂躯干。

2 在干燥前，使用起毛的毛巾咚咚地轻敲模型，沾掉多余颜料。

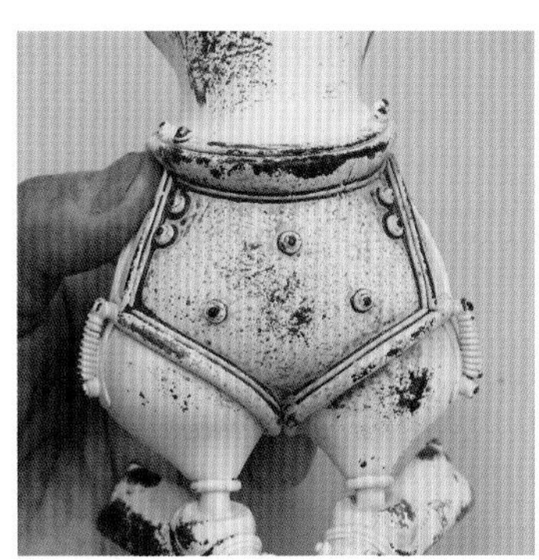

3 缝隙部分不要过度敲打，保留一些颜料，等待干燥。

4 Washing前后的对比。用毛巾轻敲后，就会增添出粗糙的独特质感，更能表现出老化质感。

◎ 改变颜色继续脏化

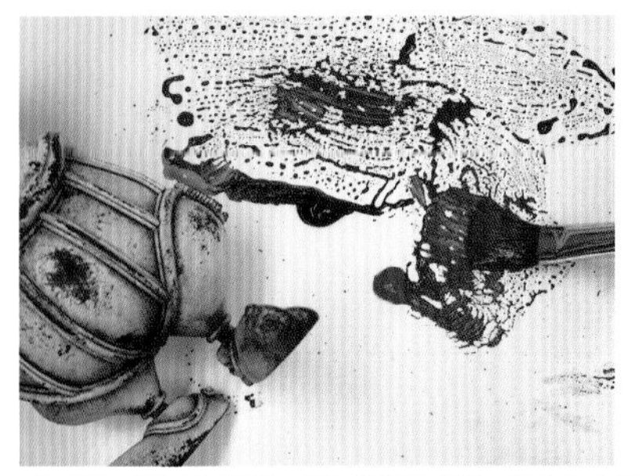

1 添加多量红色颜料，添加泥渍的颜色。涂抹在大腿的圆形部分以及躯干前的缝隙、脚尖等地方，再用毛巾沾掉多余颜料。

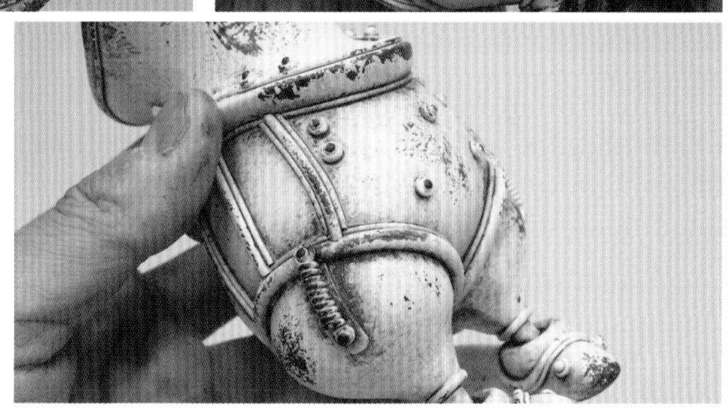

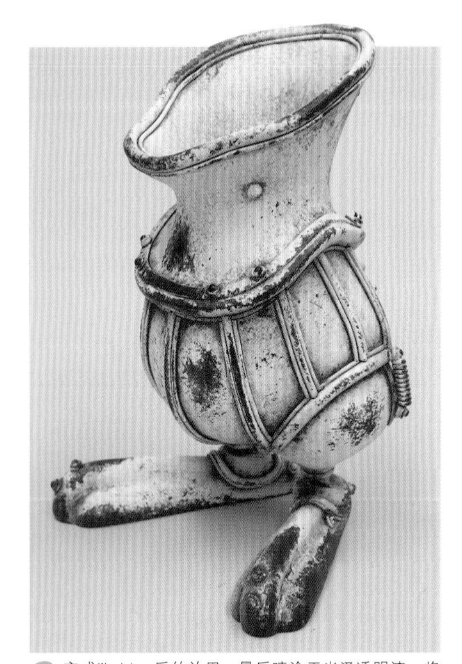

2 完成Washing后的效果。最后喷涂无光泽透明漆，将整体统一为无光泽质感。

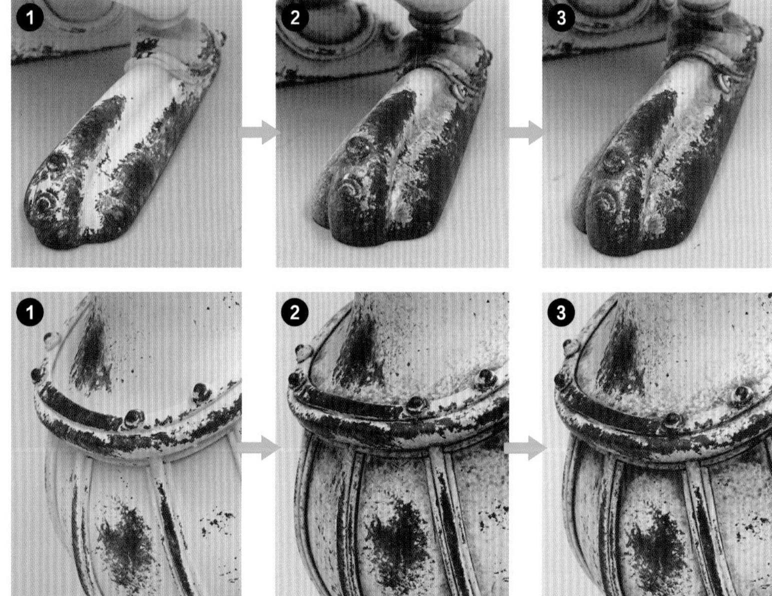

3 Washing过程中的对比图。①Washing前。②用褐色脏化后的效果。③添加红色继续脏化后的效果。注意要边观察整体协调性，边添加腐朽质感。

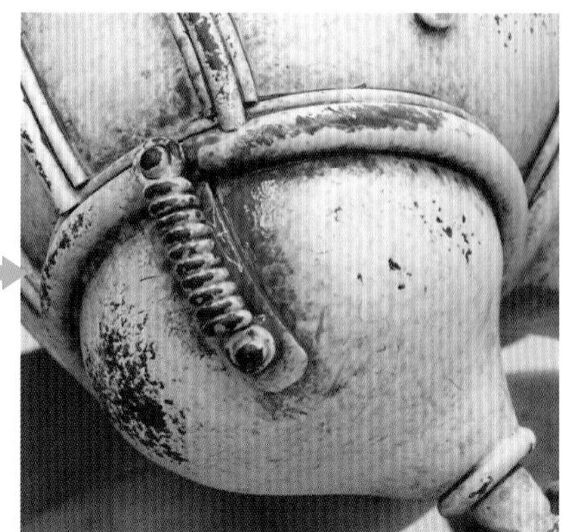

4 Washing前后表面质感对比图。Washing前，表面呈现光滑质感。用丙烯颜料脏化再用毛巾轻敲后，就体现出了岁月流逝的痕迹。

3 头部的涂装

◉ 用白色涂底，再用毛刷涂出肌肤

1 为了让肌肤的颜色更好上色，先在底层喷雾涂膜性能强的白色无光泽喷漆。

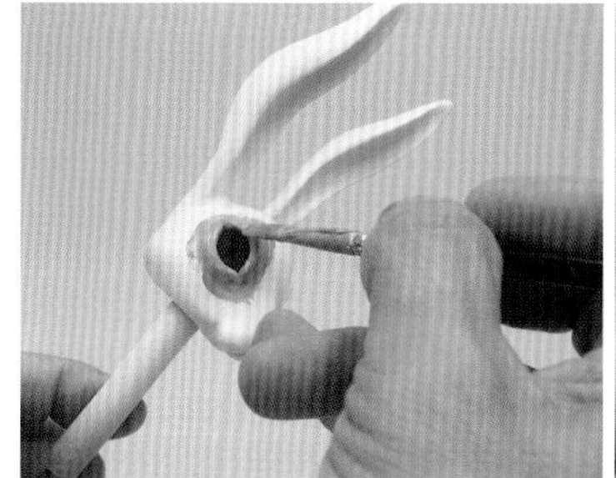

2 使用Liquitex的“Regular type”涂抹肌肤颜色。涂的时候注意眼睛周围和嘴角的凹坑颜色深一些，涂出层次分明的感觉。

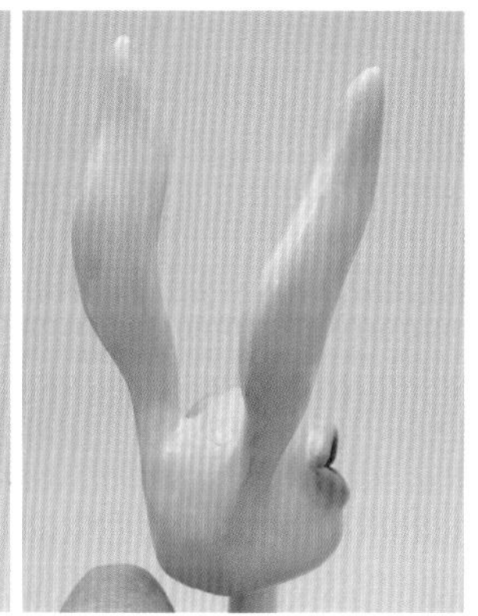

3 涂刷完毕后的效果。这一步骤结束后，肌肤表面看起来光滑且缺少真实感，所以再给肌肤添加无光泽质感。

◉ 用毛巾轻敲，增添质感

1 先喷涂无光泽透明漆进行覆盖，避免涂过的颜料脱落。

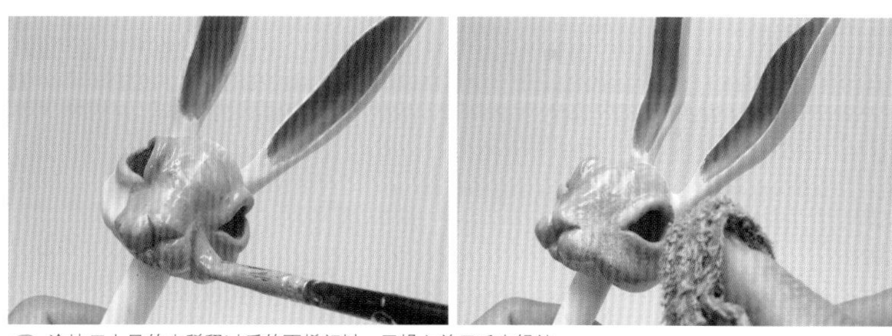

2 涂抹用大量的水稀释过后的丙烯颜料，干燥之前用毛巾轻敲。

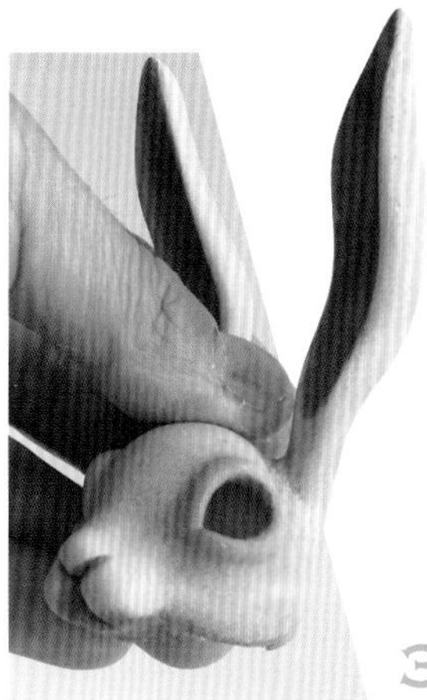

3 至此，不再是光滑的感觉，增添了生物特有的柔和的味道。

4 用无光泽透明漆喷涂整体，装上眼球零件，进行收尾。

4 眼球的涂装、完成

◉ 制作有光泽的眼球

1 将用白色无光泽喷漆喷装过的眼球装在头部零件上。检查完大小是否匹配后，用丙烯颜料涂出红色的眼球、黑色的瞳孔。

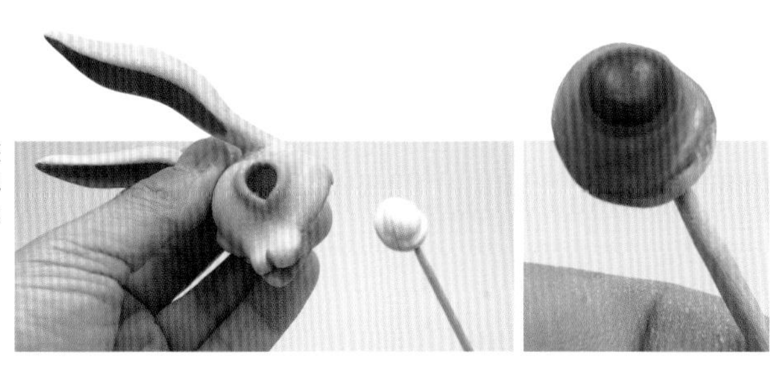

2 喷涂有光泽的透明底漆。本书中使用的是Soft99的"BodyPaint Clear"。

3 虽然有了光泽，但表面还是凹凸不平，所以瞳孔看起来会很浑浊。使用1000号防水砂纸（不沾水），打磨表面。

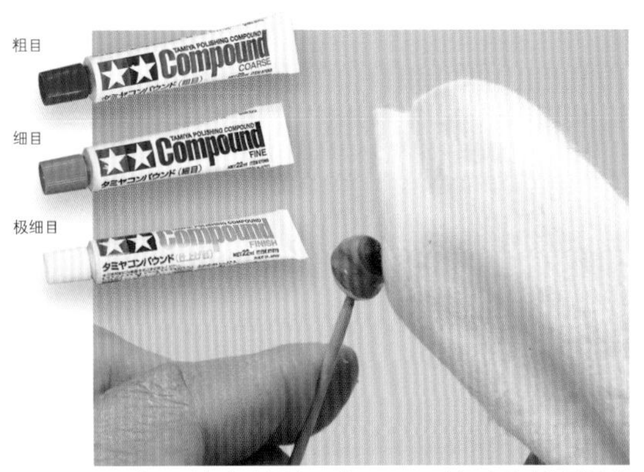

4 将可以提亮表面光泽的Compound（打磨膏）涂到柔软的布上，再打磨表面。本书中使用的是TAMIYA的三种"Compound"，以粗目、细目、极细目的顺序打磨。

5 打磨完毕后的效果。瞳孔中泛出的光泽，十分明显。安装在头部零件里，用瞬间黏合剂固定。

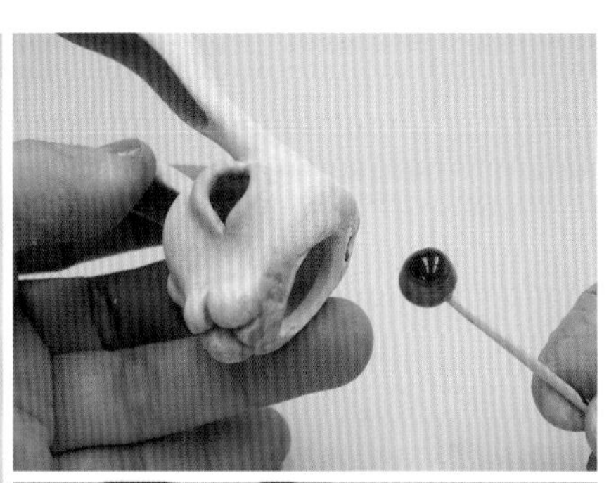

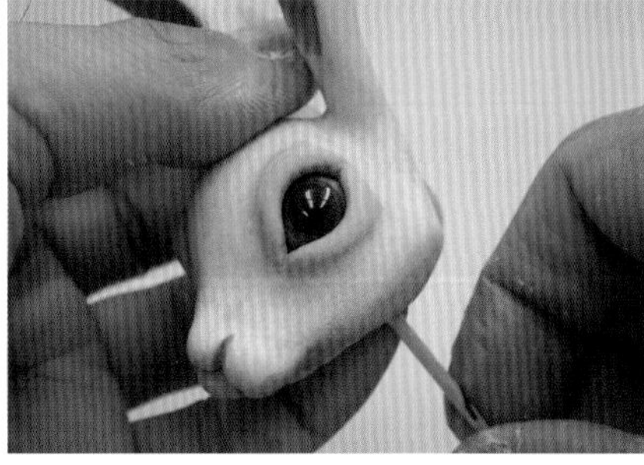

◉ 头部安装在躯干上

1 安装完眼睛后等待片刻，确认面部是否符合自己的预想。尤其眼睛是决定兔子面部最重要的零件，如果有不合适的地方在这一步中需要重新制作。因为头部和躯干黏合后，就很难进行修改。

2 头部达到满意的效果后，用瞬间黏合剂固定在躯干上。

完成

表现出了“被包裹着的温暖、安心感”的一件作品，特意省略掉了兔子的手，从而突出茧一般的圆滑与温柔的感觉。同时又注意不要让兔子的表情过于可爱，在躯干上添加了腐朽质感，完成了一件不仅可爱，还略带毒性的作品。

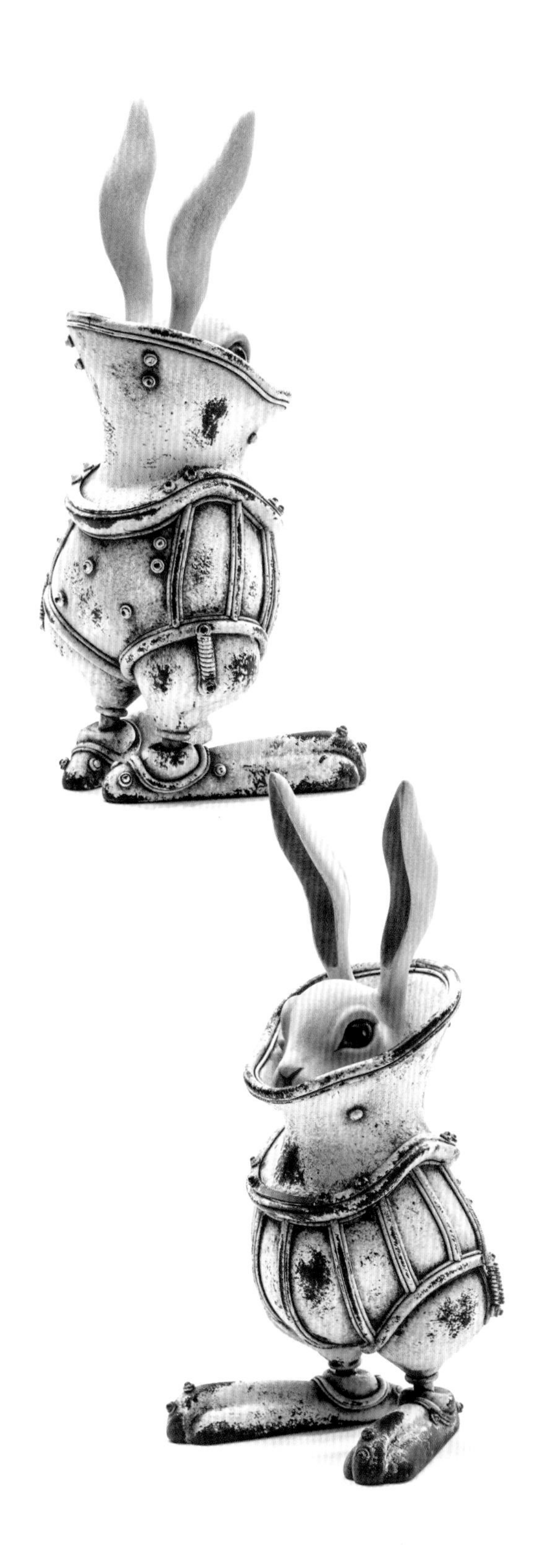

[COCOON]
基础款
W130 × D150 × H200mm　2018 年

制作身穿潜水服的兔子

通过复制，这次制作身穿潜水服的兔子。为了表现出潜水服的厚重，使用粗橡胶管添加大型装饰。

▲概念图
身穿金属复古潜水服，即将向深海出发进行探查的兔子。由于连接着氧气管，所以有一条巨大的连接零件。

原型的制作

1 潜水服的大型细节造型

用粗管装饰连接处

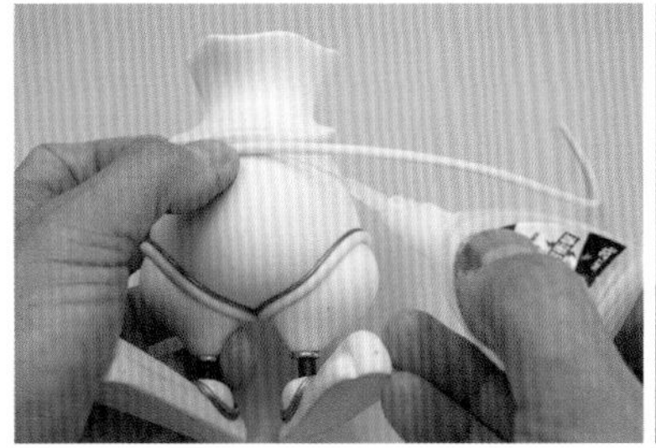

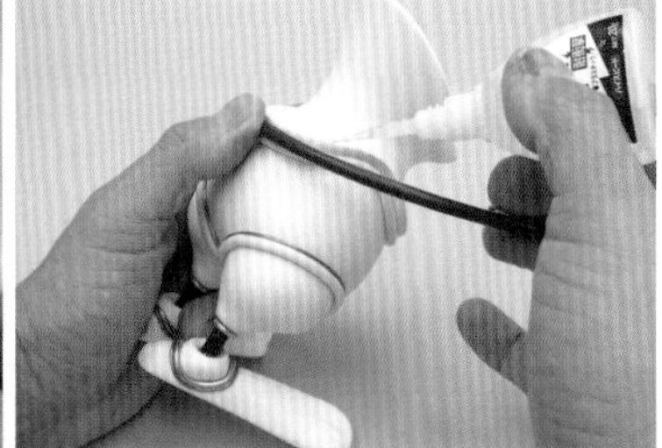

1 用正常步骤制作完大腿和脚踝后，在衣领和躯干的连接处粘贴橡胶管，再在上面覆盖一根粗管。

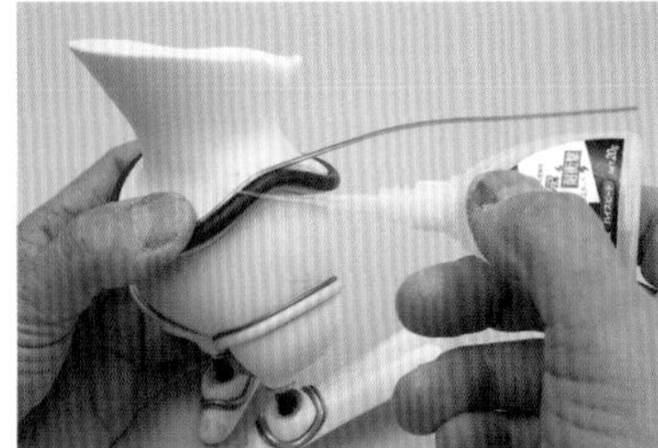

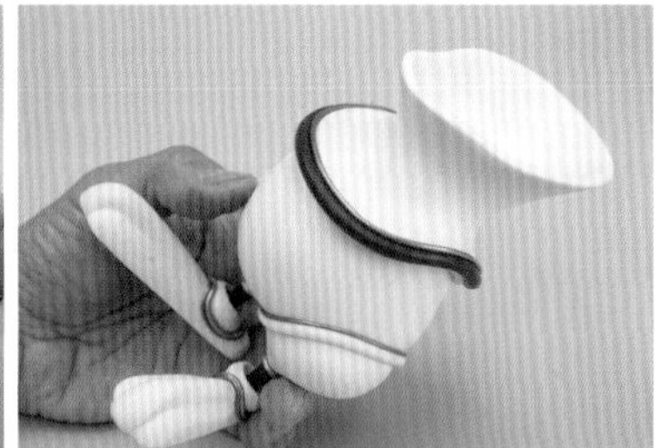

2 在橡胶管和本体之间安装焊锡丝。通过叠加两根橡胶管和焊锡丝，更能体现出厚重的细节处理。用砂纸打磨橡胶管接缝处的缝隙。

用焊锡丝装饰大腿

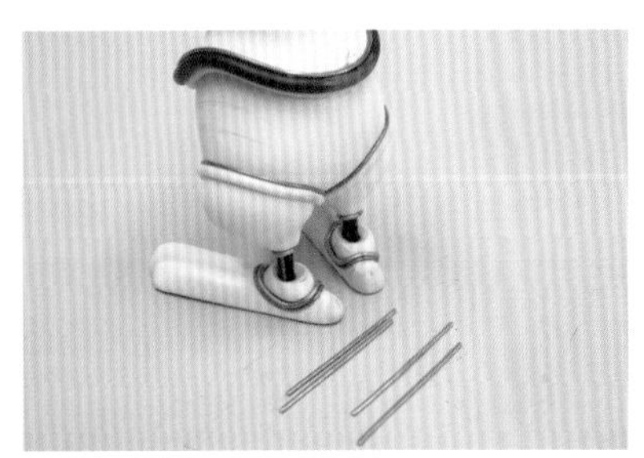

1 按照大腿的长度，裁剪多条焊锡丝。

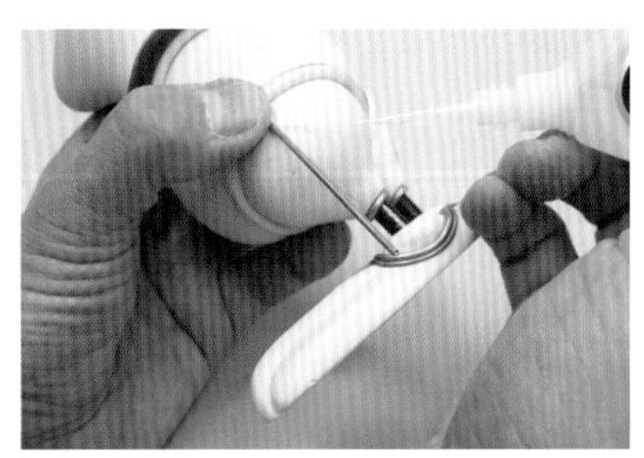

2 沿着大腿的曲线，用瞬间黏合剂固定焊锡丝。

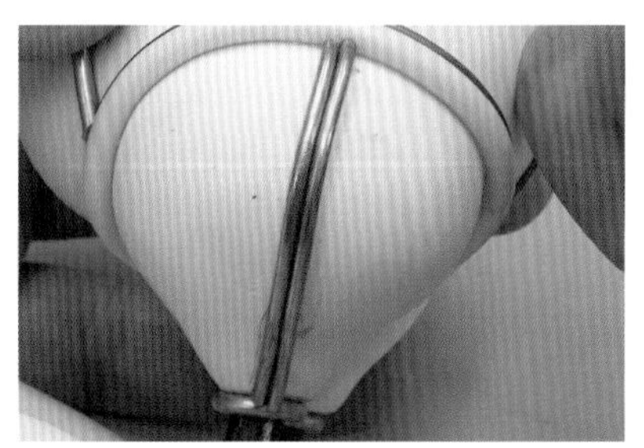

3 大腿的细节，通过并列两条焊锡丝，增添厚重的感觉。

用铅板添加带状装饰

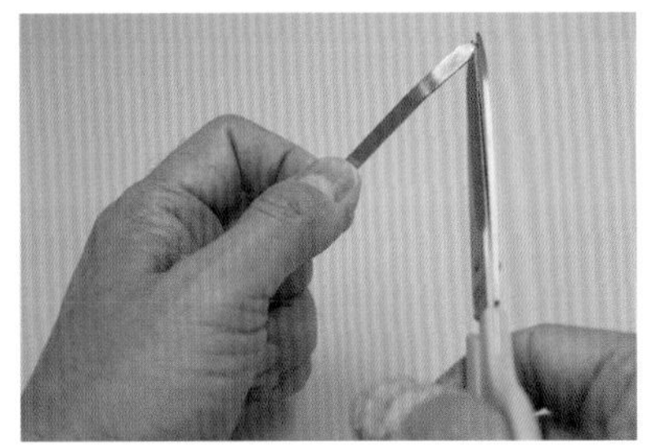

1 将铅板剪成带状，顶部再剪成山形。

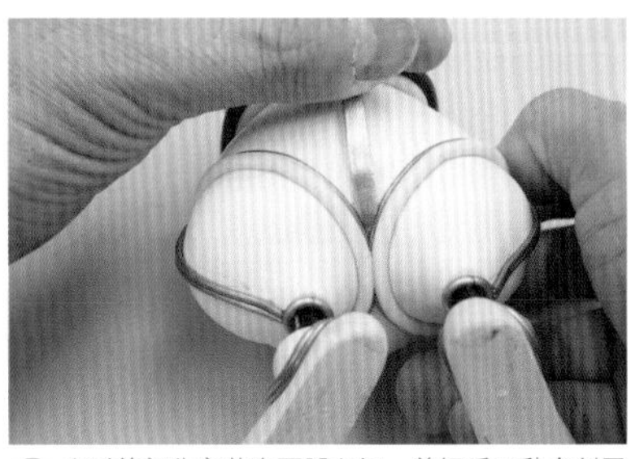

2 山形的部分安装在两腿之间，剪短后用黏合剂固定。

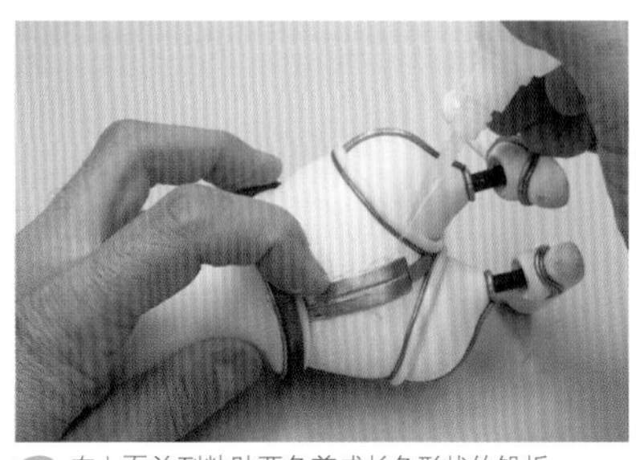

3 在上面并列粘贴两条剪成长条形状的铅板。

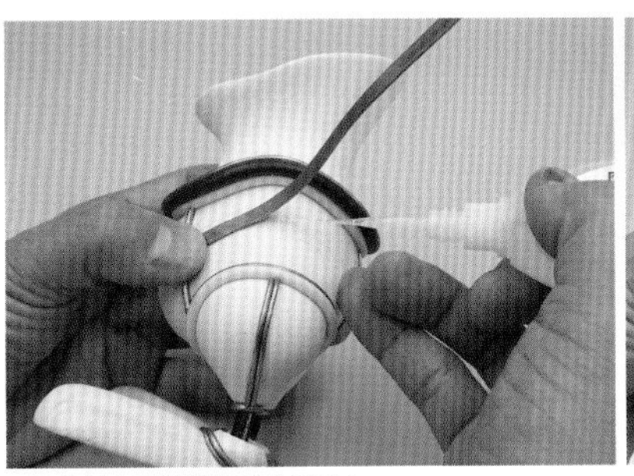

4 将长条形状铅板缠在躯干上。

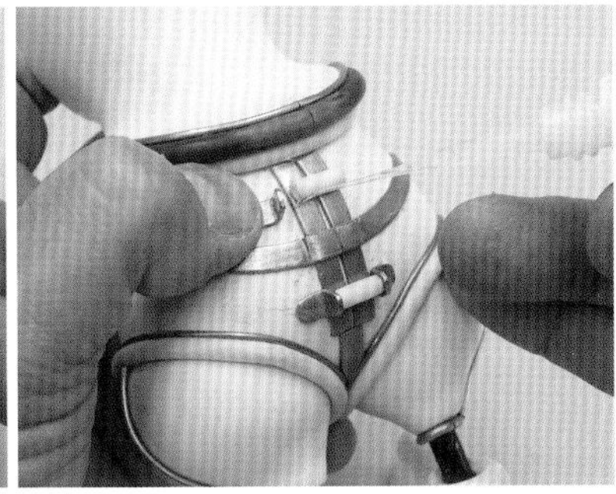

5 会出现和竖条铅板重合的地方，接缝处用亚克力板的边角按压固定就可以。

2 潜水服细节的造型

制作背面的装饰

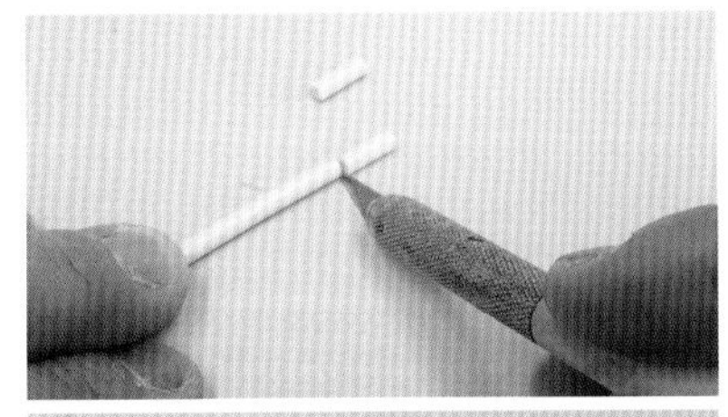

1 裁剪极细的橡胶管，再按照橡胶管的尺寸将铅板剪成长条形状。将铅板的角磨滑后，再弯曲铅板。

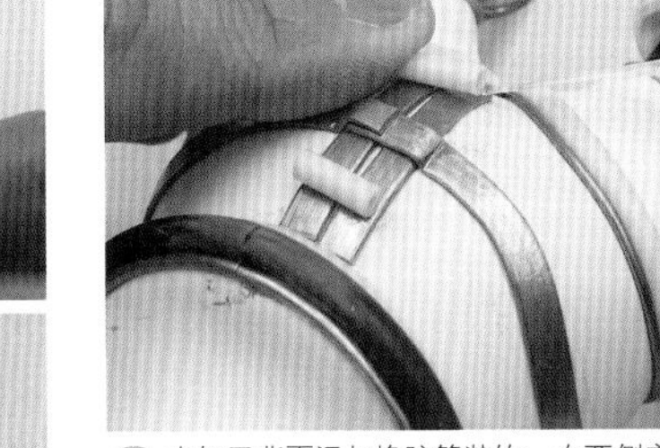

2 在躯干背面添加橡胶管装饰，在两侧安装弯曲的长条铅板。

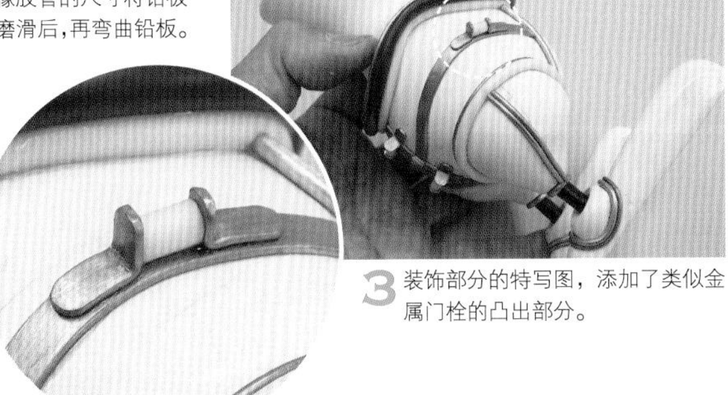

3 装饰部分的特写图，添加了类似金属门栓的凸出部分。

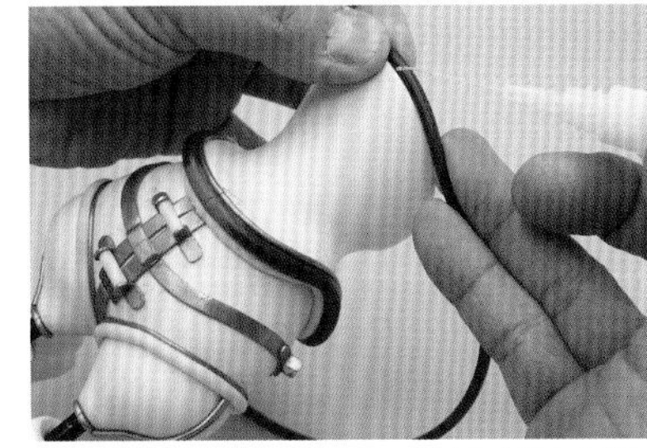

4 衣领周围看起来有些简单，所以在衣领上也添加粗管和焊锡丝的装饰。

安装吸气、排气零件

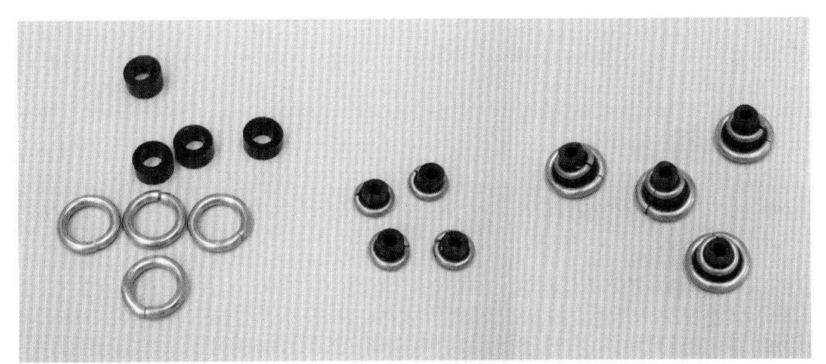

1 用P43的步骤，制作出多层橡胶管叠加的零件。大的零件用作潜水服中吸入空气的吸气口，小的零件是排气管。

2 用黏合剂在衣领的下面安装小型排气零件。

3 大的排气口如果只用黏合剂粘贴的话，还会有些不牢固，最好用电动钻孔机在躯干上打孔，再用铝棒连接。

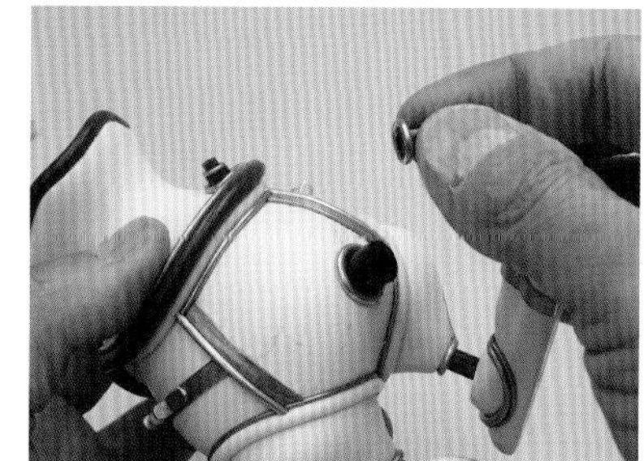

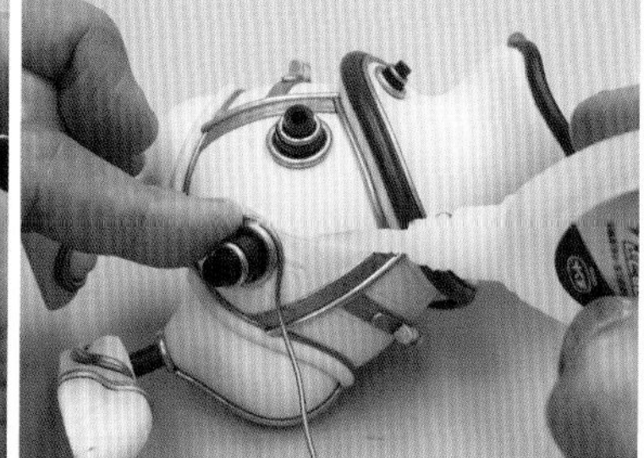

4 再覆盖小型零件，在与躯干的连接位置缠绕两圈焊锡丝，以突出存在感。

3 收尾的细节展示

◎ 完成衣领周围

1 在衣领橡胶管的位置缠绕焊锡丝，继续突出厚重感。

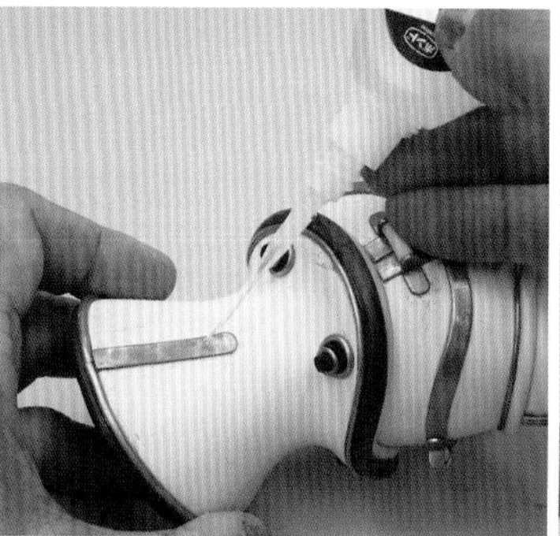

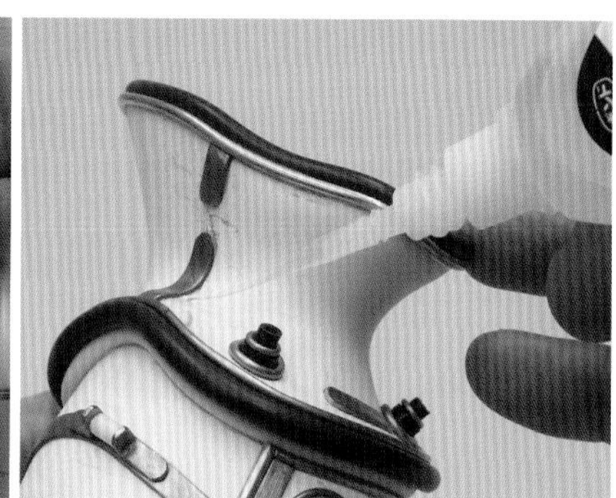

2 衣领的后面，在两侧粘贴带状铅板，进行装饰。

◎ 在脚部添加装饰，安装线圈

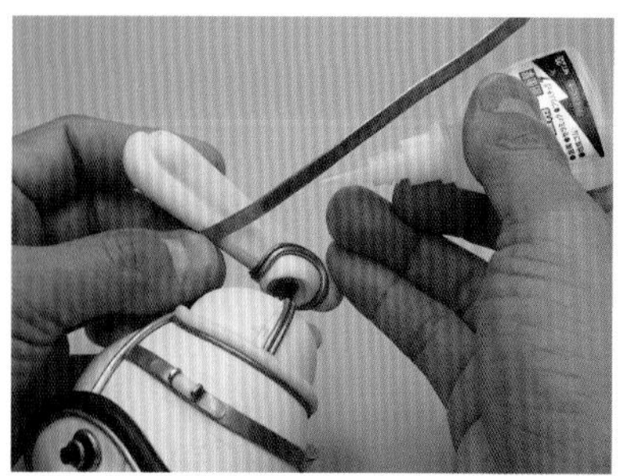

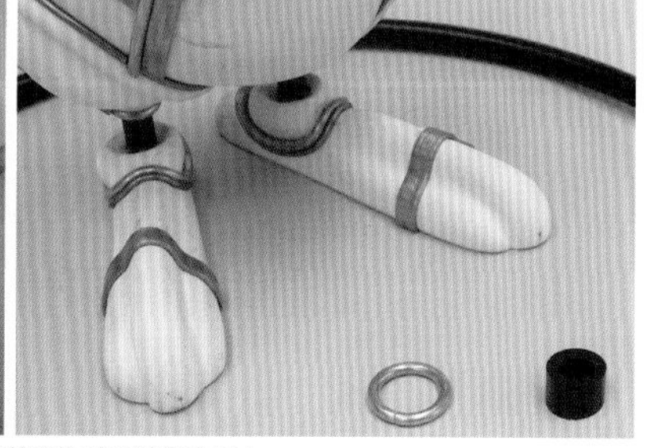

1 在脚部添加带状装饰。将裁剪成细长条的铅板沿着脚的形状缠绕在脚上。

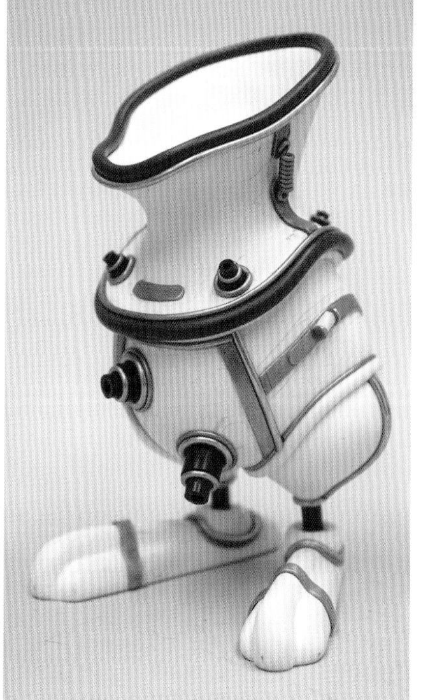

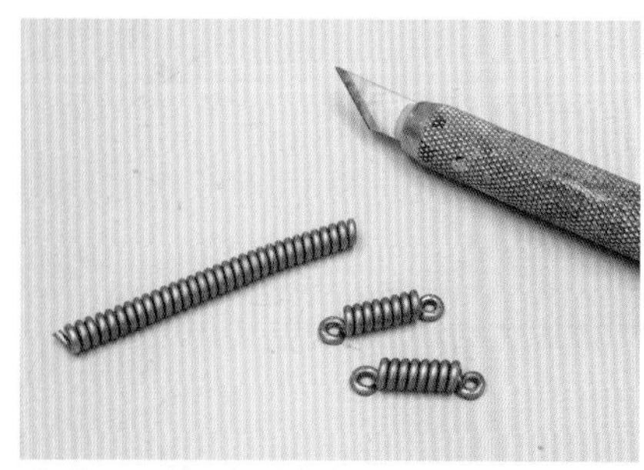

2 和P75同样方法制作出线圈形状零件，安装在衣领两侧。

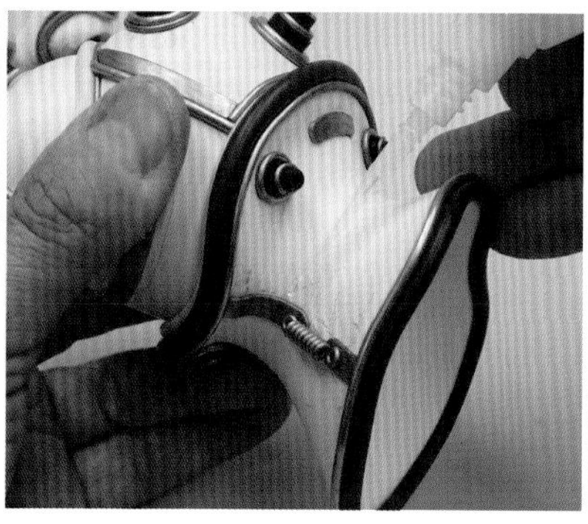

添加铆钉装饰

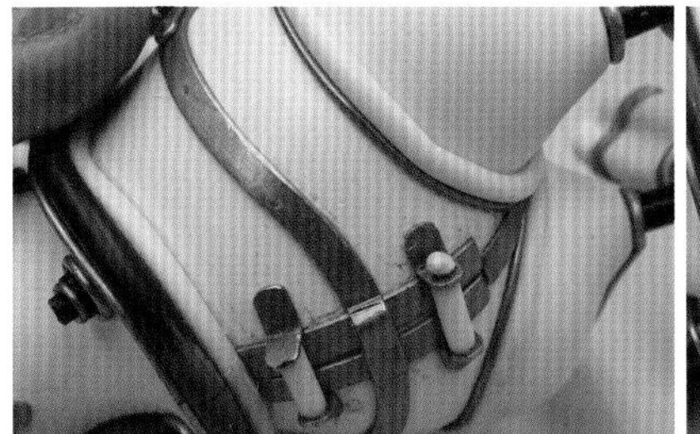
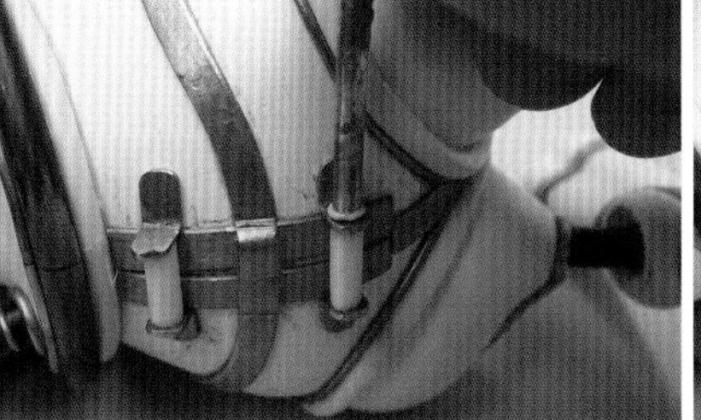

按照P51，揉圆环氧树脂补土，再用小管按压，添加铆钉状装饰。

完成组装

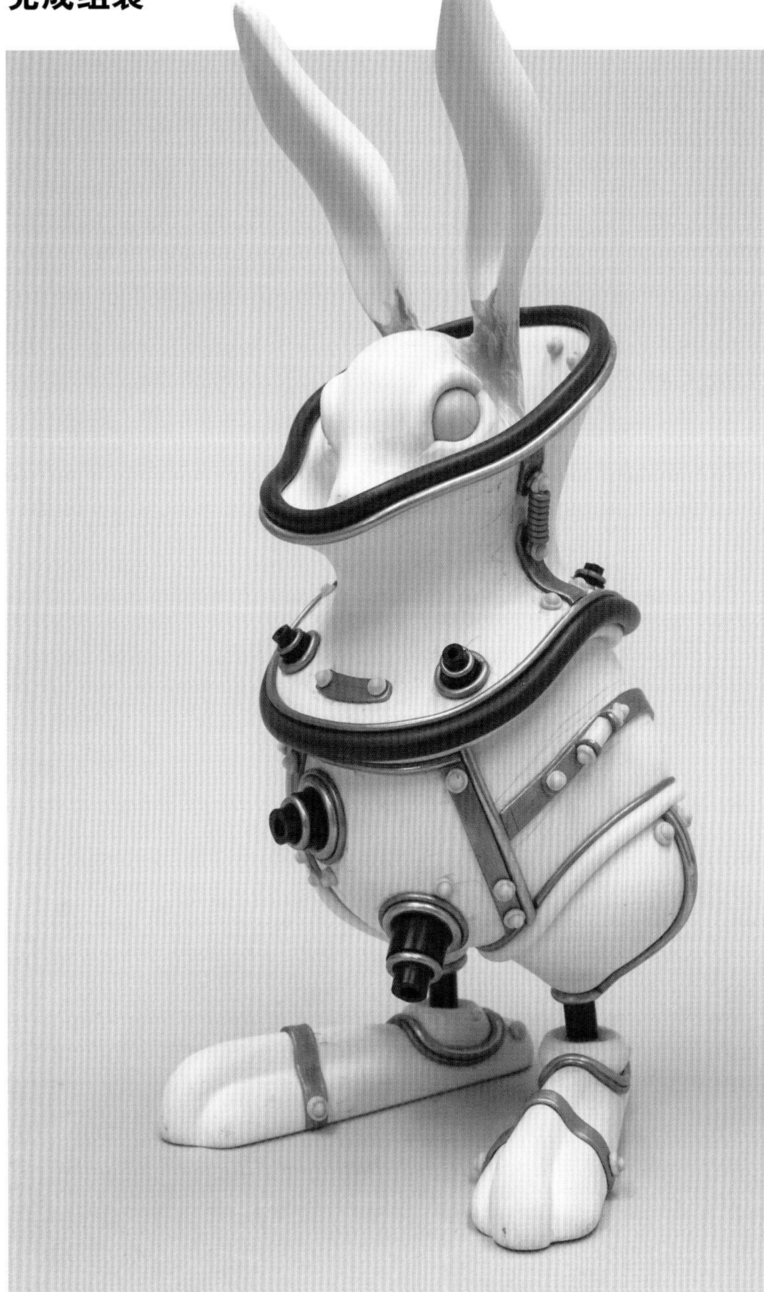
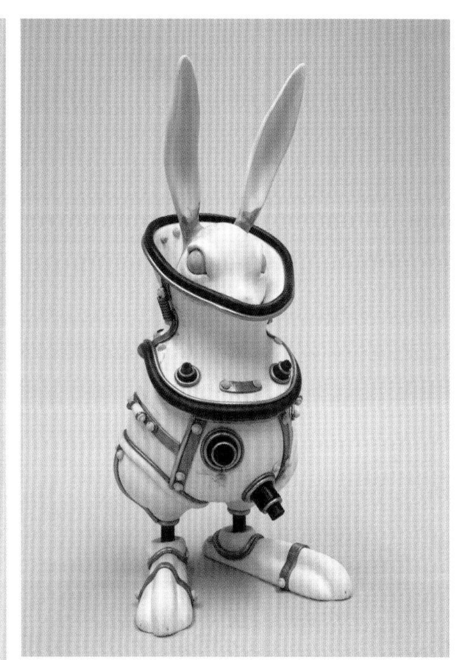

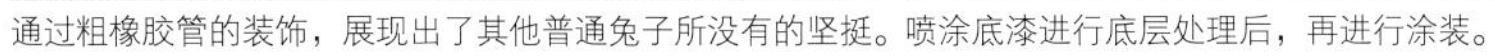

通过粗橡胶管的装饰，展现出了其他普通兔子所没有的坚挺。喷涂底漆进行底层处理后，再进行涂装。

从涂装到完成

1 基础的涂装

1 用喷漆枪喷涂“Mr.Color”的无光泽黑漆(喷漆款喷罐也可以)，干燥后涂抹Liquitex的“Regular type”。

2 叠加涂抹亮褐色，缝隙部位还要保留深色。

3 用硬毛刷子擦涂红褐色,打造出陈旧的质感。

4 少量慢慢涂刷金色丙烯颜料，特别是凸出的部位(被光照射的地方)要多涂。最后用半光泽的透明涂料覆盖整体。

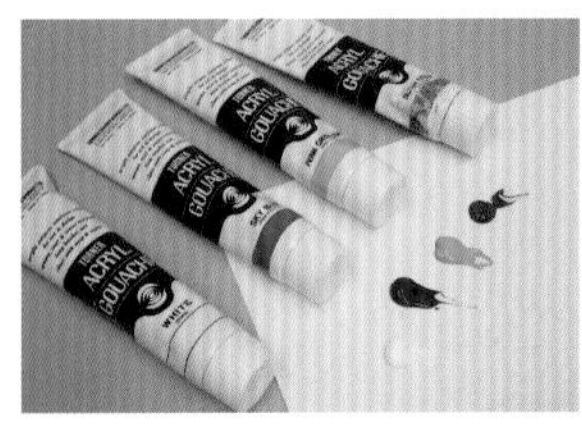

2 锈渍的表现

要表现出铜像或铜制品中常有的铜锈(绿色的锈)。

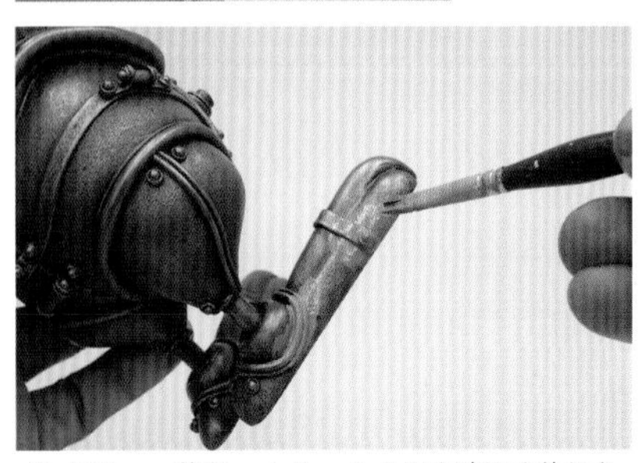

1 用Turner的“Acryl Gouache”调出略浑浊的绿色，涂抹在会产生锈渍的缝隙部位。

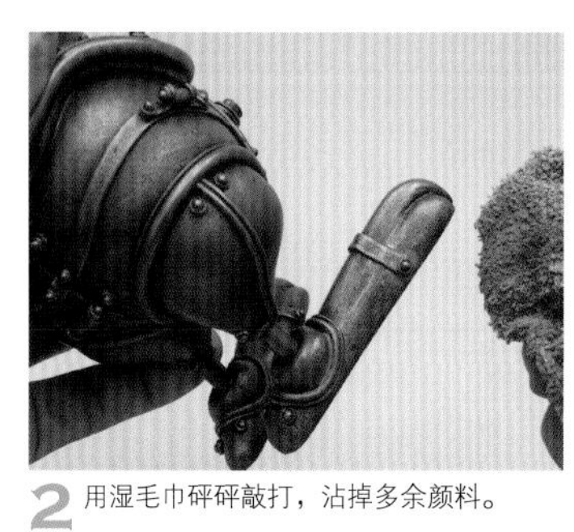

2 用湿毛巾砰砰敲打，沾掉多余颜料。

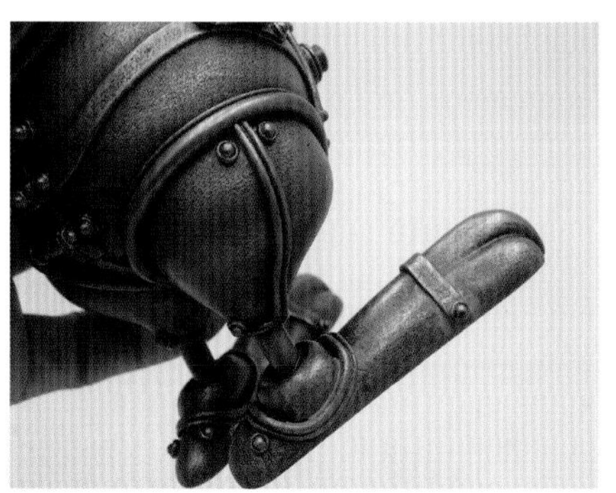

3 干燥后的效果。用半光泽的透明涂料喷涂整体，完成制作。

完成

完成一只被复古潜水服包裹着的兔子。表现出躯干厚重的金属质感，再添加绿色的铜锈，达到点缀的效果。

[COCOON]
潜水员
W130 × D150 × H200mm　2018 年

制作身穿赛车服的兔子

通过复制制作的第三件作品是一只身穿赛车服的兔子。亮点是如迷人的赛车一般，富有光泽的涂装。

▶概念图
与前两件作品截然不同，这是一只被带有未来色彩的赛车服包裹着的兔子。细长的双腿上安装着弹簧。

原型的制作

1 修长脚部的造型

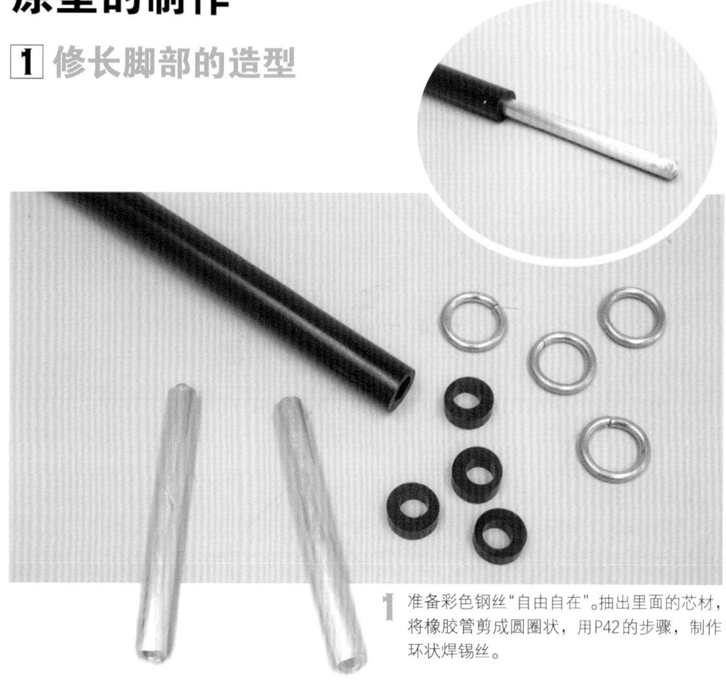

1 准备彩色钢丝“自由自在”。抽出里面的芯材，将橡胶管剪成圆圈状，用P42的步骤，制作环状焊锡丝。

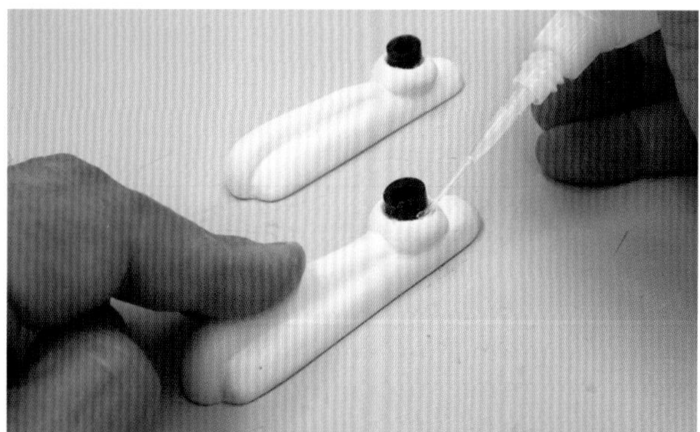

2 在脚踝处用瞬间黏合剂固定橡胶管。

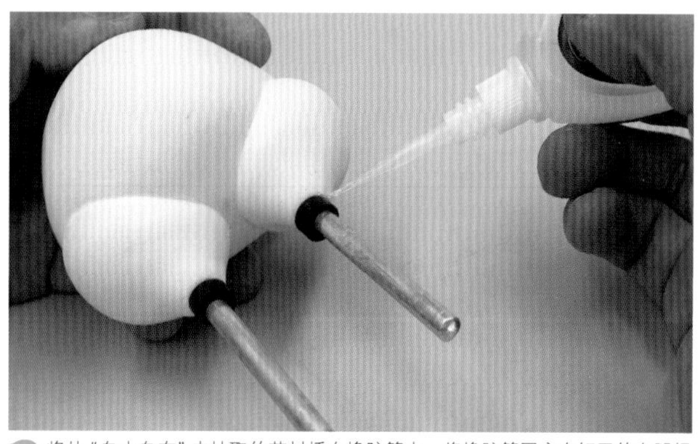

3 将从“自由自在”中抽取的芯材插在橡胶管中，将橡胶管固定在躯干的大腿根处。

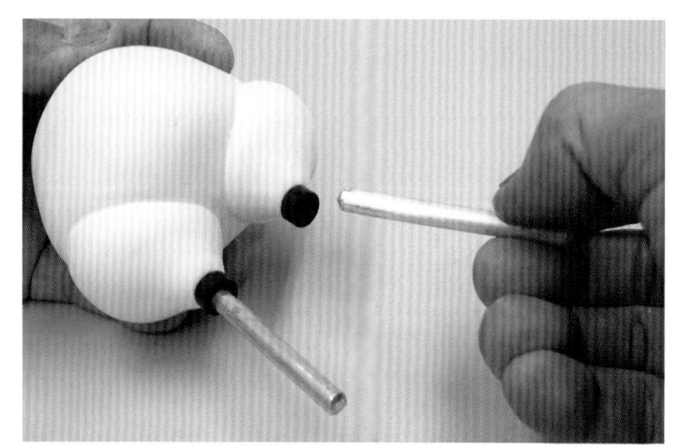

4 芯材不要使用黏合剂固定，保持可以摘取的状态（为了可以在制作过程中边组装边检查平衡，以及不妨碍制作）。

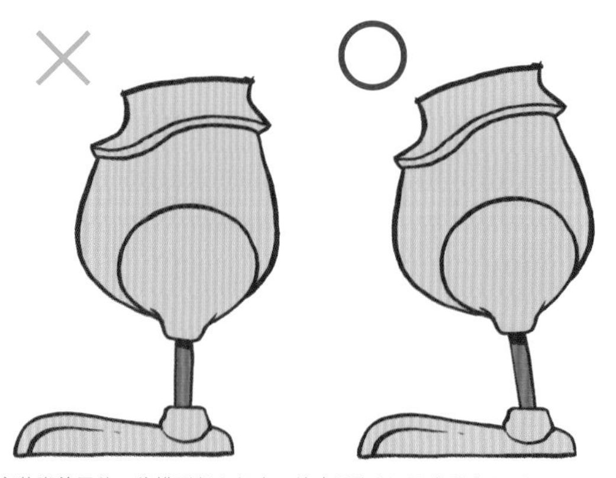

5 安装脚的零件，将模型竖立起来，检查平衡（还没有黏合）。为了让兔子的身体看起来不后仰，注意调整芯材和橡胶管的角度。

2 添加装饰和组装

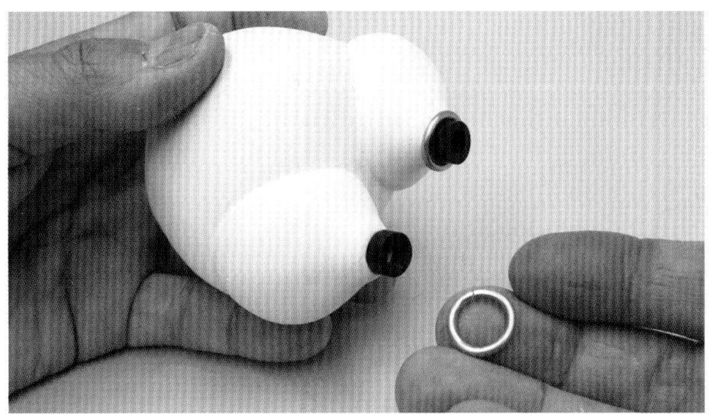

1 在躯干的大腿根处安装环状焊锡丝。

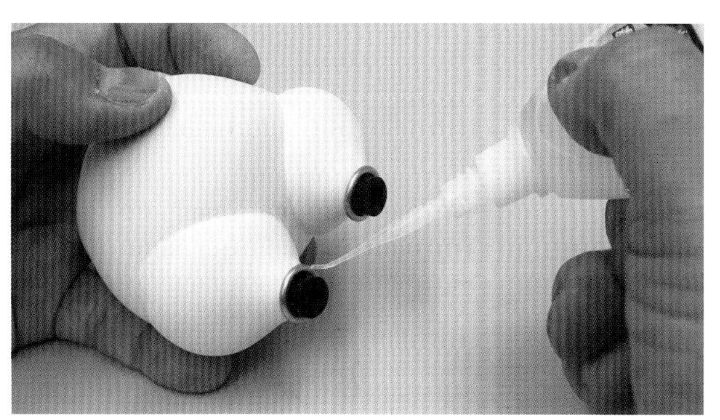

2 在圆圈的缝隙中注入瞬间黏合剂。

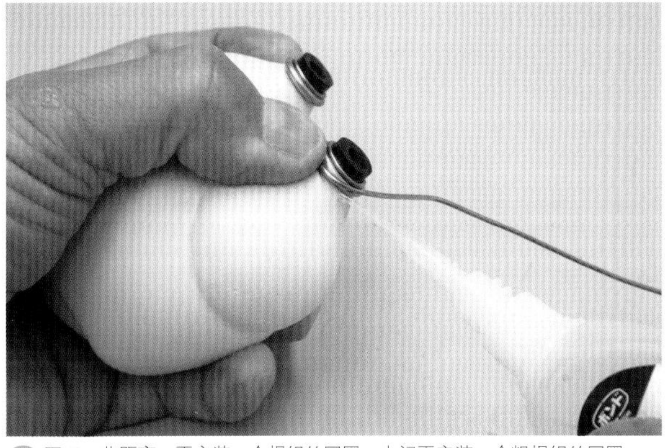

3 隔开一些距离，再安装一个焊锡丝圆圈，中间再安装一个粗焊锡丝圆圈。

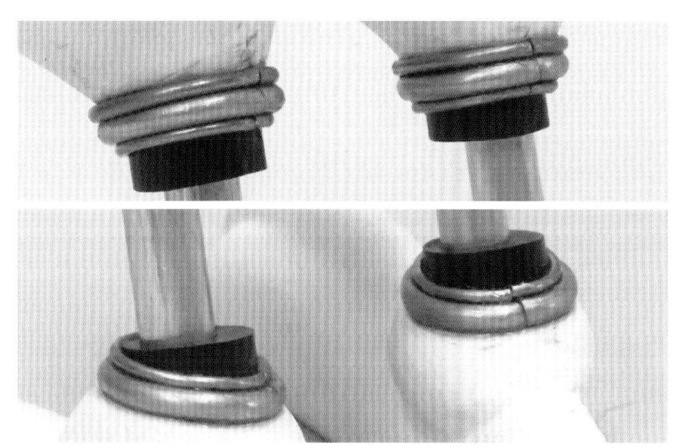

4 大腿根部和脚踝处的特写图。上面三圈焊锡丝，下面两圈，添加一些细节变化。

完成组装

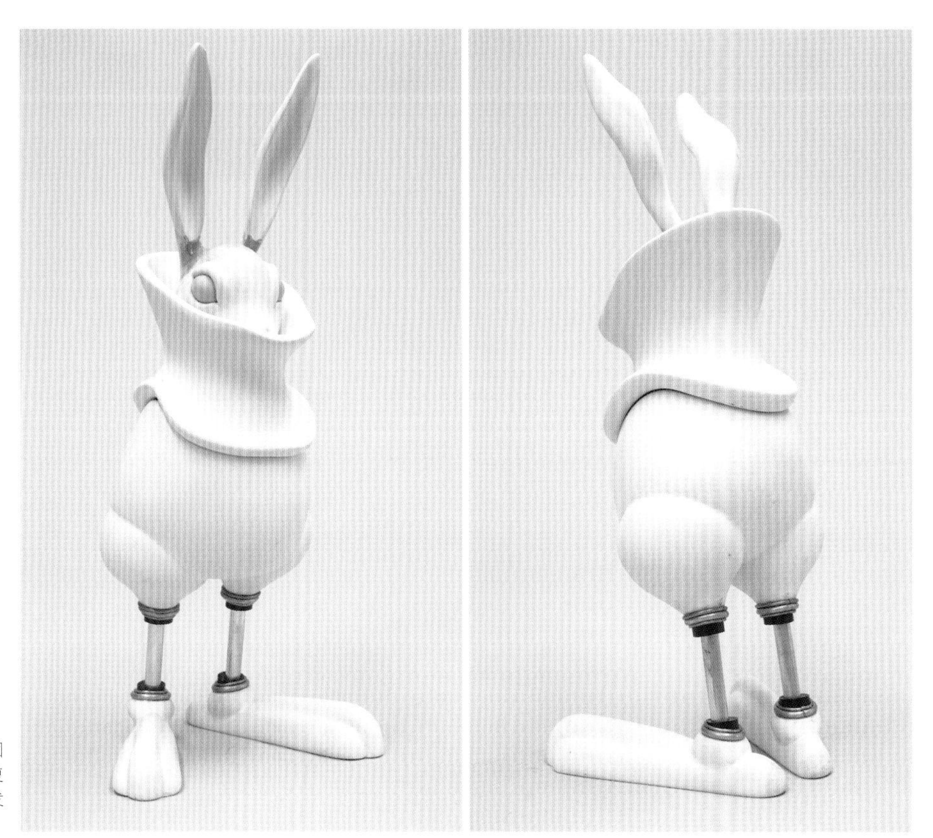

衣领和头部之间不使用黏合剂，先暂时固定。虽然与前两件作品使用的是相同的复制零件，但是由于修长的脚部，轮廓也发生了很大的改变。

从涂装到完成

1 底层涂装

1 喷涂底漆干燥后，用喷漆枪喷涂丙烯颜料，覆盖整体。

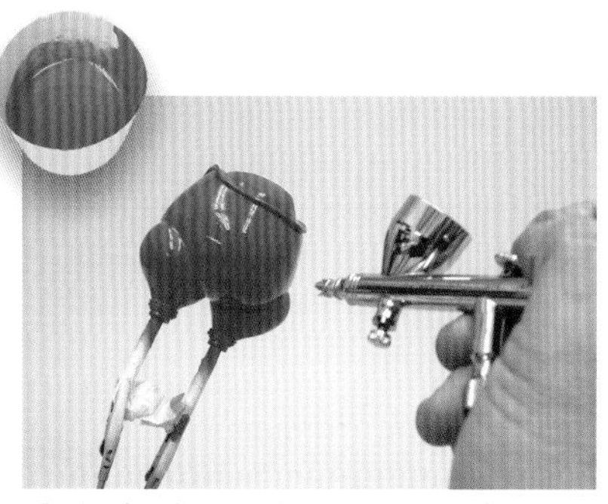

2 为了躯干能更好上色，先喷涂白色喷漆，再喷涂红色的丙烯颜料。

3 喷涂有光泽的透明涂料，覆盖衣领零件整体。本书中使用的是Soft99的“BodyPaint Clear”。

2 贴纸的粘贴和研磨

◉ 将贴纸浸泡到水中，粘贴

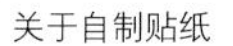

1 贴纸，就是进行文字或插图装饰的薄纸。本书中准备了用Micro Dry打印机自制的贴纸。

关于自制贴纸

现在市场上有售卖那种家用打印机打出喜欢的图案后做成的自制贴纸套装。但是，想要制作带有白色文字或插画的贴纸时，就需要支持白色印刷的特殊打印机(Micro Dry打印机)。无法准备打印机的话，也可以混用市场上贩卖的字母贴纸。

2 用镊子夹住浸泡到水里后，贴到想要贴的位置，抽取下层的底纸。

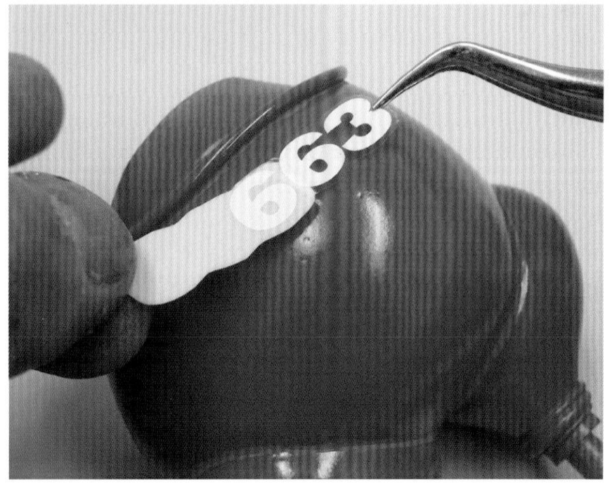

3 用棉棒按压，吸走多余的水分，挤出气泡，抚平褶皱。

贴纸粘不牢的情况

如果贴纸不能紧密贴在曲面上，可以涂抹贴纸软化剂“Mark Softer”，再用棉棒按压。也可以先在粘贴的位置涂抹强黏度的“Mark Setter”。

用防水砂纸打磨表面

1 贴纸粘贴完且干燥后，使用有光泽的透明涂料喷涂整体。大约反复进行5次喷涂和干燥，以加厚透明涂料的厚度。

2 完全干燥后，使用1000号防水砂纸（不沾水）打磨表面，磨滑贴纸边缘以及涂装面。

3 打磨后的效果。现在表面看起来没有光泽，但是用磨光膏打磨后就会显出光泽了。

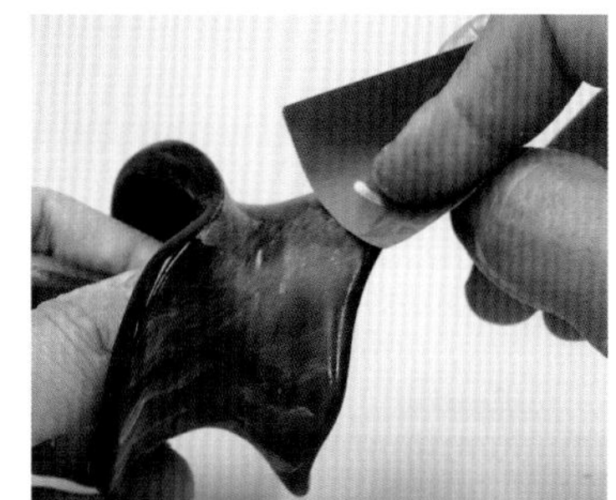

4 衣领零件也用防水砂纸仔细打磨。

用磨光膏打磨出光泽

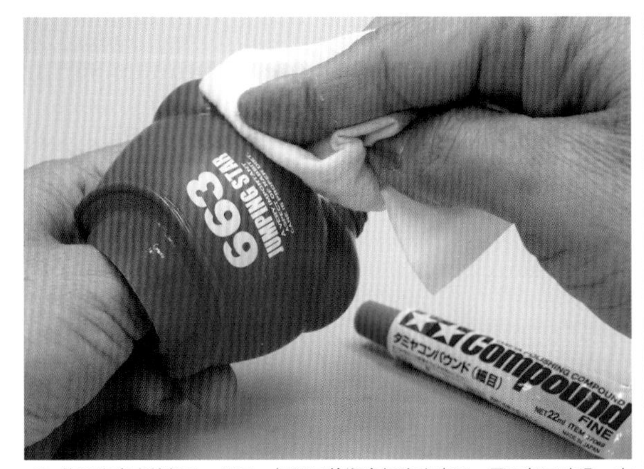

1 使用磨光膏按粗目、细目、极细目的顺序打磨出光泽。再用相同步骤，在脚部粘贴贴纸，打磨出光泽。

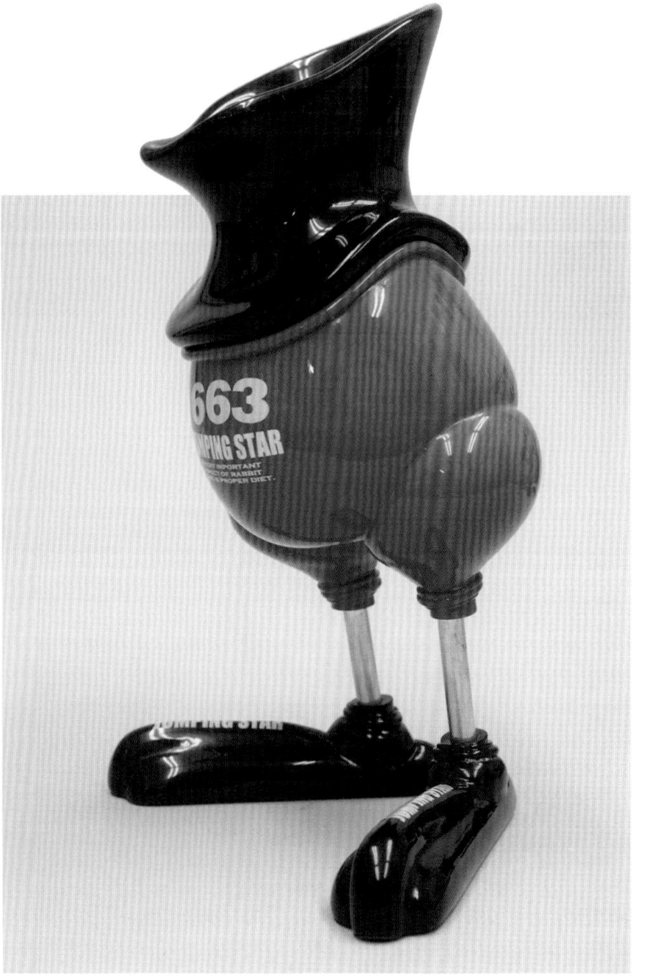

3 细节的涂装—组装

◎ 粘贴遮蔽胶带，喷涂细节

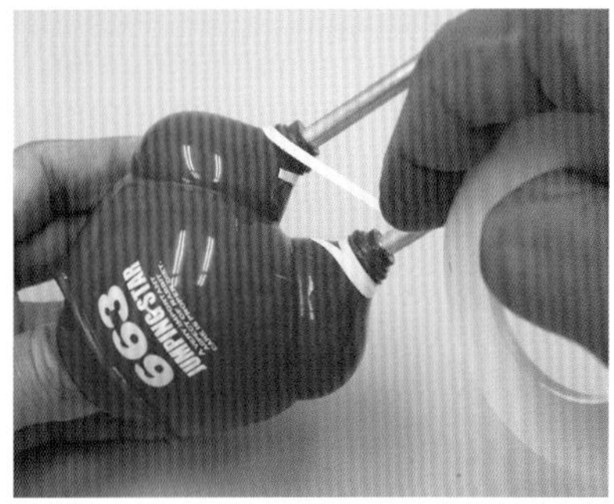

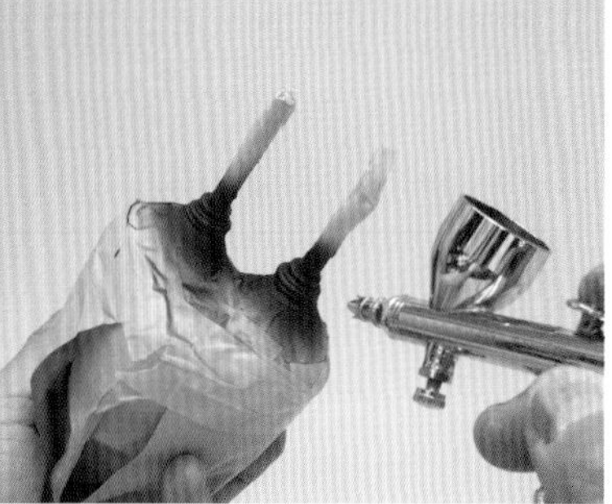

1 用遮蔽胶带覆盖不想喷涂涂料的位置后，再喷涂丙烯颜料。

2 干燥后再剥掉遮蔽胶带，就可以制造出不同的颜色。

◎ 喷涂腿部弹簧

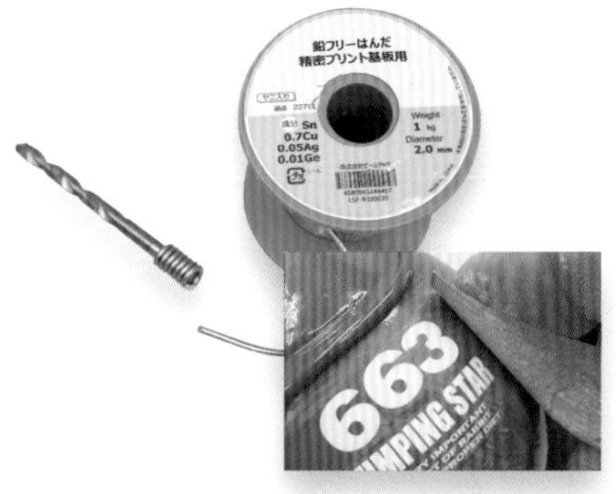

1 用P75的步骤制作线圈零件，稍微抻长一些，突出跳跃的感觉。

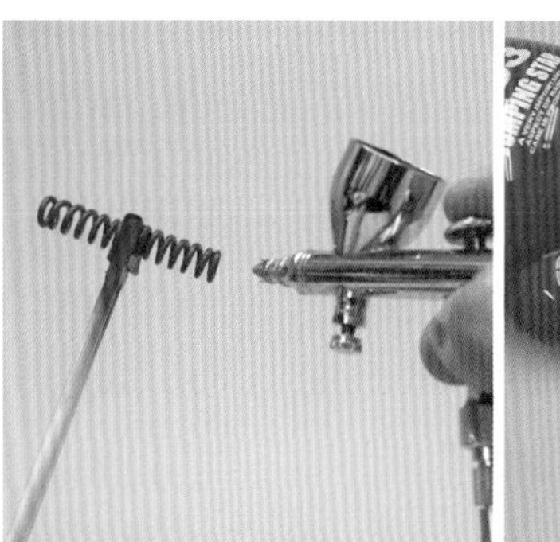

2 喷涂“BodyPaint”底漆后，再喷涂丙烯颜料。干燥后再喷涂透明涂料覆盖整体。

◎ 组装脚、躯干、头部

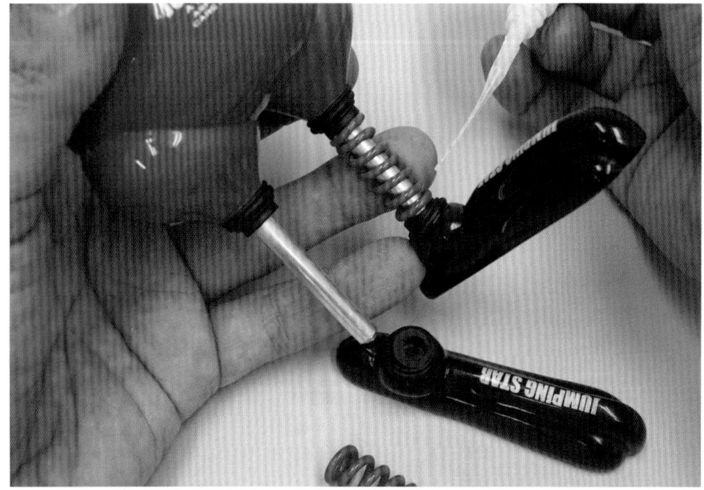

1 在脚部芯材上套入线圈零件，再用瞬间黏合剂固定脚尖零件。

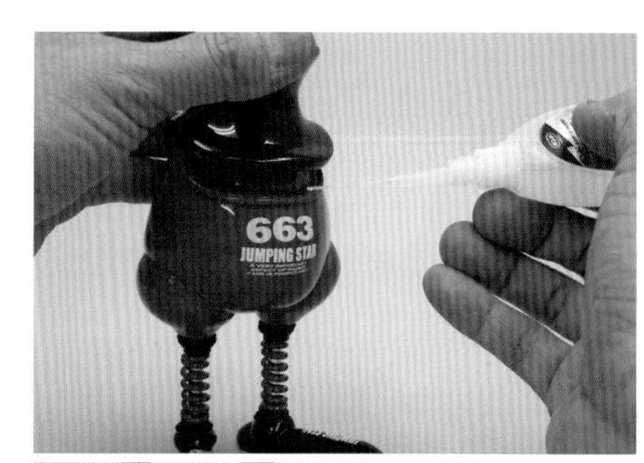

2 用瞬间黏合剂固定衣领和头部零件。

完成

腿部安装弹簧，可以跳到任何地方的“跳跃明星”兔子。胸前粘贴着竞技比赛的号码牌，也许还会参加争夺世界跳高第一的比赛。

[COCOON]
跳跃明星
W130×D150×H230mm　2018 年

组建树脂复制的金鱼

除了前面介绍的使用石膏进行翻模的方法以外，还有使用硅胶材料翻模的方法。因为硅胶很柔软，所以复制时会更加精密。本书中将会介绍的方法是往硅胶模型中注入树脂，从而组建出复制的金鱼。

▲制作原型，再用透明硅胶复制出来的零件。为了能更加精密地复制出原型，这次特意请教了行内专家（P132）。

▲概念图
这件作品融合了多彩时尚的风格以及金鱼所具有的清凉的特点。为了表现出鳍的透明感，使用透明的硅胶进行复制。

组建复制的零件

1 表面处理—追加金属零件

◉ 清除毛刺，修整表面

1 刚复制完的零件上会有毛刺（多余部分），用钳子或雕刻刀清除多余毛刺。

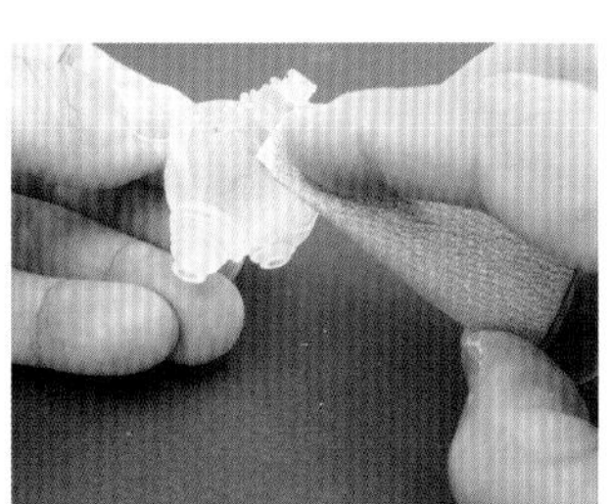

2 用防水砂纸（不沾水）打磨掉模型接缝处的分隔线。

◉ 在排气筒部位安装金属管

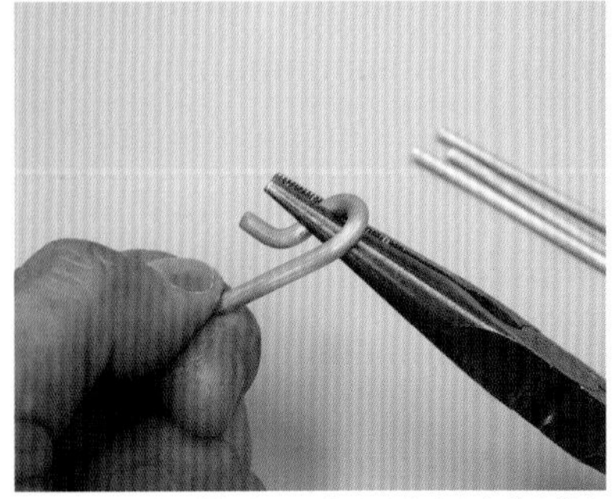

1 用钳子将铝棒折弯，制作出连接金鱼本体和排气筒的管子。

2 用电动钻孔机在排气筒打孔，插入铝棒并用瞬间黏合剂固定。

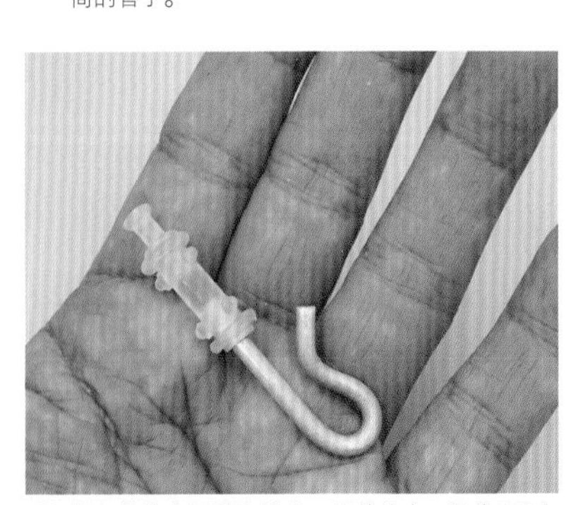

3 排气筒和金属管连接在一起的状态，制作出2个这种零件，连接在金鱼本体上。

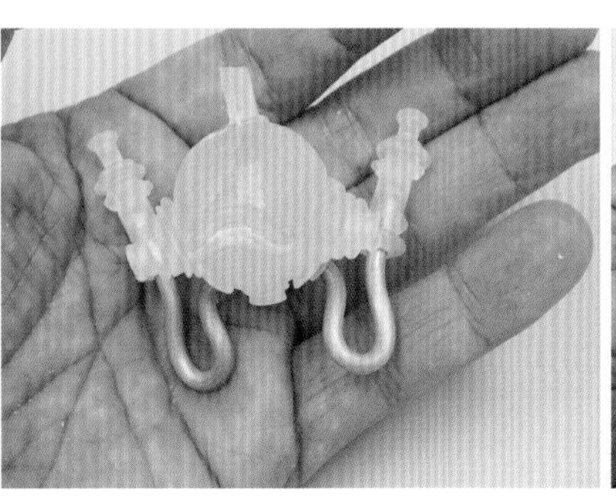

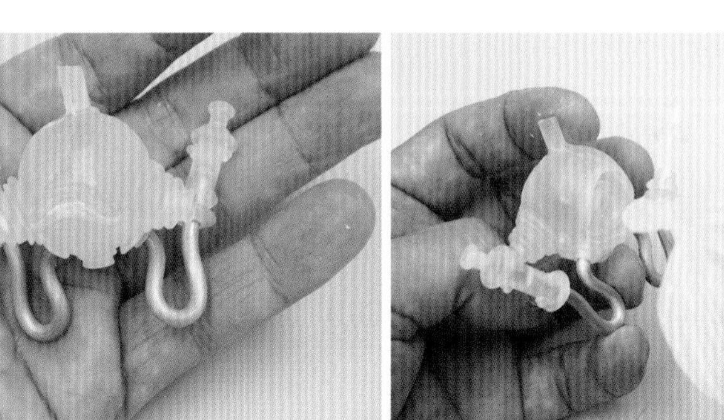

4 在这个步骤中，先确认尾鳍能否正好嵌入本体（还没有黏合）。

◉ 加工胸鳍的连接部位

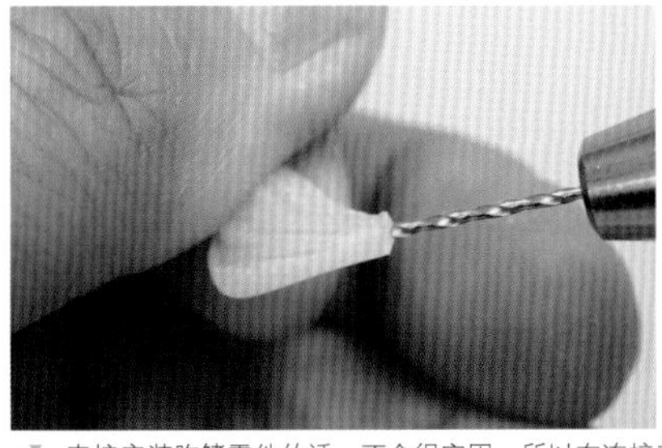
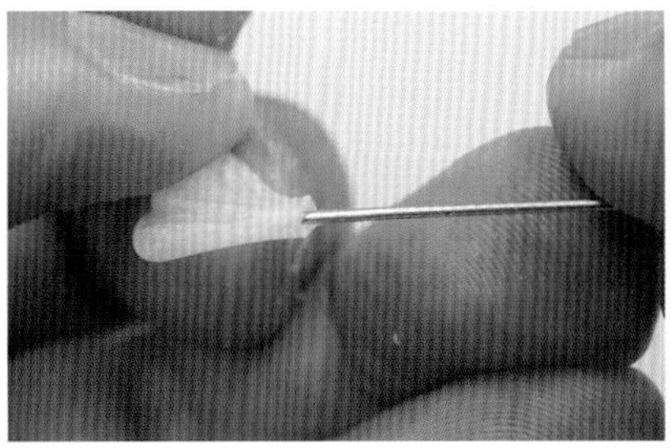
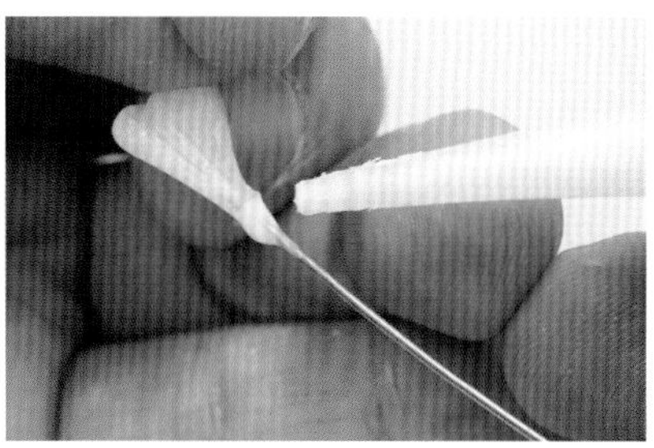

1 直接安装胸鳍零件的话，不会很牢固，所以在连接部位插入铜线。用电动钻孔机打孔，插入铜线并用瞬间黏合剂固定。

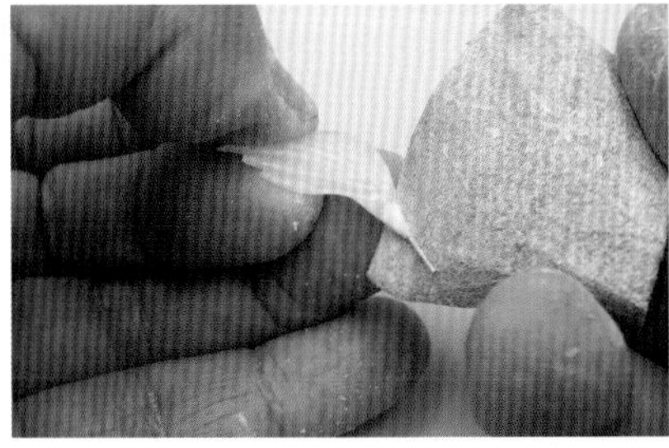
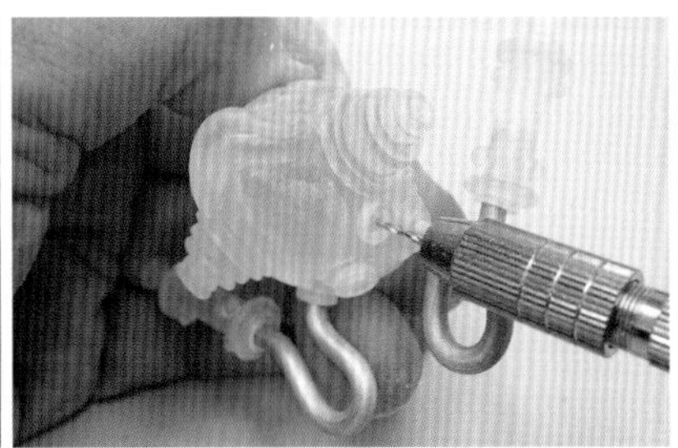
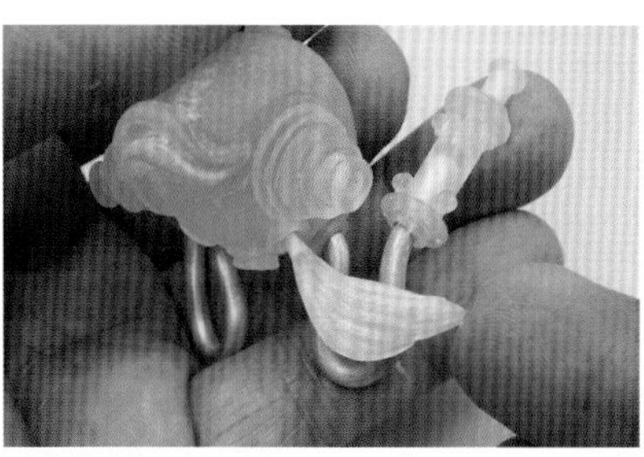

2 瞬间黏合剂使用的是KOATSU GAS KOGYO的“CYANON”。这款黏合剂的特点是既有黏度，又可像补土一样进行打磨修整形状。也可以合用ALTECO的“SPRAY PRIMER”等硬化促进剂胶水。用防水砂纸打磨形状，暂时安装在本体上(还没有黏合)。

◉ 在尾鳍上添加装饰

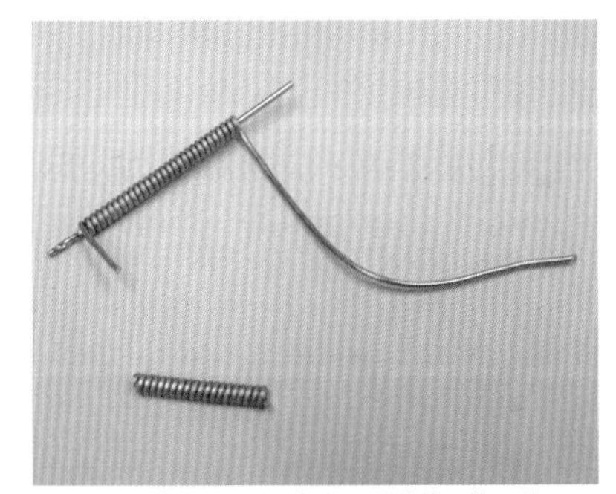

1 用P75的步骤，使用焊锡丝制作线圈状零件。

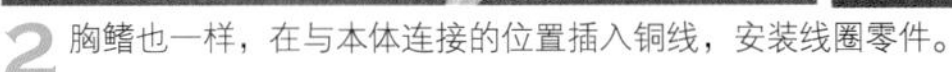

2 胸鳍也一样，在与本体连接的位置插入铜线，安装线圈零件。

2 底层处理

◉ 只在不透明的部位喷涂底漆

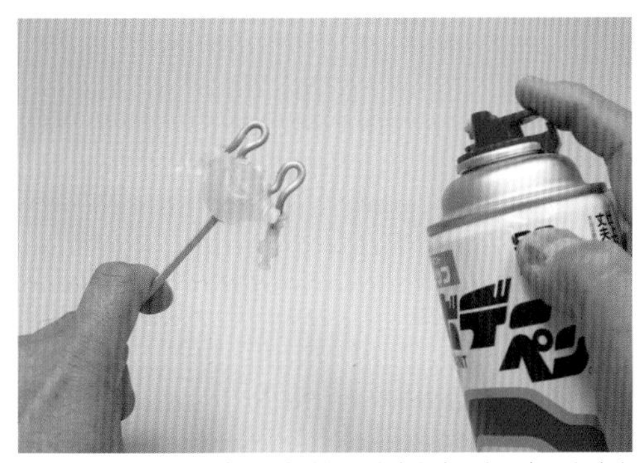

1 只在本体、排气筒、头盔状部位喷涂底漆。为了表现出硅胶的透明感，鳍的部位不需要喷涂底漆。

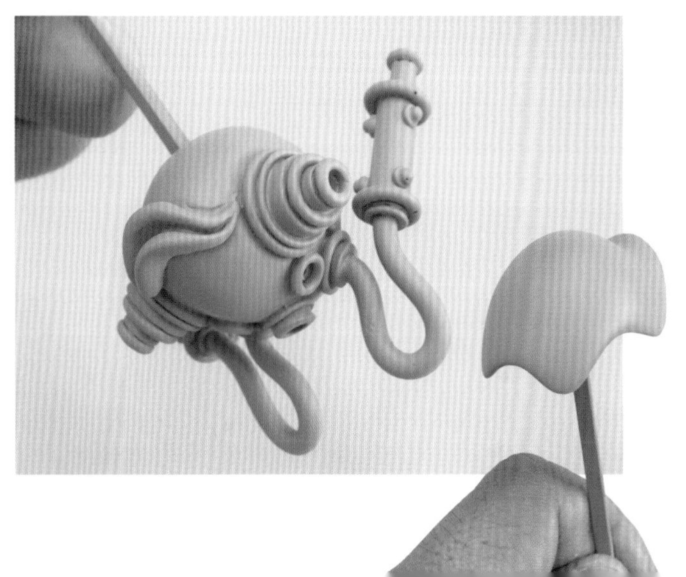

从涂装到完成

1 涂装—粘贴贴纸

◉ 在本体上喷涂底层颜料

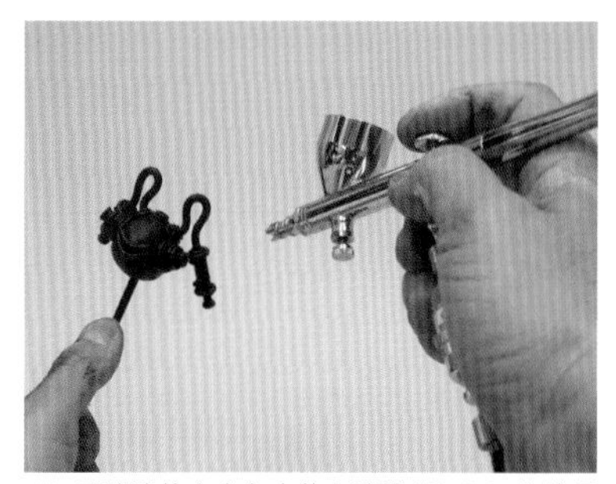

1 用喷漆枪在金鱼本体上喷涂“Mr.Color”的无光泽黑漆，等待干燥。

2 用Liquitex“Regular type”调出焦褐色，再用短毛刷涂刷在模型上。

3 慢慢调亮颜色，叠加涂抹，缝隙处保留深色。

4 最后在凸出的部位（容易被光照射到的部位）涂上金色，打造出金属质感。

◉ 添加腐朽的质感

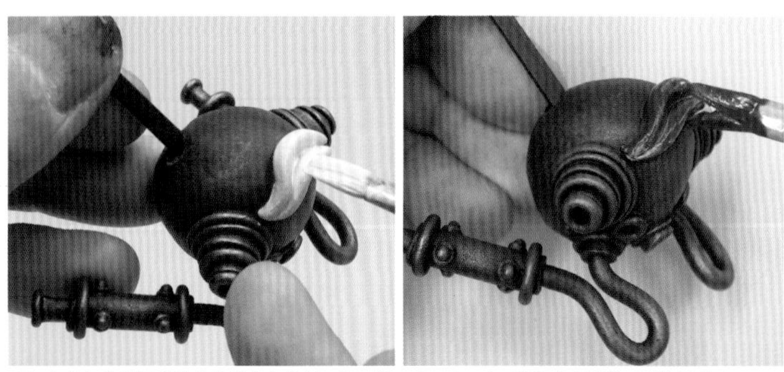

1 在金鱼的嘴唇部位涂抹乳白色的Liquitex“Regular type”，等待完全干燥。再将同款Liquitex的丙烯颜料混成褐色，用大量的水稀释后涂抹在嘴唇上。

2 干燥前使用毛巾沾掉多余颜料。

3 干燥后，使用Turner的“Acryl Gouache”画出涂装脱落的效果。

在鳍上进行有透明感的涂装

1 为了表现出鳍部位的透明感，事先不需要喷涂底漆，在硅胶零件上直接涂抹“Mr. Color”透明款(丙烯颜料的附着力很低，所以不适合直接涂在硅胶零件上)。

2 以透明橘色→透明红色→焦褐色的顺序叠加涂抹，制作出美丽的层次感。收尾时，喷涂无光泽透明漆。

在头盔状零件上粘贴贴纸

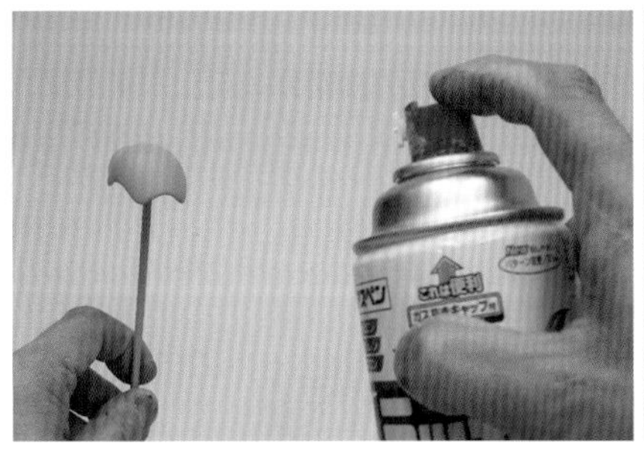

1 头盔状部位，在喷涂完白色底漆后，再用喷漆枪喷涂红色。先喷白色，会让红色更好显色。

2 准备自制水贴纸。

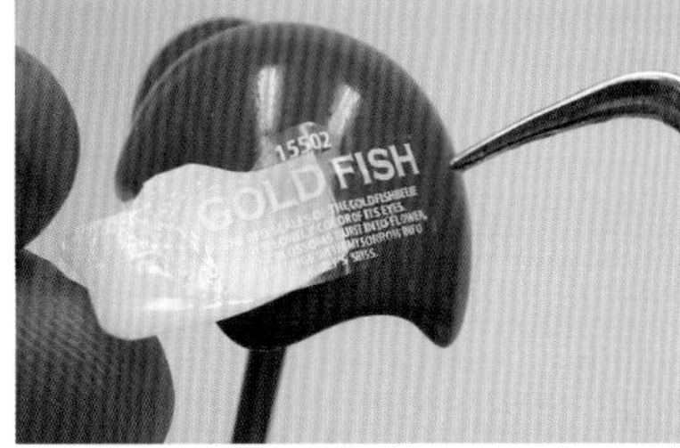

3 用镊子夹住贴纸浸泡到水里，放到想要粘贴的位置。抽掉底纸，紧密粘贴。

4 在粘贴位置涂抹软化剂(参照P122)，放置片刻后，用柔软的棉棒按压。干燥后喷涂透明涂料覆盖整体。

◉ 用打磨膏打磨表面

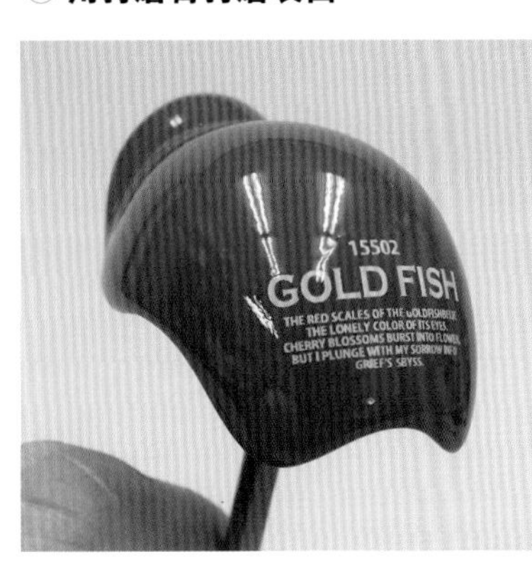

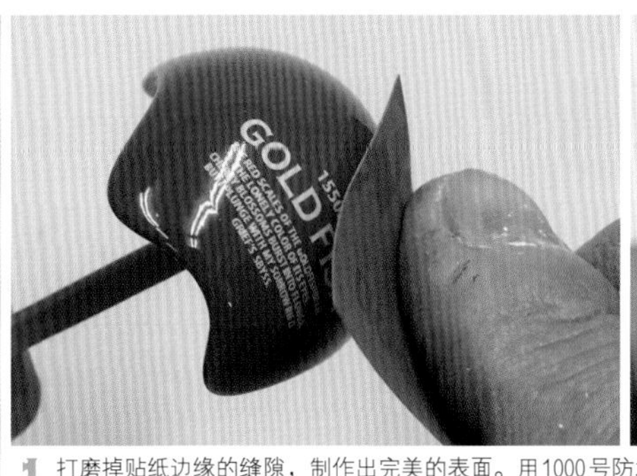

1 打磨掉贴纸边缘的缝隙，制作出完美的表面。用1000号防水砂纸打磨零件表面。

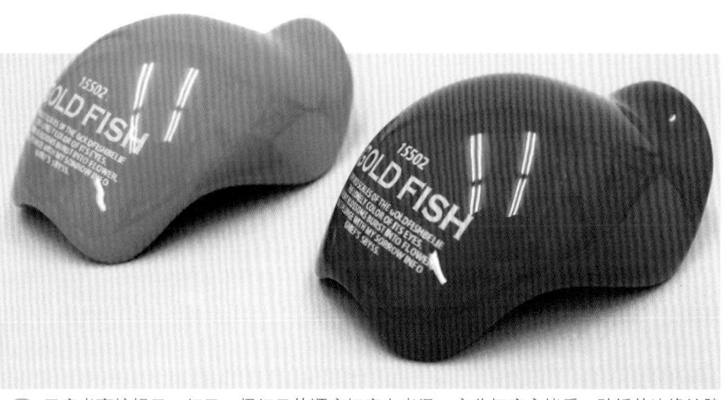

2 用磨光膏按粗目、细目、极细目的顺序打磨出光泽。充分打磨完毕后，贴纸的边缘缝隙几乎消失掉了，反射出来的光线也很美丽。

2 组建

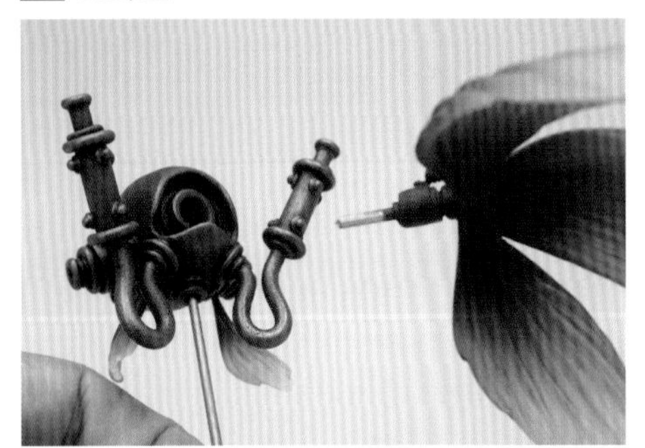

1 将尾鳍和胸鳍连接到本体，并用瞬间黏合剂固定。

2 使用家用胶枪在头部打上胶水（黏合用的树脂），在上面盖上头盔状的零件。胶水很热，所以操作时注意手不要触碰到胶水。

3 胶水冷却后，制作也完成了。使用相同步骤，制作出戴着蓝色头盔的金鱼。

4 组装亚克力板和黄铜管，做成展示板。

完成

两件以彩色快乐金鱼为主题的作品排列在一起。通过使用如彩色糖果一般的色彩，制作出了拨动观众心弦的作品。

[金鱼]
W100 × D60 × H150mm　2018 年

专栏

行内专家制作的硅胶复制

P126~131 中作品的制作方法是通过硅胶进行翻模，再倒入树脂进行复制，制作出来的模型比石膏更加结实，也可以多次复制。
但是，这种高精准度的复制需要大型设备。这次请教了复制行业的专家，通过“真空注型法”进行了复制。这里简略介绍一下操作过程。

1 在有真空泵的注型机中翻模，制作出没有气泡的硅胶模型。

2 为了使复制品能轻易从模具上摘取下来，喷涂离型剂。

3 为了制作出高精度的复制品，用铝板做成的挡板固定硅胶模型后，安置在注型机里。

4 复制使用到的硅胶是平泉洋行的“HEI-CAST”。这款树脂是通过混合A液和B液达到硬化，用精密秤测量出相同量的A液和B液。

5 在真空脱泡机中搅拌树脂，进行注型工作。通过减压，挤掉树脂里的气泡。再调回常压，树脂就会进入硅胶模型的各个角落。

6 放入加热到50℃左右的恒温槽里，等待树脂硬化。

7 硬化后拆下挡板，从硅胶模型中取出复制品。

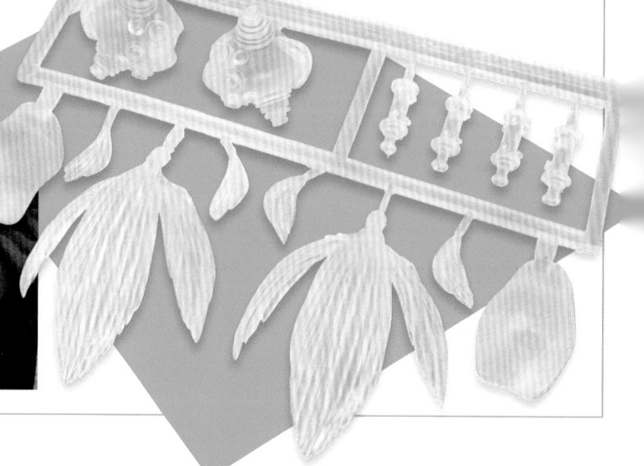

第4章

作品介绍

[Shoebill] 鲸头鹳

W200×D170×H500mm　2017 年

以巨大的喙部和尖锐眼神为特点的鸟，一件以鲸头鹳为主题的作品。制作时幻想着，让它拥有鲸头鹳所不具有的松软浓密的羽毛会怎样……使用树脂黏土“Super Sculpey”来添加羽毛细节。

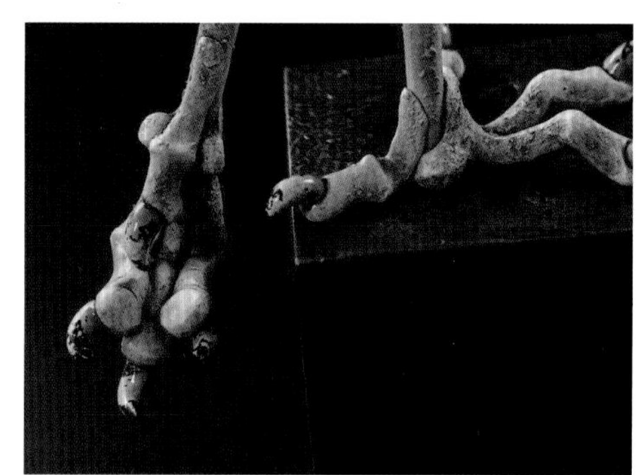

使用树脂黏土添加羽毛的方法

刮刀

树脂黏土

①将黏土揉成泪滴形。

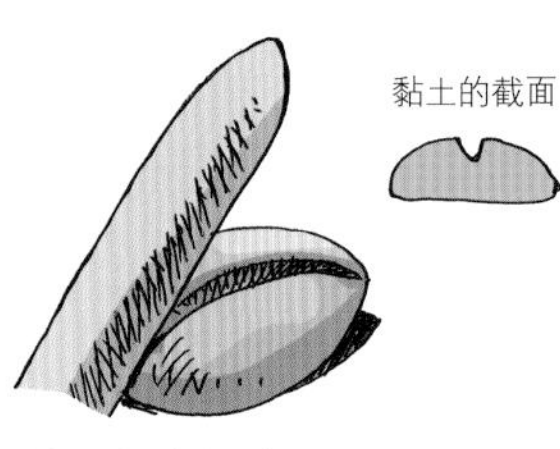

黏土的截面

②用刮刀磨出凹坑。

黏土的截面

③继续使用刮刀磨出更多凹坑。

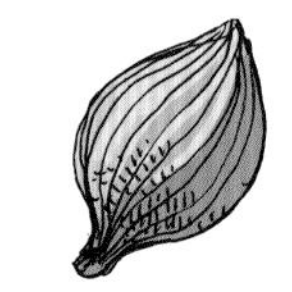

④用手指将根部捏实。重复①~④。

⑤将根部粘贴到底层黏土上，制作出羽毛。粘贴到一定程度后，放在烤箱里加热。

[Bat/Charge]

蝙蝠

W500 × D160 × H140mm　2017 年
W320 × D130 × H300mm　2017 年

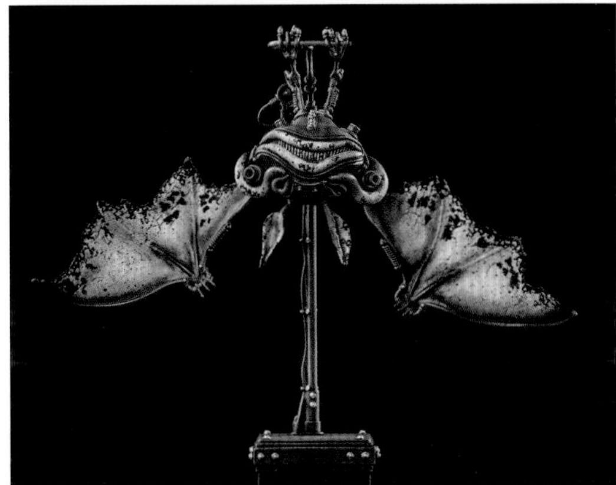

省略掉蝙蝠的身体，放大脸部来突出幽默风格的一件作品。如果蝙蝠像手机一样正在充电休息的话……通过这个灵感设计出了与蝙蝠朝向相反的"Charge"。脚部有着类似于显示"充电完成"的蓝灯。

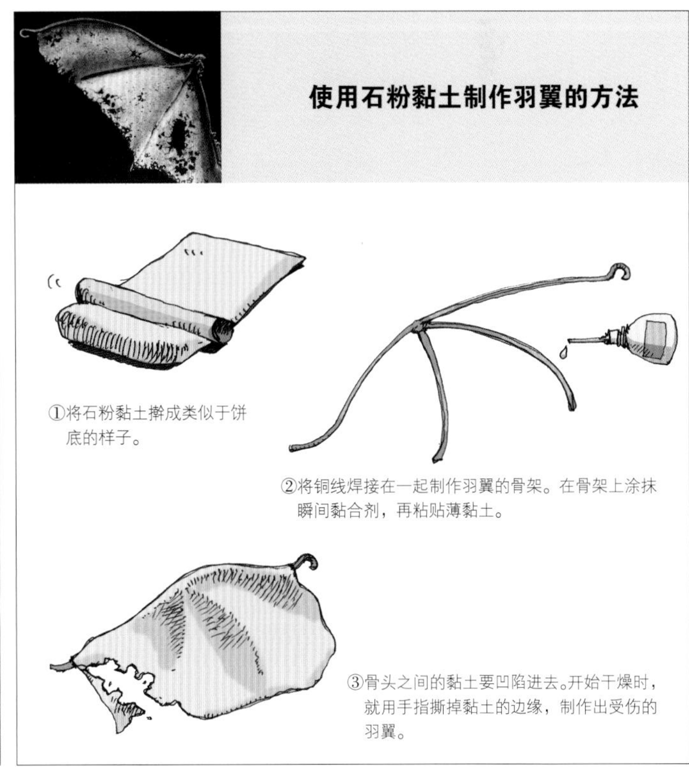

[Gallus]

鸡

W300 × D150 × H600mm　2017 年

以“最帅气的鸟”——鸡为主题的作品。鸡冠和肉垂（下巴处下垂的部位）进行了过度变形，创作出一件突出红色与白色对比的作品。

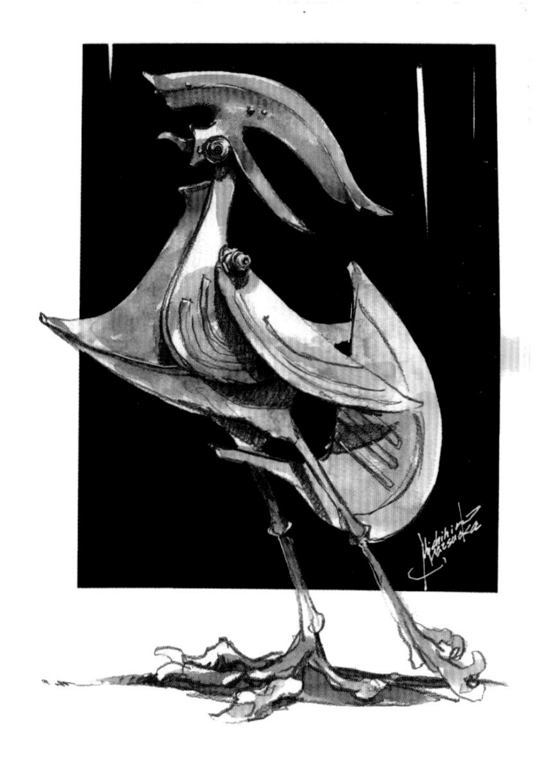

关于零件分割

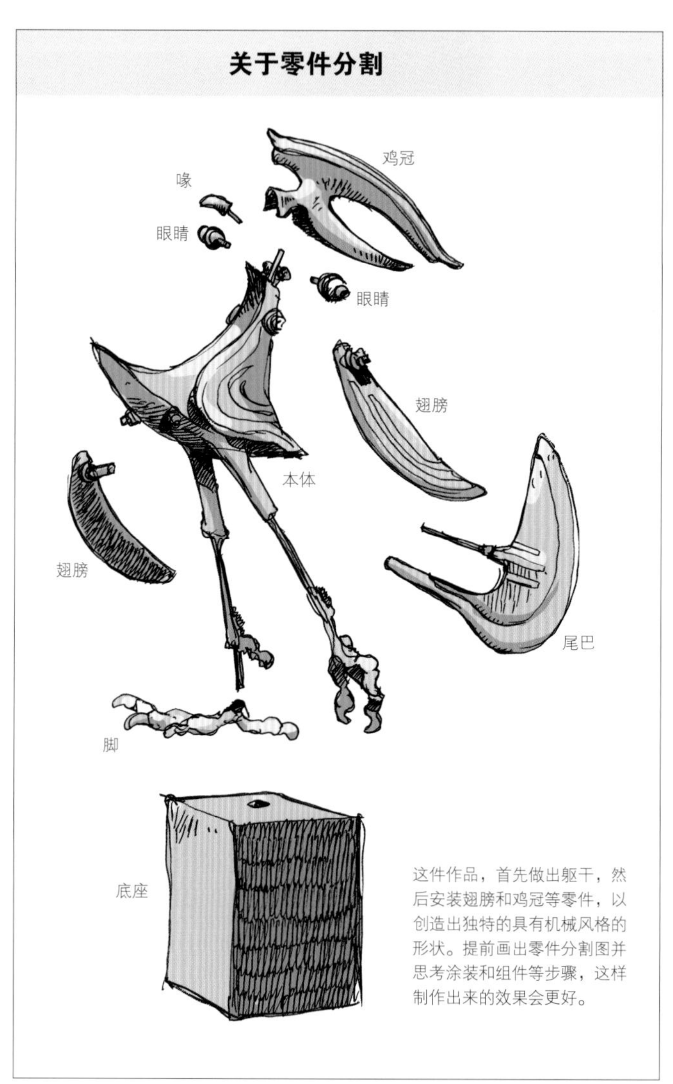

这件作品，首先做出躯干，然后安装翅膀和鸡冠等零件，以创造出独特的具有机械风格的形状。提前画出零件分割图并思考涂装和组件等步骤，这样制作出来的效果会更好。

[Ural Owl]

猫头鹰

W150 × D130 × H250mm　2018 年

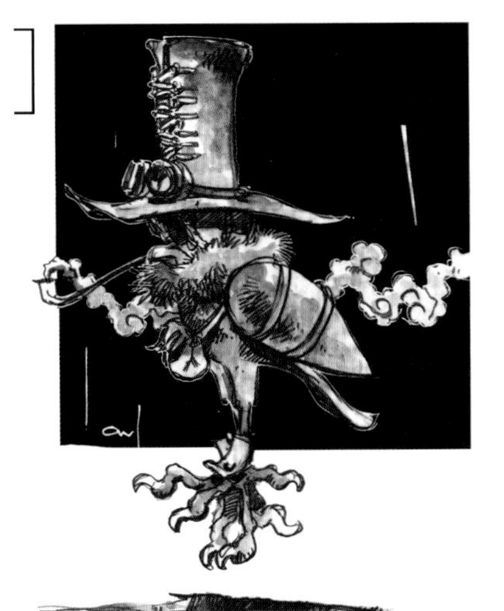

以猫头鹰为原型，再加上护目镜、高筒礼帽等蒸汽朋克元素的一件作品。

猫头鹰是肉食性猛禽类，据说有时还以兔子为食。由此得到灵感，将烟斗设计成兔子，增添了一些黑暗元素。

关于颈部周围的装饰

颈部周围使用毛皮材料，营造出潇洒的绅士风格。使用胶枪粘贴在本体上，安装在头部后再进行整理。

[Martian] 章鱼形火星人

W240 × D140 × H320mm　2017 年

最初是以章鱼为原型而开始制作的作品。想起虚构科幻小说中的火星人被描绘成章鱼的形状，于是制造出了一个奔跑在干裂大地上的火星人。不是恐怖的侵略者，而是一位拥有奇异外形、温和平静的外星人。

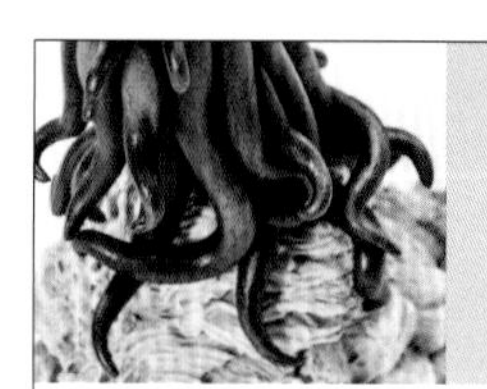

触手状脚部的制作方法

①揉搓环氧树脂补土（6小时速硬化款）。

②等待10分钟左右，刚开始硬化时，将黏土抻成棒状。

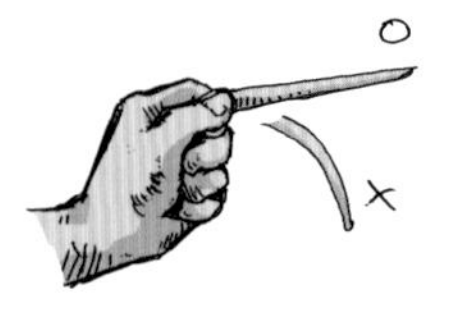

③硬化到拿着一端，补土也不会弯曲的程度后，弯成脚部形状。

④随意弯曲多根，黏合。

不稳定造型的固定方法

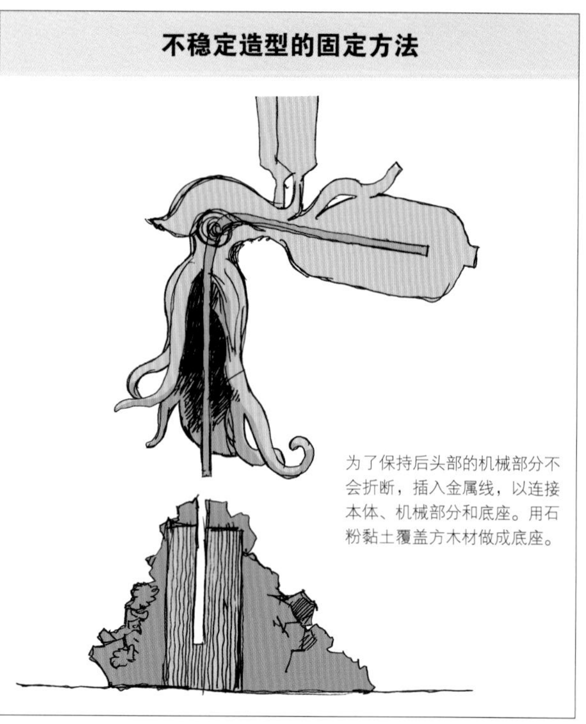

为了保持后头部的机械部分不会折断，插入金属线，以连接本体、机械部分和底座。用石粉黏土覆盖方木材做成底座。

[Carassius] 金鱼

W230 × D380 × H300mm　2017 年

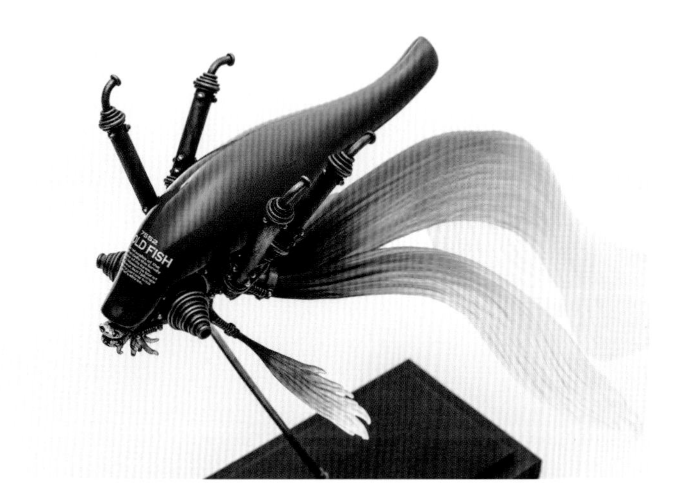

P126~131 中制作的金鱼成长变大后的样子。像糖果一般可爱的金鱼长大成人后正悠然自得地遨游。将头部和鳍变大变长，以表现出金鱼特有的清爽与优美。

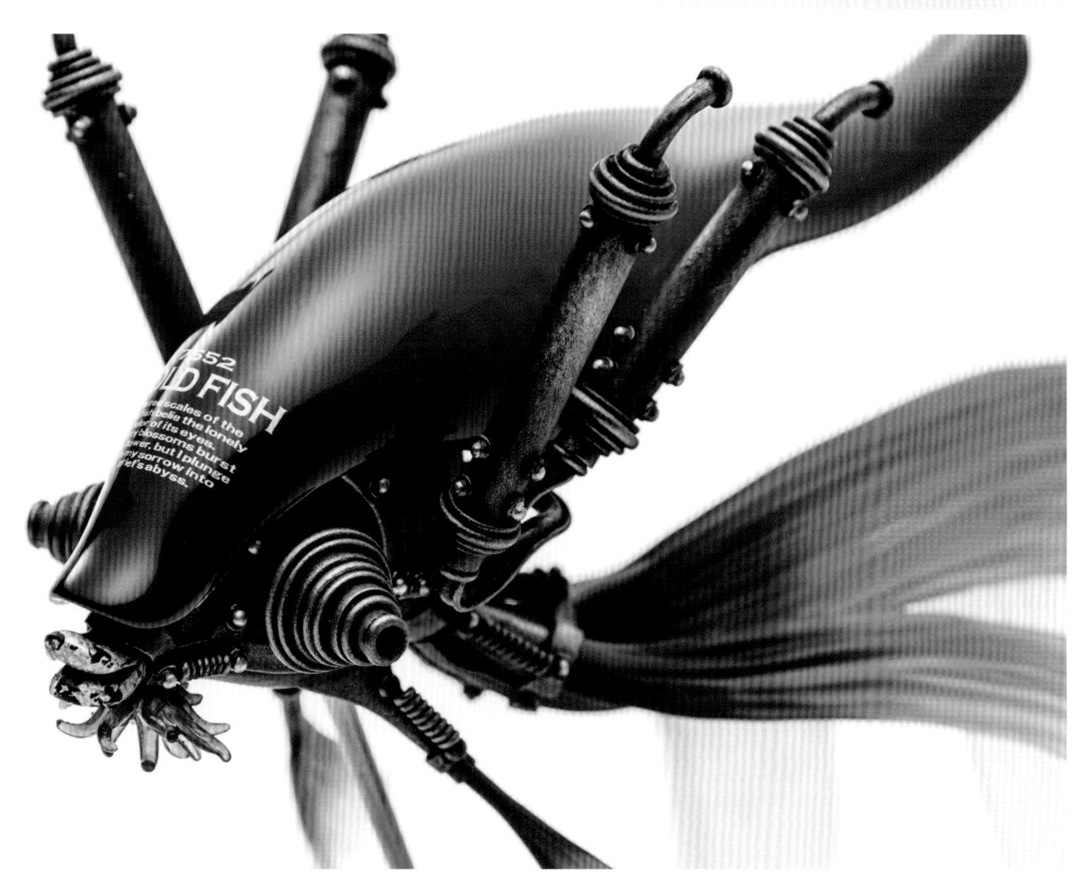

叠加多个圆圈的眼部，是通过组合粗度不同的橡胶管，再粘贴焊锡丝制作而成的。为了保持统一，4根筒状零件上也添加了多层圆圈的设计。

[Bull]

公牛

W120 × D180 × H270mm　2016 年

以斗牛场上战斗的公牛为原型。我很喜欢公牛低下头示威的表情，所以就将其放到了作品中。同时，公牛的角进行了极端变形后成为作品整体外形的重点。朝向和形状虽然对斗牛比赛不会起到什么作用，但是制作时却是重点。

弯曲牛角的造型方法

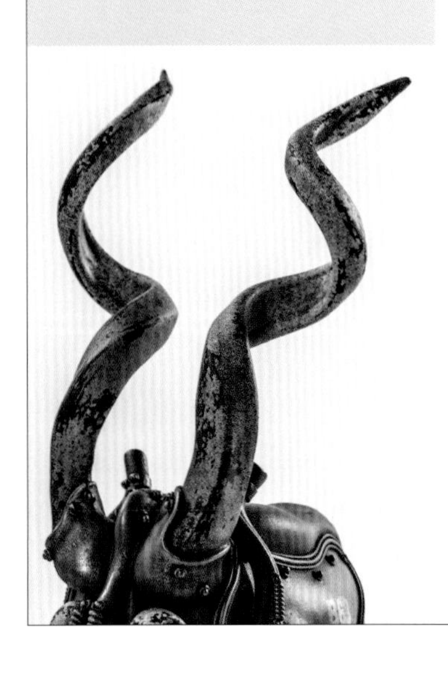

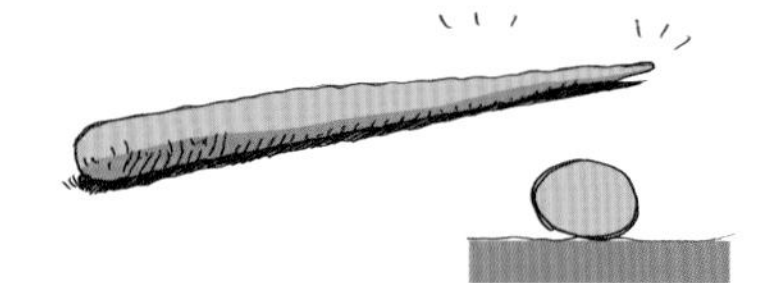

①将石粉黏土抻成尖头的棒状。

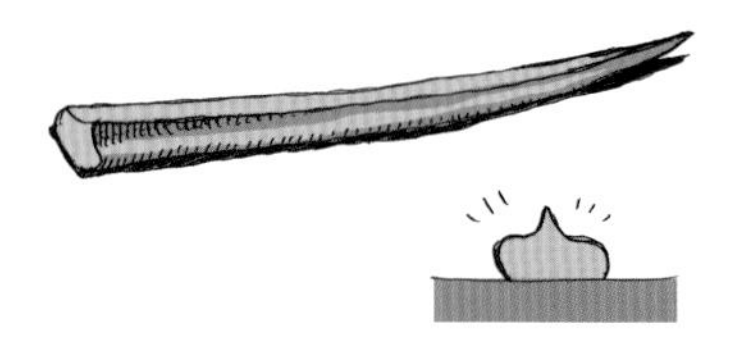

②用拇指和食指捏住上部，水平滑到尾端，做出棱角。

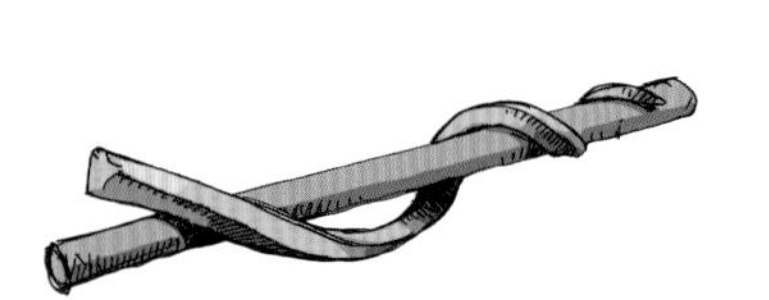

③缠绕在木棒上等待干燥。

④干燥后，取掉木棒，完成制作。

[Kirin] 麒麟

W200 × D100 × H300mm　2016 年

以中国传说中的生物——麒麟为原型的作品。麒麟大多被描绘成有4条腿的模样，但是这里为了表现出鸟的轻巧，特意制作成了2条，再通过不稳定的姿态，表现出俯冲斜面瞬间的动感。

弯曲铝棒制作出纤细脚部的基础，用刮刀打磨石粉黏土，在躯干上添加出羽毛的细节。脚边的积雪通过TAMIYA的"DIORAMA TEXTURE PAINT"来制作。

[Italian Greyhound]

意大利灰狗

W250 × D120 × H400mm　2017 年

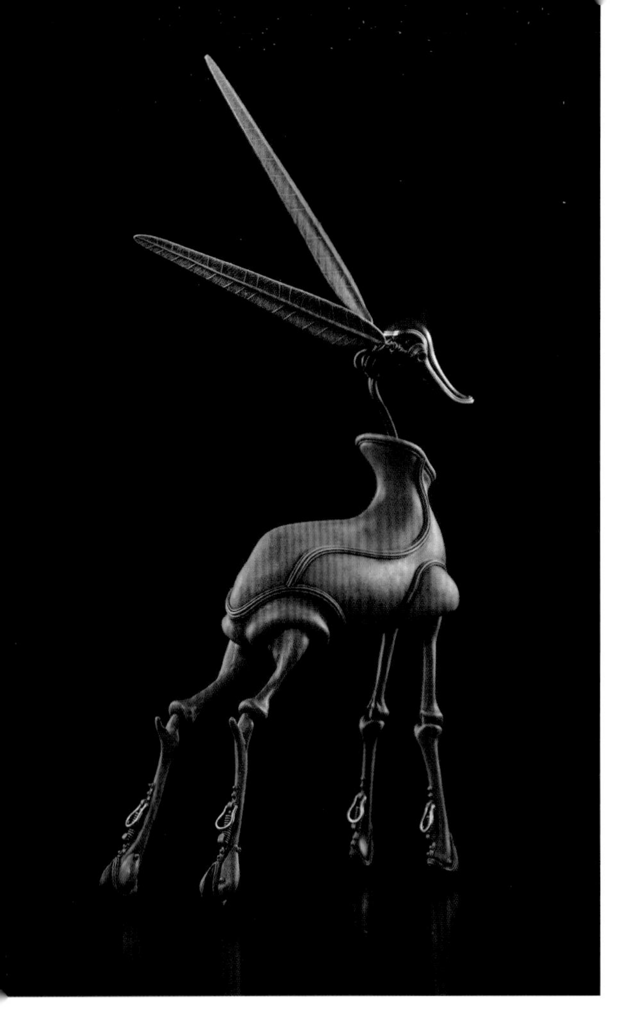

我的好友有一条意大利灰狗，所以我也有幸看过几回，深深被意大利灰狗修长的身躯、细长的面部、挺拔站立的姿态所吸引，所以决定将其定为作品主题。

与真实的意大利灰狗格外不同的是耳朵的造型。变形成细长状，再粘贴枯叶的叶脉以增添亮点。

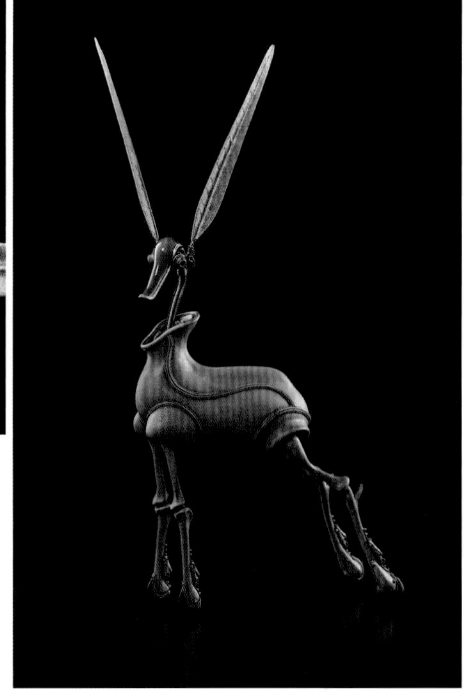

[Red Cat] 猫

W360 × D370 × H450mm　2017 年

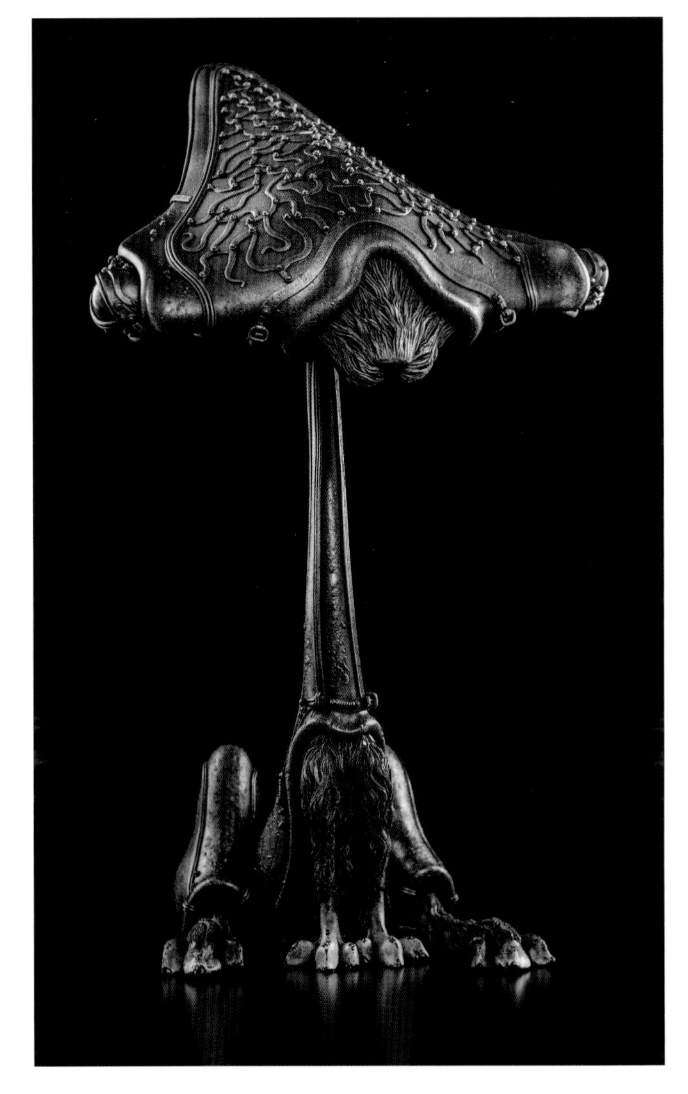

乍看看不出原型是猫，进行了大胆变形的作品。亮点是宽眼距的可爱面部以及头部复杂的花纹。

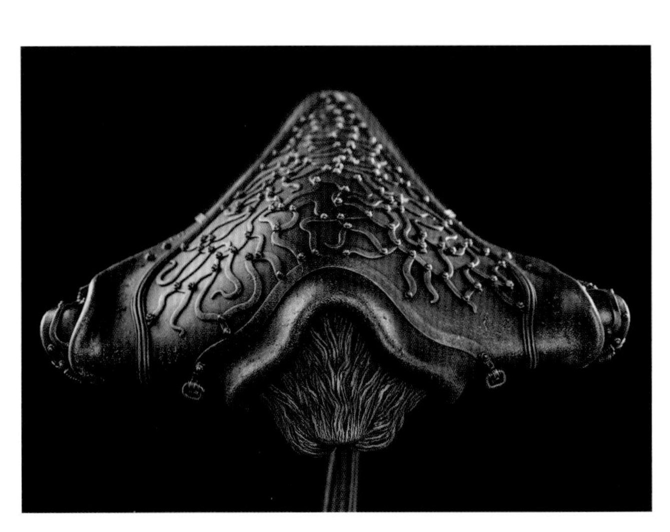

在头部粘贴多条曲线状铅板，制作出类似于唐草的花纹。

从类似于甲胄的躯干中伸出手脚，以达到“机械”与“生物”共存的效果。

[Anteater]

食蚁兽

W920 × D280 × H500mm　2017 年

以用尖长的嘴部捕食蚂蚁的食蚁兽为原型的作品，但这只食蚁兽不是4条腿，而是有许多机械风格的腿，从而烘托出了神秘的氛围。

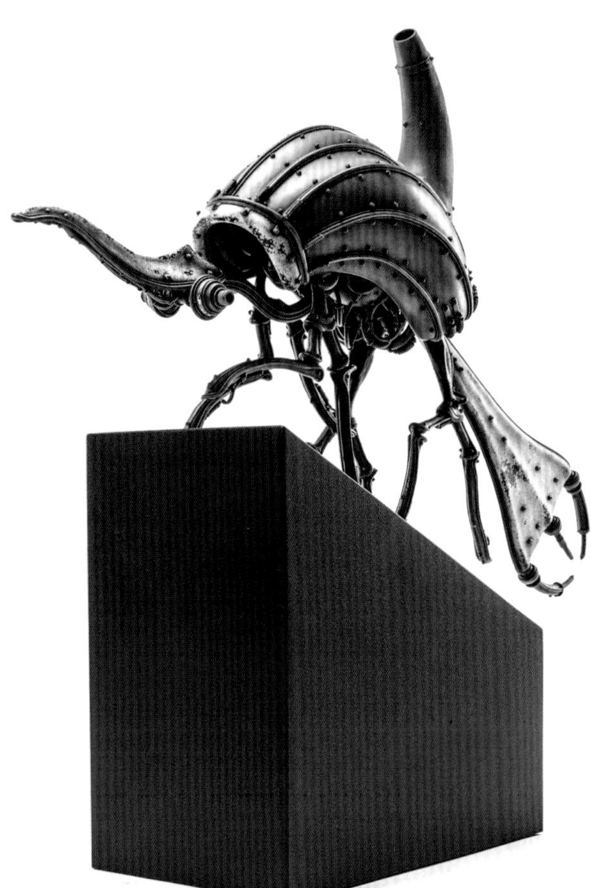

为了凸显出与躯干的不同，背部的排气筒设计得十分简洁。

在躯干内部也添加了焊锡丝和橡胶管的零件，制作时稍微露出一些奇异生物的内部结构。

[Flamingo]

火烈鸟

W150 × D50 × H300mm　2015 年

这件作品表现出了火烈鸟修长的身形以及单脚站立时的优美。身上添加了类似于烟筒的机械部分。伸出的修长颈部的设计灵感是来源于火烈鸟优美的颈部曲线。

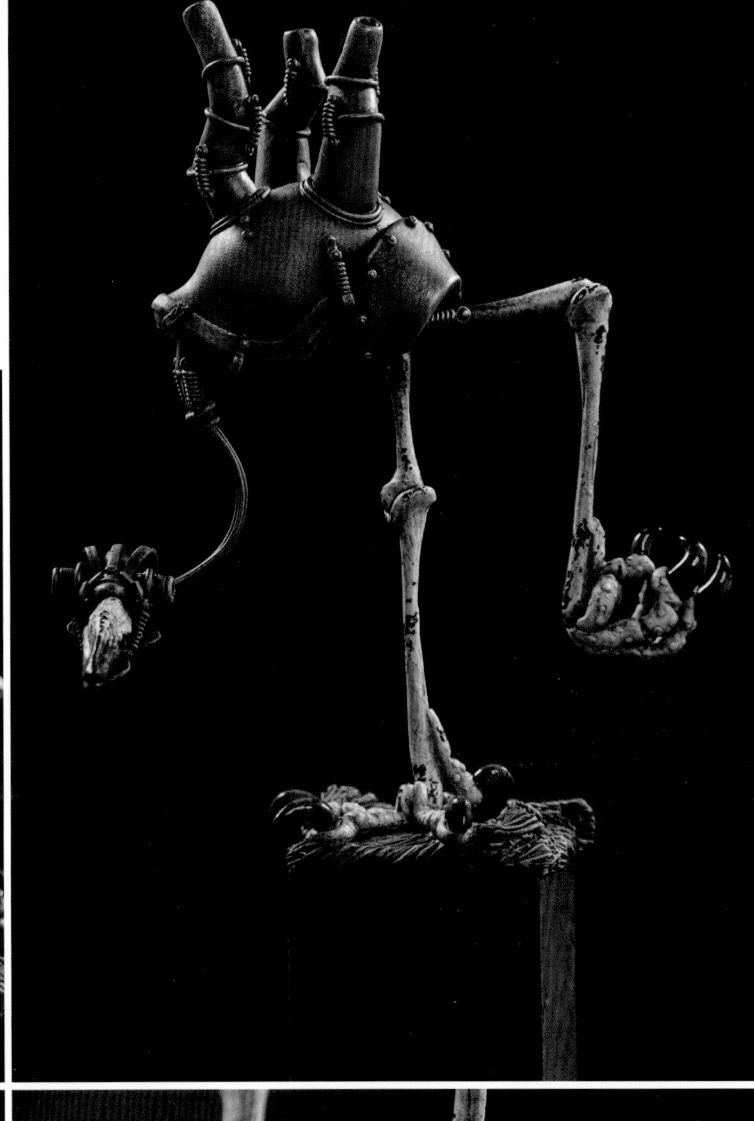

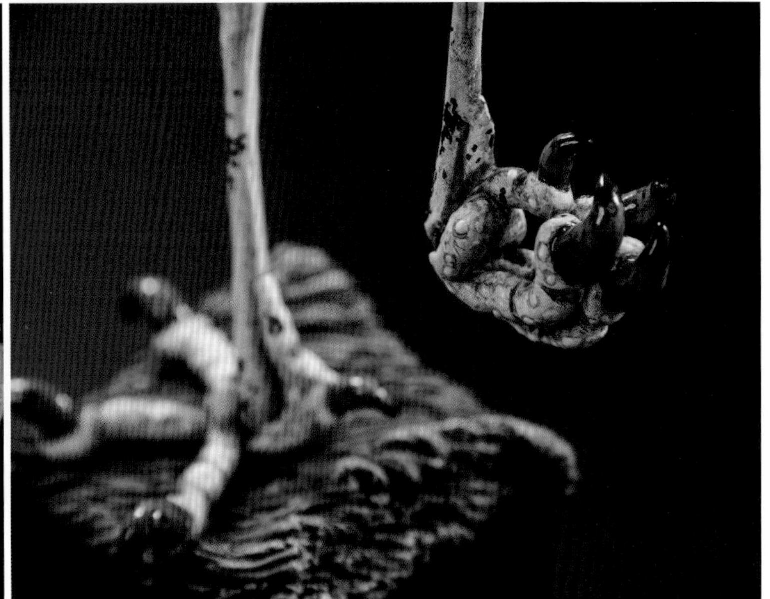

使用树脂黏土和焊锡丝制作烟筒状零件。脚部只有在指甲的部位打磨出了光泽，以添加亮点。

[Panpo] 鸟

W60 × D50 × H180mm　2015 年

以孩童时期在街角看到过的鸟类展示为概念。当时的展示台因为风吹雨打快要腐朽破烂了，但鸟儿依旧挺拔地站在那里，回想起的那一幕就将其定为作品的主题。

头部的凹凸部分的制作方法是，先将树脂黏土抻平，再用圆头小棒按压成凹凸状。

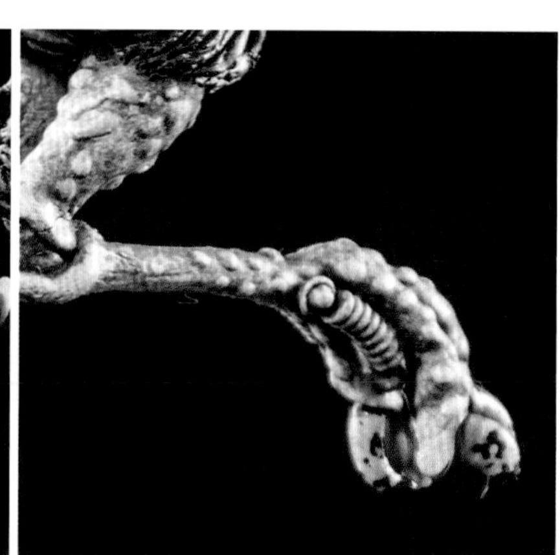

[Recordbreaker Fishtype] 鱼

W480 × D150 × H180mm　2017 年

在美国的盐湖城正在举行世界级摩托车极速赛。将最快的摩托车和鱼的形状融合在一起的话……这件作品就诞生于这个幻想之中。在太阳的暴晒下，配着冒白烟的机器，无论是哪里都会抵达吧。

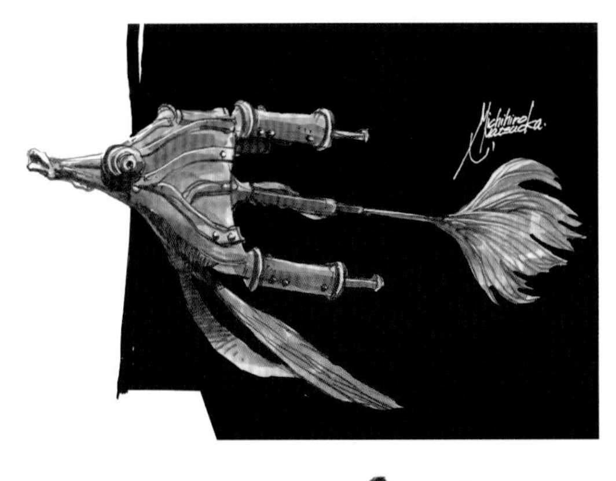

鳍的部分在进行Sputter deposition（用蘸了颜料的牙刷擦刷网状物，飞溅颜料的方法）后，再用笔画出花纹。

[Octopus 8] 章鱼

W850 × D120 × H180mm　2016 年

一提到章鱼就会想到它从嘴里喷墨的样子，但其实喷墨的部位是漏斗。据说章鱼的嘴长在8条腿中间，由此得到灵感，制作出从脚部中间伸出长喷嘴的机械章鱼。特意将具有曲线形态的软体动物通过变形添加出了直线。它究竟是何种生物呢……留下无限想象空间。

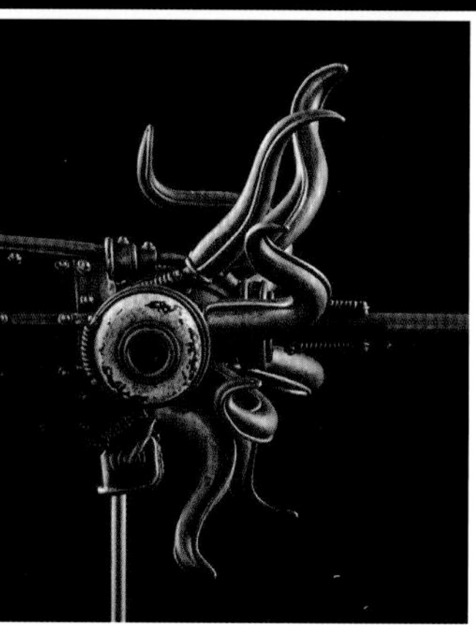

为细长的树脂黏土增添形状变化，加热后再黏贴焊锡丝，做出腿部。

[Lamp Fish] 角鮟鱇

W200 × D150 × H600mm　2015 年

一提到灯鱼（Lumpfish）就会想到圆鳍鱼科的鱼类，但是这件作品是从角鮟鱇得到灵感，把提着灯的鱼起名为“Lamp Fish”。通过骨感恐怖的躯干，表现出它使用灯光将猎物引诱过来时狡猾的一面。

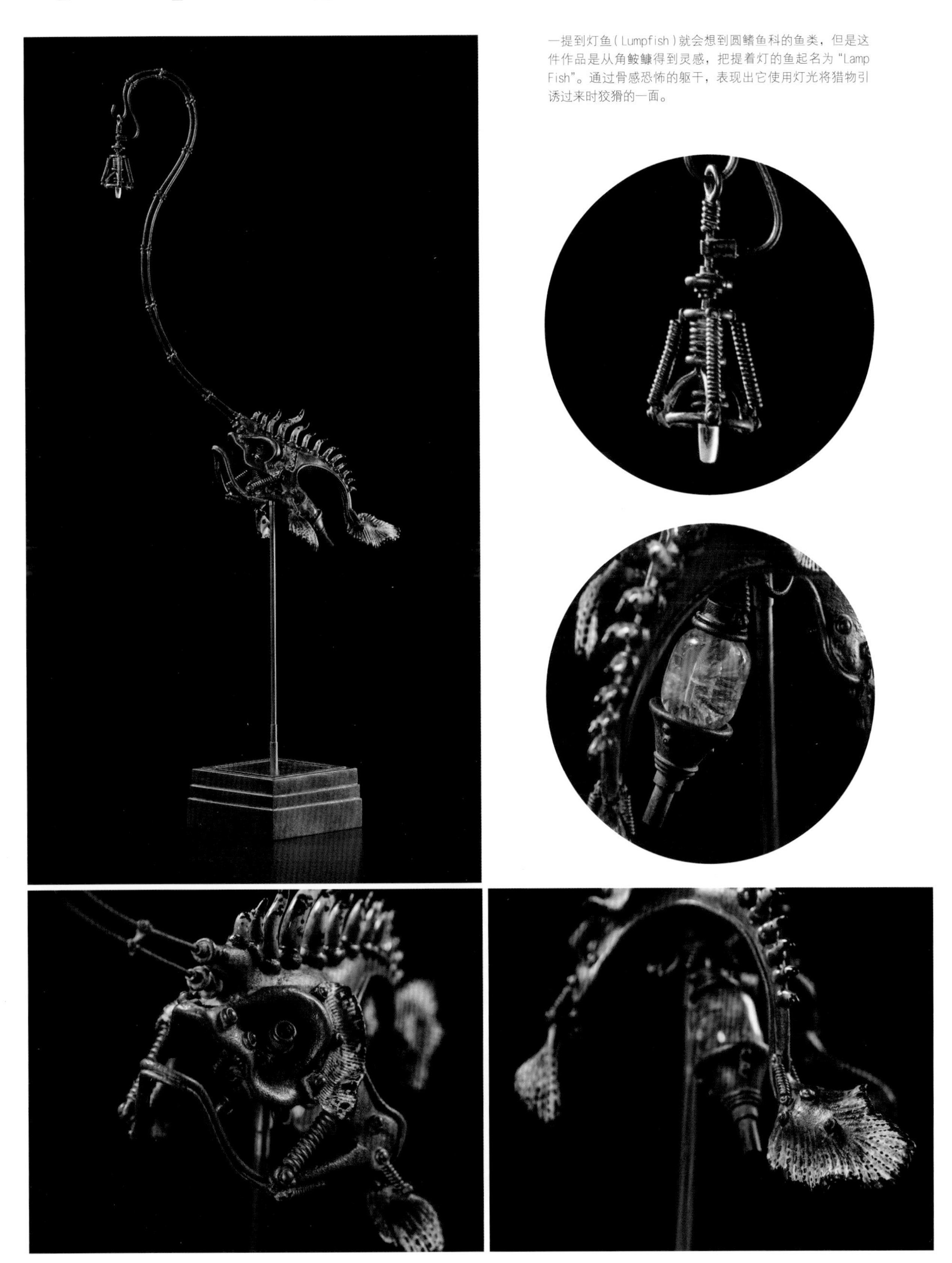

眼睛是可动式，可以将视线朝向灯光，添加各种变化。躯干旁的橘色石头是加工完的琥珀。

[Snail] 蜗牛
2007年

给蜗牛添加了蒸汽朋克元素的作品。壳像铠甲，像贝壳，各有各自的特点。使用黑色瞬间黏合剂表现出软体部位的黑色花纹。粘贴黏土制作花纹，喷涂硬化催速剂。

makimaki W100 × D120 × H80mm

fusafusa W110 × D60 × H40mm

torotoro W100 × D120 × H80mm

黏液的部分混用Liquitex "String Gel Medium" 和丙烯颜料，可以制作出像蜂蜜般黏稠的液体。

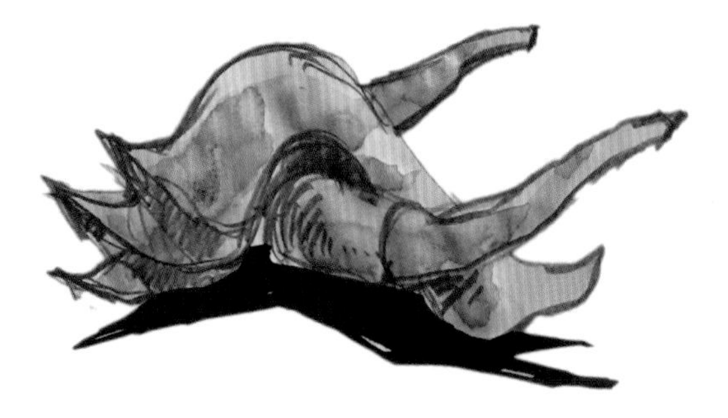

[Treehopper] 角蝉

W200 × D50 × H200mm　2014 年

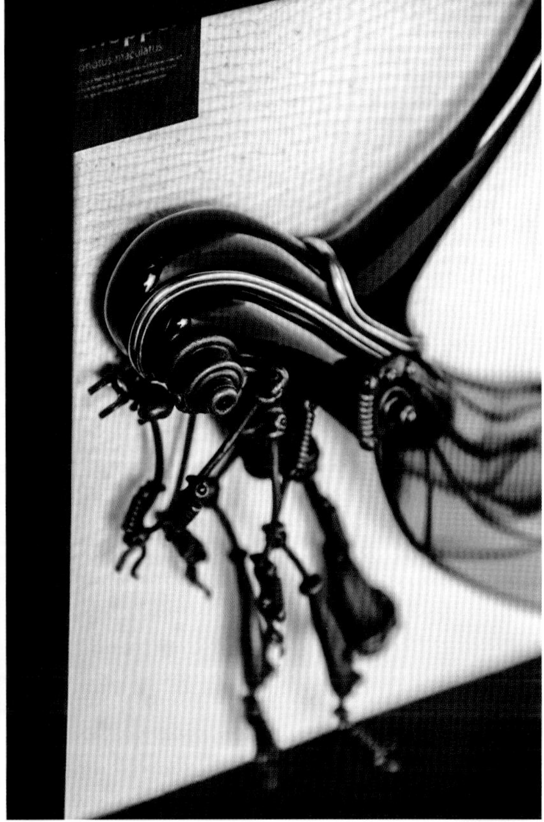

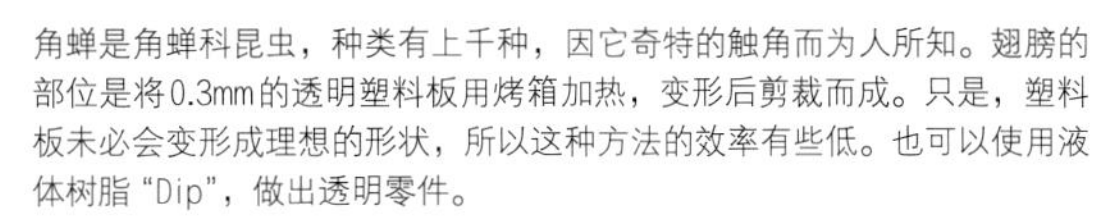

角蝉是角蝉科昆虫，种类有上千种，因它奇特的触角而为人所知。翅膀的部位是将0.3mm的透明塑料板用烤箱加热，变形后剪裁而成。只是，塑料板未必会变形成理想的形状，所以这种方法的效率有些低。也可以使用液体树脂“Dip”，做出透明零件。

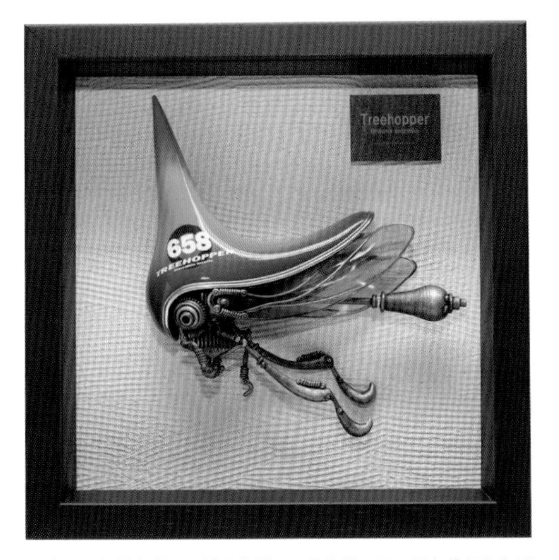

触角为绿色的角蝉。同样是角蝉，因为品种不同，触角的颜色和形状就会完全不同，仅仅是看着图鉴思考着“如何将这个形状活用到作品中去呢”就很有趣。

[Spider] 蜘蛛

W400 × D420 × H180mm　2016 年

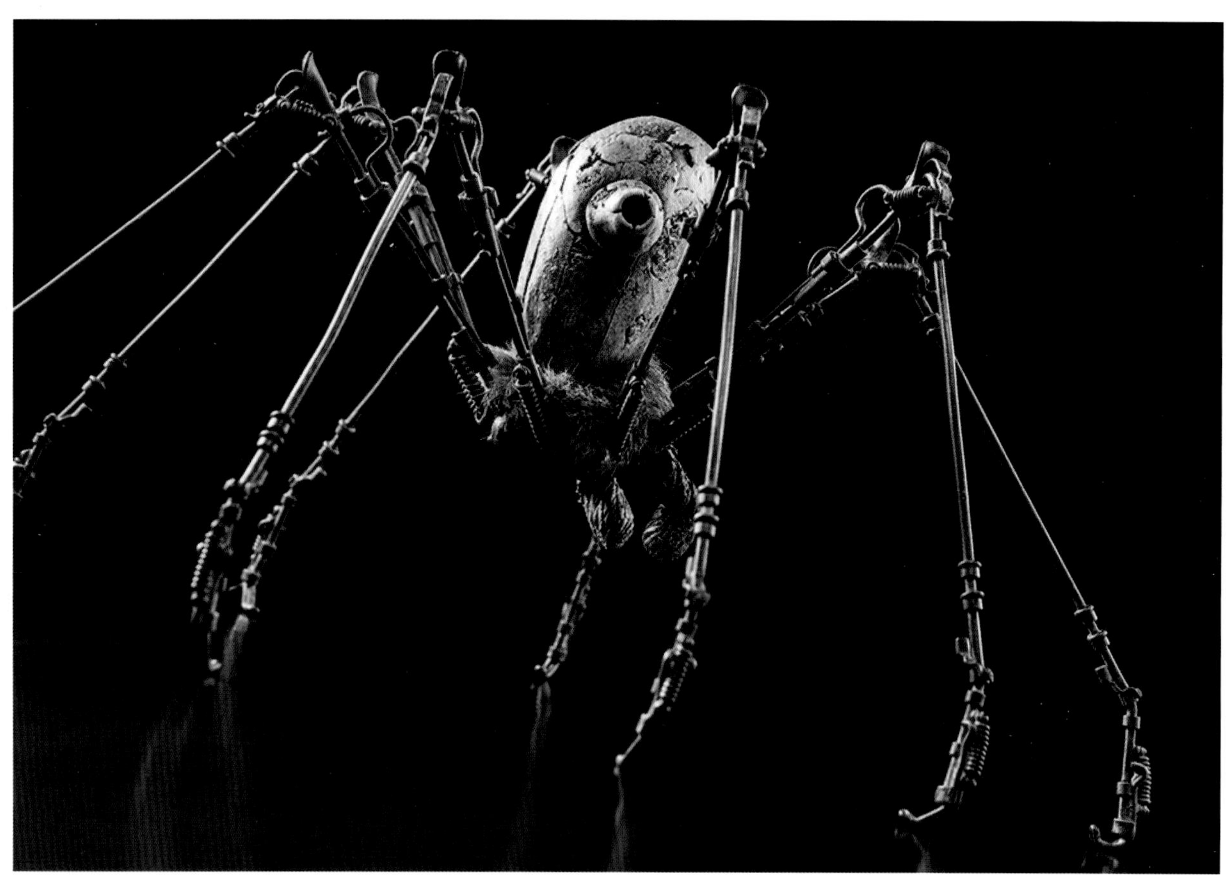

将拥有8只脚的蜘蛛和复古、未来多脚机器相融合制作而成的作品。不是将短铝棒连接起来，是将长铝棒折弯做成8只脚。为了保证8只脚能完美保持平衡，反复进行了多次调整。

[Violin Beetle] 小提琴甲虫

W250 × D40 × H200mm　2015 年

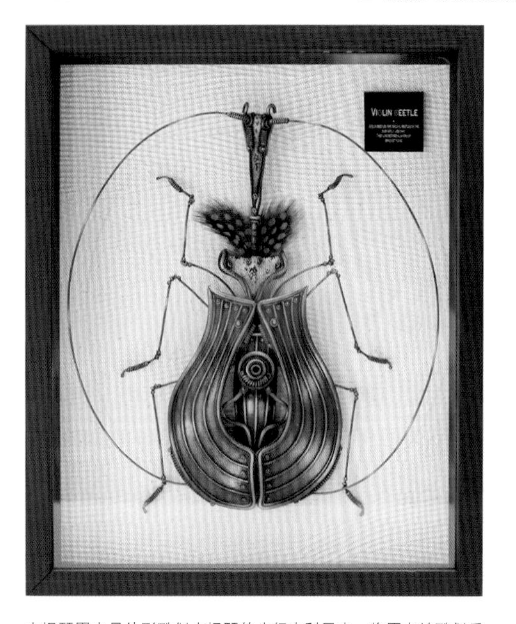

小提琴甲虫是外形酷似小提琴的步行虫科昆虫。将原本就酷似乐器的外形进一步变形，添加了琴弦状的焊锡丝细节。头部用花斑图案的绒毛进行装饰，增添一丝趣味。

[Euchirinae] 长臂金龟

W200 × D50 × H200mm　2015 年

以长臂金龟为主题的作品。在金龟子中，长臂金龟的前脚也算是极长的。由于黄金虫＝富翁这个灵感，在作品中加入了可以让人联想到毛皮大衣的绒毛。

[Kandelia Candel] 巨骨舌鱼 + 植物

W1000 × D300 × H520mm　2016 年

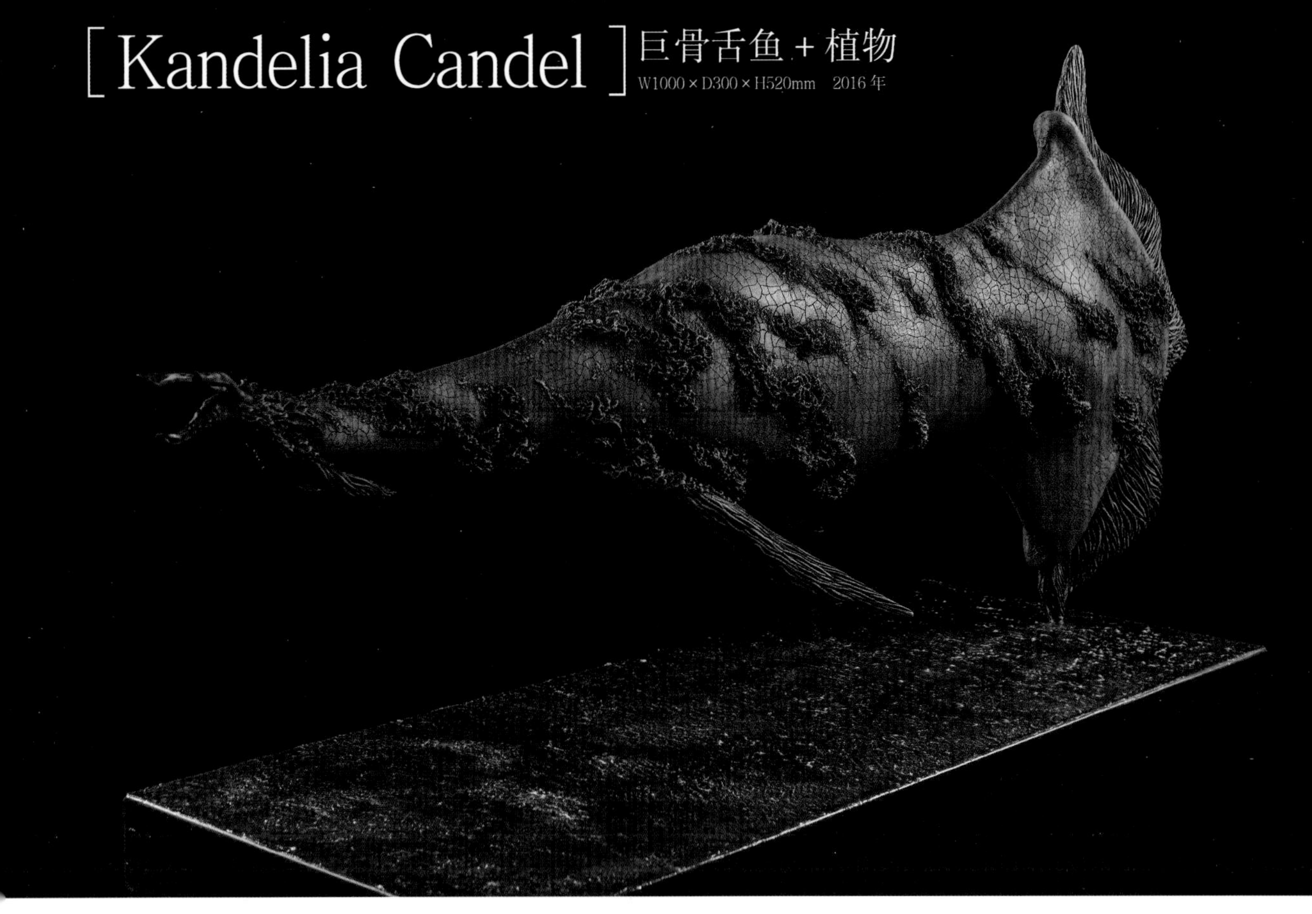

从热带植物红树和骨舌鱼科的巨骨舌鱼中得到灵感而形成的作品。既像是海中的生物，又像是水边的植物，谜一般地存在。使用裂纹漆添加了皲裂的效果，从而表现出类似于干裂大地的感觉。

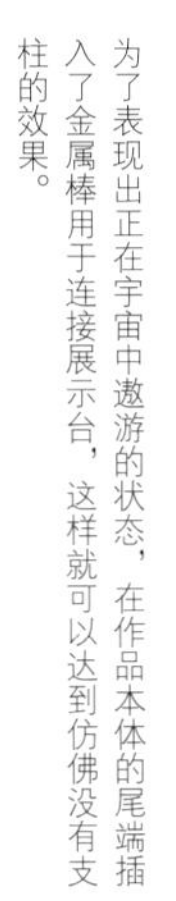

为了表现出正在宇宙中遨游的状态，在作品本体的尾端插入了金属棒用于连接展示台，这样就可以达到仿佛没有支柱的效果。

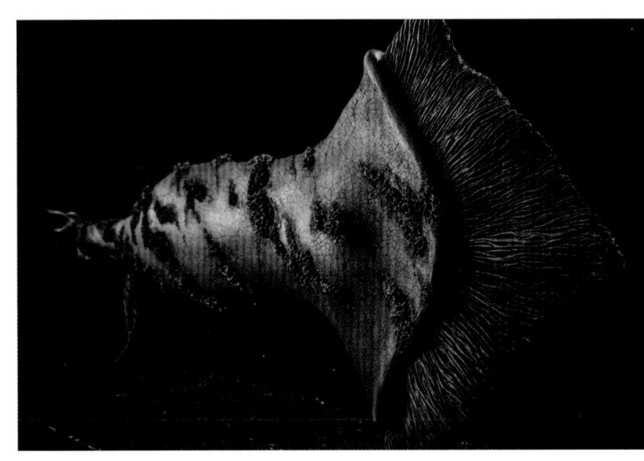

[Bizarre Plants]

珍奇植物 + 哺乳类

W550 × D250 × H900mm　2016 年

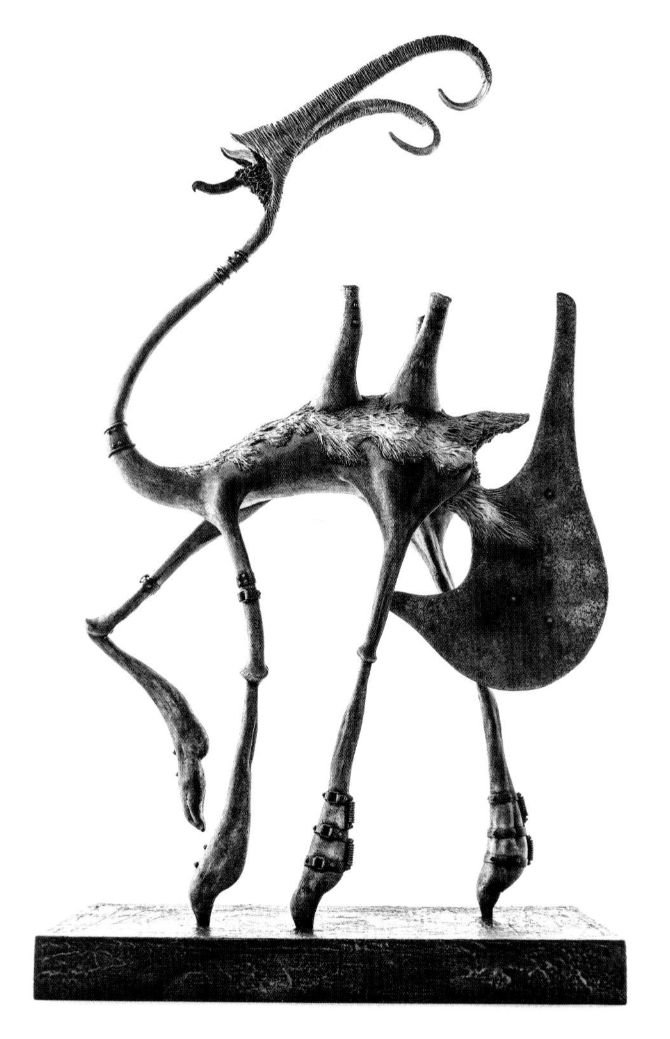

查找植物时，被植物繁殖时所面临的严峻生态所震惊。忍受山林火灾的热量，播撒种子的植物、利用螺旋桨状的种子努力让后代扎根于远处的植物等。从那些植物中获得灵感，制作出了长着4条腿边移动边播撒种子的植物。

颈部修长的曲线线条是通过铝棒和石粉黏土制作而成的。模型表面运用Medium『Blended Fibers』丙烯颜料打造出锈渍质感。

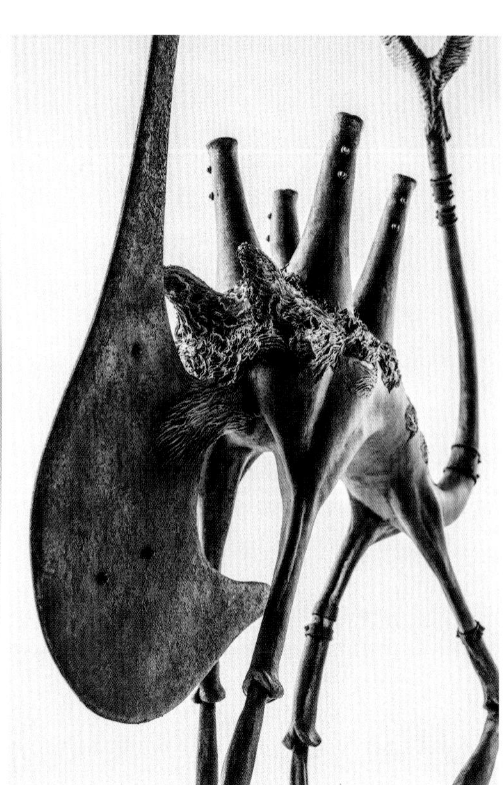

[Bizarre Plants (White)] 珍奇植物＋哺乳类

W1100 × D380 × H1200mm　2016 年

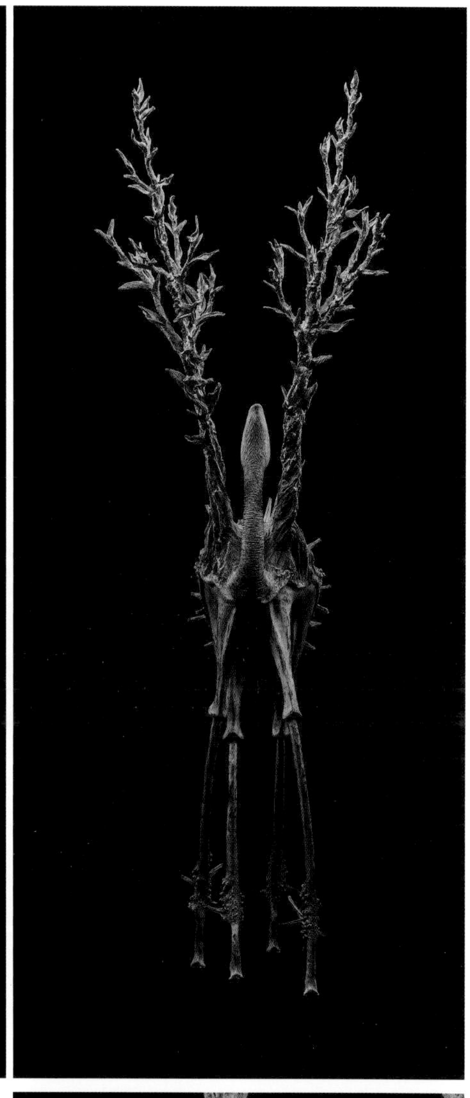

这件也是长着4条腿，边移动边从管状部位播撒种子的植物。管状部位的设计灵感来源于食虫植物。将两条枝伸得像触角一样细长，从而表现出这株植物体内蕴含的生命力。

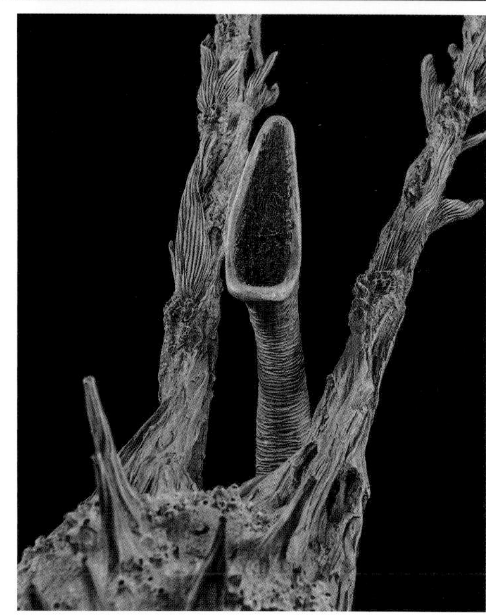

[Sirocco]

鲸鱼

W400 × D150 × H1000mm　2016 年

特意引人想象“这是什么？”的一件作品。虽然原型是鲸鱼，但是进行了变形后让人无法看出这是一条鲸鱼。这件作品还有一个特点是，省去了展示用的支柱，在胸鳍（羽翼）中穿入了金属丝以保持平衡。

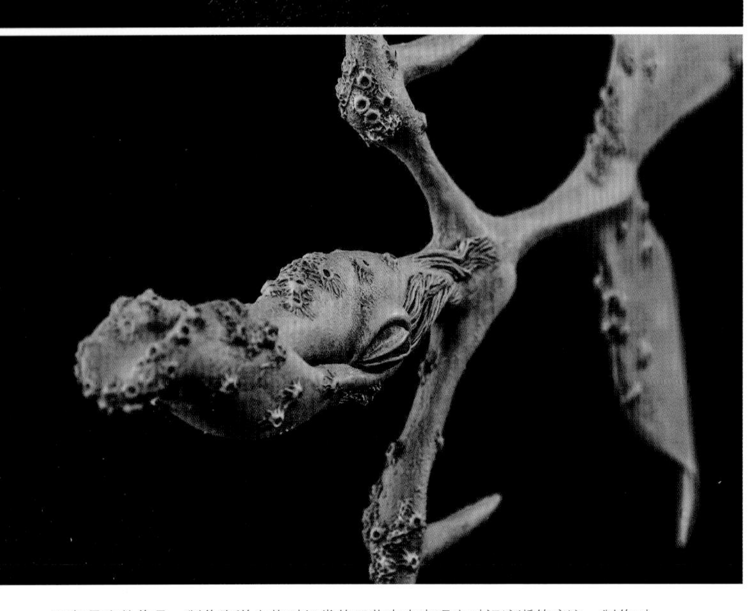

不仅是这件作品，制作海洋生物时经常使用藤壶来表现出时间流逝的痕迹。制作时，用圆棒在揉圆的小块石粉黏土中间按压出一个凹坑，再用刮刀向周围抻开。

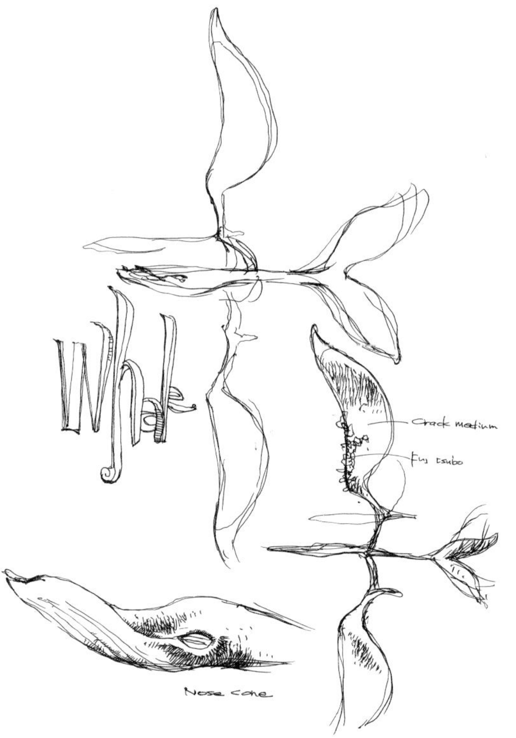

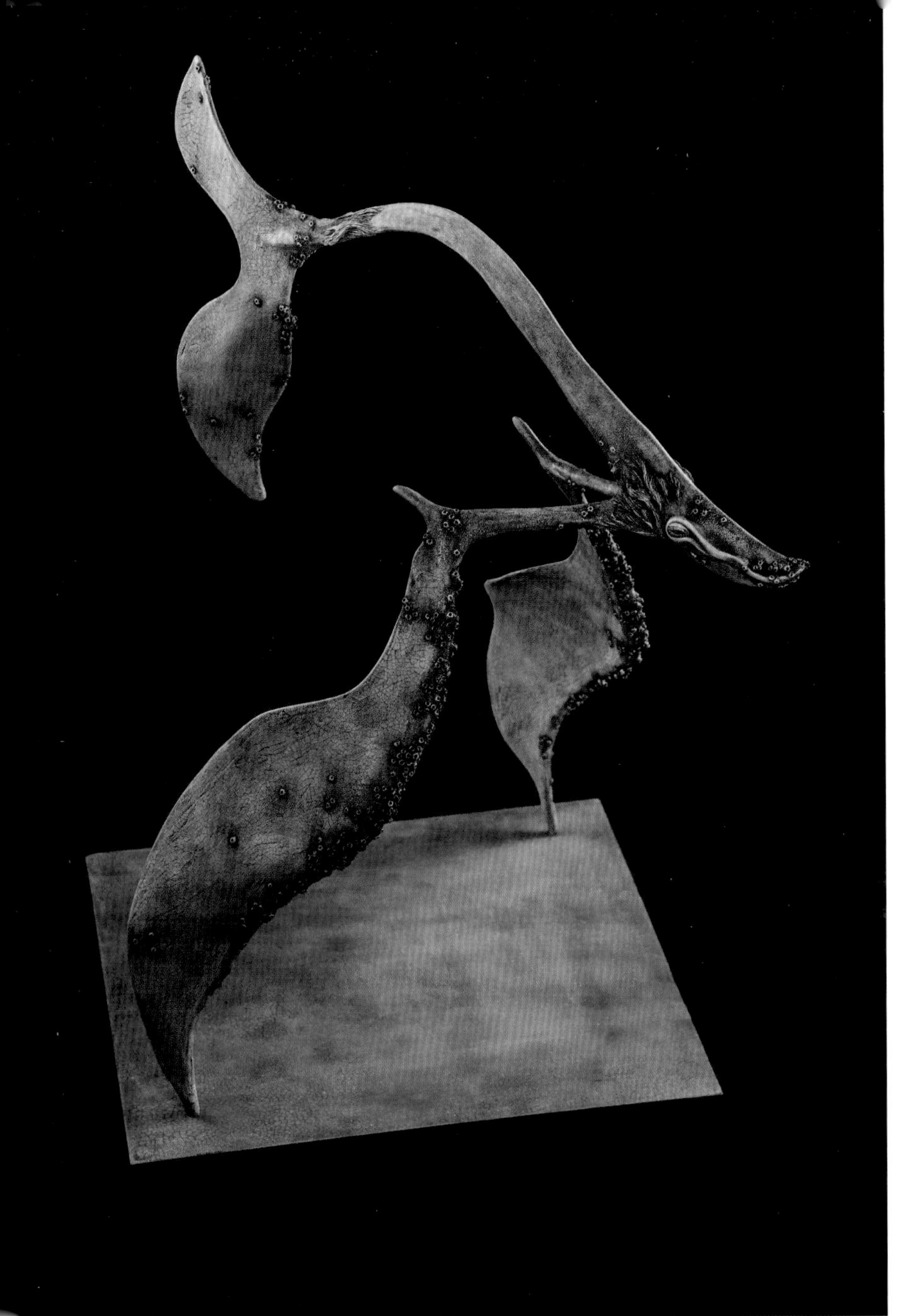

[月与海]

鲸鱼

W700 × D600 × H800mm　2016 年

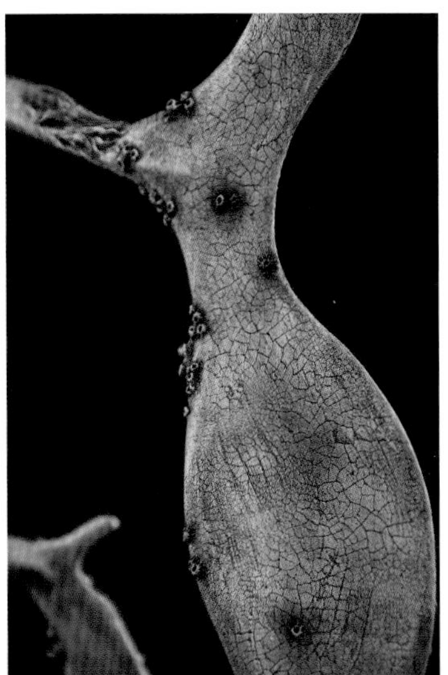

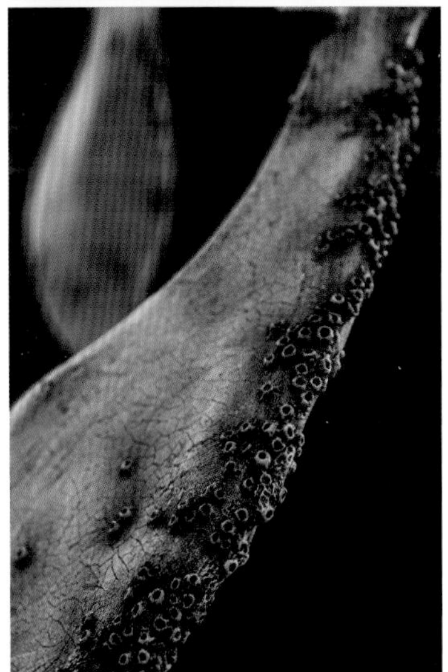

这件也是以鲸鱼为主题的作品。保留胸鳍和尾鳍的形状，同时又进行了大胆变形。鳍上的藤壶酷似月坑，将胸鳍固定在展示台上，不需要支柱也可以保持平衡。

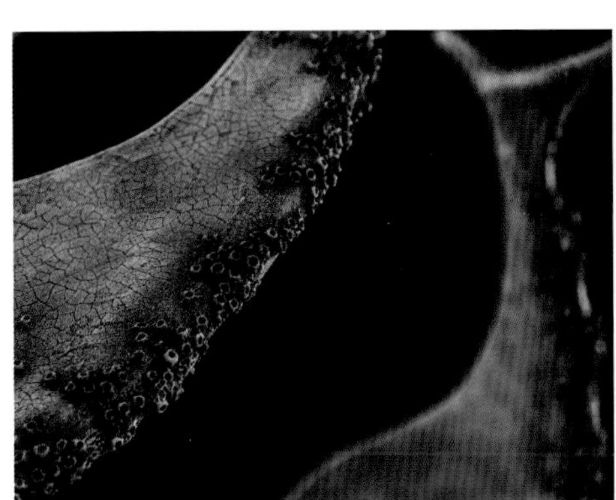

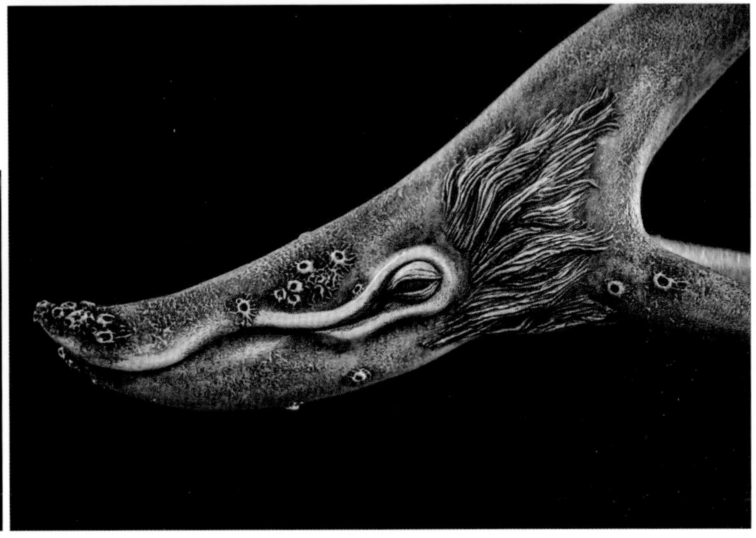

[Paradigm Shift]

鹿 + 海马 + 鱼

W800 × D400 × H1080mm　2017 年

鹿的触角、海马的头部、鱼的鳍……“这是什么？”想要让观众沉浸于想象的快乐中，所以特意没有表明这是什么生物。根据每个人感性的不同，会产生各种不同的看法，也许看起来像海洋生物，也许像陆地生物。

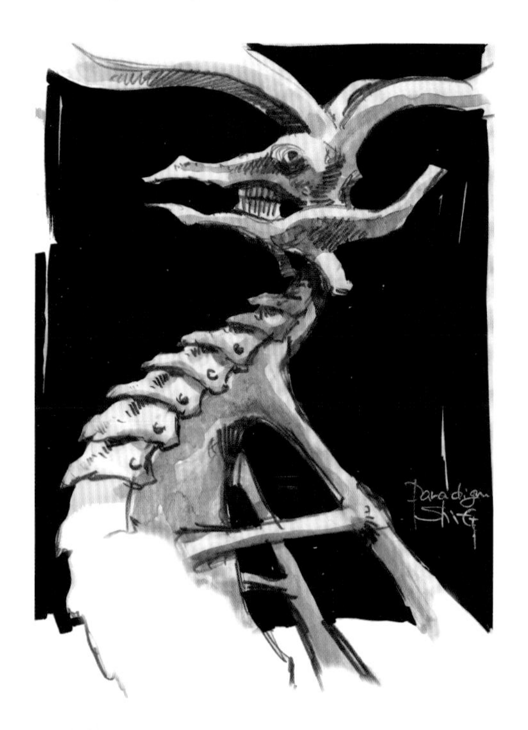

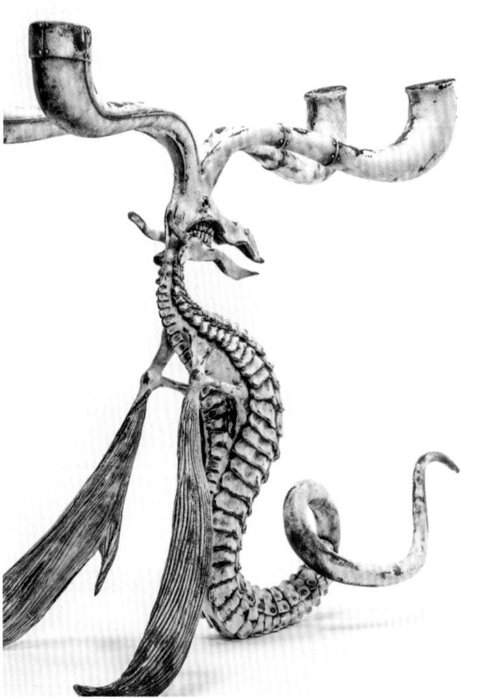

用石粉黏土做出光滑的曲线躯干后，粘贴了许多片类似于铠甲的零件。模型表面和P108相同，使用定型喷雾添加了Chipping涂装脱落的效果。

后 记

我成为造型设计师的根源，可以追溯到学生时期。
绝算不上是认真学生的我，
在课上，瞒着老师，一心沉醉于造型之中。
从一小块黏土中，
可以诞生出动物、鱼等各种生物。
凭借指尖微弱的力量，
就可以制作出表情完全不同的生物。
我深深被那种魅力所折服。

出国旅行不像现在这般容易，
没有网络，也没有手机的非科技时代，
我，被未曾去过的其他国家的商品深深吸引，
设计另类独特的法国车。
大到仿佛抱着才能拿起来、奏着音乐的圆盘唱片。
坚硬的铁皮罐里装满的色彩缤纷的糖果……
有些东西拥有着宝石般璀璨的光彩，
有些东西拥有着时间流逝的痕迹。
心中装满的，是充满希望的关于未来的碎片。
最终，我的造型中，
也加入了那些元素。

这本书，从我的造型作品中，
挑选了以动物为主题的作品。
无论是哪件作品，里面都蕴含着，
我曾经憧憬的非科技时代商品里的元素。
如果这本书中介绍到的创作过程，
对喜欢造型的各位的创作活动有所帮助，
那我将无比荣幸。

兼具柔和优美的形态，
以及粗糙的机械要素，
让人莫名有些熟悉的奇异生物。

那些绝不是回归过去，
而是作为体现着温暖未来的某种生物，
存在于我的心中。

松冈道弘

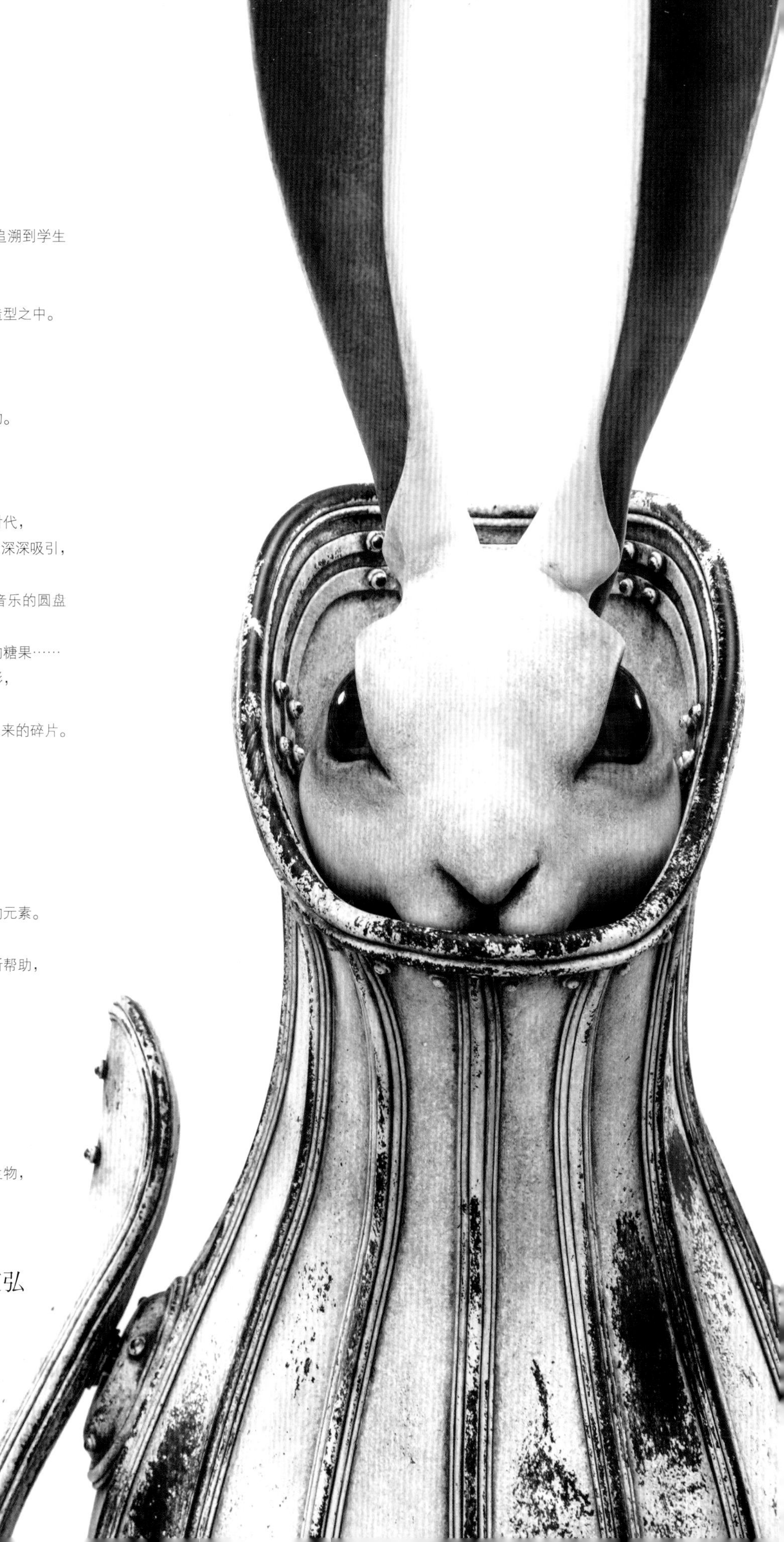

粘土でつくる空想生物 ゼロからわかるプロの造形技法

图书在版编目（CIP）数据

幻想生物：从基础解析黏土造型技法 /（日）松冈道弘著；邹易诺译 .—沈阳：辽宁科学技术出版社，2020.4（2021.12 重印）
ISBN 978-7-5591-1471-6

Ⅰ . ①幻… Ⅱ . ①松… ②邹… Ⅲ . ①黏土－手工艺品－制作 Ⅳ . ① TS973. 5

中国版本图书馆 CIP 数据核字（2020）第 002383 号

出版发行：辽宁科学技术出版社
（地址：沈阳市和平区十一纬路 25 号 邮编：110003）
印 刷 者：辽宁新华印务有限公司
经 销 者：各地新华书店
幅面尺寸：190mm × 260mm
印 张：10
字 数：200 千字
出版时间：2020 年 4 月第 1 版
印刷时间：2021 年 12 月第 2 次印刷
责任编辑：于天文
封面设计：潘国文
版式设计：鼎籍文化创意 万晓春
责任校对：徐 跃

书 号：ISBN 978-7-5591-1471-6
定 价：99.00 元

联系电话：024-23280336
邮购热线：024-23280336
E-mail:mozi4888@126.com